道路橋示方書・同解説

V　耐震設計編

平成29年11月

公益社団法人　日本道路協会

序

我が国の道路整備は，昭和 29 年に始まる第一次道路整備五箇年計画から本格化し，以来，12 次にわたる五箇年計画を積み重ね，平成 15 年度からは社会資本整備重点計画として策定され，現在は第 4 次社会資本整備重点計画が進められています。この間，道路交通の急激な伸長に対応して積極的に道路網の整備が進められてきましたが，都市部，地方部に限らず道路網の整備には今なお強い要請があります。急峻な地形と多数の河川を擁し，高密度な土地利用のため厳しい空間制約のある都市部を多く抱える我が国においては，橋梁は道路整備を進めるうえで不可欠な構造物であり，持続的に整備，更新を進めるために生産性の向上への対応が求められています。

また，平成 26 年に 5 年に一度の定期点検が法定化されたことに伴い，長寿命化の取り組みが本格化しており，道路橋の設計においても，適切な維持管理を行うことも含めて，ライフサイクルコストの低減や維持管理の軽減等を図りながら，確実かつ合理的に長寿命化を図るための対応が求められています。

一方，平成 23 年に発生した東北地方太平洋沖地震や平成 28 年に発生した熊本地震では，災害が多発する我が国において改めて安心な国土づくりが必要不可欠であることを再確認させられました。このような，脆弱な国土構造への対応も求められています。

道路橋に関する技術基準は，「橋，高架の道路等の技術基準」（道路橋示方書）として国土交通省から通知されています。明治 19 年に制定された我が国初の道路構造の基準である「国県道の築造標準」の中に設計活荷重が規定されて以来，自動車交通の発展や橋梁技術の進歩等に対応して逐次整備されてきました。当初は道路の構造基準の一部でしたが，昭和 14 年に「鋼道路橋設計示方書案」が道路橋単独での技術基準として初めて定められ，それ以降，橋梁構造別や部材別の基準が順次整備，改定されてきました。

昭和47年から55年にかけては，これらの基準がとりまとめられ，「Ⅰ共通編」「Ⅱ鋼橋編」「Ⅲコンクリート橋編」「Ⅳ下部構造編」「Ⅴ耐震設計編」からなる現在のスタイルとなり，その後も平成5年には道路構造令の改正に伴う設計活荷重の見直し等のため，平成8年には兵庫県南部地震を契機とする耐震設計の強化等のため，平成13年には性能規定型の技術基準を目指した要求性能の明確化等のため，平成24年には東北地方太平洋沖地震による被災を踏まえた対応や維持管理に関する内容の充実等のため，それぞれ改定が重ねられてきたところであります。

日本道路協会では，平成24年3月に道路橋示方書・同解説を刊行しましたが，多様な構造，新材料に対して的確な評価を行うための性能規定化の一層の推進，長寿命化の合理的な実現，熊本地震における被災を踏まえた対応を主な内容として平成29年7月に「橋，高架の道路等の技術基準」（道路橋示方書）が改定され，国土交通省から道路管理者に通知されたことを受けて，「道路橋示方書・同解説」全編を見直し改定版を刊行する運びとなりました。

本改定の趣旨が正しく理解され，今後とも質の高い橋梁整備が一層推進されることを期待してやみません。

平成29年11月

日本道路協会会長　谷　口　博　昭

ま え が き

道路橋示方書は，「橋，高架の道路等の技術基準」として国土交通省から通知されている。昭和55年には，それまでの技術基準，指針等を整理統合して体系化され，現在と同様，共通編から耐震設計編までの5編からなる構成で通知されることになった。

その後，平成5年には車両大型化への対応や耐久性の向上を図るための活荷重関連の規定が見直された。平成8年には，平成7年1月の兵庫県南部地震による道路橋の甚大な被害経験を踏まえ，レベル2地震動に対する耐震設計を行うことが明確にされた。平成13年には，性能規定型の技術基準を目指し，各条文にて要求性能が明示されるとともにそれを満たす従来からの規定とが併記される書式とされた。また，耐久性に関する規定が強化されるとともに，橋の耐震性能が橋の設計における基本的な要求事項として明示された。平成24年には，我が国における観測史上最大の東北地方太平洋沖地震の発生や平成14年以後の道路橋被災事例の分析を踏まえて規定の見直しが行われた。また，道路橋の劣化損傷事例の経験を踏まえ，維持管理の確実性や容易さが橋の設計の基本理念の一つとされた。

今回の改定では，道路橋定期点検の法定化など道路橋の長寿命化に対する社会的ニーズの増加，平成28年4月の熊本地震による道路橋の被災並びに復旧の経験を踏まえ，点検や修繕を確実に行うことができ，かつ，できるだけ維持修繕が容易な構造であること，万が一の事態にも粘り強い丈夫な構造であるようにすることが道路橋の設計の向かうべき方向性であると強く認識され，調査検討が進められた。また，これらを実現する構造をできるだけ経済的に達成できる新たな技術を受け入れること，道路ネットワークにおける路線の位置付けに応じて性能を設定できるようにすることを考え，性能規定化を一層推進させるべく，調査検討が進められた。

その結果，橋の性能を規定するための設計状況や対応する橋の状態の設定を行うこと，性能を的確に評価するために，設計状況や，材料，構造の性能の不確実性の要因をきめ細かく扱うこと，並びに，通常の維持管理を行うことを前提とした耐久性や維持管理行為を想定して橋の構造を設計することができるように，「橋，高架の道路等の技術基準」の改定が行われた。主な改定点は，以下のとおりである。

① 橋の構造形式や使用材料の多様化も踏まえれば，橋梁形式や上部構造の主たる使用材料によって大別するのではなく，鋼部材とコンクリート部材をどのように組み合わせた場合にも橋として求められる性能を明確にするように，編構成の見直しがなされた。その結果，Ⅰ編から順に，Ⅰ共通編，Ⅱ鋼橋・鋼部材編，Ⅲコンクリート橋・コンクリート部材編，Ⅳ下部構造編，Ⅴ耐震設計編とされた。

② 各条文が要求性能とそれを満足する標準的な検証手法の組合せで構成されるだけでなく，橋全体としても性能の評価が可能であるように，橋全体系として求める性能が明確化され，橋全体系の性能を照査するための上部構造，下部構造等の性能の検証方法，さらには，上部構造，下部構造等を構成する部材等の性能の検証手法も階層的に要求性能と標準的な検証手法の組合せとして規定された。

③ 橋の耐震性能という概念が発展的に解消され，橋の性能を構成するものとして，橋の耐荷性能，橋の耐久性能及び橋の使用目的との適合性を満足するために必要なその他性能の３つの性能が規定された。これにより，災害時はもとより，通常の状況においても求められる機能を十分に発揮すること，また，不幸にして何らかの損傷が生じた場合であっても十分粘り強く，丈夫な橋であることが念頭に置かれた設計がされるようにしたうえで，維持管理の確実さと容易さについても，道路ネットワークにおける路線の位置付けや代替性なども十分に考慮し，不測の事態に対する配慮の範囲を検討することが明確にされた。

④ 新たな材料や構造の採用が今後増加することも期待し，橋の耐荷性能を評価するために，橋の限界状態が新たに規定された。

⑤ 標準としての設計法は，部材単位で荷重支持能力と構造安全性の確保を

行う従来の設計法を踏襲した。しかし，新たな材料や構造の採用が今後増加することも期待し，荷重や抵抗値のばらつきも考慮したうえで設計状況に対して橋や部材の限界状態を超えないことを確実に達成できるように，従来の許容応力度法が廃止され，部分係数法が導入された。

⑥ 限界状態設計法や部分係数法の導入に伴い，鋼部材，コンクリート部材の荷重体系，設計体系が統一された。また，設計で想定する品質が確保されるように，各編の適用の範囲が見直された。複合構造についても，全編の規定を適切に適用することで設計が可能であるようにされた。

⑦ 地震の影響による大規模な斜面崩壊による橋台の沈下等の事例が存在したため，耐震設計において，できるだけ地盤変動の影響を受けない位置に架橋位置を選定することが標準とされた。

⑧ 多様な暴露環境に対して耐久性を事前に検証することが困難な新しい技術についても，修繕，交換の可能性も考慮しながら採用を検討できるように，維持管理と一体で耐久設計を行うことが明確にされた。交換も前提にしながら部材ごとに設計耐久期間を定められること，維持管理方法と耐久性確保の方法を一体で実施し，必要な耐久性を確保することが明確化された。

⑨ プレキャスト化などの流れを受け，コンクリート部材の接合部の要求性能が明確にされた。また，これにより，複合構造の接合部においては，鋼，コンクリート部材の接合部の規定をそれぞれ参照し，設計することができるようになった。

耐震設計編の主な改定点は，以下のとおりである。

① 津波，斜面崩壊等及び断層変位に対して，これらの影響を受けない架橋位置又は橋の形式の選定を行うことが標準とされた。

② 平成28年（2016年）熊本地震のロッキング橋脚を有する橋梁の被災事例を踏まえて，支承が破壊しても下部構造が不安定とならず上部構造を支持できる構造形式とすることが規定された。

③ 慣性力による応答値の算出にあたっては，橋の地震時挙動の評価に一般的に用いられるようになってきた動的解析により算出することが標準とさ

れた。

④　鋼部材及びコンクリート部材一般の設計として，塑性化を期待する場合の限界状態の設定の考え方が規定された。また，接合部の設計の考え方が新たに規定され，接合部に求める耐荷機構を明らかにし，接合部と接合される部材の限界状態の関係を明確に設定したうえで設計することとされた。

⑤　地盤の液状化の判定をより合理的に行うことができるように，既往地震の事例分析，実験データの蓄積等に基づき，土の液状化特性に与える粒度の影響の評価方法が見直された。

本書は，以上の改定点も含めて，橋，高架の道路等の技術基準について，運用の統一が図られるように，規定の背景や解釈について解説を行ったものである。したがって，本書が熟読されることで，橋，高架の道路等の技術基準の運用に必要な事項の理解が一層深まるものと期待している。

今回の改定では，道路橋の目指す技術開発の方向性が明確にされ，それを評価するための手法として限界状態や部分係数，また，耐久性能が導入された。しかし，新しい技術が提案され，それについて，今回の技術基準に則り，限界状態に関わる制限値や部分係数，又は，耐久性確保の方法の具体的な設計・施工法が評価されるのは今後である。本解説書が道路橋の設計･施工に役立てられ，安全性，耐久性，維持管理の確実性と容易さの確保における信頼性の向上に大きく寄与すること，また，それを達成するための生産性を向上させる技術開発に寄与することを念願してやまない。新しい材料や構造，新しい橋梁形式について，性能を評価するための知見が揃えられ，技術基準の趣旨に則った設計施工方法の開発が進められるとともに，最初にも述べた，これまでの経験と反省に基づいた，道路橋への信頼性の向上が図られることを切に希望するものである。

平成29年11月

橋　梁　委　員　会
耐震設計小委員会

橋梁委員会名簿（50音順）

委員長　金井　道夫

前委員長　岡原　美知夫

委員

伊佐　賢一	伊藤　進一郎
○井上　昭生	上松　英司
○運上　茂樹	大西　俊之
大村　敦	○緒方　辰男
○荻原　勝也	○小野　潔
○加賀山　泰一	加藤　昌宏
○金澤　文彦	茅野　牧夫
川合　康文	川﨑　茂信
○河野　広隆	○河村　直彦
岸　明信	○木村　嘉富
○日下部　毅明	桑原　徹郎
○古関　潤一	齋藤　清志
佐々木　一夫	佐々木　一哉
○佐藤　弘史	紫桃　孝一郎
○杉山　俊幸	鈴木　基行
○鈴木　泰之	高田　和彦
高田　嘉秀	○田嶋　仁志
○田中　慎一	田村　敬一
○中谷　昌一	西岡　敬治
西垣　義彦	○西川　和廣
○野澤　伸一郎	浜岡　正
半野　久光	平林　泰明
藤原　亨	○掘井　滋則
本城　勇介	松浦　弘
松田　隆	三浦　真紀
○睦好　宏史	○村越　潤
○村山　一弥	○森　猛

耐震設計小委員会名簿（50音順）

委員長　運上　茂樹

前委員長　田村　敬一

委員		
	青木　圭一	○秋山　充良
	○阿南　修司	石田　雅博
	伊藤　高	○今井　隆
	鵜野　禎史	大城　温
	○大住　道生	大谷　彬
	○岡田　太賀雄	緒方　辰男
	小田原　雄一	乙守　和人
	○小野　潔	○小山田　桂夫
	○片岡　俊一	○片岡　正次郎
	○片岡　浩史	金治　英貞
	金子　正洋	河藤　千尋
	木村　嘉富	日下部　毅明
	○蔵治　賢太郎	○幸左　賢二
	○小林　賢太郎	齋藤　清志
	堺　淳一	○佐々木　哲也
	塩谷　正広	○白戸　真大
	白鳥　明	○高田　佳彦
	○高橋　章浩	○高橋　良和
	高原　良太	立田　安礼
	田中　倫英	○玉越　隆史
	○築地　貴裕	○角本　周
	鳥羽　保行	中尾　吉宏
	○中谷　昌一	○七澤　利明
	○西田　秀明	○西谷　雅弘
	長谷川　朋弘	○姫野　岳彦
	○広瀬　剛	○星隈　順一
	○掘井　滋則	前原　康夫

松本　幸司
溝口　孝夫
武藤　聡
○室野　剛隆
○森下　博之
○安里　俊則
○矢部　正明
○間渕　利明
○宮武　裕昭
村越　潤
○森　敦
森戸　義貴
八ツ元　仁
○和田　圭仙

○印は平成29年11月現在の委員

目　　次

V　耐震設計編

1章　総　　則

1.1　適用の範囲

この編は，地震の影響を考慮する状況に対してⅠ編1.8に規定する橋の性能を満足させるために行う設計（以下「橋の耐震設計」という。）に適用する。

この編には，橋の設計において地震の影響を考慮する状況の設定，地震の影響に関する特性値の評価，地震の影響に対する橋の応答の算出，橋の限界状態の設定及び地震の影響を考慮するときの橋の耐荷性能の照査のための方法並びに橋のその他使用目的との適合性を満足するために必要な事項が規定されている。

特にことわりのない限り，以下，「Ⅰ　共通編」を「Ⅰ編」，「Ⅱ　鋼橋・鋼部材編」を「Ⅱ編」，「Ⅲ　コンクリート橋・コンクリート部材編」を「Ⅲ編」，「Ⅳ　下部構造編」を「Ⅳ編」と表記する。

1.2　用語の定義

この編で用いる用語の定義は次のとおりとする。

(1)　制限値

橋及び部材等の限界状態を超えないとみなせるための適当な安全余裕を考慮した値

(2)　部材の塑性化

部材としての応答が弾性域を超えること。

(3)　地震時保有水平耐力

部材の塑性化後に地震の影響により繰返し載荷を受けたときに，部材が発揮し得る水平耐力

(4)　塑性変形能

部材の塑性化後に地震の影響により繰返し載荷を受けたときに，部材が安定して水平抵抗力を保持したまま変形できる能力

(5) 免震橋

支承による橋の固有周期の適度な長周期化及び支承のエネルギー吸収の両方の効果による部材応答の低減を耐震設計において考慮する橋。また，その効果を発揮する支承を免震支承という。

この編で条文の意味を明確にするために必要な用語について定義が規定されている。性能の概念など限界状態設計法の導入により再整理された用語，あるいは，用いられなくなった用語，各章においてその考え方が規定されている用語等，これまでの示方書に規定されていた用語の一部が削除されている。一般的に用いられている用語であっても，この編で異なる意味で用いる場合には，その定義が規定されている。なお，「耐震性能」については，橋の供用期間中に発生する地震に対して，地震後に求められる機能を有している橋の状態を指す用語として用いられていた。今回の改定では，橋が置かれる状況に対して，橋があるべき状態にとどまることを所要の信頼性で実現できることを橋の耐荷性能と定義されており，耐震性能は設計状況に地震の影響が含まれる場合の橋の耐荷性能として位置づけられたことから，耐震性能という用語は用いられていない。

1.3 調　　査

橋の耐震設計にあたっては，上部構造，下部構造，上下部接続部及び部材等の耐荷性能及びその他必要な事項の設計を行うため，並びに設計の前提となる材料，施工及び維持管理の条件を適切に設計で考慮するために，各編の調査の規定に加えて，少なくとも 1)から 3)の調査のうち，耐震設計上必要な事項について必要な情報が得られるように計画的に調査を実施しなければならない。

1) 架橋環境条件の調査
2) 施工条件の調査
3) 維持管理条件の調査

設計で想定する状態が適切な施工や維持管理によって確実に達成される必要がある。橋の耐震設計にあたっては，各編に規定される施工の条件及び，その施工のための調査が行われることが前提とされていることから，各編に規定される調査を行ったうえで，耐震設計上必要となる橋の架橋位置や形式の選定に関わる架橋環境条件や維持管理条件，各編に規定されていない耐震設計上の必要性から設置される部材に関する施工条件の調査を行わなければならない。

Ⅰ編に解説されているとおり，調査の結果は支間割や橋梁形式にまで影響する場合もあるので，特に計画・設計の初期の段階においては，調査は慎重に行う必要がある。特に津波，斜面崩壊等及び断層変位の及ぼす影響については，橋の建設後に対処することは極めて困難であるため，計画段階で行う調査が重要となる。ここで，斜面崩壊等は，丘陵及び山地部で発生する斜面崩壊，落石・岩盤崩壊，地すべり又は土石流を，断層変位は，地震の震源断層における相対変位が地表近くに到達して生じる地盤の相対変位を指している。

地盤条件や津波の及ぼす影響は橋の架橋位置や形式を検討する際の重要な判断材料となる。そのため，必要に応じて橋の建設地点の情報だけでなく，その周辺も含めた面的な情報を把握したうえで橋の架橋位置や形式を検討することができるようにする等，これらの情報が適切に橋の耐震設計に反映できるよう計画的に調査を行う必要がある。耐震設計上特に必要な調査としては，以下の1)から3)があげられる。

1) 架橋環境条件の調査

過去に地震が生じたか，また地震によってどのような被害が生じたか，その被害の要因は何であったか等を把握するために，既往資料を調査し，注意すべき地盤条件の存在の可能性等を把握する。例えば，地震により地盤の抵抗特性に変化が生じる可能性のある土層である，ごく軟弱な粘性土層を有する地盤，液状化が生じる土層を有する地盤，地層構成に大きな変化がある地盤，斜面崩壊等の発生が考えられる地形・地質，及び断層変位を生じさせる活断層等の条件に該当するかどうかを把握する。なお，具体的な調査の種類，目的，内容等については，Ⅳ編2章に示されている。また，津波については，地域の防災計画等で浸水範囲や津波高さ等を把握する。

ゴム支承等の温度依存性を有する部材の使用にあたっては，その適用性を確認するために気象環境条件を踏まえ温度変化の範囲を把握する。このほか，支承や落橋防止構造等には，上部構造や下部構造を構成する部材とは異なる様々な材料や構造を用いられることが多く，これらを構成する部材では，劣化要因も様々に異なることから，劣化要因に応じて架橋環境条件を適切に把握する必要がある。

2) 施工条件の調査

支承や落橋防止構造等，製作される部材等については，その強度や抵抗特性等が適切に品質確保されているか確認する。なお，1.7に規定されるように，鋼部材の施工はⅡ編による必要があることから，落橋防止構造等に用いられる鋼部材の溶接の品質確保についてもⅡ編に従う必要がある。

3) 維持管理条件の調査

地震後に求められる橋の機能を確保するにあたって，必要となる応急復旧工法等を踏まえ，その復旧が容易にできるように，地震後の損傷箇所の把握や損傷程度の確認のための調査・診断方法や応急復旧工法に応じた資機材の保管場所等の有無等をあらかじめ把握する。

1.4　架橋位置と形式の選定において耐震設計上考慮する事項

橋の耐震設計にあたっては，想定される地震によって生じ得る津波，斜面崩壊等及び断層変位に対して，これらの影響を受けないよう架橋位置又は橋の形式の選定を行うことを標準とする。なお，やむを得ずこれらの影響を受ける架橋位置又は橋の形式となる場合には，少なくとも致命的な被害が生じにくくなるような構造とする等，地域の防災計画等とも整合するために必要な対策を講じなければならない。

Ⅰ編1.7.1の規定に基づき，架橋位置と形式の選定において，耐震設計上考慮すべき事項として津波，斜面崩壊等，断層変位への対応の考え方が規定されている。平成23年(2011年)東北地方太平洋沖地震や2004年インドネシア・スマトラ島沖地震においては，地震後に発生した極めて大きな津波により橋桁が流出する等の被害が生じている。また，平成20年(2008年）岩手・宮城内陸地震においては橋の周辺で生じた大規模な斜面崩壊により，1999年に発生したトルコ・コジャエリ地震や台湾・集集地震では大規模な断層変位により，それぞれ落橋という致命的な被害が生じている。また，平成28年（2016年）熊本地震では，地震動の影響だけではなく，断層変位や斜面崩壊等の影響により，橋の通行機能を確保できなくなった事例が生じている。津波，斜面崩壊等，断層変位の影響については，橋の設計に取り入れるために必要なこれらの事象の予測技術や影響の評価方法等が工学的に確立されておらず，設計計算で評価できる手法として確立されていない。また，設計で考慮する地震動に対して耐震設計された橋は，これらの事象に対してもある程度までは抵抗特性を発揮することができると考えられるものの，極めて大きな作用に対してまで抵抗特性を確保することは困難であり，また，これらの極めて大きな作用に対しては対応できる対策にも限界がある。そのため，橋の耐荷性能を確保するにあたって，津波，斜面崩壊等及び断層変位については，橋に作用する具体的な影響を評価する手法は規定されておらず，これらの影響を受けないよう架橋位置又は橋の形式の選定を行うことが標準的な対応となることが示されている。

なお，ここでいう斜面崩壊等が橋に及ぼす影響については，Ⅳ編2章の解説に示されるように，基礎が設置される位置に斜面崩壊等が生じ下部構造が影響を受ける場合だけではなく，橋の上方からの斜面崩壊等による崩土や落石等により影響を受ける場合も含まれる。

地域の防災計画等との整合の検討にあたっては，地震後における道路網の確保等の観点から橋としての機能の回復を速やかに行い得ることが特に求められる橋については，路線計画の段階でこれらのリスクについて検討し，致命的な被害に至らないような構造とすることが重要である。そのため，これらの影響に対して，調査結果に基づき，影響を受けないと考えられる架橋位置や橋の形式をできるだけ選定することが規定されている。ここで影響を受けないと考えられる架橋位置の選定は，斜面崩壊等及び断層変位に対してはⅣ編2.4に規定される調査に，津波に対しては地域の防災計画等で想定される津波の浸水範囲等に基づいて行う。また，津波に対して影響を受けない橋の形式選定は，想定される津波高さの調査結果に基づき，津波が上部構造に達しないように桁下高さを確保すること等が該当する。

一方で，設計条件として用いることができる具体の情報が得られても，様々な制約から道路の線形や橋として計画する区間を変更する対応ができず，橋の耐震設計においてこれらの影響を避けられない場合が想定される。また，津波，斜面崩壊等及び断層変位に関して得られた情報の不確実性からこれらの影響範囲が明確でない場合には，これらの影響を受けないとは判断できない架橋位置又は橋の形式の選定となる場合も想定される。このような条件に該当すると判断される場合には，これらの影響に対して鈍感な構造形式や下部構造の設置位置等にすることにより致命的な被害が生じにくい構造形式にするとともに，これらの影響を受けて被害が生じる状況をも想定し，地域の防災計画等と整合するように適切に対策を講じる必要がある。

なお，これらの影響の検討に先立って，耐震設計上必要な事項について必要な情報が得られるように計画的に調査を実施しなければならない。例えば，Ⅳ編2.4には，活断層に関する調査内容が解説されているが，断層位置や断層変位の大きさ等の更に詳細な情報が必要な場合の調査方法として，ボーリング，物理探査，試掘等も考えられる。ただし現状では，断層位置や断層変位の大きさ等は調査によって確実に把握できるわけではなく限界もある。そのため，調査の範囲や方法は，橋の設計への影響も考慮して個別に判断することになる。

ここで，致命的な被害が生じにくい構造形式としては，次のようなものが考えられる。津波に対しては，上部構造が津波の作用を直接受けるような場合でも，その作用の影響を軽減できる構造的工夫を施すことが考えられる。斜面崩壊等や断層変位に対しては，例えば上下部構造間に相対変位が生じたとしても，上部構造が直ちに落橋しにくい橋梁形式や相対変位に追随性の高い橋梁形式等を採用することも考えられる。

地域の防災計画等も踏まえ，仮にこれらの影響によって落橋や上部構造の流出等により橋の機能が喪失しても，早期に復旧しやすい構造形式を採用しておくことも考えられる。例えば，上部構造が津波による作用を受けることが避け難い場合であっても，下部構造の倒壊等の悪影響を及ぼさないようにする等，上部構造の流出に対して復旧しやすいように構造的な工夫を施すことが考えられる。ただし，津波，斜面崩壊等及び断層変位のように想定に限界のある事象に対しては，橋の機能回復措置の方策を設計段階において考慮しておくこと，その機能回復措置に必要となる資機材の整備も併せて実施すること，迂回路を確保する等，道路網の多重化により補完性を確保できるような路線計画とすること等，ソフト及びハードの両面から対策をとることも有効と考えられる。

1.5　設計計算の精度

(1)　設計計算の精度は，設計条件に応じて，適切に定めなければならない。
(2)　設計計算は，最終段階で有効数字３桁が得られるように行うことを標準とする。

(1)　設計計算では，計算の最終段階において照査の信頼性が確保されるよう，設計計算の途中で必要とされる有効数字の桁数を適切に考慮する必要がある。

(2)　この編で示される諸規定は，標準的な設計計算において最終段階で有効数字３桁となることを前提として定められているため，設計計算の最終段階で照査の対象となる数値の有効数字は，その制限値の有効数字が３桁以上で示されているものに対し，３桁まで確保すればよい。なお，設計水平震度については，従来の慣例に従い，四捨五入により小数点以下２桁にすることが規定されているため，この規定に従う必要がある。

1.6　設計の前提となる材料の条件

(1)　使用する材料は，その材料が置かれる環境，施工，維持管理等の条件との関係において，設計の前提として求められる機械的特性及び化学的特性が明らかであるとともに，必要とされる品質が確保できるものでなければならない。
(2)　使用する材料の特性は，測定可能な物理量により表されなければならない。
(3)　鋼部材に用いる材料はⅡ編，コンクリート部材に用いる材料はⅢ編，下部構造に用いる材料はⅣ編の規定による。

(1)　この編を適用して設計する橋に用いる材料の品質に関する基本的な要求が規定されたものである。材料の品質確保は，Ⅱ編20章，Ⅲ編17章の各規定による。材料の力学的特性は，Ⅰ編の各規定による。橋に用いる材料は，要求される橋の性能に対して，上下部構造に求められる状態を満足できるように，上部構造，下部構造及び上下部接続部を構成する部材の強度や変形能及び耐久性を考慮して選定する必要がある。

ゴム支承や制震装置等については，用いられる材料に応じて，ひずみ依存性，速度依存性，面圧依存性，温度依存性等の特性を有するものがある。適用にあたっては，これらの影響を適切に考慮する必要があり，これらの影響が確認されている範囲を把握するとともに，その品質が確保されていなければならない。

地盤材料の評価にあたっては，Ⅳ編1.4の規定の解説に示されるように，自然材料であることから，Ⅳ編2章の調査の規定に従い，適切な調査結果に基づいて材料特性を評価する必要がある。

なお，上下部接続部のうち，支承部に使用される材料については，道路橋支承便覧（日本道路協会，平成16年4月）を参考にすることができる。ただし，荷重，荷重組合せ，限界状態やその特性値の設定は，この便覧には反映されていないので，この点に注意して参考にする必要がある。

(2) 材料は，機械的特性である圧縮・引張・せん断等の強度特性やヤング係数等の変形特性等，又は化学的特性である熱特性等の材料の特性によってその適用性を評価する必要がある。そのため，材料の特性は，設計に用いる計算モデルに適切に反映する必要があり，反映可能な物理量で表現される必要がある。

1.7 設計の前提となる施工の条件

(1) 橋の耐震設計にあたっては，設計の前提となる施工の条件を適切に考慮しなければならない。

(2) この編の規定は，鋼部材はⅡ編20章，コンクリート部材はⅢ編17章，下部構造を構成する各部材はⅣ編15章の規定を満足する施工が行われることを前提とする。したがって，これらの規定により難い場合には，施工の条件を適切に定めるとともに，設計においてそれを考慮しなければならない。

施工方法によっては設計で前提とした条件が成立しなくなるため，設計の前提となる施工の条件を決めて，それを前提に設計する必要がある。この編の規定は他編に規定される施工の規定が満足されることを前提としている。支承や制震装置等のように耐震設計上設置する部材等，他編に規定されていない部材に関する施工の条件については，この編の規定にも従い，設計の前提となる施工の条件を適切に設定しなければならない。なお，支承部の施工については，Ⅰ編10.1.10の規定による。

1.8 設計の前提となる維持管理の条件

(1) 橋の耐震設計にあたっては，設計の前提となる維持管理の条件を適切に考慮しなければならない。

(2) 設計の前提となる維持管理の条件を設定するにあたっては，少なくとも1)及び2)を考慮しなければならない。

1)　落橋防止構造等の耐震設計上設置する部材の維持管理のしやすさの観点
2)　落橋防止構造等の耐震設計上設置する部材がそれ以外の部材等の維持管理のしやすさに及ぼす影響の観点

橋の設計にあたっては，Ⅰ編 1.8 に規定されるように目標とする橋の性能の前提条件として維持管理条件を定めることが求められる。橋の耐震設計にあたっても，各編の規定に基づき，耐荷性能を維持するための維持管理の条件を満足するとともに，落橋防止構造や制震装置等の耐震設計上設置することとなる部材の維持管理の条件も設定する必要がある。例えば，維持管理において耐久性上取替えを前提とする支承等の部材に対しては，確実かつ容易に取替えが行えるよう構造設計上の配慮をする必要があるが，落橋防止構造等の耐震設計上設置する部材によって，取替えが困難とならないようにする必要がある。

維持管理の確実性と容易さについては定期点検だけではなく，例えば，地震後の緊急点検にも配慮しておく必要がある。例えば，B 種の橋のように橋の耐荷性能 2 を確保する場合，早期の橋の機能の回復や緊急車両等の輸送路としての機能が求められるが，地震等による影響を受けた後に，橋の機能が損なわれていないことを速やかに確認できるような構造になっていない場合や必要な維持管理設備が設けられていない場合には，橋の状態が速やかに把握できず，結果的に求める性能が達成されないことも考えられるので注意が必要である。

1.9　設計図等に記載すべき事項

(1)　設計図等には，施工及び維持管理の際に必要となる事項を記載しなければならない。
(2)　設計図等には，Ⅰ編 1.9 に規定する事項のほか，少なくとも 1)から 6)の事項を記載することを標準とする。
1)　使用材料に関する事項
2)　設計の前提とした施工方法及び手順
3)　設計の前提とした施工品質（施工精度，検査基準）
4)　設計の前提とした維持管理に関する事項。特に，地震による塑性化を期待する部材及び部位並びにその部材及び部位の想定する修復の実現性
5)　設計において適用した技術基準等
6)　地盤に関する事項

(2)　設計図等には，Ⅰ編 1.9 によるほか，特に橋の耐震設計に関しては以下の事項について記載するとよい。

1)　使用材料に関する事項

鋼材，コンクリート材料又は地盤のような自然材料については記載すべき事項が他編に規定されているが，橋の耐震設計では，ゴム支承や制震装置等に他編で規定されていない材料を用いることがある。この場合は，1.6 に規定される事項を踏まえて，材料の条件を記載する。

2)　設計の前提とした施工方法及び手順

施工に関して耐震設計上前提とした条件であり，施工において遵守しなければならない事項等を記載する。例えば，鉄筋コンクリート橋脚において，設計において軸方向鉄筋に継手を設けないこととした範囲等を記載する。

3)　設計の前提とした施工品質（施工精度，検査基準）

施工品質に関して耐震設計上前提とした条件であり，施工において遵守しなければならない事項等を記載する。例えば，ゴム支承の等価剛性等，設計の前提とした特性や品質，強度等，施工によって達成されなければならない事項を記載する。

4)　設計の前提とした維持管理に関する事項。特に，地震による塑性化を期待する部材及び部位並びにその部材及び部位の想定する修復の実現性

維持管理に関して耐震設計上前提とした条件や配慮事項を記載する。橋の設計供用期間中に交換することを前提とする部材等の場合は，設計で考慮した交換方法についても記載しておく必要がある。

このほか，橋の耐震設計上，特に以下のｉ)からⅳ)について記載する。いずれも地震後に被害が生じた橋のその後の供用性や復旧計画を検討するうえで，損傷の可能性の有無や損傷している場合の損傷要因を把握するために必要な事項となる。

ｉ）架橋位置と形式の選定において耐震設計上考慮した事項

1.4 の規定を踏まえ，津波，斜面崩壊等及び断層変位に対して影響を受けないよう架橋位置又は橋の形式の選定を行った検討経緯を記載する。また，やむを得ずこれらの影響を受ける架橋位置又は橋の形式となった場合には，想定した事象の種類，規模，影響範囲，致命的な被害が生じにくくなるようにするための構造的な対策，致命的な被害に至った場合の機能回復措置の方策及び機能回復措置のために必要となる資機材等の種類，規格，量を記載する。

ⅱ）地震の影響を考慮する場合における各部材の限界状態

地震の影響を考慮する場合には，橋の限界状態に応じて設定した部材の限界状態の設定とその組合せの考え方を記載する。特に，塑性化を期待する部材及びその範囲が把握できるように記録しておく必要がある。これは，地震後の緊急点検の実施にあたって損傷の可能性を把握するために必要な情報となるためである。

ⅲ）固有周期と標準加速度応答スペクトル又は設計水平震度

地震動のレベルと種類に応じて，設計に用いた値を記載する。この際，主要な固有振動モードの固有周期とそれに対応する標準加速度応答スペクトルの値又は設計

水平震度の標準値と地域別補正係数も併せて記載する。一般には，橋軸方向及び橋軸直角方向のそれぞれに対して記載すればよいが，曲線橋のような場合には，設計で支配的となった固有振動モードの固有周期とそれに対応する標準加速度応答スペクトルの値又は設計水平震度を記載する。これは，実際に観測された地震動の特性との比較を行うために必要な情報となるためである。

iv）支承条件と落橋防止システムの考え方

橋軸方向及び橋軸直角方向のそれぞれに対して，支承条件（固定支承，可動支承，弾性支承，免震支承等）を記載する。レベル1地震動に対する設計における支承条件とレベル2地震動に対する設計における支承条件が異なる場合にはそれぞれの支承条件を記載する。ゴム支承の場合には，せん断ひずみの制限値とゴム層総厚等を記載する。これは，支承部に損傷が確認される場合にその支承に求める機能を把握し，復旧計画に反映するためである。また，ゴム支承に破断等が生じている場合は，その制限値やゴム層総厚の大きさ等から実際にどの程度の変形が生じた可能性があるかを把握することができる。

また，落橋防止システムを設置する場合には，支承部として設置される部材との区別が明確となるよう，どの部材が支承部で，どの部材が落橋防止構造又は横変位拘束構造に該当するかを記載する。これは，落橋防止システムは地震によって支承部に破壊が生じた後に機能するメカニズムであり，その損傷は地震直後の橋の状態を評価するうえで重要となることから，地震後の緊急点検時に，支承部，落橋防止構造又は横変位拘束構造の部材の区別を設計図等から速やかに道路管理者が把握できるようにするためである。

5）　設計において適用した技術基準等

設計に適用した技術基準等が特定できるように，適用した技術基準類や参考とした学協会等の技術論文や図書について名称や発行年などを記載する。このとき，基準や図書の一部のみを設計で用いた場合には，どの部分をどのように反映したのかが特定できるように記載するのがよい。なお，学協会等の技術論文や図書は，想定する限界状態や安全余裕の考え方，また，限界状態と関連付けられる特性値，制限値等が必ずしもこの示方書と一致しない。そのため，設計においてこれらを参考とする場合には，そこに示される制限値，評価式等をそのまま使用するのではなく，この示方書で要求する性能が満足されることをその設定根拠に立ち戻って慎重に確認したうえで使用する等，適切な取扱いを必要とするほか，検討した事項を設計図書等に記載するのがよい。

6）　地盤に関する事項

地盤条件としては，耐震設計上の地盤種別やその根拠となった地盤条件とその調査位置等を記載する。また，橋に影響を与える液状化が生じると判定される場合はその判定結果とその根拠となった地盤条件等についても記載する。なお，各下部構造位置において地盤条件が異なる場合には，各下部構造の位置ごとに記載する。

2章　橋の耐震設計の基本

2.1　総　　則

(1)　橋の耐震設計は，Ⅰ編1.8に規定する橋の性能を満足するようにしなければならない。

(2)　橋の耐震設計にあたっては，耐震設計上の橋の重要度を，地震後における橋の社会的役割及び地域の防災計画上の位置付けを考慮して，表-2.1.1に示すように耐震設計上の重要度が標準的な橋及び特に重要度が高い橋(以下それぞれ「A種の橋」及び「B種の橋」という。)の2つに区分する。

表-2.1.1　耐震設計上の橋の重要度の区分

耐震設計上の橋の重要度の区分	対象となる橋
A種の橋	下記以外の橋
B種の橋	・高速自動車国道，都市高速道路，指定都市高速道路，本州四国連絡道路，一般国道の橋 ・都道府県道のうち，複断面，跨線橋，跨道橋又は地域の防災計画上の位置付けや当該道路の利用状況等から特に重要な橋 ・市町村道のうち，複断面，跨線橋，跨道橋又は地域の防災計画上の位置付けや当該道路の利用状況等から特に重要な橋

(3)　橋の耐震設計では，以下の1)から3)を満足しなければならない。

1)　橋の耐荷性能を上部構造，下部構造及び上下部接続部の耐荷性能で代表させるとき，上部構造，下部構造及び上下部接続部は，少なくともⅠ編2.3に規定する橋の耐荷性能を満足するために必要な耐荷性能を有すること。

2)　上部構造，下部構造及び上下部接続部の耐荷性能を部材等の耐荷性能で代表させるとき，これらを構成する部材等は，少なくともⅠ編2.3に規定する橋の耐荷性能を満足するために必要な耐荷性能を有すること。

3) 橋の性能を満足するために必要なその他の事項を適切に設定し，その事項に対して必要な性能を有すること。

(4) Ⅰ編 1.8.2 に規定する設計の手法のうち，地震の影響を評価するための構造解析については，2.6 によることを標準とする。

(1) 橋の耐震設計においては，Ⅰ編 1.7 の規定に従い構造計画されていることが前提であり，特に地震の影響として，津波，斜面崩壊等，断層変位に関しては，架橋位置や橋の形式の選定に対して地域の防災計画等と整合するように必要な対策を講じることが 1.4 に規定されている。橋の耐震設計にあたっては，橋の耐荷性能を満足するために，これら様々な地震の影響を考慮し建設地点における地形・地質・地盤条件，立地条件，地域の防災計画等を考慮して，適切な構造計画を検討することが重要である。一般には，強度を向上させる構造部材と塑性変形能及びエネルギー吸収能を高める構造部材を組み合わせて橋全体系として地震に耐える構造系を目指すことが合理的となる。橋の設計にあたっては，経済性や施工品質の確保など様々な構造計画の観点から具体的な橋梁形式や構造設計を総合的に検討する必要があり，地震の影響に対して橋の性能を確実に発揮できるように設計するために検討する事項としては以下の 1)から 3)に挙げる事項等が該当する。

1) 入念な調査・検討が必要な事項

i) 地盤調査結果等に基づき，地盤条件及び地盤の振動特性を適切に把握することが重要である。特に，軟弱地盤に架設される橋，液状化・流動化が生じる可能性のある箇所に架設される橋，急傾斜地に架設される橋，地盤特性が著しく変化する箇所を横断する橋では，入念な調査により地盤の振動特性を把握し，この結果を構造計画に適切に反映させる必要がある。

ii) 新しい材料，装置及び構造形式を適用する場合には，力学的機構が明確であるという前提条件を満たし，かつ，実験等でその性状が確認された条件の範囲内で使用する必要がある。特に，地震による応答特性が部材や装置に生じる速度等の影響により静的な実験から得られる特性と異なる場合，温度等の使用される条件の影響を受ける場合，長期的な使用により力学的特性が変化する可能性がある場合等には，適用範囲に留意する必要がある。

2) 地震時の安定性や地震後の機能確保のために構造上配慮すべき事項

i) 耐震設計にあたっては，構造部材の塑性変形能及びエネルギー吸収能を高めて，橋全体系としてエネルギー吸収能に優れた構造となるように配慮する。

ii) 構造部材の地震時保有水平耐力，塑性変形能及びエネルギー吸収能を高めて地震に耐える構造とするか，免震橋等の採用により長周期化及びエネルギー吸収により慣性力を低減する構造とするかについて，地形・地質・地盤条件，立地条件等を考慮して適切に選定する必要がある。

iii）支承部の破壊による上部構造の落下を防止する観点では，連続桁やラーメン構造の採用を検討する。この際，下部構造に分担させる慣性力が少数の橋脚に過度に偏ることがないように配慮する。

iv）耐震性の高い橋を設計するために特別な配慮が必要となる可能性がある構造形式はできるだけ避けるように配慮する。例えば，以下の①から③に示すような構造等が該当する。

① 過度に斜角の小さい斜橋

② 過度に曲率半径が小さい曲線橋

③ 上部構造等の死荷重により大きな偏心モーメントを受ける橋脚構造

v）軟弱粘性土層のすべり，砂質地盤の液状化，液状化に伴う流動化等，地盤の変状が生じる可能性のある埋立地盤や沖積地盤上では，水平剛性の高い基礎を選定したり，多点固定方式やラーメン形式等の不静定次数の高い構造系の採用を検討するのがよい。なお，斜面崩壊等及び断層変位に対しては，1.4の規定による。

3) 地震による損傷が橋として致命的な状態とならないために配慮すべき事項

i）橋の耐震設計では，各部材の地震時保有水平耐力を階層化し，塑性化を期待する部材と塑性化を期待しない部材を明確に区別することが重要である。部分的な破壊が橋全体系の崩壊につながる可能性のある構造系では，当該部分の部材には損傷が生じないようにするか，損傷が生じる場合にもその損傷の程度を限定的なものに抑えるように配慮する必要がある。

ii）桁端部の場合，支承部や制震装置等が取付けられ，これらの取付部周辺では，桁かかり長を確保するとともに，落橋防止構造が取り付けられる等の上部構造が下部構造から容易には落下しないための構造的な対策が施される場合も多い。支承部や制震装置等の設計では，支承部の破壊を想定した上部構造の落下に対する配慮の趣旨を踏まえ，支承部や制震装置等の取付部周辺に損傷が生じても，上部構造が下部構造から容易には落下しないための対策に機能的な悪影響が生じないよう，装置本体とその取付部の設計等には十分留意することが重要である。

(2) これまでの示方書では，耐震設計上の観点から評価される橋の重要度に応じて，設計で考慮する地震動のレベルにあわせて，目標とする橋の耐震性能を確保することとされていた。この示方書では，地震の影響を考慮する状況も含めて橋に求める性能の一つである橋の耐荷性能及び耐震設計上の橋の重要度の区分に応じて確保するべき橋の耐荷性能がI編2.3に規定されている。

耐震設計上の橋の重要度の区分は，地震後における橋の社会的役割や地域の防災計画上の位置付け，橋としての機能が失われることの影響度の大きさ等に鑑み，これまでの規定を踏襲し，道路種別や橋の機能及び構造に応じ，2種類に区分することとされている。

地域の防災計画上の位置付けや当該道路の利用状況等から耐震設計上の橋の重要度を区分する場合には，以下の1)から4)を考慮する。

1)　地域の防災計画上の位置付け

橋が地震後の救援活動，復旧活動等の緊急輸送を確保するために必要とされる度合い

2)　他の構造物や施設への影響度

複断面，跨線橋や跨道橋等，橋が被害を受けたとき，それがほかの構造物や施設に影響を及ぼす度合い

3)　利用状況及び代替性の有無

利用状況や，橋が通行機能を失ったとき直ちにほかの道路等によってそれまでの機能を維持できるような代替性の有無

4)　機能回復の難易

橋が被害を受けた後に，その機能回復に要する対応の容易さの度合い

(3) 1)2)　部材等については限界状態を具体的な工学的指標と関連づけて耐荷性能を有するかどうかを確認する方法が規定される一方で，橋全体系を直接的に評価する一般的な方法を示すには至っていない。そのため，橋の耐荷性能を上部構造，下部構造及び上下部接続部及びこれらを構成する部材の耐荷性能で代表させる場合の方法について規定されている。

3)　これまでの示方書と同様に，既往の地震被害を踏まえ，支承部の破壊という事態に対してもできる限り上部構造の落下を防止できるように対策を講じることが必要であるが，この示方書では，支承部の破壊を想定し上部構造の落下に対する対策は，橋の耐荷性能としてではなく，地震の影響を考慮する状況に対するその他使用目的との適合性の観点で求められる性能としてこれを行うことが要求されており，関連の規定が2.7に示されている。

2.2　耐荷性能に関する基本事項

2.2.1　耐荷性能の照査において考慮する状況

橋の耐震設計では，上部構造，下部構造及び上下部接続部の耐荷性能並びに部材等の耐荷性能の照査において，Ⅰ編2.1に規定する変動作用支配状況及び偶発作用支配状況において，Ⅰ編3.1に規定する地震の影響を含む設計状況を考慮する。

橋が置かれる状況を異なる特性を持つ作用の各々が支配的となる状況に区分することがⅠ編 2.1 に規定されている。橋の耐震設計にあたっては，変動作用支配状況及び偶発作用支配状況それぞれにおいて，地震の影響を含む作用の組合せを考慮する。

2.2.2　耐荷性能の照査において考慮する状態

(1)　橋の耐震設計にあたっては，Ⅰ編 2.2 に規定する橋の状態を満足するために考慮する上部構造，下部構造及び上下部接続部の状態を，1)から 3)の区分に従って設定する。

1)　上部構造，下部構造又は上下部接続部として荷重を支持する能力が低下しておらず，耐荷力の観点からは特段の注意なく使用できる状態

2)　上部構造，下部構造又は上下部接続部として荷重を支持する能力の低下があるものの，その程度は限定的であり，耐荷力の観点からはあらかじめ想定する範囲の特別な注意のもとで使用できる状態

3)　上部構造，下部構造又は上下部接続部として荷重を支持する能力が完全には失われていない状態

(2)　部材等の耐荷性能の照査にあたっては，Ⅰ編 2.2 に規定する橋の状態を満足するために考慮する部材等の状態を，1)から 3)の区分に従って設定する。

1)　部材等として荷重を支持する能力が低下していない状態

2)　部材等として荷重を支持する能力が低下しているものの，その程度は限定的であり，あらかじめ想定する範囲にある状態

3)　部材等として荷重を支持する能力が完全には失われていない状態

Ⅰ編 1.8.1(2)に規定されるように，橋の耐荷性能を満足するために，橋が落橋等の致命的な状態に対して安全な状態にあることに加えて，必要な橋の性能を満足する適切な状態にあるように設計することが求められるが，これを上部構造，下部構造，上下部接続部の限界状態で代表させる場合の考え方及びこれらの限界状態を部材等の限界状態で代表させる場合の考え方がⅠ編 4.2 及びⅠ編 4.3 に規定されている。橋の耐荷性能に着目した場合，上部構造，下部構造，上下部接続部及び各部材等の状態は，その機能面に着目して規定のように区分して設定することができる。なお，上部構造，下部構造，上下部接続部及び部材等が荷重を支持する能力とは，上部構造，下部構造，上下部接続部及び部材等が安定した状態で荷重を支持できることをいう。

なお，上部構造，下部構造及び上下部接続部と，これらを構成する部材等の状態相互の

関係については，橋の耐荷性能に着目した場合，各部材等の状態は，その機能面に着目して規定のように区分して設定することができる。橋の耐震設計では，B種の橋に対して，地震後に橋に求められる荷重を支持する能力を速やかに確保できる状態に留めることが求められる。荷重を支持する能力を速やかに確保できる状態とすることで，橋に求める機能を確保することができる。ただし，その速やかさについては，機能回復の程度や時間的猶予が個別の橋ごとに異なることが考えられる。そのため，橋ごとに，耐荷力の観点から部材等として荷重を支持する能力についてあらかじめ想定する範囲を個別に適切に設定すればよいこととなる。

2.2.3　耐荷性能

(1)　橋の耐震設計では，上部構造，下部構造及び上下部接続部並びに部材等は，Ⅰ編 2.3 に規定する橋の耐荷性能を満足するよう，2.2.1 で設定する耐荷性能の照査において考慮する状況に対して，2.2.2 で設定する耐荷性能の照査において考慮する状態に，設計供用期間中において所要の信頼性をもって留まるようにしなければならない。
(2)　2.3 から 2.5 による場合には，(1)を満足するとみなしてよい。

橋の耐荷性能は，設計供用期間中の任意の時点に対する作用の組合せに対して，橋の構造が安全な状態にあり，かつ，橋に求められる機能が満足される状態にあることがそれぞれ適当な確からしさで達成される性能であることとⅠ編 2.3 に解説されている。橋の耐震設計では，この橋の耐荷性能を満足するために，適切に地震の影響を含む設計で考慮する状況を設定し，その設計状況に対して，上部構造，下部構造，上下部接続部及び各部材等の状態が求める状態にあることを，達成の確からしさも含めて確認することとなる。

2.3　耐荷性能の照査において地震の影響を考慮する状況

(1)　橋の耐震設計にあたっては，上部構造，下部構造及び上下部接続部並びに部材等の耐荷性能の照査において，2.2.1 に規定する状況を，少なくともⅠ編 3.2 に従い，作用の特性値，作用の組合せ，荷重組合せ係数及び荷重係数を用いて適切に設定しなければならない。
(2)　Ⅰ編 8.19 に規定する地震の影響（EQ）は，以下の 1)から 5)の影響を考慮することを標準とする。

1)　構造物及び土の重量に起因する慣性力（以下「慣性力」という。）

2)　地震時土圧

3)　地震時動水圧

4)　地盤振動変位

5)　液状化に伴って生じる地盤の流動化の影響（以下「地盤の流動力」という。）

(3)　(2) 1)から 5)に規定する地震の影響の特性値は，変動作用支配状況及び偶発作用支配状況のそれぞれで考慮する橋に作用する地震動の特性値に基づき適切に設定しなければならない。

(4)　橋に作用する地震動の特性値を設定するにあたっては，慣性力をその面より上方では考慮しその面より下方では考慮しないと定める地盤面（以下「耐震設計上の地盤面」という。）を設定しなければならない。

(5)　橋に作用する地震動の特性値は，耐震設計上の地盤面に入力するものとして設定しなければならない。

(6)　橋に作用する地震動の特性値は，3 章の規定により設定する。

(7)　(2) 1)から 5)に規定する地震の影響は，以下の 1)から 5)により考慮する。

1)　慣性力は 4.1 の規定により算出する。

2)　地震時土圧は 4.2 の規定により算出する。

3)　地震時動水圧は 4.3 の規定により算出する。

4)　地盤振動変位が橋に与える影響は，構造条件及び地盤条件に応じて適切に設定しなければならない。

5)　地盤の流動力は 4.4 の規定により算出する。

(1)(2)　橋の耐荷性能の照査において考慮すべき地震の影響が規定されている。これまでの示方書では，地震の影響として，慣性力，地震時土圧，地震時動水圧，地震時に不安定となる地盤の影響及び地震時地盤変位が規定されていた。このうち，地震時に不安定となる地盤の影響については，液状化の及ぼす影響として，土質定数を低減させ設計計算に考慮することと，地盤の流動力を考慮することが規定されていた。この示方書では，設計状況は荷重とその組合せで規定されており，液状化の及ぼす影響については設計計算において作用として考慮する地盤の流動力が規定されている。また，地震時地盤変位については，地震動による地盤振動により生じる変位を地盤振動変位として考慮することが規定されている。地震時地盤変位のうち，斜面崩壊等による変位及び断層変位については，定量的な評価が困難であることから，1.4 に規定される通り耐荷性能の照査を行う前に架橋位置と形式の選定において，耐震設計上考慮する事項とされている。

地震時土圧及び地震時動水圧は，静的な荷重として算出することが 4 章に規定されている。そのため，地震時土圧及び地震時動水圧を考慮する場合は，その作用方向に対して，慣性力を算出した結果に加え合わせることで考慮すればよい。なお，動的解析における地震時動水圧のモデル化の方法については 4.3 に解説している。

液状化が生じると，抗土圧構造物は土圧により前面へ押され，また，基礎のように地盤の水平抵抗を期待する構造物はその抵抗を失い大きく変位し，水際線付近や傾斜した地盤では，地盤の流動化が生じることがある。地盤の流動化の発生メカニズムに関しては，未解明な部分が多いが，地震後，過剰間隙水圧が高まり，ある程度液状化が進んだ段階から流動化が始まるといわれている。この段階では，多くの場合，地震動による慣性力の影響は大きくないと考えられる。そのため，10 章に規定される橋脚基礎の設計においては，地盤の流動力と慣性力は同時に考慮しなくてもよいことが規定されている。

(4)(5) この編では，3.5 に規定される耐震設計上の地盤面において地震動を入力するという方法が規定されているが，この方法以外にも，局所的な地盤の変化や周辺地形の影響も含めて個々の地盤条件を反映させ，構造部材と地盤とを一体的にモデル化し，橋全体系の地震応答解析を行い，橋の応答を算出するという方法等も考えられる。地震動の特性値を設定するにあたっては，橋の応答を算出するための前提とする構造解析モデルを設定する必要があり，この節では地震の影響を考慮するにあたって，その基本的な考え方が規定されている。なお，地盤も含めた橋全体系の地震応答解析を用いて橋の耐荷性能の照査を行うにあたっては，地震応答を算出するために，地盤の非線形応答特性を適切にモデル化する必要があり，十分な地盤調査を行い応答算出モデルに反映する必要がある。モデル化の方法及びパラメータの設定方法，設計地震動の入力位置及び設定方法，各部材等の限界状態の設定方法，部分係数の設定方法等について，設計手法として統一的な考え方を示すには，まだ十分な知見がない。この示方書では，地震動の特性値として，地表面で観測された強震記録やその統計解析結果及び距離減衰式による推定に基づき，3.5 に規定される耐震設計上の地盤面において定めた地震動を考慮する方法が規定されている。

(6) 3 章に規定される地震動の特性値は，これまでの強い地震動による地震被害の経験やそれに関連する調査研究に基づいて設定されている。ただし，橋に及ぼす影響が甚大であると考えられるような強い地震動に関しては，依然未解明な点が残されているため，橋に被害をもたらしたという観点でこれまでに観測された地震動の中でも最も強い地震動を設計で考慮したとしても，これを上回る地震動が将来発生する可能性は否定できない。このような具体的な影響としては考慮されていない外力を受ける可能性も考慮して，構造設計上の配慮が必要な事項が 2.7 に規定されている。

(7)4)　地盤振動変位は，地中部の構造物である基礎等の設計において考慮する必要がある地震の影響であるが，その他の地震の影響とは異なりその具体的な方法は規定されていない。これは，地上部分の構造の応答が慣性力による影響が支配的な場合もあれば，例えばフーチングを有していない構造等のように地盤振動変位が及ぼす影響が支配的となる場合もあるなど，その及ぼす影響を一律に規定することは困難であることによる。この編では，地盤振動変位に対して，2.5(8)の規定に基づき，地中部の構造に適切に塑性変形能を付与することが求められている。

2.4 耐荷性能の照査において地震の影響を考慮する状況に対する限界状態

2.4.1 一　般

(1) 橋の耐震設計における上部構造，下部構造，上下部接続部（以下これらを「各構造」という。）又は各構造を構成する部材等の耐荷性能の照査にあたっては，2.2.2 に規定する耐荷性能の照査において考慮する状態の限界を，各構造又は各構造を構成する部材等の限界状態として適切に設定しなければならない。

(2) 橋の耐震設計における橋の耐荷性能の照査にあたって，各構造の限界状態によって橋の限界状態 1，橋の限界状態 2 及び橋の限界状態 3 を代表させる場合には，それぞれ 2.4.2 から 2.4.4 の規定に従って各構造の限界状態を設定し，これを組み合わせることを標準とする。

(3) 橋の耐震設計における各構造の耐荷性能の照査にあたって，各構造を構成する部材等の限界状態によって，各構造の限界状態 1，限界状態 2 及び限界状態 3 を代表させる場合には，2.4.5 の規定に従って各構造を構成する部材等の限界状態を設定し，これを組み合わせることを標準とする。

I 編 4.2 には，橋の限界状態 1 から橋の限界状態 3 を各構造の限界状態で代表させる場合の考え方が規定されており，各構造及び各構造を構成する部材等の限界状態及び各限界状態を超えないとみなせる条件が規定されている。ここでは，2.3 に規定される耐荷性能の照査において地震の影響を考慮する状況に対して，橋の耐震設計における特有の事項が規定されたものである。橋の耐震設計においては，部材等の限界状態の特性値の設定等が他編の規定と異なる場合は，この編の規定が優先される。

2.4.2　橋の限界状態１に対応する上部構造，下部構造及び上下部接続部の限界状態

橋の耐震設計にあたって，Ⅰ編 4.1 に規定する橋の限界状態１を各構造の限界状態で代表させる場合には，以下の 1)から 3)とする。

1)　上部構造

Ⅱ編 3.4.2 又はⅢ編 3.4.2 に規定する上部構造の限界状態１

2)　下部構造

Ⅳ編 3.4.2 に規定する下部構造の限界状態１

3)　上下部接続部

支承部を用いる場合には，Ⅰ編 10.1.4 に規定する支承部の限界状態１

橋の限界状態１は橋としての荷重を支持する能力が損なわれていない限界の状態であることから，上部構造，下部構造又は上下部接続部のいずれかの状態が限界状態１に達したときで代表できる。各構造は耐荷力の観点からは特段の注意なく使用できる限界の状態である。この限界の状態を超えないとみなせるためには，各構造の状態は，可逆性を有し力学的特性や挙動が弾性範囲にあることが求められている。

2.4.3　橋の限界状態２に対応する上部構造，下部構造及び上下部接続部の限界状態

橋の耐震設計にあたって，Ⅰ編 4.1 に規定する橋の限界状態２を各構造の限界状態で代表させる場合には，以下の 1)から 3)とする。ただし，下部構造の限界状態を限界状態２とする場合は，これと組み合わせる上下部接続部の限界状態は限界状態１とし，上下部接続部の限界状態を限界状態２とする場合は，これと組み合わせる下部構造の限界状態は限界状態１とすることを標準とする。

1)　上部構造

Ⅱ編 3.4.2 又はⅢ編 3.4.2 に規定する上部構造の限界状態１

2)　下部構造

Ⅳ編 3.4.2 に規定する下部構造の限界状態１又は限界状態２

3)　上下部接続部

支承部を用いる場合には，Ⅰ編 10.1.4 に規定する支承部の限界状態１又は限界状態２

橋の限界状態2を超えないとみなせるためには，各構造の状態は，塑性化を期待する部材にのみ塑性化が生じ，その塑性化の程度が橋の限界状態2を超えないとみなせる状態に留めなければならないことが規定されている。また，塑性化を期待しない部材等には，塑性化を期待する部材の塑性化の程度や他の部材の状態との関係が意図したものとなるよう，例えば，塑性化を期待する部材に接続する部材の変位や強度などを整合させるように限界状態を設定しなければならない。

直接活荷重が載荷される部材である上部構造については，塑性化を期待する部材としないことが標準とされている。これは，部材等の塑性化が生じた場合，一般には道路を供用しながらの復旧が困難なだけではなく，水平力により塑性化が生じても部材軸方向に死荷重を支持する橋脚とは異なり，鉛直方向に荷重を支持する能力が確保できる損傷の程度に関する知見が十分ではなく，水平力により主桁等の塑性化が生じた場合に耐荷力の急激な低下が生じるおそれがあるためである。

特に，アーチ橋や斜張橋，吊橋のような橋梁形式で塑性化を期待する場合には，個々の橋梁構造の特性に応じて，塑性化を期待する部材を適切に選定するとともに，部材等の限界状態を適切に設定する必要がある。塑性化を期待する部材を組み合わせる場合には，許容できる部材等の塑性化の程度を，適切な知見に基づき設定する必要がある。しかし，例えば，上路式アーチ橋のアーチリブや斜張橋の塔のように，橋全体系の挙動や安定に大きな役割を担う部材で，地震の影響を考慮する状況で，高い軸力が作用し，かつ，その軸力が変動するような部材の挙動がまだ十分解明されていないなど，部材として許容できる塑性化の程度を設定することは一般に困難である。そのため，上部構造については限界状態1を超えない状態とすることが規定されており，塑性化を期待する部材として，これらの部材等を選定する場合の限界状態2及び限界状態3について具体的な特性値は規定されていない。

橋の限界状態に対応する塑性化を期待する部材等の組合せの考え方として，塑性化を期待する部材と塑性化させない部材を明確に区別し，塑性化を期待する部材等にのみ塑性化が生じるように設計することが規定されている。これは，種類の異なる複数の部材に同時に塑性化を期待する構造は，地震時の挙動が複雑になる可能性もあり，このような構造の地震応答特性については十分に解明されていないためであり，種類の異なる複数の部材に塑性化を期待しないことが標準とされたものである。なお，塑性化を期待する部材としては，当該部材が塑性変形能を有し，塑性化することによりエネルギー吸収を図る部材だけではなく，免震支承等のエネルギー吸収を図る部材も該当する。したがって，免震支承を用いてエネルギー吸収を図るとともに，橋脚にも塑性化を期待し，免震支承と橋脚でエネルギー吸収を図る場合は，種類の異なる複数の部材に同時に塑性化を期待する構造となる。ただし，免震支承によるエネルギー吸収を確実にできるように橋脚の塑性化の進展を限定的にとどめることで，地震応答特性が適切に評価できる。このように，種類の異なる複数の部材に同時にエネルギー吸収を期待する場合であっても，適用範囲を明確にし，適切に地震応答特性が評価できる場合は，塑性化を期待する部材を一つの部材に限定した設計としなくてもよい。

また，2.4.5 に規定されるように各構造に塑性化を期待しエネルギー吸収を考慮する場合，各構造を構成する部材のいずれかの部材に塑性化を期待しその他の部材には塑性化を期待しないことが標準とされている。そのため，一般には，確実にエネルギー吸収を図る部材としては，図-解 2.4.1 に示すように，橋脚，基礎又は免震橋であれば免震支承のいずれかが選択されることが多い。各部材の限界状態の組合せの考え方は，次のとおりである。

① 橋脚の塑性化によるエネルギー吸収を期待する場合

橋脚の塑性化によるエネルギー吸収を期待する場合には，橋脚は限界状態 1 を超える状態となるものの，限界状態 2 は超えず，耐荷力が想定する範囲内で確保できる必要がある。橋の耐荷性能 2 を満足するために部材等の限界状態 2 を超えないように橋脚を設計することとなるため，橋としての機能の回復を速やかに行えるように，橋脚の塑性化の程度を制限する必要がある。横拘束鉄筋等の構造細目を満足した鉄筋コンクリート橋脚で，塑性変形能を有していれば，安定したエネルギー吸収能が確保できる状態であり，かつ，修復が困難な残留変位が生じない状態で塑性化の程度が留められる場合，橋としての機能の回復を速やかに行えると考えられる。そのため，この状態を耐荷力が想定する範囲内で確保できる状態であると考え，この限界の状態を超えないことを照査する必要がある。

橋脚に塑性化を期待する場合には，支承部，上部構造等その他の部材は，部材等の塑性化を生じさせずその挙動が可逆性を有する状態である必要があり，部材等の限界状態 1 を超えないことを照査する。

また，基礎についても，部材等の塑性化が生じずその挙動が可逆性を有する状態である必要がある。ここでいう部材等の塑性化が生じずその挙動が可逆性を有する状態とは，基礎全体として耐荷力を低下させるような損傷が生じないように必要な耐力及び剛性を確保し，基礎全体として可逆性を有する範囲を超えない状態である。このとき，地盤の非線形性の影響等により，基礎を構成する一部の部材は限界状態 1 を超える場合もある。なお，フーチングは，橋脚に作用する断面力を基礎に確実に伝達させる部材であるため，部材等の塑性化を生じさせずその挙動が可逆性を有する状態である必要がある。

上部構造を構成する各部材については，部材等の挙動が可逆性を有する状態である必要があり，各編に規定される部材等の限界状態 1 を超えないことを照査する。ただし，プレストレスを導入するコンクリート箱桁については，Ⅲ編 5 章に規定される部材等の限界状態 1 を超えないことを照査するのではなく，6.4 及び 12 章の規定に従い，上部構造全体として可逆性を有すると考えることができる範囲で部材等の限界状態 1 と工学的指標を適切に関連づけて照査することも可能である。これは，ラーメン橋のように上部構造と橋脚が剛結されている場合等，地震の影響が上部構造の設計上支配的となる構造形式の橋や支間の長い橋では，レベル２地震動を考慮する設計状況において，プレストレストコンクリート部材のコンクリートが全断面有効とみなせる範囲に留めようとすると，上部構造と橋脚の接合部の配筋が過密となり施工性が悪くなったり，鉄筋量が過大となるとプレストレスの損失が大きくなり合理的な設計とはならないことも踏まえ規定されたものである。なお，このような場合には塑性化を期待する部材として橋脚を選定したうえで，実験検証等により，上部構造としては塑性化が生じておらず，挙動が可逆性を有すると考えることができる範囲を限界状態として適切に設定しなければならない。

② 基礎の塑性化を期待する場合

基礎の塑性化を期待する場合，基礎は限界状態１は超える状態となるものの，基礎の限界状態２は超えず，耐荷力が想定する範囲内で確保できる必要がある。基礎に塑性化を期待しエネルギー吸収を考慮する場合には，設計で想定した地盤反力が得られる範囲内で基礎が挙動し，基礎の本体に大きな損傷が生じないようにするとともに，基礎に生じる変形が上部構造の挙動に悪影響を及ぼさないようにすることができる状態であれば，地震後の損傷状況の確認は橋脚基部と比べると容易ではないものの，橋としての機能の回復を速やかに行えると考えられる。そのため，この状態を耐荷力が想定する範囲内で確保できる状態であると考え，この限界の状態を基礎の限界状態２としてこれを超えないことを照査する必要がある。このとき，基礎を構成する各部材は，基礎の部材抵抗又は基礎の安定のいずれか一つが部材等の限界状態１は超える状態となるものの，いずれも部材等の限界状態２は超えないようにすれば，基礎の限界状態２を超えないと考えてよい。

このとき，基礎に塑性化が生じるようにするためには，橋脚，橋台，支承部，上部構造の各部材については，部材等の塑性化を生じさせずその挙動が可逆性を有する状態である必要があり，部材等の限界状態１を超えないことを照査する。

③ 免震支承と橋脚の塑性化によるエネルギー吸収を期待する場合

免震支承と橋脚の塑性化によるエネルギー吸収を期待する免震橋では，免震支承はエネルギー吸収が安定して確保できる状態である必要がある。このとき，橋脚の状態は，塑性化が生じていない，又は塑性化が生じている状態ではあるものの，免震支承によりエネルギー吸収が可能な範囲に塑性化が制限された状態である必要がある。このため，支承部にエネルギー吸収を期待しない場合に比べて橋脚の応答は抑える必要がある。

なお，免震橋において基礎に塑性化を期待してはならないことが，14章に規定されている。これは，免震支承のエネルギー吸収により免震支承以外の構造部材の応答を低減することを目的とする免震橋において，免震支承に確実にエネルギー吸収が行われるようにするための基礎に許容できる塑性化の程度については，液状化の影響により地盤の水平反力が十分に期待できない場合も含めて，まだ十分な知見がないためである。

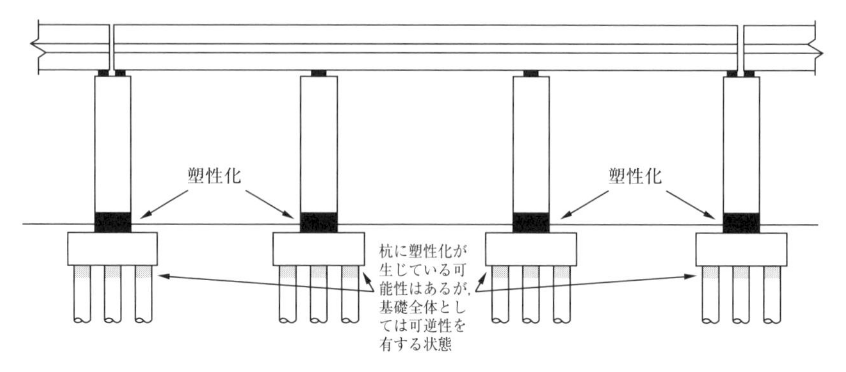

(a) 単柱橋脚に塑性化を期待する場合（橋軸方向）

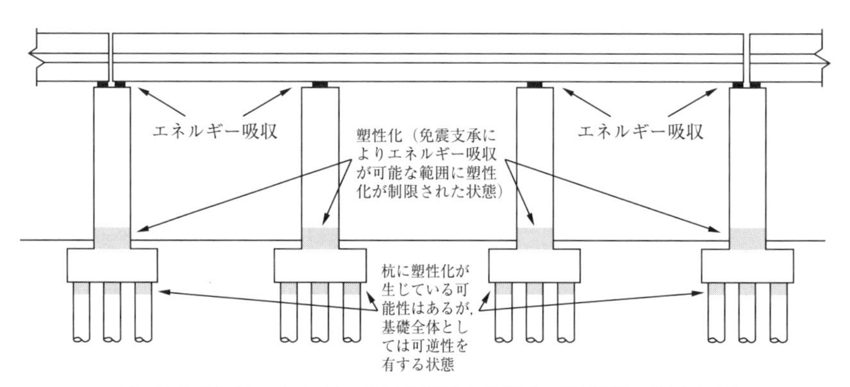

(b) 免震支承にエネルギー吸収を期待する場合（免震橋，橋軸方向）

図-解 2.4.1 橋の限界状態 2 に対する部材の

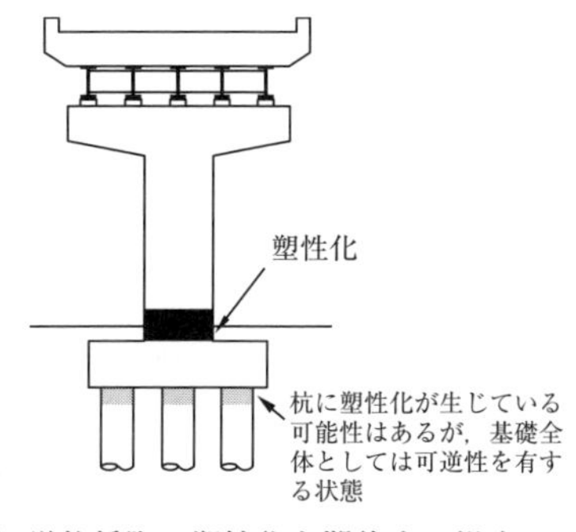

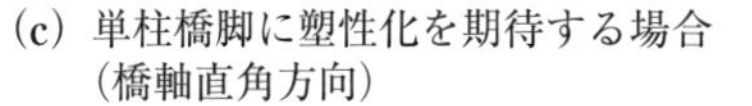

(c) 単柱橋脚に塑性化を期待する場合
(橋軸直角方向)

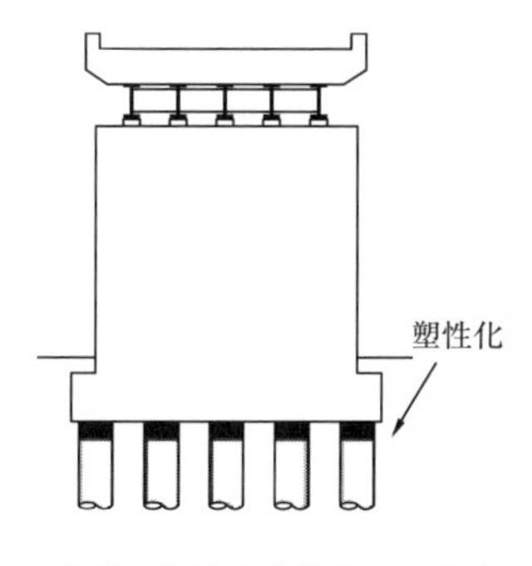

(d) 基礎に塑性化を期待する場合
(壁式橋脚，橋軸直角方向)

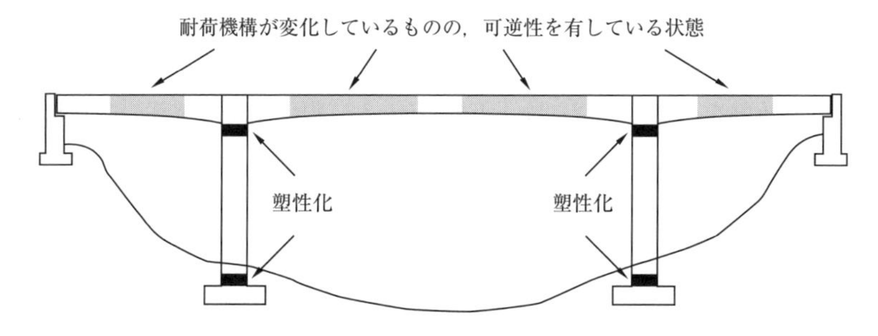

(e) 橋脚に塑性化を期待する場合（ラーメン橋の橋軸方向の場合）

塑性化を期待する部材等の組合せの例

2.4.4　橋の限界状態 3 に対応する上部構造，下部構造及び上下部接続部の限界状態

橋の耐震設計にあたって，Ⅰ編 4.1 に規定する橋の限界状態 3 を各構造の限界状態で代表させる場合には，以下の 1)から 3)とする。ただし，下部構造の限界状態を限界状態 3 とする場合は，これと組み合わせる上下部接続部の限界状態は限界状態 1 とし，上下部接続部の限界状態を限界状態 3 とする場合は，これと組み合わせる下部構造の限界状態は限界状態 1 とすることを標準とする。

1)　上部構造

Ⅱ編 3.4.2 又はⅢ編 3.4.2 に規定する上部構造の限界状態 1 又は限界状態 3

2)　下部構造

Ⅳ編 3.4.2 に規定する下部構造の限界状態 1 又は限界状態 3

3)　上下部接続部

支承部を用いる場合には，Ⅰ編 10.1.4 に規定する支承部の限界状態 1 又は限界状態 3

各部材の限界状態の組合せの考え方は橋の限界状態 2 と同じであり，相違点のみ以下に示す。

①　橋脚の塑性化によるエネルギー吸収を期待する場合

橋脚が耐荷力を完全には失っていない状態である必要があり，この限界の状態を橋脚の限界状態 3 とし，これを超えないことを照査する。安定したエネルギー吸収能が確保できる限界の状態は超えるものの，上部構造を支持するための橋脚の鉛直耐力を保持できる状態とする必要がある。

②　基礎の塑性化を期待する場合

基礎が耐荷力を完全には失っていない状態である必要があり，この限界の状態を基礎の限界状態 3 とし，これを超えないことを照査する。なお，このとき，基礎全体としての限界状態 3 に相当する制限値は，2.4.3 に規定される橋の限界状態 2 に対応する下部構造の限界状態として，基礎に塑性化を期待する場合の限界状態である基礎の限界状態 2 に相当する制限値と同じである。これは，基礎の本体に大きな損傷が生じるような状態における基礎の地震時挙動がまだ十分に解明されていないためである。

③　免震支承と橋脚の塑性化によるエネルギー吸収を期待する場合

免震支承と橋脚の塑性化によるエネルギー吸収を期待する免震橋では，免震支承が耐

荷力を完全には失っていない状態である必要がある。この限界の状態を超えないことを照査するにあたってはこの制限値を適切に設定する必要がある。橋脚の塑性化の程度は，免震橋の限界状態2に対応する橋脚の状態と同じである必要がある。

2.4.5 上部構造，下部構造及び上下部接続部を構成する部材等の限界状態

(1) 橋の耐震設計にあたって，I編4.2に規定する各構造の限界状態1を，各構造を構成する部材等の限界状態で代表させる場合には，各構造を構成するいずれかの部材等が2.4.6に規定する部材等の限界状態1に達したときとすることを標準とする。

(2) 橋の耐震設計にあたって，I編4.2に規定する各構造の限界状態2を，各構造を構成する部材等の限界状態で代表させる場合には，各構造を構成するいずれかの部材が2.4.6に規定する部材等の限界状態2に達したときとし，このときその他の部材が限界状態1を超えないことを標準とする。部材等の限界状態2となる部材を選定するにあたっては，少なくとも塑性化を期待する部材並びにその塑性化する位置及び範囲が，調査及び修復が容易にできることを標準とする。

(3) 橋の耐震設計にあたって，I編4.2に規定する各構造の限界状態3を，各構造を構成する部材等の限界状態で代表させる場合には，これらを構成するいずれかの部材が2.4.6に規定する部材等の限界状態3に達したときとし，その他の部材が限界状態1を超えないことを標準とする。

(2)(3) 一般に部材に塑性化が生じることによりエネルギー吸収を図ることが可能な部材等としては，橋脚，基礎，免震橋の場合の免震支承があげられる。橋の耐荷性能を満足すればどの部材に塑性化を期待してもよいが，地震後に求められる橋の機能は確実に満足させる必要がある。例えば，緊急輸送という使用目的を達成するためには，橋の状態を速やか，かつ，確実に確認できるようにすることが必要であり，そのためには，地震後の橋の状態を適切に評価するために必要となる調査の実施や，損傷していた場合にはその機能回復のための応急復旧及び恒久復旧の実施も含めた一連の震後対応が適切にできるようにしなければならない。例えば，B種の橋について，緊急輸送という使用目的を確実に達成するためには，損傷の発見が容易で，その修復が速やかに行える部材で塑性化するように設計する等の対応が有効である。また，基礎のような損傷の把握が困難で，容易に確認できない部位には，機能回復が速やかに実施できるように，塑性化の程度を制限し，修復が不要となる範囲に留める等，制約条件を踏まえて部材の限界状態を適切

に設定する必要がある。なお，A種の橋については，橋として落橋等致命的ではない状態であることが橋の性能として求められているものの，地震後の橋の機能の確保については求められていない。しかしながら，大規模地震において多くの橋が被災する状況を考えれば，地震後の点検，復旧活動を円滑に行うためには，塑性化を期待する部材は，地震後の調査及び修復がしやすい部材及び塑性化の位置の範囲を選定することが望ましい。

以上の観点を踏まえると，支承部を介して上下部構造が接続されている一般的な桁橋等では，下部構造のうち橋脚の柱基部の状態が比較的容易に確認できる条件の場合は，橋脚の柱基部に塑性化を期待するように設計されることが一般的となる。一方，ダム湖に建設される場合や水深の深い河川や海上に架かる橋等の場合には，水中にある柱基部に塑性化が生じるようにすると，地震後の損傷の発見及び修復が著しく困難となる。このように地震後に速やかな調査及び修復ができないと判断される場合には，塑性化の程度を制限し，修復が不要となる範囲に留める等，制約条件を踏まえた部材の限界状態に相当する特性値を適切に設定する必要がある。

このほか，基礎に塑性化を期待する場合，基礎本体及び地盤に変形が生じることでエネルギー吸収を図ることになるものの，基礎の損傷は発見が難しく，その修復も大がかりなものとなる場合が一般的である。そのため，一般には基礎に塑性化が生じにくくなるように設計されることとなる。橋脚が設計水平震度に対して十分大きな地震時保有水平耐力を有している場合，又は免震支承によりエネルギー吸収を図る構造系以外の場合で，橋に影響を与える液状化が生じると判定される土層を有する地盤に基礎が設置される場合は，基礎を降伏させないように橋脚の地震時保有水平耐力と同等以上の耐力を有するように橋脚基礎を設計することは必ずしも合理的ではないことから，これまでの示方書では，基礎に塑性化を期待した設計を行ってもよいことが規定されていた。しかし，基礎を塑性化させることが合理的かどうかを検討するにあたっては，経済性だけではなく，上述のように，地震後の橋の状態を適切に評価するための調査や，損傷していた場合にはその機能回復のための応急復旧及び恒久復旧の実施も含めた一連の震後対応の観点も考慮する必要がある。そのため，この示方書では，基礎に塑性化を考慮してもよい具体的な条件は規定されていない。架設地点の制約条件等を踏まえた損傷の発見及び修復の方法についても事前に十分検討し，基礎を塑性化させるかどうか総合的に判断する必要がある。

なお，橋脚が設計水平震度に対して十分大きな地震時保有水平耐力を有している場合の1つの目安としては，式（解 2.4.1）を満たしている場合と考えてよい。このとき，PやWの算出にあたっては，設計状況に応じた荷重係数を考慮して算出する必要がある。

$$P \geqq 1.5 k_{hc} W \quad \cdots\cdots \quad (解\ 2.4.1)$$

ここに，

P：基礎が支持する橋脚の水平耐力（N）で，鉄筋コンクリートの場合は式（8.3.3）により算出する地震時保有水平耐力，鋼製橋脚の場合は式（9.4.15）により算出する水平耐力

k_{hc}：橋脚に許容される塑性化の程度に応じて，設計上必要とされる最低限の地震時保有水平耐力に相当する水平震度。ただし，8.9.1(4)及び9.5.1(3)の規定により，$k_{hc} \geqq 0.4c_{2z}$ とする。

W：等価重量（N）で，式（8.4.5）により算出する。ただし，鉄筋コンクリート橋脚の破壊形態が8.3に規定されるせん断破壊型と判定された場合には，8.4(2)3)に規定される c_P を1.0とする。

2.4.6 部材等の限界状態

(1) Ⅰ編4.3に規定する各構造を構成する部材等の限界状態1を，Ⅱ編3.4.3，Ⅲ編3.4.3及びⅣ編3.4.3の規定により設定することができる。

(2) Ⅰ編4.3に規定する各構造を構成する部材等の限界状態2は，部材等の挙動が可逆性を失うものの，耐荷力が想定する範囲で確保できる限界の状態とする。

(3) Ⅰ編4.3に規定する各構造を構成する部材等の限界状態3を，Ⅱ編3.4.3，Ⅲ編3.4.3及びⅣ編3.4.3の規定により設定することができる。

(4) 部材等の限界状態は，その状態を表す工学的指標によって適切に関連付けることを標準とする。

(5) 地震の影響を考慮して工学的指標と限界状態を関連づける場合には，Ⅱ編3.4.1，Ⅲ編3.4.1及びⅣ編3.4.1の規定によるほか，限界状態に対応する特性値の設定にあたっては，以下の1)及び2)を満足しなければならない。

1) 地震による繰返し作用が部材等の状態に及ぼす影響を考慮する。

2) 部材等の構造条件に応じた，部材等の耐力，非線形履歴特性及び破壊形態が考慮できる適切な知見に基づいた方法による。

(6) 各構造及び各構造を構成する部材等について，6章及び8章以降の規定に従い工学的指標の特性値又は制限値を定める場合には，(4)及び(5)を満足するとみなしてよい。

(1)から(3)　ここに規定される部材等の限界状態1及び限界状態3も，各編に規定される部

材等の限界状態1及び限界状態3と同じである。部材等の限界状態1で規定される部材等の挙動が可逆性を有する限界の状態とは，地震の影響により部材等に応答が生じ荷重が除荷された後に，部材等に変位等が残留せず，再度同様の荷重に対しても，同様に部材が応答することができる限界の状態である。部材等の限界状態3で規定される部材等の挙動が可逆性を失うものの，耐荷力を完全には失わない限界の状態とは，この限界の状態を超えると部材等が耐力や塑性変形能等を失い荷重を支持できない状態であり，荷重が除荷された後の再度の荷重の作用に対して，同様に挙動することができない状態である。これに対して，部材等の限界状態2は橋の限界状態2を超えないよう，部材等の挙動が可逆性を失うものの，その部材に求められる耐荷力が確保できている限界の状態である。耐荷力を確保できているとは，部材等に変位等が残留したとしても，再度の荷重の作用に対しても，同様に部材が応答することができる状態である。ここに，同様に部材が応答することができるとは，地震の影響に対しては，繰返し作用に対して想定していた耐荷力が失われることなく，また同様の荷重－変位の非線形履歴を描くことができることである。

このほか，耐荷力が確保できているだけではなく，橋脚の残留変位のように，橋の限界状態2で求める機能に対応して，その前提となる範囲内に留める必要がある場合は，その限界の状態がその部材等の限界状態2となる。橋を構成する各構造及び各構造を構成する各部材をそれぞれどのような状態に留め，橋の限界状態2を超えないようにするための設計を行うかに応じて，その部材等の限界状態を設定することができる耐力や塑性変形能などの工学的指標と適切に関連づける必要がある。

この示方書では，各部材に応じて塑性化を期待する場合の設計の考え方，留意事項等，部材一般として限界状態を設定する際の力学的観点について従来よりも明確に規定された。上部構造に塑性化を期待する場合，その耐荷機構や塑性変形能，残留変形の評価にあたって，橋全体系に与える影響については不明な点も多く，十分に検証する必要がある。

(4)(5) 地震による部材の損傷は橋全体系の挙動に影響を及ぼすため，適切な安全余裕を確保するためには，設計で対象とする範囲だけでなくそれを超える状態においてもどの程度の抵抗特性やエネルギー吸収能があるのか，また，最終的にはどのようなメカニズムで橋を構成する部材等が破壊するのかを把握する必要がある。例えば，柱基部で曲げによる塑性化が生じる橋脚では，水平耐力を保持できなくなる状態及び最終的な破壊形態として荷重を支持する能力を失う状態に対して，適切な安全余裕を確保することを部材等の限界状態に対応する制限値の設定において考慮する必要がある。また，8.3に規定される曲げ損傷からせん断破壊移行型の鉄筋コンクリート橋脚のように，地震時の正負交番作用による塑性変形の繰返しにより，コンクリートが負担するせん断力が減少する場合もある。部材等の限界状態を設定するにあたって塑性変形能をその指標として用いる場合には，その塑性化の程度が曲げ耐力に及ぼす影響だけではなく，曲げ耐力以外の耐荷力等に及ぼす影響についても把握する必要がある。また，ゴム支承のように，載荷速度や温度等の環境条件によってはその変形特性が異なる場合もある。部材等の限界状態と工学的指標との関連づけにあたっては，抵抗特性の評価方法やモデル化の方法を実験等により検証された範囲で用いる等，妥当性を有する適切な方法で設定する必要がある。部材等の限界状態に相当する特性値の設定にあたっては，その適用範囲を明確にするとともに，設計で対象とする構造の条件が適用範囲に含まれていることを十分確認する必要がある。

塑性変形能を評価する場合は，地震による繰返し作用に対して安定した挙動を示すかどうかに着目する必要がある。このとき，水平抵抗力が保持できなくなるような大きな塑性変形を受ける段階では，地震動による応答の繰返し回数が多くなると，部材の水平耐力や非線形履歴特性に影響を及ぼす場合があることも明らかになっている。部材の水平耐力と変位の骨格曲線及び履歴特性をモデル化するにあたっては，正負交番繰返し載荷実験や振動台加震実験等の地震による作用を考慮した実験や，実験により適用性が検証された解析等により検証された方法による必要がある。

さらに，部材等の限界状態の設定にあたっては，材料の機械的性質及び繰返し塑性履歴特性の影響，動的載荷の影響，温度等の環境条件の影響を考慮した正負交番繰返し載荷実験や振動台加震実験等により，部材等に繰返し載荷の影響が水平耐力やエネルギー吸収能に顕著に生じず，安定した抵抗特性が確保できる部材等の状態を確認する必要がある。

なお，部材等が可逆性を有する範囲であれば，地震時の繰返しの作用の影響は小さいため，部材等の限界状態1に相当する特性値は，各編に規定される部材等の限界状態1に従い設定すればよい。

2.5　耐荷性能の照査

(1)　橋の耐震設計にあたって，各構造又は各構造を構成する部材等の耐荷性能の照査は，2.2.3に規定する耐荷性能を満足することを適切な方法を用いて確認することにより行う。

(2)　I編5章の規定に従い橋の耐荷性能の照査を部材等の耐荷性能の照査で代表させる場合の部材等の耐荷性能の照査は，以下の1)及び2)に従い行うことを標準とする。

1)　2.3(1)に規定する作用の組合せに対して，部材等の耐荷性能に応じて定める2.4.6に規定する部材等の限界状態1及び限界状態3又は限界状態2及び限界状態3を，各々に必要な信頼性をもって超えないことを式（2.5.1）及び式（2.5.2）を満足することにより確認する。

$$\sum S_i\left(\gamma_{pi}\gamma_{qi}P_i\right)\leqq\xi_1\Phi_{RS}R_S \quad (2.5.1)$$

$$\sum S_i\left(\gamma_{pi}\gamma_{qi}P_i\right)\leqq\xi_1\xi_2\Phi_{RU}R_U \quad (2.5.2)$$

ここに，

P_i：作用の特性値

S_i：作用効果であり，作用の特性値に対して算出される部材等の応答値

R_S：部材等の限界状態1又は限界状態2に対応する部材等の抵抗に係る特性値

R_U：部材等の限界状態3に対応する部材等の抵抗に係る特性値

γ_{pi}：荷重組合せ係数

γ_{qi}：荷重係数

ξ_1：調査・解析係数

ξ_2：部材・構造係数

Φ_{RS}：部材等の限界状態1又は限界状態2に対応する部材等の抵抗に係る抵抗係数

Φ_{RU}：部材等の限界状態3に対応する部材等の抵抗に係る抵抗係数

2）部材等の限界状態を代表させる事象を，部材等の限界状態1又は限界状態2と限界状態3のいずれかに区分し難い場合には，当該事象を部材等の限界状態3として代表させ，2.3(1)に規定する作用の組合せに対して，部材等の限界状態3を必要な信頼性をもって超えないことを式（2.5.2）で満足することにより確認する。

(3) 式（2.5.1）及び式（2.5.2）の作用効果は，2.6の規定，3章，4章及び5章の規定に従い算出する。

(4) 式（2.5.1）及び式（2.5.2）の作用の特性値，荷重組合せ係数及び荷重係数は，2.3の規定に従い設定する。

(5) 式（2.5.1）及び式（2.5.2）の抵抗係数並びに抵抗の特性値は，6章及び8章以降の規定に従い設定する。

(6) 式（2.5.1）及び式（2.5.2）の調査・解析係数は，I編3.3に規定する⑪の作用の組合せを考慮する場合は1.00とすることを標準とする。

(7) 式(2.5.2)の部材･構造係数は,6章及び8章以降の規定に従い設定する。

(8) 地盤振動変位が部材に及ぼす影響については，2.3(2)1)から3)に規定する地震の影響を考慮する状況に対して部材等の限界状態を超えないことを確認するとともに，地中部の構造に適切に塑性変形能を付与できるように構造上の配慮をしなければならない。

(9) 橋の耐震設計において，部材等の塑性化を期待する部材等を連結する場合には，各構造間について，以下の1)から3)を満足しなければならない。

1) 上部構造，下部構造及び上下部接続部の限界状態と，各構造間の接合部の限界状態の関係を明確にしたうえで，これらの構造全体の所要の機能が発揮されるようにしなければならない。

2) 連結される各構造は，各構造間の接合部の耐荷機構の前提及び連結される各構造の耐荷機構の前提となる状態が確保されるようにしなければならない。

3) これらの構造間の接合部は，構造間に生じる相互の断面力を確実に伝達できるようにしなければならない。

(10) 液状化が生じる土層を有する地盤上にある橋の耐震設計では，液状化が橋に及ぼす影響を適切に考慮しなければならない。ただし，I編3.3に規定する⑨の作用の組合せを考慮する場合には，液状化が橋に及ぼす影響を考慮しなくてもよい。

(11) 7章の規定による場合は，(10)に規定する液状化が橋に及ぼす影響を適切に考慮したとみなしてよい。

(12) 液状化が橋に及ぼす影響を考慮する場合は，液状化が生じると仮定した場合及び液状化が生じないと仮定した場合のいずれの場合も橋の性能を満足しなければならない。

(13) 基礎の塑性化を期待する場合は，基礎が塑性化すると仮定した場合及び基礎が塑性化しないと仮定した場合のいずれの場合にも橋の性能を満足しなければならない。

(4)　作用の組合せと，これに対する荷重組合せ係数及び荷重係数は，Ⅰ編 3.3 に解説されているように，慣性力は，設計で見込む死荷重（D）の荷重効果と矛盾無く橋に生じる作用効果を算出するために，重量に対して死荷重（D）の荷重組合せ係数と荷重係数を乗じておいたうえで，地震の影響（EQ）に対する荷重組合せ係数と荷重係数を乗じて算出する。土圧（E）や水圧（HP）の算出では，その算出式に地震の影響を考慮する変数があり，この変数には地震の影響に関する荷重組合せ係数及び荷重係数を考慮し，これらを特性値としたうえで土圧（E）や水圧（HP）の荷重組合せ係数及び荷重係数を考慮すればよい。作用の組合せ⑨では，雪荷重（SW）を必要に応じて考慮することとなる。雪荷重（SW）を考慮する状況においては，慣性力の算出にあたって，死荷重による荷重効果を見込むのと同様にこの荷重効果を見込めるように適切に考慮する必要がある。流動力の算出にあたっては，受働土圧強度を変数として考慮しているものの，これを変数として被災事例の解析結果等をもとに定められたものであり，荷重組合せとして考慮する土圧とは異なるものである。そのため，流動力の算出にあたっては，土圧の荷重組合せ係数及び荷重係数を考慮する必要はない。

なお，13.3 に規定される落橋防止システムについては，2.7.1(2)2) に規定される橋の性能を満足するために必要な事項として規定されている。そのため，この落橋防止システムの設計にあたっては，本節に規定される橋の耐荷性能を照査するために必要となる荷重係数や荷重組合せ係数を考慮する設計状況とは異なる位置づけであり，必要な事項を満足させるために個々に設定するものであるため，本節の規定による必要は無い。

(5)から(7)　部材等の限界状態の評価に関するばらつきや不確実性の考え方，部分係数の設定の考え方は，基本的に各編において同様であるが，地震の影響を考慮する設計状況における固有の条件を踏まえ，異なる数値が設定されている場合もある。各係数の設定の考え方は以下の通りである。

抵抗係数は，Ⅰ編 5.2 に解説されるように，限界状態を表す抵抗の特性値のモデル化誤差のように，基本的には確率統計的に扱えるばらつきを考慮するための係数である。ただし，Ⅰ編 3.3(2)の作用の組合せ①から⑨と異なり，作用の組合せ⑩と⑪については，従来のこの組合せに対して設計したときと諸元が大幅に変わらないように別途キャリブレーションされた値が設定されている。

調査・解析係数は，Ⅰ編 5.2 に解説されるとおり，応答算出に至るまでの設計計算過程に含まれる様々な種類のモデル誤差全般を扱うための係数である。その定義からも基本的に作用の組合せとは関係するものではないことから，部材等に塑性化を期待せず，橋の応答を線形解析で求めることとなる作用の組合せ⑩に対しても作用の組合せ①から⑨と同じ値が設定されている。

一方，作用の組合せ⑪に対しては，作用の組合せ①から⑩に対して用いる値とは異なる値が設定されている。従来この組合せに対して設計したときと諸元が大幅に変わらないように別途キャリブレーションするにあたって，調査・解析係数は1.00が考慮されている。これは，部材等に塑性化を期待し，橋の非線形応答を設計で考慮することや，塑性化を期待しない設計を行う場合であっても，地盤の非線形挙動等も考慮した構造計算モデルが構築されてきており，非線形応答を考慮しない応答算出モデルとは異なることから，作用の組合せ①から⑩とは同じ値を用いないこととされたためである。

なお，初期値や境界値の不確実性が応答評価に与える影響を考慮するための係数であり，適用範囲に応じて適切に実施された解析であれば，動的解析と静的解析で同様に最大応答値を評価することが可能であることから，動的解析，静的解析のいずれの解析手法を用いる場合であっても，同じ値が用いられている。

部材・構造係数については，弾性域から非弾性域に移行したのちの余剰強度の違いを考慮して設定されている。

(8) これまでの示方書では地盤振動変位に対する設計の考え方が明確に規定されていなかったが，この示方書では新たに規定されている。根入れの深い基礎に変形や損傷を生じさせる要因としては，地盤振動変位の及ぼす影響が考えられ，特に，地盤振動変位の深さ方向分布が急変する土層境界付近でその影響を受けやすいと考えられる。一方で，地震動により生じる地盤振動変位が主たる要因となって道路橋の基礎に復元力の喪失や過大な残留変位が生じた事例は報告されていない。これは，道路橋は上部構造の寸法や重量が非常に大きいことが多く，地震時の基礎の挙動に対しては上部構造の慣性力が支配的な影響を及ぼす要因であると考えられること，慣性力のみを考慮した設計計算上は杭体が降伏しないとされる部分においても，地盤振動変位の深さ方向分布が急変する土層境界付近には杭体の塑性変形能を確保するためのスパイラル鉄筋や帯鉄筋が配置されてきたことがその主な理由と考えられることから条文のように規定されたものである。なお，この編では，Ⅳ編に規定される区分に応じて設計される基礎に対する地盤振動変位の考慮の仕方が10.2及び11.2に規定されている。そのため，フーチングを有していない構造等のようにフーチングを介さず，地盤振動変位が及ぼす影響が支配的となる場合については，適切な変形性能を付与するための考え方は規定されておらず，個別に検討を行う必要がある。

(9) 橋の耐荷性能の照査にあたっては，部材ごとに許容される状態を適切に定め，それらの部材を適切に組み合わせ，部材単位でその状態に留まることを確認することにより橋の耐荷性能を満足することが確認される。このとき，レベル2地震動を考慮する設計状況に対しては，塑性化を期待する部材も組み合わされることが一般的に想定され，その際に考慮すべき事項が明確化されている。これまでの示方書でも，橋脚に塑性化が生じ，基礎に塑性化が生じないように設計する場合には，基礎への作用力の大きさを橋脚耐力と同様の大きさとして考慮し照査に用いる設計水平震度の算出にあたって補正係数として，塑性化を生じさせる橋脚に用いる材料等による橋脚の耐力のばらつき等を考慮して

1.1が設定されていた。また，支承部が取り付けられる上部構造や下部構造の部位に損傷が生じることはできる限り避けることが望ましいことから，支承部と取付け部材及び支承部が取り付けられる上下部構造の部位の耐力関係を適切に階層化することに配慮することが解説されていた。この耐力の差を設定することで塑性化を期待する部材に塑性化が生じる確度を高めるという考え方は，塑性化を期待する部材に塑性化が生じるまでは他のいずれの部材及び接合部においても荷重伝達機構が変わることなく確保されることを前提に，塑性化を期待する部材に塑性化が生じると判断できるようにしたものである。このように，塑性化を期待する部材には設計上求める塑性変形能を確保できるように，塑性化を期待しない部材には，それを達成するために必要な強度等を確保できるように設計するためには，その前提となる条件を把握することが重要である。今回の改定では，この前提となる設計思想が明確化されている。

なお，塑性化を期待する部材と塑性化を期待しない部材の耐力の差を確保するにあたって，弾性域から塑性域に移行した後の耐力増加や耐力のばらつき等がそれぞれある中で，それぞれの部材の塑性域とならない限界の耐力にどの程度の差を確保すれば適切な確からしさを確保できているとみなせるのか，また，橋脚が塑性化するために必要な基礎と橋脚間の耐力差を確保するために用いられていた係数をその他の部材間に対しても同様に適用することについては十分に検証できていない。そのため，塑性化を期待する設計を行うにあたっての基本的な設計思想のみが条文化されている。また，これまでの示方書と同様に橋脚に塑性化が生じ，基礎に塑性化が生じないように設計する場合以外には，耐力差を確保するための係数は規定されていない。部材等の塑性化を期待する場合，各章に従い設計すれば，橋の耐荷性能を確保するうえで必要な耐力差は確保され，塑性化を期待する部材に塑性化が生じるとされているものの，基礎に塑性化を生じないように設計する場合であっても，構造細目等により塑性変形能を有するように設計され，仮に基礎に塑性化が生じたとしても，橋が致命的な状態とならないように設計されている。塑性化が生じる部材に塑性化が生じる確度を高めるために，さらに大きな差を設けるという考え方は否定されないものの，弾性域から塑性域に移行した後の耐力増加や耐力のばらつき等があることを踏まえると，塑性化が生じないように設計する部材であっても，設計上の配慮として構造細目等により，塑性変形能を付与することが必要であると考えられる場合もある。

⑽から⑿　既往の震災事例によれば，液状化及びこれに伴う地盤の流動化が橋に大きな影響を与えることが確認されている。

液状化が生じると，見かけの比重の大きな構造物は沈下し，見かけの比重の小さな構造物は浮き上がり，また，基礎のように地盤の水平抵抗を期待する構造物はその抵抗を失い大きく変位することがある。さらに，水際線付近や傾斜した地盤においては，液状化に伴い流動化が生じることがある。

橋が液状化や流動化の影響を受ける場合であっても，地震動や地盤の挙動が時々刻々と変化する中で，必ずしも液状化や流動化の発生後に橋が最も厳しい状態に至るとは限らない。このため，液状化や流動化の影響を考慮した照査を行った場合であっても，橋に影響を与える液状化及び流動化が生じないという条件に対する橋の耐荷性能の照査を行う必要がある。

すなわち，橋に影響を与える液状化が生じると判定された場合には，液状化が生じないとした場合の橋の耐荷性能の照査も行うこととなる。橋に影響を与える流動化が生じると判定された場合には，次の3ケースについて橋の耐荷性能の照査を行うこととなる。

① 流動化が生じると考えたケース

② 液状化だけが生じると考えたケース

③ 液状化も流動化も生じないと考えたケース

(13) 基礎が塑性化すると橋脚には，基礎の耐力以上の応答が生じなくなるため，このような場合，橋脚について塑性化を考慮した構造細目を満足させる必要はないこととなるが，設計の意図に反して基礎が塑性化せず，橋脚が塑性化することになったとしても，橋の性能が満足されるように，橋脚は常に塑性化を考慮した設計を実施する必要がある。

2.6 構造解析

<table><tr><td>応答値の算出にあたっては，照査の目的，橋及び橋を構成する部材等の振動特性並びに地盤の抵抗特性等を踏まえ，地震の影響を適切に評価できる解析理論及び解析モデルを，適用性が検証された範囲で用いなければならない。</td></tr></table>

地震動に起因する振動により作用する荷重等を地震の影響として評価するにあたっての基本的な考え方が規定されている。この編では，地震の影響を考慮する状況における橋の耐荷性能の照査にあたって設計計算により得られる応答値が，部材に関する限界状態を所要の信頼性を持って超えないことを照査する。応答算出モデルを設定するにあたっては，2.3の規定に従い耐震設計上の地盤面を設定し，その入力位置に応じて橋及び橋を構成する部材等の振動特性を反映して適切に応答値を算出できるだけではなく，そのモデルが有する不確定性等を考慮したうえで，各部材等の各限界状態を超えないとみなせるために必要な工学的指標及び抵抗係数等の部分係数を設定する必要がある。

2.7 その他の必要事項

2.7.1 一　般

(1) 橋の耐震設計においては，橋の耐荷性能に加えて，その他，耐震設計上，橋の性能を満足するために必要な事項の検討を行わなければならない。

(2) (1)を満足するために必要な事項として，以下の1)から3)を満足しなければならない。

1) 上下部接続部に支承部を用いる場合，その破壊を想定したとしても，下部構造が不安定とならず，上部構造を支持することができる構造形式とする。

2) 上下部接続部に支承部を用いる場合，その破壊を想定したとしても，上部構造が容易には下部構造から落下しないように，適切な対策を別途講じる。

3) B種の橋については，上下部接続部に支承部を用いる場合，その破壊を想定したとしても，機能の回復を速やかに行いうる対策を講じる必要があるかどうかを検討し，必要がある場合には，構造設計上実施できる範囲を検討し，必要に応じて構造設計に反映する。

(3) 13.3の規定により対策を講じる場合は，(2)2)を満足するとみなしてよい。

(1) I編1.8.1(1)及び(4)の規定に基づき，耐震設計においても橋の耐荷性能を満足するだけでなく，その他使用目的との適合性も考慮して設計を行うことが必要である。I編1.8.3(1)2)及び(2)2)の規定に基づき，橋の一部の部材の損傷等が要因となって崩壊等の橋の致命的な状態となる可能性に対して，補完性又は代替性を考慮した部材の配置を行うこと，一旦発生すると制御困難な現象の防止策を設けること，又は一部の損傷が橋の安全性に与える影響を拡大させない別途の部材等を設置すること等の致命的な状態を回避するための配慮として，過去の被災事例に鑑み特に耐震設計において行うべき検討事項を規定したものである。

支承を用いる場合は，支承部の破壊を想定した場合に，一連の上部構造がこれを支持する下部構造上又はゲルバー桁のように隣接する上部構造上から容易には落下しない構造形式か否かを適切に判断するとともに，容易にはその方向に落下しないと判断できない場合は，容易には上部構造が落下しないように適切な対策を行わなければならない。

(2)1) 平成28年（2016年）熊本地震では，両端が橋台で支持され，中間支点が水平力支持機能を有さず，かつ水平方向の拘束が失われると自立できない構造であるロッキング橋脚で支持された橋が，橋台上の支承部の破壊により水平力支持機能を失い，上部構造の落下に至った事例が生じた。支承部の破壊が生じる状態となったとしても上部構造の落下に対する安全性を高めるという観点から，これまでの示方書でも，下部構造や落橋防止システムについて規定されてきた。これらは，地震の影響により橋を構成する部材に破壊が生じるような状態となったとしても，少なくとも，下部構造は自立して安定を失わず最低限上部構造を支持する状態を確保できることが前提条件とされてきており，今回の改定では，この設計思想が明確化されたものである。

なお，上下部接続部に用いられる支承だけではなく，部材の途中に支承を設ける場合，例えば，上部構造を構成する部材間の接合部であるゲルバー桁のヒンジ部に支承を設ける場合や下部構造を構成する部材間の接合部である橋脚と基礎間に支承を設ける場合においても，この規定に準じて対策を検討するのがよい。

ここで，下部構造が不安定とならず，上部構造を支持できるようにするという観点においては，例えば，上部構造を構成する部材の中で鉛直荷重を支持する端支柱と補剛桁の間及び端支柱とアーチアバットの間に支承部が設けられ，アーチリブと端支柱が接合されている上路式の鋼アーチ橋のような場合には，端支柱下部とアーチアバットに設けられる支承部が破壊することを想定したとしても，荷重支持能力が保持され，橋全体系が構造不安定とならないことを確認する必要がある。

また，斜張橋のように上部構造が主に塔と連結されたケーブルにより支持される場合は，上部構造を支持するという下部構造に求める機能を塔及びケーブルが発揮していることから，これらが支承部の破壊後にどのように挙動するかを想定し，支承部が破壊しても，ケーブル部材，桁部材及び塔によって成立する荷重支持能力が保持され，橋全体系が構造不安定とならないことを確認する必要がある。例えば，支間割の関係により端部に負反力が生じている場合や，斜角や曲線状の上部構造を有する斜張橋のように橋軸直角方向に作用する力が常に働いている状態で支承部の破壊後にこれらの作用する力が解放され，構造系が変化することが考えられる。このような場合はその影響を考慮して，構造が不安定とならないことを確認する必要がある。

2) 平成7年（1995年）兵庫県南部地震をはじめとする過去の大規模な地震では，桁橋において下部構造には倒壊等の甚大な被害が生じていない場合でも，地震動の影響や，地盤の流動化等による下部構造の移動により支承部が破壊して上部構造と下部構造が構造的に分離し，上部構造と下部構造間に大きな相対変位が生じた結果，上部構造が下部構造から逸脱して落橋するという被害が生じた事例がある。そのため，これまでの示方書では，上部構造の落下をできる限り防止するために，支承部の破壊を想定して適切な対策を講じることが規定されていた。この示方書でも，橋の耐荷性能の照査に用いる設計状況とは関係なく，橋の使用目的との適合性を満足するために必要な性能として，橋の耐荷性能とは別に，支承部の破壊を想定して対策を実施することとされている。また，これまでの示方書では，支承部の破壊の原因として，橋の複雑な地震応答や流動化に伴う地盤変位等が規定されていたが，既往の被災事例を踏まえると橋の複雑な地震応答や流動化に伴う地盤変位はその要因であると考えられるものの，支承部が破壊する要因がこれらだけに限定できないことから，今回の改定においては，原因を限定せず支承部の破壊を想定して対策を講じるものとされている。

これまでの示方書では，上部構造と下部構造との間に大きな相対変位が生じる状態に対して上部構造の落下を防止できるように，適切な対策を講じると規定されていた。これは，どのような状況であっても必ず落橋を防止できなければならないという意味ではなかったことから，今回の改定では誤解が生じないように，上部構造が容易には下部構造から落下しないために対策を講じることが求められていることが読み取れるよう表現が改められている。

設計において，具体的な対策を講じるにあたっては，上部構造が落下するまでの状況を適切に想定することが重要である。例えば，一般的な桁橋では，複雑な振動や地盤変位等による上部構造の過大な応答変位によって支承部が破壊した後，応答がさらに増幅し，上部構造が下部構造の頂部から逸脱する等の一連の破壊の進展が考えられる。こうした状態が生じることを想定したとしても，できる限り上部構造の落下が生じないようにするためには，多径間連続構造の採用や上部構造端部が下部構造頂部から逸脱しにくくなるように十分な頂部幅を確保することによって，支承部の破壊に対する構造上の補完性又は代替性を高めることが考えられる。また，支承部の破壊後に上部構造と下部構造間に生じる相対変位を拘束するような構造の設置により，上部構造の落下に対する安全性を高めることができると考えられる。

既往の震災の経験を踏まえると，支承部の破壊により，上部構造と下部構造間に大きな相対変位が生じて，上部構造の落下が生じる可能性が相対的に高い橋として，以下のｉ)からvii)に該当する橋等が挙げられる。このような構造特性を有する橋は上部構造の落下に対する安全性を高めるための対策を講ずるにあたって，特に留意して検討する必要がある。なお，13.3に規定される落橋防止システムは，このような留意すべき橋梁形式にも必要な対策がなされるよう規定されている。

ｉ）変状が生じる可能性のある地盤に下部構造が設けられる橋

変状が生じる可能性のある地盤に設けられる下部構造は，地盤の液状化や流動化，軟弱粘性土層のすべり等によって大きな変位を生じることがあるため，上下部構造間の相対変位が過大になる可能性がある。

ii）下部構造の形式，地盤条件等が著しく異なる橋

１つの橋において異なる形式の下部構造を設ける場合，同一形式の下部構造であっても地盤条件が著しく異なる場合等では，地震時の橋の挙動は複雑になる。こ

のような橋では，端支点部において大きな相対変位が生じる可能性がある。

iii）隣接する上部構造の形式や規模が著しく異なる橋

隣接する上部構造の形式や規模が著しく異なる橋又は橋脚の高さが著しく異なる橋では，設計振動単位ごとに異なる位相で振動するため，設計振動単位間に大きな相対変位が生じたり，隣接する上部構造間に衝突が生じて，規模が小さい上部構造の応答変位が過大になることがある。

iv）多径間連続橋で少数の下部構造に慣性力が集中する橋

地震時水平力分散構造の場合のように複数の下部構造で上部構造を支持する場合でも，支間長，橋脚高さ，地盤条件等が各支間や橋脚で著しく異なる場合には，少数の下部構造に慣性力が集中する場合もある。大きな慣性力を負担する支承部が破壊した際には，耐力が相対的に小さい他の支承部に過大な慣性力が作用し，全ての支承部が破壊する状況に至ることが懸念される。特に，慣性力が1基の下部構造に偏って作用する場合には，十分注意する必要がある。

v）斜橋又は曲線橋

斜橋では，地震の影響により上部構造端部が隣接する橋台や上部構造に衝突することにより上部構造に鉛直軸周りの回転が生じ，複雑な挙動を示す場合がある。特に斜角が小さい場合には，上部構造の回転により上部構造端部が下部構造の頂部縁端から逸脱して落橋する可能性がある。また，曲率半径が小さい橋においても，上部構造の回転や曲線外側への変位が生じるため，同様の被害が生じることがある。

vi）下部構造頂部の橋軸直角方向幅が狭い橋

下部構造頂部の橋軸直角方向幅が狭い橋は，構造形式によっては支承部の破壊による橋軸直角方向への落橋の可能性が相対的に高くなる。

vii）1支承線上の支承数が少ない橋

1支承線上の支承数が少ない橋では，支承部の破壊に対する補完性又は代替性が低く，落橋の可能性が相対的に高くなる。

3) これまでの示方書では，橋に求める性能に応じて，支承部に破壊が生じたとしても，上部構造を適切な高さに支持できるように，また，橋軸直角方向への上部構造の残留変位が過大にならないように配慮することが規定されていた。これは，仮に支承部の破壊が生じたとしても，地震後に求められる機能を踏まえ，なるべく復旧しやすくなるよう，構造設計上配慮することが求められていたものである。今回の改定では，これを求める橋の性能として明確にするために条文として規定されたものである。支承部の破壊後に上部構造が落下しないことを前提として，なるべく橋の機能回復を速やかに行うことができるようにしておくために有効な対策は橋の条件によって異なるものであることから，必要な事項を検討するものとされている。

支承本体の高さが比較的小さく，また，支承高さに比較して平面寸法が大きい支承本体の場合には，支承本体が損傷した場合にも路面には大きな段差が生じにくい。一方，支承本体の高さが高い支承部や台座コンクリートの高さが高い支承部等では支承部の損傷により数百mmの段差が生じる可能性もある。支承部に負反力が生じており，支承部が破壊されると浮き上がりが生じるような場合は，その際に大きな段差が生じる場合もある。地震後に求められる機能を踏まえ，車両の通行が困難となる段差を防止するための対策が必要かどうかを検討するのがよい。段差防止構造としては，これまでもコンクリートや鋼製の台座を設けた場合がある。ただし，段差防止構造をどのような構造でどのように配置すればよいかは，上部構造の構造形式，支承破壊時の上部構造の移動量，支承破壊後の上部構造の移動量等とも関連し，どこまで配慮すれば適切であるかは一概に言えないため，対策の必要性とともに，対策方法を個別に検討することとなる。

1支承線上の支承数が少ない構造では，支承部の損傷により，上部構造に橋軸直角方向への大きな残留変位が生じる可能性がある。上部構造に橋軸直角方向への大きな残留変位が生じると，橋としての速やかな機能の回復に影響が生じる可能性があることから，このような状態になりにくいよう配慮することが考えられる。例えば，1支承線上の支承数が少ない構造を避けたり，構造的な残留変位の抑制対策を設ける等の配慮をすることが考えられる。

(3) (2)1)で規定されるように下部構造が不安定とならず，上部構造を支持することができることを前提として，(2)2)に規定される対策を実施することとなる。そのため，一般的な上部構造の重量が上下部接続部を介して直接下部構造に伝達されるような桁橋のように支承を介して上部構造が下部構造により支持される構造形式を対象とし，これを満足するとみなせる対策の方法が13.3に規定されている。上路式アーチ橋や斜張橋等の構造形式や支承部に負反力が生じている場合等については，13.3の規定を一律に適用するのではなく，(2)1)の解説に記載する観点等も含めて上部構造を支持する機構が不安定とならず，上部構造が容易には落下しないための検討を個別に行い，必要な対策を講じなければならない。

2.7.2 構造設計上の配慮事項

橋の耐震設計では，経済性，地域の防災計画及び関連する道路網の計画との整合性も考慮したうえで，少なくとも1)から5)の観点について構造設計上実施できる範囲を検討し，必要に応じて構造設計に反映させなければならない。

1) 設計で前提とする施工品質の確認方法の観点

2) 橋の一部の部材及び接続部の損傷，地盤変動等の可能性に対する，構造上の補完性又は代替性の観点。このとき少なくとも，以下のｉ）及びⅱ）について検討する。

ｉ）塑性化を期待しない部材を含む全ての部材に対する脆性的な破壊が生じることを回避することへの配慮

ⅱ）部材に生じるねじりの影響をできるだけ少なくすることへの配慮

3) 地震後の点検及び修繕が困難となる箇所をできるだけ少なくすることの観点

4) 地震後の更新及び修繕の実施方法について検討しておくことが望ましい部材の選定とそれを確実に行える橋の構造とすることの観点

5) 局所的な応力集中，複雑な挙動，滞水等が生じにくい細部構造とすることの観点

橋の性能を満足するにあたっては，設計の基本理念を踏まえ，様々な観点で検討を行い構造設計に反映し橋の性能をより確実に発揮できるようにする必要がある。このとき，橋の耐震設計にあたって考慮すべき観点が規定されている。なお，耐震設計以外も含めて様々な事項に対して総合的に検討する必要があることから，必要に応じて検討した事項を反映することとなる。

1) 施工方法については，落橋防止構造等の耐震設計上設置する部材についても，1.7の規定によることとなる。Ⅱ編3.8.3に規定されるとおり，溶接継手に対しては，板組，溶接継手の配置，施工順序，非破壊検査等について検討が必要である。鋼製の落橋防止構造等の施工にあたっては，溶接継手の種類に応じて適切に事後の検査が必要であり，この検査方法を踏まえ，適切に施工品質が確認できるような構造となるように配慮する。

また，制震装置等，材料や設計の前提となる施工方法が他編に規定されていない場合は，1.7の規定を踏まえ施工の条件が適切に定められ，どのように施工品質が確保されるかについても定められることとなるため，その方法が確実に実施できるように配慮する必要がある。

2) ｉ）これまでも，地震の影響を考慮する設計状況で，上路式アーチ橋のアーチリブのスプリンギング部やクラウン部，斜張橋の塔基部等の特に大きな断面力が生じる部位においては，設計で考慮した慣性力等を上回る強度の荷重が作用しても急激に耐力が低下しないように配慮すること等，塑性化を期待しない部材についても，その部材の損傷形態が脆性的にならないように配慮することで橋の崩壊につながりにくくなるようにすることが求められていた。この趣旨をより明確にするために条文化されたものである。このような配慮が必要となる理由は，橋全体系としての地震時

の応答については，未解明な部分があり，また，部材の抵抗特性についても，部材単体ではその破壊特性について把握できている範囲で用いられているものの，橋の一部材として機能した場合に，その抵抗特性を適切に評価できていない可能性も考えられるためである。

特に以下の２つの観点を考慮して，構造設計上の配慮が可能かどうか検討するのがよい。1つは，その部材の損傷が橋の耐荷性能に重大な影響を与える部材，すなわち，その部材が塑性化し破壊に至るまでの間に橋の崩壊等の致命的な損傷につながる部材かどうかである。橋の構造特性によりその部材の塑性化が橋全体系に及ぼす影響が異なることから，適切に選定する必要がある。もう１つは，設計で想定する地震動を上回る強度の地震動が作用した場合等，設計で考慮する慣性力等と異なる状況が生じた場合に部材に塑性化が生じる可能性があるかどうかである。塑性化を期待する部材がある場合は，塑性化を期待する部材の最大強度以上の慣性力がその部材が支持する部材には作用しないことから，作用する慣性力等を見誤る可能性が小さいと考えられる。一方，全ての部材に塑性化を期待しない設計とした場合，作用する慣性力等を見誤った場合で，部材間や部材のある部位に対して塑性化が生じる順序の検討がなされていない場合は，いずれかの部材に塑性化が生じる可能性がある。この２つの観点を踏まえると，部材に塑性化が生じる可能性を有しており，その部材が塑性化すると橋に重大な影響を与える場合は配慮するのがよい。

これらの観点を踏まえると，上部構造からの慣性力を基礎に伝達する部材が該当する。また，上部構造から橋脚等を介さず慣性力を基礎に伝達する場合は，上部構造の補剛桁からの慣性力を基礎に伝達する部材等が該当する。例えば，上路式の鋼アーチ橋のアーチリブのスプリンギング部やクラウン部やラーメン橋脚の隅角部だけではなく，横つなぎ材である対傾構や横構等も，上部構造の補剛桁からの慣性力を伝達する部材となり，座屈等により落橋等につながる可能性がある場合には検討するのがよい。

ⅱ）上部構造の慣性力が橋脚柱の図心から大きく偏心して作用する場合には，上下方向の地震動が及ぼす影響だけではなく，水平方向の地震動によりねじりモーメントが作用する。このような地震時挙動に対しては，このねじりモーメントを考慮して設計することが必要となるが，このような荷重を受ける場合の耐荷力や塑性変形能，最大応答に対する残留変位等については，未解明な点が多い。また，上路式アーチ橋のアーチリブや斜張橋の塔のような部材は，高軸圧縮力を受ける部材であるとともに，ねじりモーメントや二軸曲げモーメントが作用することから，同様にこれらの影響に対して十分な検討が必要である。そのため，このような影響が少なくなるように配慮することが必要である。

3）維持管理等その他の配慮すべき事項としては，次の観点等が考えられる。

i ）地震後に橋としての機能の回復が速やかに行い得る性能が求められる橋において，地震後の損傷の発見及びその損傷の修復が著しく困難と考えられる箇所には，修復が必要となるような損傷を生じさせないような構造計画とする等，特に点検及び修復の容易さに対する配慮が必要である。こうした部分に部材の塑性化を期待する場合には，損傷の発見及び修復方法について設計段階において十分検討する必要がある。

ii ）支承部周辺の部位においては，維持管理の確実性及び容易さに配慮することが重要であるため，地震の影響に抵抗するために又は落橋防止対策のために設置される部材，構造，装置等が支承部や桁端部等の点検の容易さ及び塗装の塗替作業等の作業空間の確保等に影響を及ぼすことがないように配慮が必要である。

iii）付属物も含め，橋を構成する部材が地震により損傷し，その部材や損傷部位周辺の破片等が落下したことにより第三者被害が生じることがないように配慮が必要である。

4)　制震装置等は，現在の知見からはその設計耐久期間が明確ではなく，維持管理方法についても明確ではないものがある。また，地震後に外観上等に異状がなくとも所要の機能を確保できていなければ，補修や更新等を行う必要がある。このような事態も勘案したうえで，どのような構造を用いるのがよいか検討し，構造設計上配慮する必要がある。

3章　橋に作用する地震動の特性値

3.1　地震動の特性値の設定

(1)　2.3に規定する耐荷性能の照査において地震の影響を考慮する状況を設定するにあたっては，橋の設計供用期間中にしばしば発生する地震動（以下「レベル1地震動」という。）及び橋の設計供用期間中に発生することは極めて稀であるが一旦生じると橋に及ぼす影響が甚大であると考えられる地震動（以下「レベル2地震動」という。）を適切に設定しなければならない。

(2)　地震動の特性値の設定にあたっては，以下の1)から3)を考慮しなければならない。

1)　地震動特性，橋の地震応答特性及びそれらのばらつきの影響

2)　地盤の振動特性及びそのばらつきの影響

3)　橋の周辺地域で発生する地震の規模，発生位置等に応じた地震動強度及びそのばらつきの影響

(3)　レベル1地震動及びレベル2地震動の特性値を，3.2から3.7の規定により設定する場合には，(1)及び(2)を満足するとみなしてよい。

(1)(2)　橋に働く慣性力は，地震動に対して橋が地震応答することによって生じる。このため，地震動の特性値は，地震動そのものの特性に加え，地震動に対する橋の地震応答特性及びそれらのばらつきの影響を考慮して設定しなければならない。地震動特性には，地震動の強度，周期特性，位相特性，継続時間があり，地震動の特性値の設定にはこれらを考慮することが必要である。また，橋への地震動の影響は橋の振動特性に応じて異なることから，橋の地震応答特性及びそのばらつきの影響を考慮して地震動の特性値を設定する必要がある。さらに，地震動は，同一の地震により生じたものであったとしても，地形や地盤条件が異なれば，地盤の振動特性に違いが生じ，異なるものとなる。また，地形や地盤条件が同じであったとしても，地震が異なる場合には，地震波の振幅や到来方向により地盤の振動特性に差異やばらつきが生じ，地震動も影響を受ける。このため，地震動の特性値の設定にあたっては，地形や地盤条件等に応じて変化する地盤の振動特

性やそのばらつきの影響を考慮することが必要である。また，地震動の強度は，その周辺地域で発生する地震の規模及び発生位置等の地震環境により異なるばらつきを持つため，そうした影響を地震動の特性値の設定において考慮する必要がある。

(3) 3.2及び3.3に規定されるレベル1地震動及びレベル2地震動の特性値は，任意の固有周期及び減衰定数0.05をもつ1自由度系に地震動が作用した際の最大応答加速度として定義される加速度応答スペクトルを用いて表されたものとなっている。これらの特性値は，我が国の地盤上で観測された強震記録から加速度応答スペクトルを求め，統計解析などを行って規定されたものであり，地震動特性，固有周期に代表される橋の地震応答特性及びそれらのばらつきの影響等が考慮されたものとなっている。

また，これらの特性値は，3.7に規定される耐震設計上の基盤面から地表面までの範囲の地盤の基本固有周期に応じて3.6の規定により区別された耐震設計上の地盤種別ごとに定められており，それぞれの地盤種別に分類される地盤の振動特性やそれらのばらつきの影響等が考慮されたものとなっている。

これらの特性値は，地域ごとに発生する地震の規模や発生位置等の地震環境を踏まえて地域区分ごとに定められた3.4に規定される地域別補正係数を用いて算出することが規定されており，地震環境に応じた地震動強度やそのばらつきの影響が考慮されたものとなっている。

なお，平成28年（2016年）熊本地震，平成23年（2011年）東北地方太平洋沖地震，平成16年（2004年）新潟県中越地震を含む近年の地震では，本震及びその前後に発生した前震や余震により，強い地震動が繰り返し作用した橋もあった。しかし，平成7年（1995年）兵庫県南部地震のような内陸直下型地震による地震動が耐震設計で考慮されることとなった平成8年以降の示方書が適用された橋については，強い地震動が繰り返し生じた近年の地震において，地震動により橋に生じた慣性力のみが原因となって目標とする橋の耐荷性能を達成できなかった事例はこれまで確認されていない。本震単独でも震源過程や地盤構造の影響により強い地震動が繰り返し作用することがあるため，橋の耐震設計では，地震動の繰返し作用の影響を考慮して部材の抵抗の特性値が設定されていることから，前震や余震を含めた強い地震動の繰返し作用にも対応した部材の抵抗の特性値となっていると考えられる。そのため，この示方書では，これまでの示方書で考慮されてきたレベル2地震動の特性値が踏襲されている。

3.2及び3.3には，水平面内で橋に働く慣性力が最大となる方向の地震動の大きさをもとに水平方向の地震動の特性値が規定されているが，鉛直方向の地震動の影響を考慮することが必要な場合には，適切な方法によりこれを考慮しなければならない。

3.2　レベル１地震動の特性値

レベル１地震動の特性値は，3.5 に規定する耐震設計上の地盤面において，耐震設計上の地盤種別を 3.6 の規定により区別したうえで，式（3.2.1）による加速度応答スペクトルに基づいて算出する。

$$S = c_z S_0 \quad \cdots\cdots (3.2.1)$$

ここに，

S：レベル１地震動の加速度応答スペクトル（m/s^2）（四捨五入により小数点以下２桁とする）

c_z：3.4 に規定するレベル１地震動の地域別補正係数

S_0：レベル１地震動の標準加速度応答スペクトル（m/s^2）で，3.6 に規定する耐震設計上の地盤種別及び固有周期 T（s）に応じて表-3.2.1 に規定する減衰定数 0.05 の加速度応答スペクトルの値とする。

表-3.2.1　レベル１地震動の標準加速度応答スペクトル S_0

地盤種別	固有周期 T (s) に対する S_0 (m/s^2)		
Ⅰ種	$T < 0.10$ $S_0 = 4.31\,T^{1/3}$ ただし，$S_0 \geqq 1.60$	$0.10 \leqq T \leqq 1.10$ $S_0 = 2.00$	$1.10 < T$ $S_0 = 2.20/T$
Ⅱ種	$T < 0.20$ $S_0 = 4.27\,T^{1/3}$ ただし，$S_0 \geqq 2.00$	$0.20 \leqq T \leqq 1.30$ $S_0 = 2.50$	$1.30 < T$ $S_0 = 3.25/T$
Ⅲ種	$T < 0.34$ $S_0 = 4.30\,T^{1/3}$ ただし，$S_0 \geqq 2.40$	$0.34 \leqq T \leqq 1.50$ $S_0 = 3.00$	$1.50 < T$ $S_0 = 4.50/T$

ここに規定されたレベル１地震動の加速度応答スペクトル S は，その入力位置を 3.5 に規定する耐震設計上の地盤面とする場合の値であり，レベル１地震動の特性値が減衰定数 0.05 の加速度応答スペクトルに基づいて示されたものとなっている。動的解析に用いる地震動の設定にあたり，減衰定数が 0.05 とは大きく異なる場合に考慮すべきレベル１地震動の加速度応答スペクトルについては 4.1.2 に規定されている。

レベル１地震動は，生じる可能性の比較的高い中程度の強度の地震による地震動としてこれまでの示方書で考慮されてきた地震動が踏襲されたものであり，橋の設計供用期間中にしばしば発生する地震動であるため，変動作用であると位置付けられている。レベル１

地震動の標準加速度応答スペクトル S_0 は，我が国の地盤上において観測された強震記録から求めた減衰定数0.05の加速度応答スペクトルの統計解析結果に基づき，地震動特性や橋の地震応答特性及びそれらのばらつきの影響を考慮し，既往の地震被害の特性や地盤の振動特性等に関する工学的判断を加え，3.6に規定する耐震設計上の地盤種別ごとに定められたものである。表-3.2.1を図示すると，図-解3.2.1のようになる。

なお，レベル1地震動の加速度応答スペクトル S の値に相当する地震動強度の再現期間を確率論的地震ハザード解析で求めた結果によれば，式（3.2.1）で算出される S の固有周期 T=1sでの値は，東京における再現期間100年の地震動強度の期待値に対応する大きさとなっている。近年の被害地震において橋の機能に影響が生じた地域で観測された地震動の加速度応答スペクトルの値は，固有周期 T=1s前後で大きな値をとる傾向があるため，固有周期 T=1s前後の加速度応答スペクトルの値は当該地震動が橋に及ぼす影響を把握するのに適切な指標であると考えられる。周期1s程度よりも短周期側では，震度5弱や震度5強に相当する強震記録の加速度応答スペクトルが，式（3.2.1）で算出される S の値を超えることも多いが，地震動の入力損失や逸散減衰等の影響により，橋に作用する地震動の短周期成分は低減することも知られている。実際，既往の被害地震で震度5強以下と推定される地点の周辺では，橋の供用に大きな影響が生じる被害は発生していない。

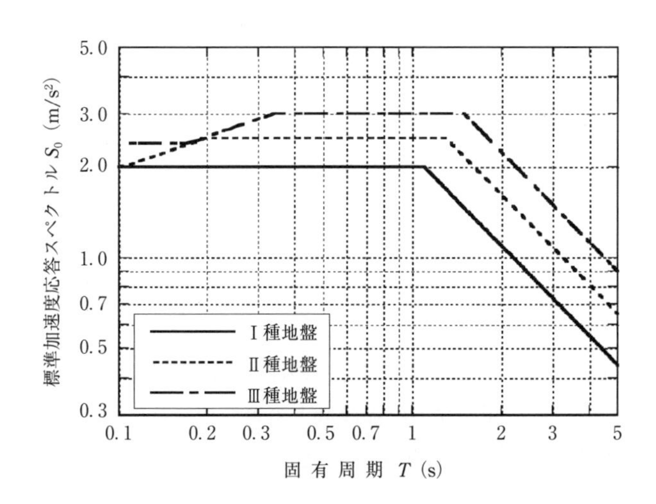

図-解3.2.1 レベル1地震動の標準加速度応答スペクトル S_0

3.3　レベル2地震動の特性値

(1) レベル2地震動の特性値は，プレート境界型の大規模な地震を想定した地震動（以下「レベル2地震動（タイプⅠ）」という。）と，内陸直下型地震を想定した地震動（以下「レベル2地震動（タイプⅡ）」という。）の2種類を考慮する。

(2) レベル2地震動（タイプⅠ）及びレベル2地震動（タイプⅡ）の特性値は，3.5に規定する耐震設計上の地盤面において，耐震設計上の地盤種別を3.6の規定により区別したうえで，それぞれ，式（3.3.1）及び式（3.3.2）による加速度応答スペクトルに基づいて算出する。

$$S_{\mathrm{I}} = c_{\mathrm{I}z} S_{\mathrm{I}0} \cdots\cdots (3.3.1)$$

$$S_{\mathrm{II}} = c_{\mathrm{II}z} S_{\mathrm{II}0} \cdots\cdots (3.3.2)$$

ここに，

S_{I}：レベル2地震動（タイプⅠ）の加速度応答スペクトル（$\mathrm{m/s^2}$）（四捨五入により小数点以下2桁とする）

S_{II}：レベル2地震動（タイプⅡ）の加速度応答スペクトル（$\mathrm{m/s^2}$）（四捨五入により小数点以下2桁とする）

$c_{\mathrm{I}z}$：3.4に規定するレベル2地震動（タイプⅠ）の地域別補正係数

$c_{\mathrm{II}z}$：3.4に規定するレベル2地震動（タイプⅡ）の地域別補正係数

$S_{\mathrm{I}0}$：レベル2地震動（タイプⅠ）の標準加速度応答スペクトル（$\mathrm{m/s^2}$）で，3.6に規定する耐震設計上の地盤種別及び固有周期T（s）に応じて表-3.3.1に規定する減衰定数0.05の加速度応答スペクトルの値とする。

$S_{\mathrm{II}0}$：レベル2地震動（タイプⅡ）の標準加速度応答スペクトル（$\mathrm{m/s^2}$）で，3.6に規定する耐震設計上の地盤種別及び固有周期T（s）に応じて表-3.3.2に規定する減衰定数0.05の加速度応答スペクトルの値とする。

表-3.3.1　レベル2地震動（タイプⅠ）の標準加速度応答スペクトル S_{I0}

地盤種別	固有周期 T (s) に対する S_{I0} (m/s²)		
Ⅰ種	$T < 0.16$ $S_{I0} = 25.79\,T^{1/3}$	$0.16 \leqq T \leqq 0.60$ $S_{I0} = 14.00$	$0.60 < T$ $S_{I0} = 8.40/T$
Ⅱ種	$T < 0.22$ $S_{I0} = 21.53\,T^{1/3}$	$0.22 \leqq T \leqq 0.90$ $S_{I0} = 13.00$	$0.90 < T$ $S_{I0} = 11.70/T$
Ⅲ種	$T < 0.34$ $S_{I0} = 17.19\,T^{1/3}$	$0.34 \leqq T \leqq 1.40$ $S_{I0} = 12.00$	$1.40 < T$ $S_{I0} = 16.80/T$

表-3.3.2　レベル2地震動（タイプⅡ）の標準加速度応答スペクトル S_{II0}

地盤種別	固有周期 T (s) に対する S_{II0} (m/s²)		
Ⅰ種	$T < 0.30$ $S_{II0} = 44.63\,T^{2/3}$	$0.30 \leqq T \leqq 0.70$ $S_{II0} = 20.00$	$0.70 < T$ $S_{II0} = 11.04/T^{5/3}$
Ⅱ種	$T < 0.40$ $S_{II0} = 32.24\,T^{2/3}$	$0.40 \leqq T \leqq 1.20$ $S_{II0} = 17.50$	$1.20 < T$ $S_{II0} = 23.71/T^{5/3}$
Ⅲ種	$T < 0.50$ $S_{II0} = 23.81\,T^{2/3}$	$0.50 \leqq T \leqq 1.50$ $S_{II0} = 15.00$	$1.50 < T$ $S_{II0} = 29.48/T^{5/3}$

(1)　我が国ではこれまで，大正12年（1923年）関東地震や平成23年（2011年）東北地方太平洋沖地震のようなプレート境界型の大規模な地震，並びに平成7年（1995年）兵庫県南部地震のようなマグニチュード7級の内陸直下型地震により，橋の重大な被害が発生してきている。レベル2地震動のうちプレート境界型の大規模な地震の地震動(レベル2地震動（タイプⅠ））は，大きな振幅が長時間繰り返して作用するとともに，周期数秒以上の長周期成分の地震動が卓越しやすい特性があるのに対し，内陸直下型地震の地震動（レベル2地震動（タイプⅡ））は，継続時間は短いが極めて大きな強度を有するとともに，特に周期0.5～2秒程度の周期帯域の地震動が卓越しやすい特性を有する。このように地震動の特性が異なることから，両方の地震動を橋の耐震設計では考慮することとされている。

(2)　レベル2地震動（タイプⅠ及びタイプⅡ）の加速度応答スペクトル S_I 及び S_{II} は，レベル1地震動と同様に，その入力位置を3.5に規定する耐震設計上の地盤面とする場合の値であり，レベル2地震動の特性値が減衰定数0.05の加速度応答スペクトルに基づいて示されたものとなっている。動的解析に用いる地震動の設定にあたり，減衰定数が0.05とは大きく異なる場合に考慮すべきレベル2地震動の加速度応答スペクトルについては4.1.2に規定されている。

レベル2地震動（タイプⅠ）は，発生頻度が低いプレート境界に生じる海洋性の大規模な地震を想定した地震動である。レベル2地震動（タイプⅠ）の標準加速度応答スペ

クトル S_{I0} は，大正 12 年（1923 年）関東地震において，東京周辺で生じた地震動をこのタイプの地震動の例として捉え，大規模地震による地震動の強震記録を考慮した距離減衰式により加速度応答スペクトルを推定し，工学的判断を加えて定められたものである。

関東地震当時は，強い揺れを観測できる地震計（強震計）は未発達であり，東京周辺の揺れが当時の地震計の計測範囲を超えていたため，関東地震における地震動特性を強震記録に基づいて直接的に精度良く評価することは困難である。このため，平成 15 年（2003 年）十勝沖地震等のプレート境界型の大規模な地震において近年得られた強震記録が考慮された距離減衰式をもとに，地盤による地震動の増幅特性を補正して関東地震における東京周辺の加速度応答スペクトルが推定されている。この推定結果に基づき，政府機関から公表されている東海地震等の地震動予測結果等も踏まえ，工学的判断を加えて定められた加速度応答スペクトルが表-3.3.1 に規定されるレベル 2 地震動（タイプⅠ）の地震動の標準加速度応答スペクトル S_{I0} である。

一方，レベル 2 地震動（タイプⅡ）は，平成 7 年（1995 年）兵庫県南部地震のように発生頻度が極めて低いマグニチュード 7 級の内陸直下型地震による地震動である。レベル 2 地震動（タイプⅡ）の標準加速度応答スペクトル S_{II0} は，内陸直下型地震として構造物に与える影響という観点で現在までに観測された中で最も強い地震動を与えた兵庫県南部地震において地盤上で観測された強震記録に基づき，この加速度応答スペクトルを 3.6 に規定する耐震設計上の地盤種別ごとに分類して定められている。兵庫県南部地震では，神戸海洋気象台（Ⅰ種地盤），JR 西日本鷹取駅（Ⅱ種地盤），東神戸大橋周辺地盤上（Ⅲ種地盤）等において構造物に破壊的な影響を与えた地震動が観測されている。これらの強震記録はそれぞれが実際の地震で観測された事実であるが，地震が異なる場合は，地震の特性や規模等が異なるため，地形や地盤条件が同様であったとしても，地盤の振動特性に差異やばらつきが生じる。このため，地震動の特性値の設定では，個々の強震記録の特性のみを考慮するのではなく，個々の強震記録の背後に存在する地震動の平均的な特性を考慮することが重要である。これを踏まえ，兵庫県南部地震で破壊的な影響を与えた地震動の観測記録の加速度応答スペクトルを計算したうえで特別に大きなピークは平滑化するとともに，強震記録が観測された地点には液状化が生じた地盤もあったことから，液状化が生じなかった地盤では加速度振幅がより大きな値となった可能性も考慮して求められた加速度応答スペクトルが表-3.3.2 に規定されるレベル 2 地震動（タイプⅡ）の地震動の標準加速度応答スペクトル S_{II0} である。

レベル 1 地震動では地盤の非線形化の度合いはレベル 2 地震動よりも小さく，工学的基盤面から地表面に伝播する地震動は，表層地盤が軟らかいほど増幅されることが鉛直アレーによる地震観測によって確認されているため，レベル 1 地震動は地盤が軟らかいほど地表面の地震動強度が大きくなるよう定められている。これに対し，地震動の強度が大きい場合，軟らかい地盤では表層地盤の非線形性が強くなることで，地震動の卓越周期は長くなり，地表面の地震動強度が大きくならない傾向があるため，レベル2地震動（タイプⅠ及びタイプⅡ）は，地盤が軟らかいほど，標準加速度応答スペクトルの最大値が小さく設定されるとともに，加速度応答スペクトルが最大となる周期とこれが低下し始める周期が長くなるように設定されている。

既往の大規模地震では，平成7年（1995年）兵庫県南部地震を含め，主に短周期帯域でレベル2地震動（タイプⅠ及びタイプⅡ）の特性値を超える地震動が観測されているが，これまでの実際の被災状況から，短周期成分が卓越する地震動が原因となって橋の構造安全性に大きな影響が生じた事例は確認されていない。上述のように，レベル2地震動の特性値は，強震記録や距離減衰式による推定に基づき設定されているものの，短周期帯域に関しては結果的に，これまでの示方書の設計モデルを用いると橋に作用することとなる荷重効果を踏まえて設定されたものとなっている。具体的には，地震動の入力損失や逸散減衰等の影響により，橋に作用する地震動の短周期成分が低減することも考慮したものとなっている。

表-3.3.1及び表-3.3.2を図示すると，それぞれ，図-解3.3.1及び図-解3.3.2のようになる。

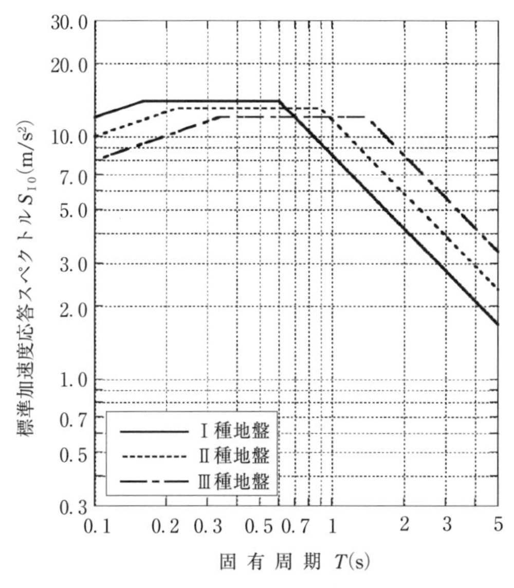

図-解3.3.1 レベル2地震動（タイプⅠ）の標準加速度応答スペクトル S_{I0}

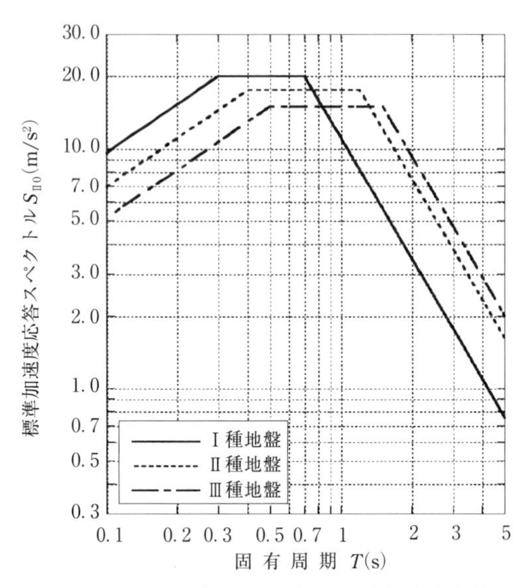

図-解 3.3.2　レベル2地震動（タイプⅡ）の標準加速度応答スペクトル S_{II0}

3.4 地域別補正係数

レベル1地震動の地域別補正係数c_z，レベル2地震動（タイプI）の地域別補正係数$c_{\mathrm{I}z}$及びレベル2地震動（タイプII）の地域別補正係数$c_{\mathrm{II}z}$は，表-3.4.1に示す地域区分に応じた値とする。ただし，架橋地点が地域区分の境界線上にある場合には，係数の大きい方を用いなければならない。

表-3.4.1 地域別補正係数と地域区分

地域区分	地域別補正係数			対象地域
	c_z	$c_{\mathrm{I}z}$	$c_{\mathrm{II}z}$	
A1	1.0	1.2	1.0	千葉県のうち館山市，木更津市，勝浦市，鴨川市，君津市，富津市，南房総市，夷隅郡，安房郡 神奈川県 山梨県のうち富士吉田市，都留市，大月市，上野原市，西八代郡，南巨摩郡，南都留郡 静岡県 愛知県のうち名古屋市，豊橋市，半田市，豊川市，津島市，刈谷市，西尾市，蒲郡市，常滑市，稲沢市，新城市，東海市，大府市，知多市，豊明市，田原市，愛西市，清須市，弥富市，あま市，海部郡，知多郡，額田郡，北設楽郡のうち東栄町 三重県（津市，松阪市，名張市，亀山市，いなべ市，伊賀市，三重郡菰野町を除く。） 和歌山県のうち新宮市，西牟婁郡，東牟婁郡 徳島県のうち那賀郡，海部郡
A2	1.0	1.0	1.0	A1，B1，B2，C地域以外の地域
B1	0.85	1.2	0.85	愛媛県のうち宇和島市，北宇和郡，南宇和郡 高知県（B2地域に掲げる地域を除く。） 宮崎県のうち延岡市，日向市，児湯郡（西米良村及び木城町を除く。），東臼杵郡のうち門川町
B2	0.85	1.0	0.85	北海道のうち札幌市，函館市，小樽市，室蘭市，北見市，夕張市，岩見沢市，網走市，苫小牧市，美唄市，芦別市，江別市，赤平市，三笠市，千歳市，滝川市，砂川市，歌志内市，深川市，富良野市，登別市，恵庭市，伊達市，北広島市，石狩市，北斗市，石狩郡，松前郡，上磯郡，亀田郡，茅部郡，二海郡，山越郡，檜山郡，爾志郡，奥尻郡，瀬棚郡，久遠郡，島牧郡，寿都郡，磯谷郡，虻田郡，岩内郡，古宇郡，積丹郡，古平郡，余市郡，空知郡，夕張郡，樺戸郡，雨竜郡，上川郡（上川総合振興局）のうち東神楽町，上川町，東川町及び美瑛町，勇払郡，網走郡，斜里郡，常呂郡，有珠郡，白老郡 青森県のうち青森市，弘前市，黒石市，五所川原市，むつ市，つがる市，平川市，東津軽郡，西津軽郡，中津軽郡，南津軽郡，北津軽郡，下北郡 秋田県，山形県 福島県のうち会津若松市，郡山市，白河市，須賀川市，喜多方市，岩瀬郡，南会津郡，耶麻郡，河沼郡，大沼郡，西白河郡 新潟県

地域区分	地域別補正係数			対象地域
	c_z	c_{Iz}	c_{IIz}	
B2	0.85	1.0	0.85	富山県のうち魚津市，滑川市，黒部市，下新川郡 石川県のうち輪島市，珠洲市，鳳珠郡 鳥取県のうち米子市，倉吉市，境港市，東伯郡，西伯郡，日野郡 島根県，岡山県，広島県 徳島県のうち美馬市，三好市，美馬郡，三好郡 香川県のうち高松市，丸亀市，坂出市，善通寺市，観音寺市，三豊市，小豆郡，香川郡，綾歌郡，仲多度郡 愛媛県（B1 地域に掲げる地域を除く。） 高知県のうち長岡郡，土佐郡，吾川郡（いの町のうち旧伊野町の地区を除く。） 熊本県（C 地域に掲げる地域を除く。） 大分県（C 地域に掲げる地域を除く。） 宮崎県（B1 地域に掲げる地域を除く。）
C	0.7	0.8	0.7	北海道のうち旭川市，留萌市，稚内市，紋別市，士別市，名寄市，上川郡（上川総合振興局）のうち鷹栖町，当麻町，比布町，愛別町，和寒町，剣淵町及び下川町，中川郡（上川総合振興局），増毛郡，留萌郡，苫前郡，天塩郡，宗谷郡，枝幸郡，礼文郡，利尻郡，紋別郡 山口県，福岡県，佐賀県，長崎県 熊本県のうち荒尾市，水俣市，玉名市，山鹿市，宇土市，上天草市，天草市，玉名郡，葦北郡，天草郡 大分県のうち中津市，豊後高田市，杵築市，宇佐市，国東市，東国東郡，速見郡 鹿児島県（奄美市及び大島郡を除く。） 沖縄県

3.2 に規定するレベル 1 地震動の標準加速度応答スペクトルは，強い地震動が生じる可能性の高い地域において建設される橋に適用すべき標準的な加速度応答スペクトルの値として設定されている。したがって，これに該当しない地域においては，標準加速度応答スペクトルを地域別補正係数の地域区分に従って補正することとされている。これは，強い地震動の生じる可能性が低い地域において，強い地震動の生じる可能性が高い地域と同一の加速度応答スペクトルを用いることは合理的ではないとされたためである。

レベル 1 地震動の地域別補正係数の地域区分は，昭和 52 年にまとめられた建設省新耐震設計法（案）における地震動強度の地域区分に対して，行政区分に従うよう修正が施されたものである。新耐震設計法（案）の地震動強度の地域区分は，当時既発表であった 8 例の地震ハザードマップについて，使用した地震資料，解析手法及び結果を評価し，重み付けが施されたうえで平均化操作を行って算出されたものである。

3.3 に規定するレベル 2 地震動（タイプⅡ）の標準加速度応答スペクトルについても，強い地震動が生じる可能性が高い地域に適用すべき標準的な加速度応答スペクトルの値として設定されている。したがって，レベル 1 地震動と同様の理由により，地域別補正係数の地域区分に従って標準加速度応答スペクトルを補正することとされている。なお，レベル2地震動（タイプⅡ）については，個々の活断層の特性を直接設計に反映すべきとの意見が出されたこともあったが，活断層の位置や，同時に活動する区間，破壊過程等の不確定性に起因する地震動のばらつきに対し，橋の設計に取り入れるために必要な評価方法が確立されていない。そこで，レベル2地震動（タイプⅡ）は，内陸直下型地震として構造物に与える影響という観点で現在までに観測された中で最も強い地震動を与えた平成7年（1995年）兵庫県南部地震による地震動に基づき標準加速度応答スペクトルを定めたうえで，地域別補正係数の地域区分に従って補正することとされている。ここで，レベル2地震動（タイプⅡ）の地域別補正係数の地域区分としては，上述のように，地震ハザードマップに基づき算出されたものを用いることとされている。地域別補正係数の地域区分の基となっている地震ハザードマップの作成には，歴史資料も含めて整理されている過去千数百年程度の地震資料が用いられており，活断層に起因する地震も含まれているが，活断層に起因する地震の発生間隔は数百年から数千年以上とされており，地震資料がある期間よりも長い。そのため地震ハザードマップは，橋の耐震設計への直接的な活用はなされておらず，地震ハザードマップに工学的判断も加えて設けた地域別補正係数の地域区分に従ってレベル2地震動（タイプⅡ）の標準加速度応答スペクトルを補正することにより，強い地震動が生じる可能性が高い地域と低い地域の地震危険度の相対的な差が考慮されるようになっている。

ここで，レベル2地震動（タイプⅡ）の地域別補正係数は，A1及びA2地域に対して1.0，B1及びB2地域に対して0.85，C地域に対して0.7とされている。

平成28年（2016年）熊本地震では，地域別補正係数を0.85とするB2地域において強い地震動が生じた。しかし，地表面で観測された建物等の揺れの影響を受けていない強震記録の解析結果によれば，同地震で生じた地震動は，B2地域におけるレベル2地震動（タイプⅡ）の加速度応答スペクトルを短周期で一部超えるものがあったものの，地震動の短周期成分には地盤から構造物に入力する際に低減するという地震動の入力損失や逸散減衰の効果があることも考慮すると，レベル2地震動（タイプⅡ）の加速度応答スペクトルと同程度であったと評価できるとされている。実際，平成7年（1995年）兵庫県南部地震のような内陸直下型地震による地震動が耐震設計で考慮されることとなった平成8年以降の示方書が適用された橋については，地震動により橋に作用した慣性力のみが原因となって目標とする橋の耐荷性能を達成できなかった事例は熊本地震では確認されていない。熊本地震以外にも地域別補正係数を0.85とする地域において平成16年（2004年）新潟県中越地震等の内陸直下型地震が発生しているが，そのような事例は確認されていない。これらも踏まえ，従来のレベル2地震動（タイプⅡ）の地域別補正係数が踏襲されている。

レベル2地震動（タイプⅠ）については，大正12年（1923年）の関東地震に際して東京周辺で生じた地震動に基づいて標準加速度応答スペクトルが定められている。距離減衰式による地震動の推定結果に基づくと，例えば，東海地震，東南海地震，南海地震等の大規模な地震の影響を強く受ける可能性がある地域では，これよりも強い地震動を考慮することが必要となる。このため，レベル2地震動（タイプⅠ）は，レベル1地震動及びレベル2地震動（タイプⅡ）と異なる地域別補正係数により，標準加速度応答スペクトルを補正することが規定されており，東海地震，東南海地震，南海地震等のプレート境界型の大規模な地震の影響が東京周辺よりも大きい地域に対しては1.2の地域別補正係数が設定され，そのような地震の震源域から距離があり，影響が東京周辺よりも小さい地域に対しては0.8の地域別補正係数が設定されている。

レベル2地震動（タイプⅠ）の地域別補正係数を定める際に考慮されたプレート境界型の地震のうち，主要な地震の震源域を図-解3.4.1に示す。地域別補正係数を定めるための検討には，平成23年（2011年）東北地方太平洋沖地震，北海道の太平洋沖の地震が連動する場合や東海地震，東南海地震，南海地震及び日向灘地震が連動する場合などの大規模な地震の震源域が連動する影響も考慮されている。ここで，東海地震の震源域は，大規模地震対策特別措置法に基づく地震防災対策強化地域の指定（平成14年）にあたって用いられたもの，東南海地震及び南海地震の震源域は，東南海・南海地震に係る地震防災対策の推進に関する特別措置法に基づく東南海・南海地震防災対策推進地域の指定（平成15年）にあたって用いられたものがそれぞれ考慮されている。また，日向灘地震の震源域は，地震調査研究推進本部の長期評価（平成16年）による日向灘の評価対象領域が考慮されている。

平成24年の示方書の改定後，南海トラフの巨大地震を対象に，一般的な防災対策を検討するための最大クラスの地震・津波の検討が進められたが，その中で震度6強又は震度7が推計されている地域はほぼレベル2地震動（タイプⅠ）の地域別補正係数を1.2とした地域に含まれていることが確認されたうえで，この示方書では平成24年の改定で設定された地域区分及び地域別補正係数が踏襲されている。

表-3.4.1に従って，レベル1地震動及びレベル2地震動（タイプⅡ）に対して作成した地域区分図を図-解3.4.2に，レベル2地震動（タイプⅠ）に対して作成した地域区分図を図-解3.4.3に，また，これらを組み合わせた地域区分図を図-解3.4.4に示す。

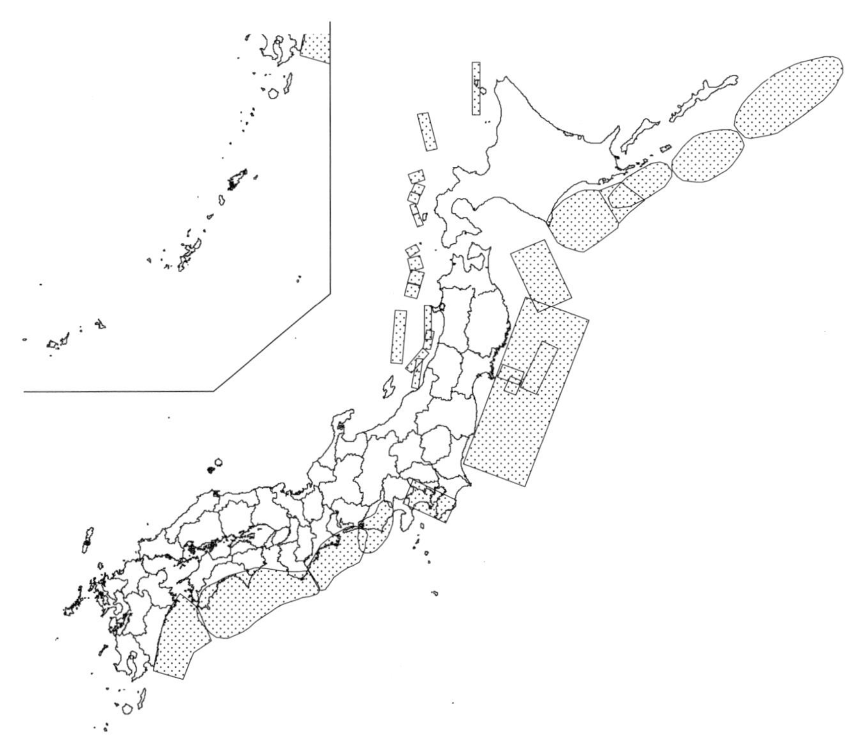

図-解 3.4.1　主要なプレート境界型の地震の震源域

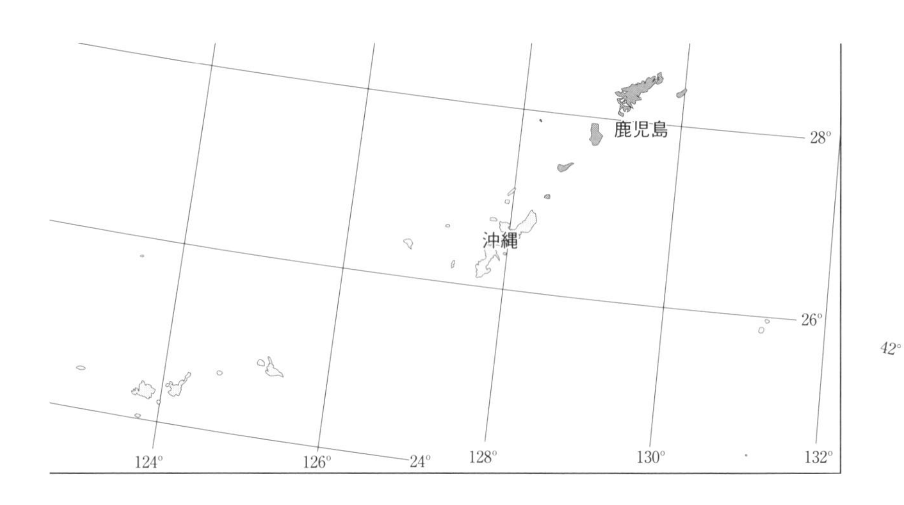

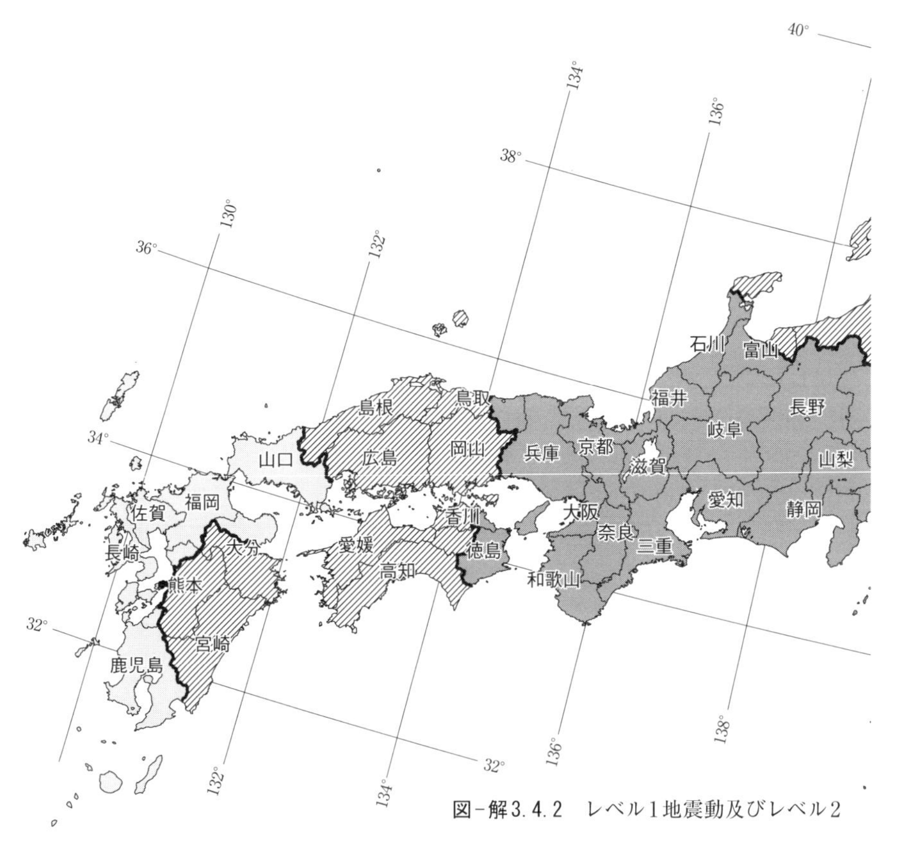

図−解3.4.2　レベル1地震動及びレベル2

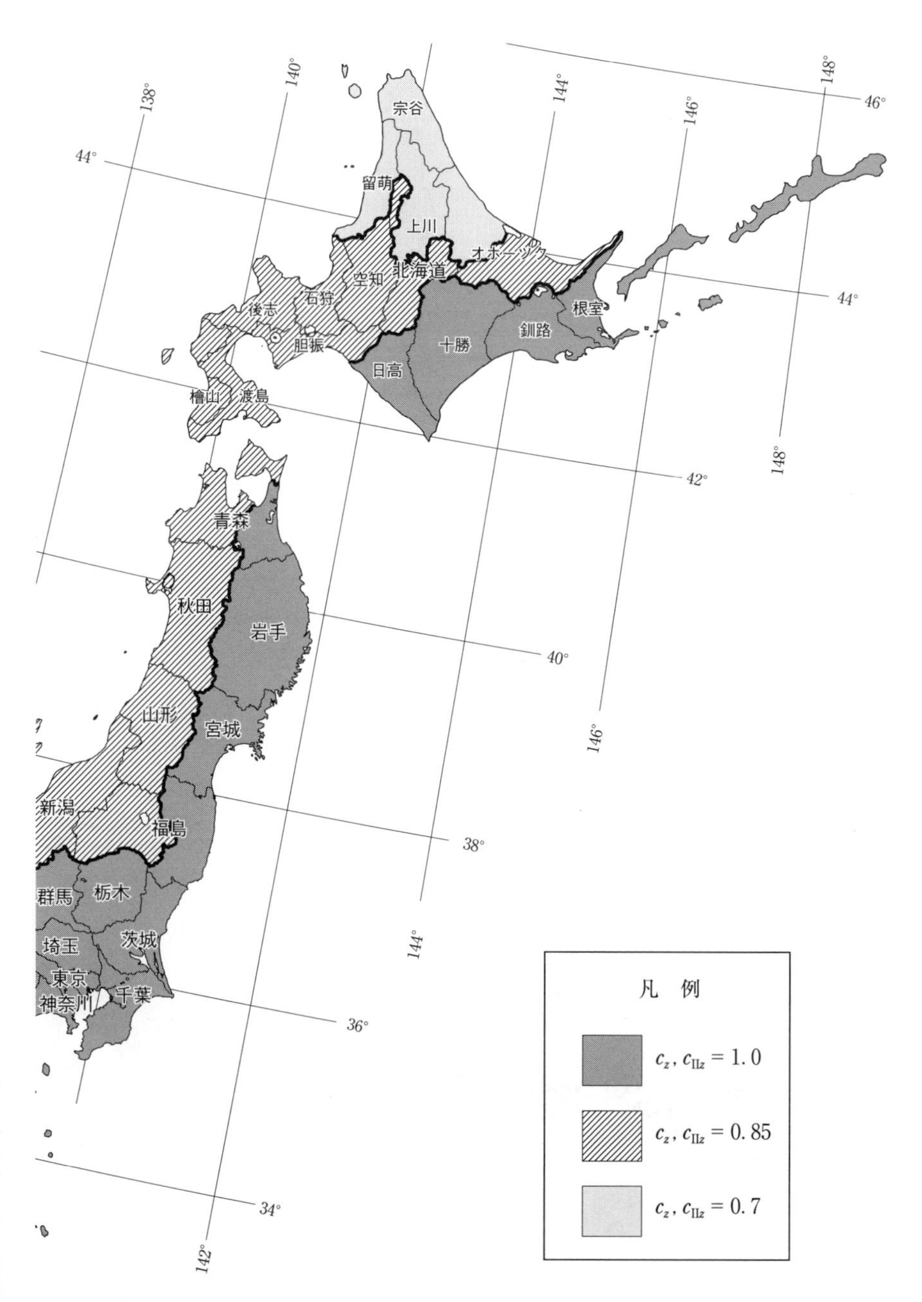

地震動（タイプⅡ）の地域別補正係数の地域区分

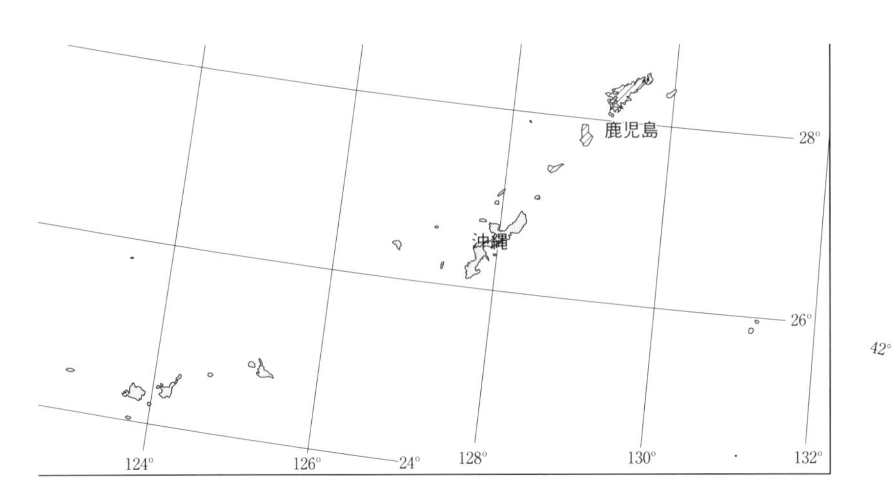

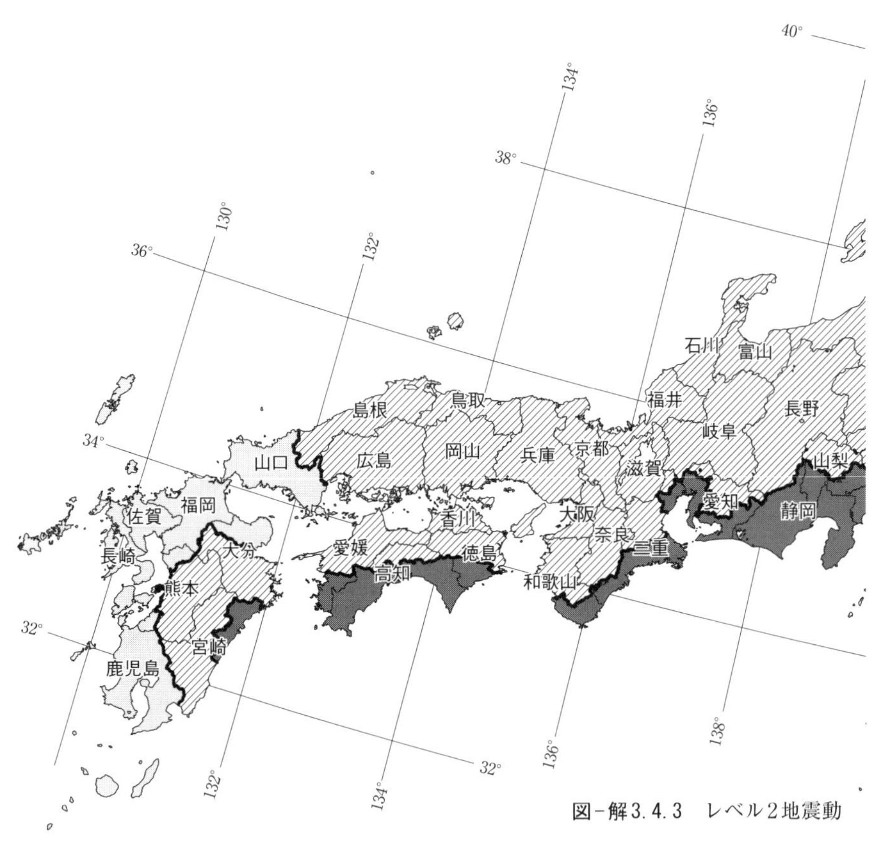

図-解3.4.3　レベル2地震動

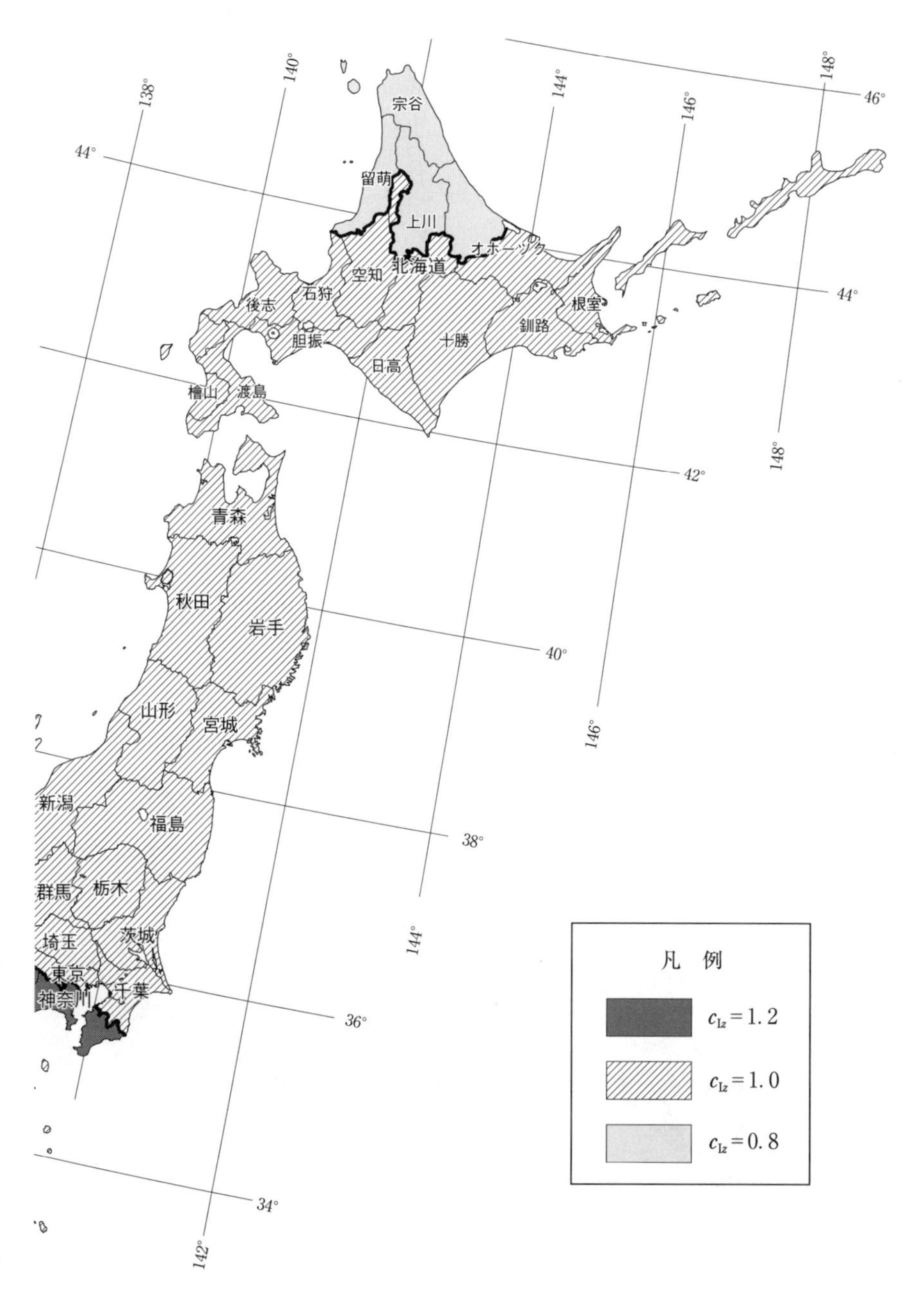

（タイプⅠ）の地域別補正係数の地域区分

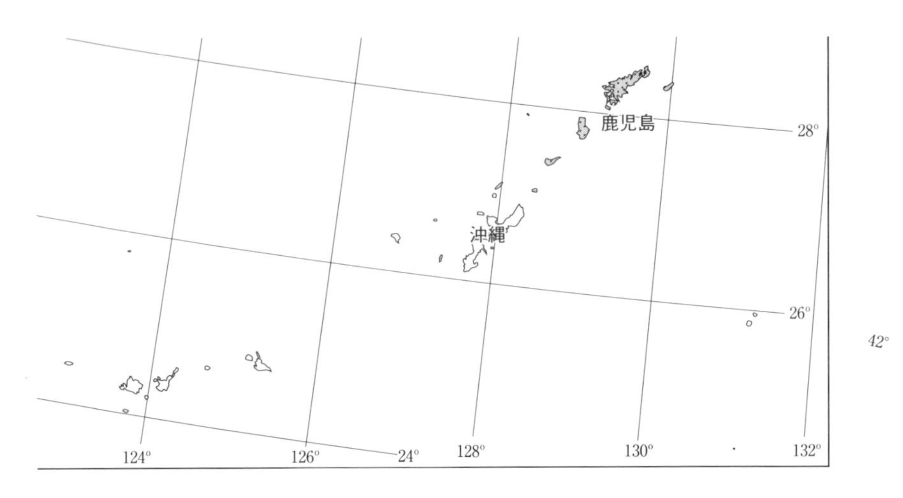

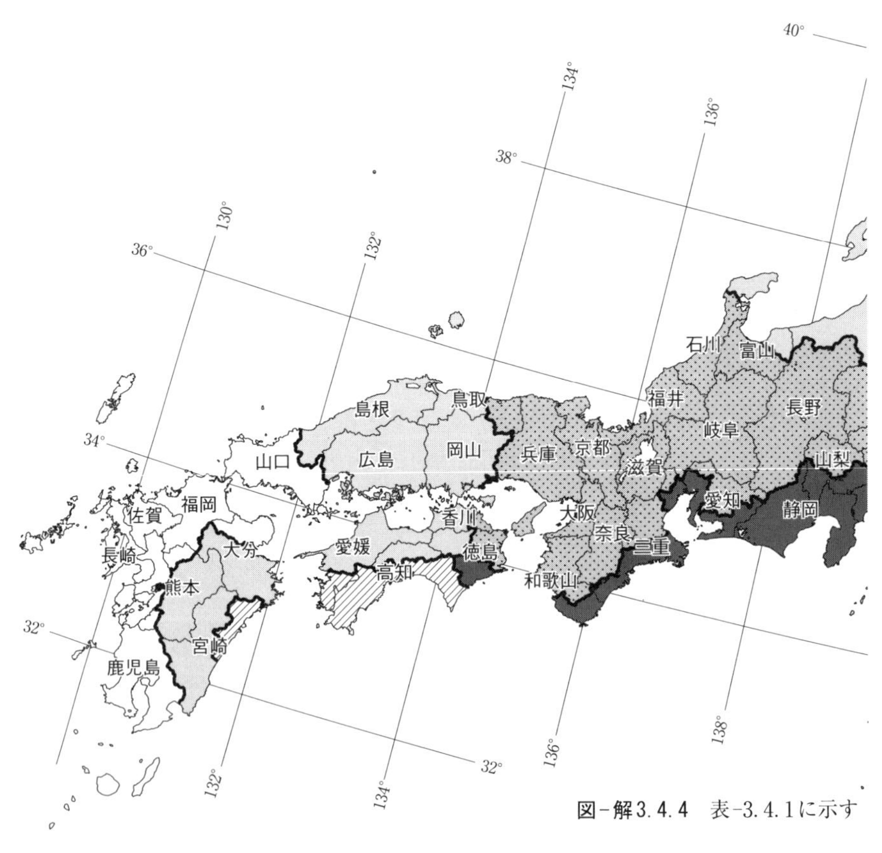

図-解3.4.4　表-3.4.1に示す

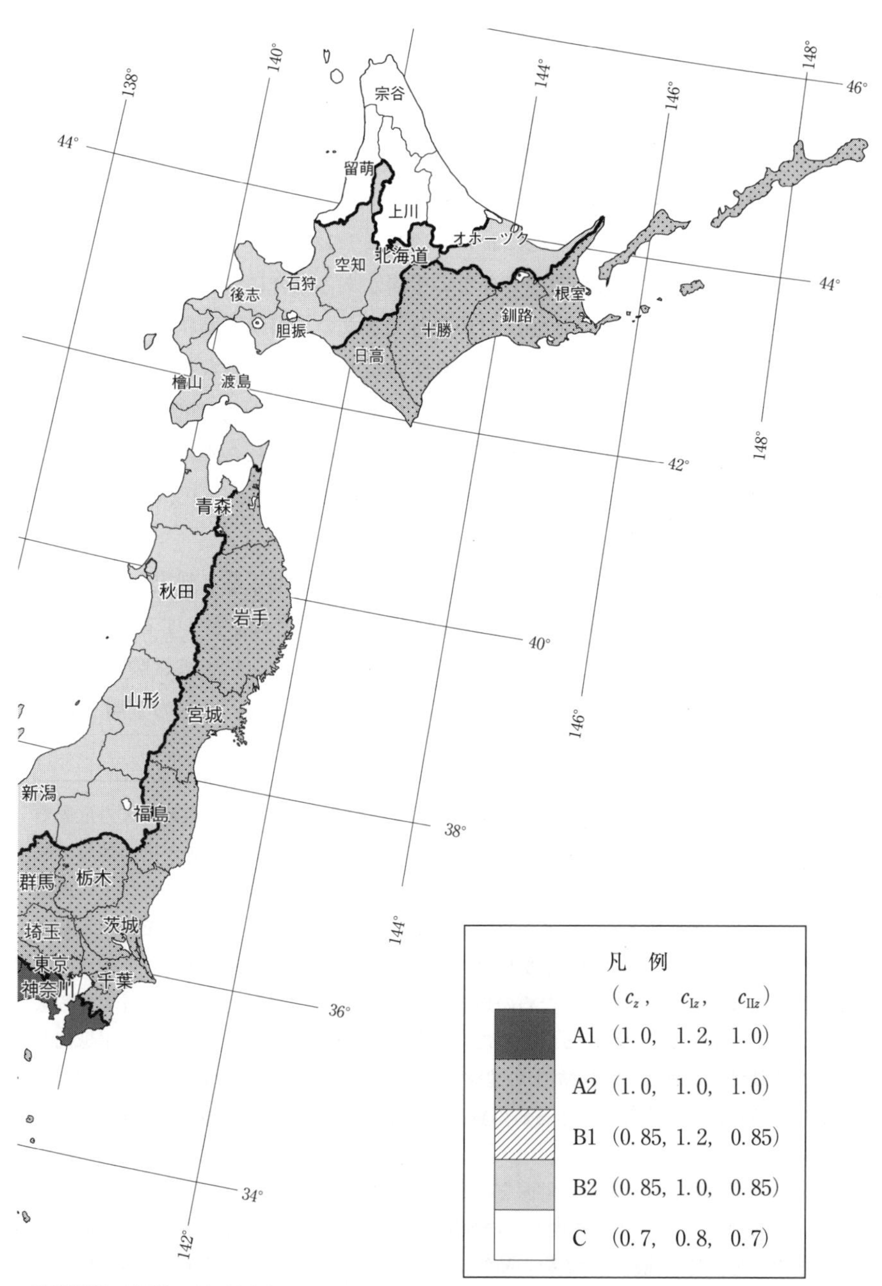

地域別補正係数の地域区分

3.5　耐震設計上の地盤面

耐震設計上の地盤面は，地震時に水平抵抗を期待できる地盤の上面とし，以下の 1)から 3)のうちいずれか深い地盤面で設定する。

1)　Ⅳ編 8.5.2 に規定する設計上の地盤面

2)　フーチングを有する基礎においてはフーチング下面

3)　地震時に地盤反力が期待できない土層がある場合には，その土層の下面。ただし，地震時に地盤反力が期待できない土層が互層状態で存在する場合には，層厚が 3m 以上の地盤反力が期待できる最も浅い土層の上面。ここで，地震時に地盤反力が期待できない土層とは，地盤反力係数，地盤反力度の上限値及び最大周面摩擦力度（以下これらを「耐震設計上の土質定数」という。）を零とする土層であり，以下のⅰ)又はⅱ)に該当する土層とする。

ⅰ）7.2 の規定により橋に影響を与える液状化が生じると判定された土層のうち，7.3 の規定により耐震設計上の土質定数を零とする土層

ⅱ）地表面から 3m 以内の深さにある粘性土層で，一軸圧縮試験又は原位置試験により推定される一軸圧縮強度が 20kN/m^2 以下の土層（以下「耐震設計上ごく軟弱な土層」という。）

耐震設計上の地盤面は，慣性力が橋に及ぼす影響を考慮するための地震動の入力位置であり，一般的には水平抵抗が期待できる土層よりも上方の構造部分の振動が橋の地震時挙動に影響を及ぼすと考えることができることから，Ⅳ編 8.5.2 に規定される設計上の地盤面を耐震設計上の地盤面とすることが規定されている。ただし，フーチングを有する基礎形式の場合には，フーチングの重量が橋の地震時挙動に及ぼす影響が大きいことから，慣性力が橋に及ぼす影響を考慮するための地震動の入力位置は，フーチングの慣性力を考慮できるように設定する必要がある。そのため，地震動の入力位置として必要な水平抵抗が期待できる地盤の上面は，耐震設計上の地盤面をフーチング下面とする必要がある。なお，慣性力による断面力や応力等，応答値の算出にあたって地盤抵抗を考慮する範囲は，5.1 の規定による。

本規定に基づき耐震設計上の地盤面を設定した場合の例を図-解 3.5.1から図-解 3.5.3 に示す。地表面より深さ 10m 程度までの地盤の良否が基礎の水平抵抗に大きく影響すること，また，地震時の地盤と構造物の動的相互作用等今後解明すべき点がまだ多く残されており，安全側に設計する必要があることから，このように規定されている。

なお，地盤反力が期待できない土層が互層状態で存在する場合は，現在のところ，地盤反力が期待できない土層がそれ以浅の地盤反力が期待できる土層に及ぼす影響を定量的に評価することはできないため，既往の震災事例等を踏まえて設定されている。

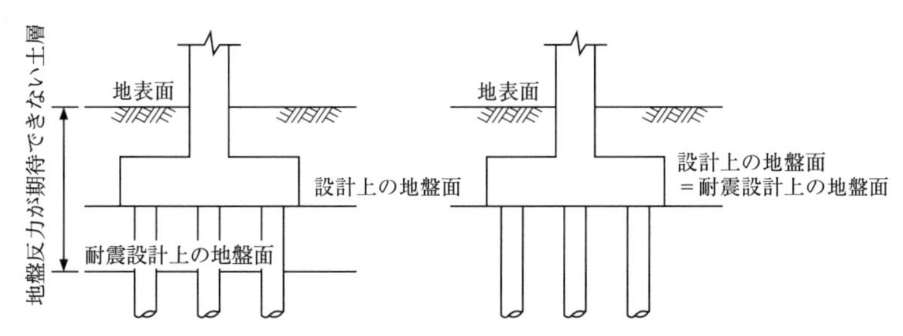

(a) 地盤反力が期待できない土層がある場合　　(b) (a) 以外の場合

図-解 3.5.1　橋脚における耐震設計上の地盤面

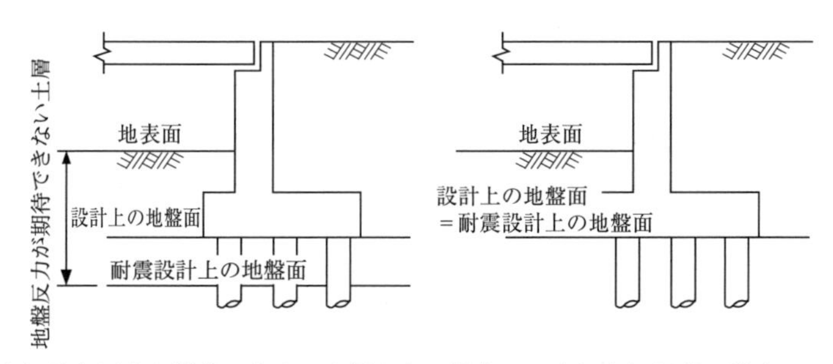

(a) 地盤反力が期待できない土層がある場合　　(b) (a) 以外の場合

図-解 3.5.2　橋台における耐震設計上の地盤面

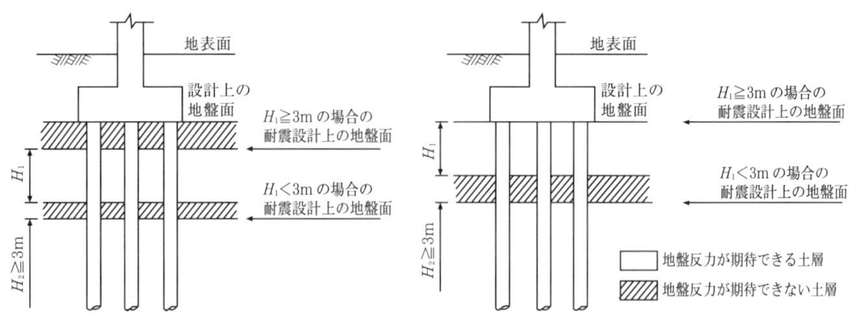

(a) 設計上の地盤面に接して地盤反力が期待できない土層がある場合　(b) (a)以外の場合

図-解 3.5.3　地盤反力が期待できない土層が互層状態で存在する場合の耐震設計上の地盤面

3.6 耐震設計上の地盤種別

3.6.1 一　　般

> 耐震設計上の地盤種別は，3.7 に規定する耐震設計上の基盤面から地表面までの範囲の地盤の基本固有周期 T_G に応じ，表-3.6.1 により区別する。ただし，地表面が耐震設計上の基盤面と一致する場合には，耐震設計上の地盤種別をⅠ種とする。
>
> **表-3.6.1　耐震設計上の地盤種別**
>
> | 地盤種別 | 地盤の基本固有周期 T_G (s) |
> |---|---|
> | Ⅰ種 | $T_G < 0.20$ |
> | Ⅱ種 | $0.20 \leqq T_G < 0.60$ |
> | Ⅲ種 | $0.60 \leqq T_G$ |

地形や地盤条件が異なれば，地盤の振動特性に違いが生じ，橋に作用する地震動は異なったものとなる。

耐震設計上の地盤種別は，3.2 及び 3.3 に基づいてレベル 1 地震動及びレベル 2 地震動を設定する際に，このような地盤条件等の影響を考慮するために設定されたものであり，微小ひずみ振幅領域における地盤の基本固有周期に基づき適切に地盤種別を区別する。

地震動の加速度応答スペクトルの周期特性等は，地盤の基本固有周期により分類できることが多くの強震記録の分析により確認されており，そのような分析結果に基づき，表

-3.6.1の耐震設計上の地盤種別は設定されたものである。

3.6.2　地盤の基本固有周期

(1) 地盤の基本固有周期 T_G は，地盤調査等に基づき，適切に算出しなければならない。

(2) 地盤の基本固有周期 T_G を，式（3.6.1）により算出する場合には，(1)を満足するとみなしてよい。

$$T_G = 4\sum_{i=1}^{n}\frac{H_i}{V_{si}} \quad \cdots\cdots (3.6.1)$$

ここに，

T_G：地盤の基本固有周期 (s)

H_i：i 番目の地層の厚さ (m)

V_{si}：i 番目の地層の平均せん断弾性波速度 (m/s)

i：当該地盤が地表面から耐震設計上の基盤面まで n 層に区分される場合の地表面から i 番目の地層の番号

(3) 式（3.6.1）で用いる平均せん断弾性波速度 V_{si} は，橋の建設地点における地層のせん断弾性波速度を適切な方法で測定又は推定して求めなければならない。

(4) 平均せん断弾性波速度 V_{si} を，弾性波探査，PS 検層等の適切な手法で直接計測して求める場合又は式（3.6.2）により推定する場合には，(3)を満足するとみなしてよい。

$$\left.\begin{array}{l}\text{粘性土層の場合}\\ \quad V_{si} = 100N_i^{1/3} \quad (1 \leqq N_i \leqq 25)\\ \text{砂質土層の場合}\\ \quad V_{si} = 80N_i^{1/3} \quad (1 \leqq N_i \leqq 50)\end{array}\right\} \quad \cdots\cdots (3.6.2)$$

ここに，

N_i：標準貫入試験による i 番目の地層の平均 N 値

(2) 地盤の基本固有周期 T_G を求める方法としては，微動観測等により直接的に得る方法もあるが，微小ひずみ振幅領域における地盤の基本固有周期であれば実用上十分な精度を確保して地層ごとの厚さや平均せん断弾性波速度から算出できるため，地盤の基本固有周期 T_G は式（3.6.1）により求めてもよいことが規定されている。

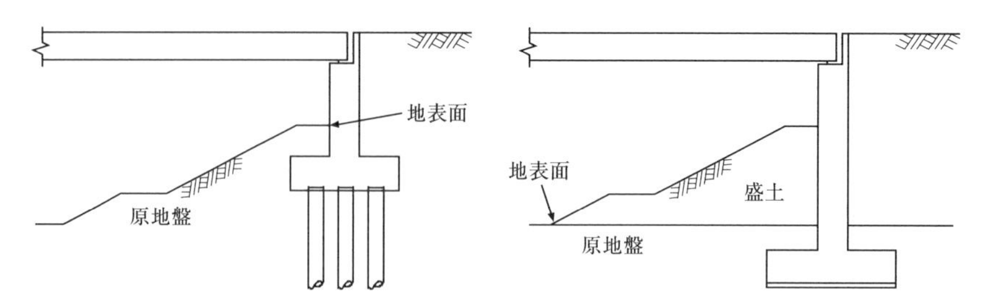

(a) 地表面が平坦でない場合　　(b) 盛土下の地盤内にフーチングを設ける場合

図-解 3.6.1　盛土等により地表面が平坦でない場合の地表面のとり方

下部構造の振動は周辺地盤の振動に影響されるため，一般に，地表面が平坦でない場合は，図-解 3.6.1 (a) に示すように下部構造位置における地表を地表面とみなして地盤の基本固有周期を求める。フーチングを盛土下の地盤内に設ける場合には，図-解 3.6.1 (b) に示すように周辺の平均的な地表を地表面とみなして地盤の基本固有周期を求める。

(4) 地層の平均せん断弾性波速度 V_{si} は，弾性波探査や PS 検層によって測定するのが望ましい。しかし，地層の平均せん断弾性波速度 V_{si} を式 (3.6.2) により N 値から推定したとしても，地盤を表-3.6.1 により基本固有周期で 3 種に区別するうえで十分な精度を確保できることから，式 (3.6.2) により地層の平均せん断弾性波速度 V_{si} を求めた場合には(3)を満足するとみなしてもよいことが規定されている。この場合，N 値は各層の平均的な N 値で代表させればよく，各層内の N 値のばらつきを考慮するために地層をむやみに細分化するなど，いたずらに計算を繁雑にする必要はない。ここで，式(3.6.2)は，粘性土層については $N=1$ ～ 25 の範囲，砂質土層については $N=1$ ～ 50 の範囲での実験値から導かれた推定式である。なお，N 値が 0 の場合は $V_{si}=50$m/s としてよい。

3.7　耐震設計上の基盤面

(1) 耐震設計上の基盤面は，架橋位置に共通する広がりを持ち，橋の耐震設計上振動するとみなす地盤の下に存在する十分堅固な地盤の上面とする。

(2) 平均せん断弾性波速度が 300 m/s 程度以上の値を有している剛性の高い地層は，(1)に規定する十分堅固な地盤とみなしてよい。

(2) 式 (3.6.2) により，粘性土層では N 値 25 以上，砂質土層では N 値 50 以上の値を有している剛性の高い地層から成る地盤と考えることができる。

4章　地震の影響の特性値

4.1 慣 性 力

4.1.1 一　　般

(1) 慣性力は，橋の振動特性に応じて地震時に同一の振動をするとみなし得る構造系（以下「設計振動単位」という。）を適切に設定したうえで，設計振動単位ごとに，その大きさを適切に算出するとともに，作用方向を適切に設定しなければならない。

(2) 水平方向の慣性力の大きさは，動的解析を用いる場合は4.1.2の規定，静的解析を用いる場合は4.1.3の規定により算出することを標準とする。

(3) 水平方向の慣性力の作用方向は，部材ごとに影響が最も大きくなる方向及びその直角方向とし，それぞれの方向に別々に作用させる。部材ごとに影響が最も大きくなる方向及びその直角方向は，以下の1)から4)によることを標準とする。

1) 橋脚の慣性力の作用方向は，橋脚の断面二次モーメントが最小となる軸周りに曲げモーメントを発生させる方向及びその直角方向

2) 橋台の慣性力の作用方向は，土圧の水平成分の作用方向及びその直角方向

3) 基礎の慣性力の作用方向は，これが支持する橋台又は橋脚に作用させる慣性力と同じ方向

4) 上部構造の慣性力の作用方向は，橋軸及び橋軸直角方向

(4) 以下の1)又は2)に該当する場合は，(3)によるほか，鉛直方向の慣性力も適切に考慮しなければならない。

1) 支承部及び支承部と上下部構造との接合部

2) 永続作用により大きな偏心モーメントを受ける橋脚

(5) 下部構造の頂部において上部構造を支持する支点の条件が慣性力の作用方向に対して可動の場合には，(2)によらず，上部構造の慣性力の代わりに，

以下の1)及び2)を下部構造に考慮しなければならない。

1) レベル1地震動を考慮する設計状況に対しては，支承の静摩擦力

2) レベル2地震動を考慮する設計状況に対しては，橋脚の場合は，上部構造の死荷重反力の1/2に4.1.6に規定する設計水平震度を乗じた力。橋台の場合は，支承の静摩擦力

(2) 慣性力の算出における構造物の重量には，構造物の地震応答に影響を与える添架物等の重量も考慮する。

(3) 地震の影響を考慮する状況では任意の方向に慣性力が作用し，任意の水平方向の慣性力は，水平2方向の慣性力の合力として表すことができる。3章に規定される橋の耐荷性能の照査に用いる地震動の大きさは，水平面内で橋に働く慣性力が最大となる方向の地震動の大きさをもとに設定されており，この直角方向に作用する慣性力は相対的に小さいことから，橋の耐荷性能の照査においては，水平2方向の慣性力を独立に橋に作用させてよいとしている。また，水平2方向としては，各部材ごとに影響が最も大きくなる方向とその直角方向に作用させることが規定されている。

なお，曲線橋，橋全体系の構造が非対称である場合，偏心橋脚，ラーメン橋脚及びラーメン橋のように，死荷重によって下部構造に曲げモーメントやせん断力等の軸力以外の初期断面力が生じる橋の場合は，入力地震動の位相によって影響が最も大きくなる方向が異なる。橋脚等の部材ごとに地震の影響が大きい方向が異なる場合は，入力地震動の振幅の正負を変えた場合も実施する等，部材ごとに影響が大きい方向を適切に把握する必要がある。

1) 橋脚の慣性力の作用方向は，橋脚断面の断面2次モーメントが最小となる軸周りに曲げモーメントを発生させる方向，すなわち橋脚断面の弱軸に曲げを生じさせる方向とその直角方向とする。直橋の場合には，橋軸方向及び橋軸直角方向となる。

2) 橋台のように地震時土圧の影響を受ける構造物の場合には，一般には，土圧の水平方向成分の作用方向が部材への影響が最も大きくなる方向となる。このため，慣性力の作用方向は土圧の水平方向成分の作用方向とその直角方向となる。

(4) 鉛直方向の地震動が上下部構造の挙動に与える影響は一般に小さいため，必ずこれを考慮することとはされていない。ただし，上部構造等の死荷重による偏心モーメントが作用する橋脚のように死荷重により大きな偏心モ－メントを受ける橋脚構造で鉛直方向の地震動の影響を検討することが望ましい場合には，適切な方法によりこれを考慮する必要がある。また，上部構造に作用する水平力によって支承部に作用する鉛直力と鉛直方向の地震動の影響が重なることで，鉛直方向の慣性力が大きな影響を与える場合もあるため，支承部の設計においては鉛直方向の慣性力を考慮することが規定されている。支承部の設計における具体的な考慮の方法は，13.1.1に規定されている。

(5) レベル1地震動を考慮する設計状況に対しては，下部構造の頂部において上部構造を支持する支点の条件が慣性力の作用方向に対して可動の場合には，上部構造の慣性力の代わりに支承に作用する静摩擦力を考慮することが規定されている。これは，可動支承を有する下部構造は橋軸方向には他の設計振動単位から独立して振動することによる。ここで，動摩擦力ではなく，静摩擦力とされているのは，安全側に設計しておくという従来の考え方に基づくものである。なお，摩擦力の算出にあたって用いる反力は，設計状況に応じた荷重組合せ係数及び荷重係数を見込んだうえで算出する必要がある。

レベル2地震動を考慮する設計状況に対しても，可動支承を有する下部構造は橋軸方向には他の設計振動単位から独立して振動することになるため，レベル1地震動を考慮する設計状況と同様に上部構造の慣性力の代わりに静摩擦力を考慮すればよいとすることも考えられるが，橋脚については，上部構造の死荷重反力の1/2に4.1.6に規定する設計水平震度を乗じた力を考慮することとされている。これは，静摩擦力のみで設計すると耐力が極端に低い橋脚が設計される場合もあること，可動支承が損傷し，損傷した支承がかみあう等して静摩擦力を超えるような荷重が可動支承を有する橋脚に作用することも考えられることを踏まえたものである。そのため，可動支承のみを有する橋脚が対象となり，1つの橋脚上で固定支承と可動支承の両方を有する橋脚の場合はこの規定を適用する必要はない。なお，上部構造の死荷重反力は，設計状況に応じた荷重組合せ係数及び荷重係数を見込んだうえで算出する必要がある。

4.1.2 動的解析を用いる場合の慣性力

(1) 動的解析を用いる場合の慣性力の大きさは，レベル1地震動及びレベル2地震動の強度，周期特性，位相特性及び継続時間並びに橋の減衰定数等を考慮して，動的解析に用いる加速度波形を適切に設定したうえで，構造物の応答加速度を質量に乗じて算出する。

(2) (3)から(5)による場合は，(1)の加速度波形を適切に設定したとみなしてよい。

(3) 動的解析に用いる加速度波形には，式（3.2.1）により算出するレベル1地震動並びに式（3.3.1）及び式（3.3.2）により算出するレベル2地震動の加速度応答スペクトルと同様の特性を有するように既往の代表的な強震記録を振幅調整した加速度波形を用いる。橋の減衰定数が0.05と大きく異なる場合には，式（3.2.1）並びに式（3.3.1）及び式（3.3.2）により算出する加速度応答スペクトルに，式（4.1.1）により算出する減衰定数別補正係数c_Dを乗じて求めた加速度応答スペクトルをレベル1地震動及びレベル2地震動の加速度応答スペクトルとして用いる。

$$c_D = \frac{1.5}{40h+1} + 0.5 \cdots\cdots (4.1.1)$$

ここに，

h：減衰定数

(4) 振幅調整しようとする強震記録を選定するにあたっては，以下の1)及び2)を考慮しなければならない。また，レベル2地震動を考慮する設計状況においては，位相特性が異なる振幅調整した加速度波形を少なくとも3波形用いるものとし，レベル1地震動を考慮する設計状況においては，1波形を用いる。

1) 振幅調整しようとする強震記録の加速度応答スペクトルが目標とする加速度応答スペクトルと類似した特性を有すること。

2) 部材の塑性化を期待する場合は，以下のⅰ)及びⅱ)の特性を有すること。

ⅰ) レベル2地震動（タイプⅠ）については，継続時間が長く，地震動の繰返しが橋の非線形応答に与える影響が大きい位相特性

ⅱ) レベル2地震動（タイプⅡ）については，継続時間は短いが振幅の大きな地震動が橋の非線形応答に与える影響が大きい位相特性

(5) 慣性力の算出に際しては，設計振動単位ごとに，同じレベル1地震動の加速度波形及びレベル2地震動の加速度波形を用いることを原則とする。

(1) 慣性力の算出にあたっては，2.5(4)に解説されるように，死荷重による荷重効果を見込む必要があることから，死荷重（D）の荷重組合せ係数及び荷重係数を質量に乗じたうえで，応答加速度を乗じて算出する必要がある。応答加速度の算出にあたっては，動的解析に用いる加速度波形に地震の影響の荷重組合せ係数及び荷重係数を乗じて算出する。

(3) 橋に作用する慣性力の算出には，既往の代表的な強震記録を3.2及び3.3に規定する加速度応答スペクトルと同様の特性を有するように振幅調整した加速度波形を用いる。ここで，3.2及び3.3では，レベル1地震動及びレベル2地震動の特性値が，減衰定数0.05の加速度応答スペクトルで規定されているため，減衰定数が0.05と大きく異なる場合（例えば，0.01，0.2）には，標準加速度応答スペクトルに式(4.1.1)により算出する図-解4.1.1の減衰定数別補正係数 c_D を乗じた値にその減衰定数の加速度応答スペクトルが近い特性を有するよう振幅調整を行う必要がある。

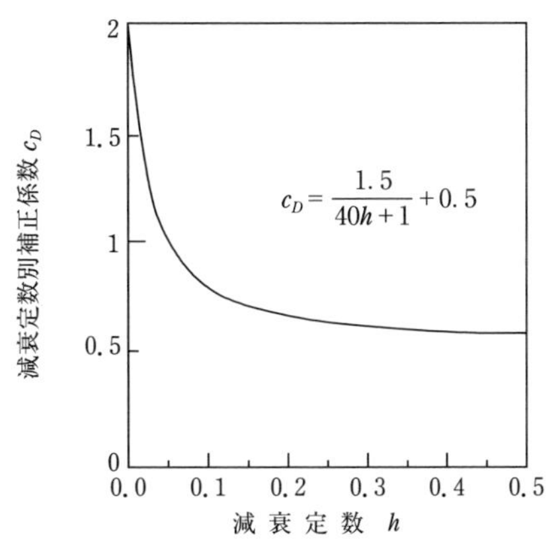

図-解 4.1.1 減衰定数別補正係数 c_D

(4) 強震記録の振幅特性を振動数領域において調整する場合，任意の波形を任意の応答スペクトル特性を有するように振幅調整することが可能であるが，特性を大きく変えることは実測記録としての物理的意味を損なうことになる。そこで，振幅の調整量をできるだけ小さくするために，振幅調整しようとする強震記録の加速度応答スペクトルが目標とする加速度応答スペクトルと類似した特性を有するものであることが求められている。レベル2地震動（タイプⅠ，タイプⅡ）に対応して考慮する地震動の大きさは3章の特性値で設定されているが，地震動の位相特性や継続時間が橋の非線形応答に及ぼす影響については加速度応答スペクトルでは考慮できないため，振幅調整しようとする強震記録の選定にあたり，そうした影響を考慮することが求められている。これは，橋に繰り返し非線形応答が生じる場合には，その繰返し挙動による影響を考える必要があり，また，継続時間は短くとも振幅の大きな地震動によって橋に大きな非線形応答が生じる場合には，その影響を設計において適切に考慮する必要があるためである。このような地震動が繰り返し作用する特性や，継続時間は短くとも大きな振幅を有する地震動特性は，地震動が持つ位相特性によって生じるものであるが，地震動の位相特性によっては，非線形応答が生じにくい加速度波形となる場合もある。そこで，このような点に留意し，橋の非線形応答が大きくなる位相特性を持った強震記録を複数選定して，位相特性の異なる振幅調整した加速度波形を少なくとも3波設定し，動的解析に用いることが求められている。

図-解 4.1.2から図-解 4.1.4 に示す加速度波形（以下，標準加速度波形という）は，これらの観点を踏まえ，表-解 4.1.1 に示す強震記録をもとに，耐震設計上の地盤面における地震波の減衰定数0.05の加速度応答スペクトルの特性が3.2及び3.3に規定される標準加速度応答スペクトル S_0，$S_{\mathrm{I}0}$ 及び $S_{\mathrm{II}0}$ と一致するように振幅調整して求めた加速度波形である。時刻歴応答解析法には，これらの標準加速度波形を用いることができる。

(5) 動的解析を行う場合に，一つの設計振動単位の中で，下部構造の位置により地盤種別が異なる場合がある。本来，地震動は地形，地盤条件の影響を受けて場所ごとに異なる特性を有すると考えられるが，場所ごとの相違などを耐震設計に具体的に考慮できるだけの知見がない。このため，このような場合には，それぞれの地盤種別に対する地震動を下部構造の位置の地盤種別によらず共通に作用させて動的解析を行い，慣性力を求めることとされている。

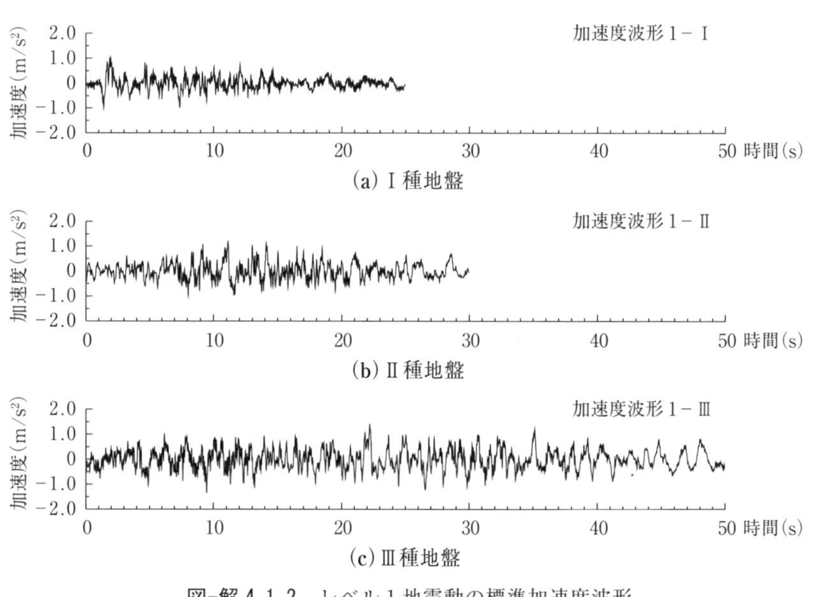

図-解 4.1.2 レベル 1 地震動の標準加速度波形

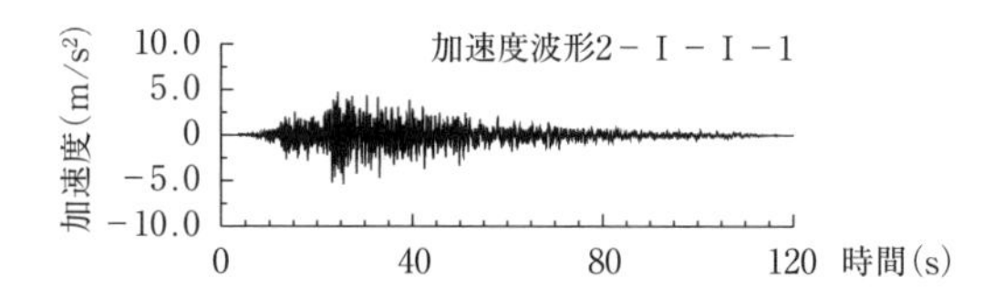
加速度波形2－Ⅰ－Ⅰ－1
加速度(m/s²)
10.0
5.0
0
−5.0
−10.0
0
40
80
120
時間(s)

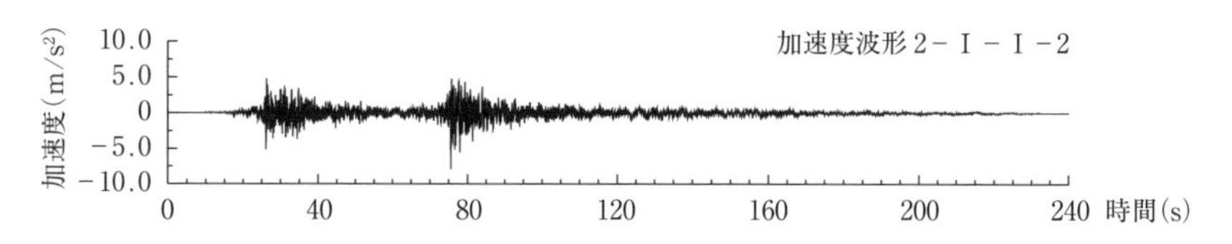
加速度波形 2－Ⅰ－Ⅰ－2
加速度(m/s²)
10.0
5.0
0
−5.0
−10.0
0
40
80
120
160
200
240
時間(s)

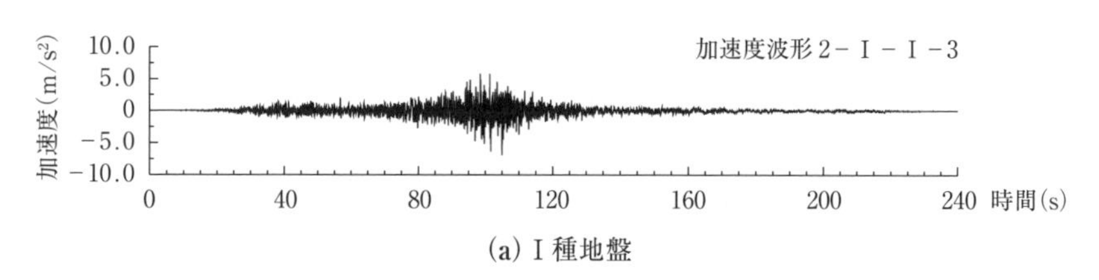
加速度波形 2－Ⅰ－Ⅰ－3
加速度(m/s²)
10.0
5.0
0
−5.0
−10.0
0
40
80
120
160
200
240
時間(s)

(a) Ⅰ種地盤

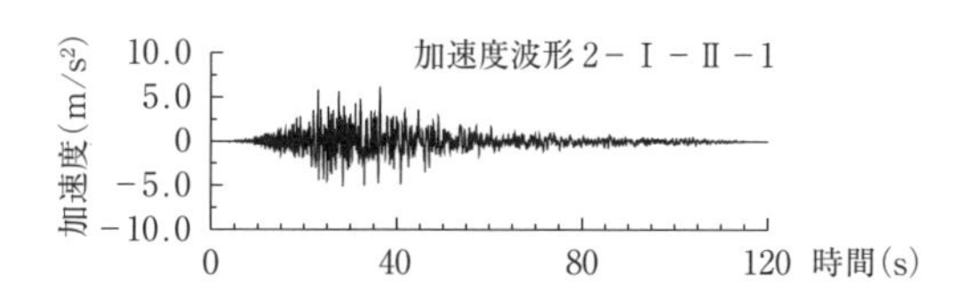
加速度波形 2－Ⅰ－Ⅱ－1
加速度(m/s²)
10.0
5.0
0
−5.0
−10.0
0
40
80
120
時間(s)

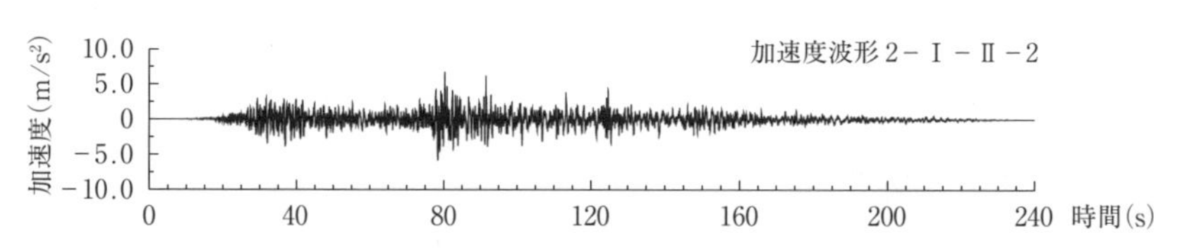
加速度波形 2－Ⅰ－Ⅱ－2
加速度(m/s²)
10.0
5.0
0
−5.0
−10.0
0
40
80
120
160
200
240
時間(s)

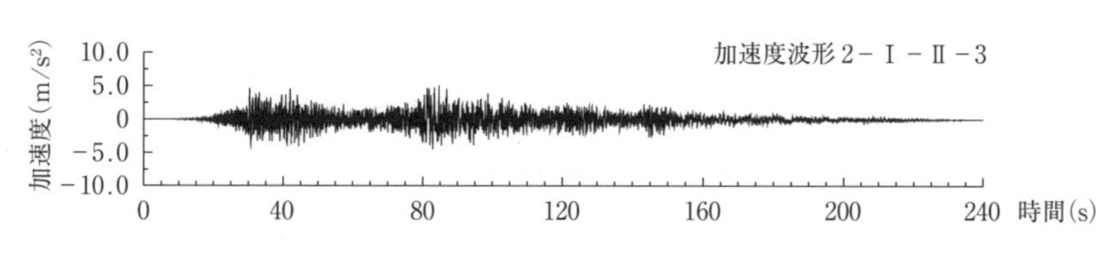
加速度波形 2－Ⅰ－Ⅱ－3
加速度(m/s²)
10.0
5.0
0
−5.0
−10.0
0
40
80
120
160
200
240
時間(s)

(b) Ⅱ種地盤

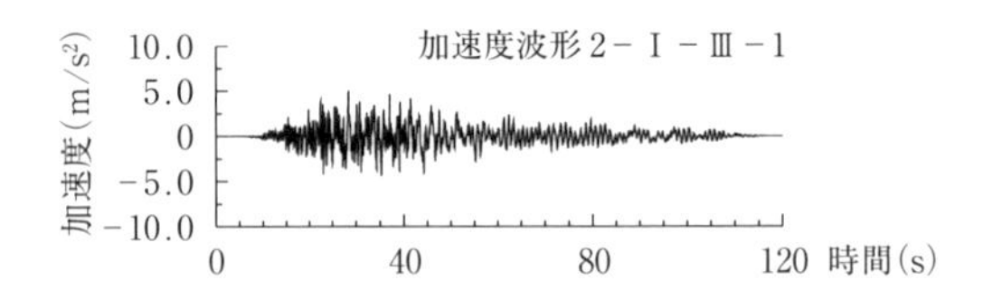

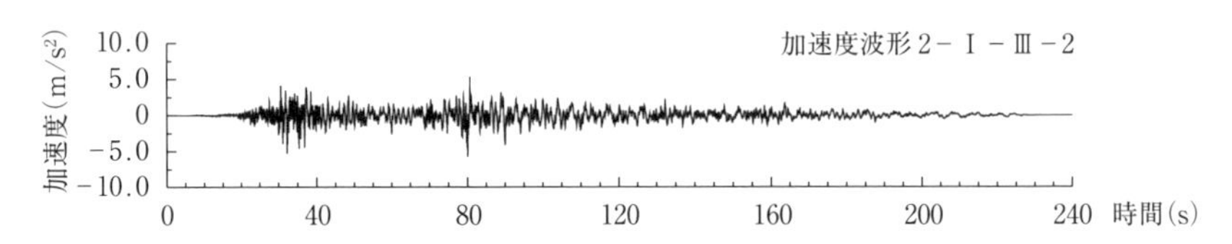

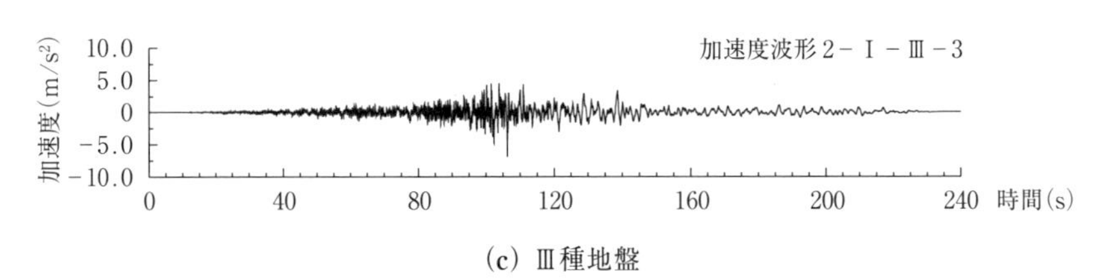

(c) Ⅲ種地盤

図-解 4.1.3　レベル２地震動（タイプⅠ）の標準加速度波形

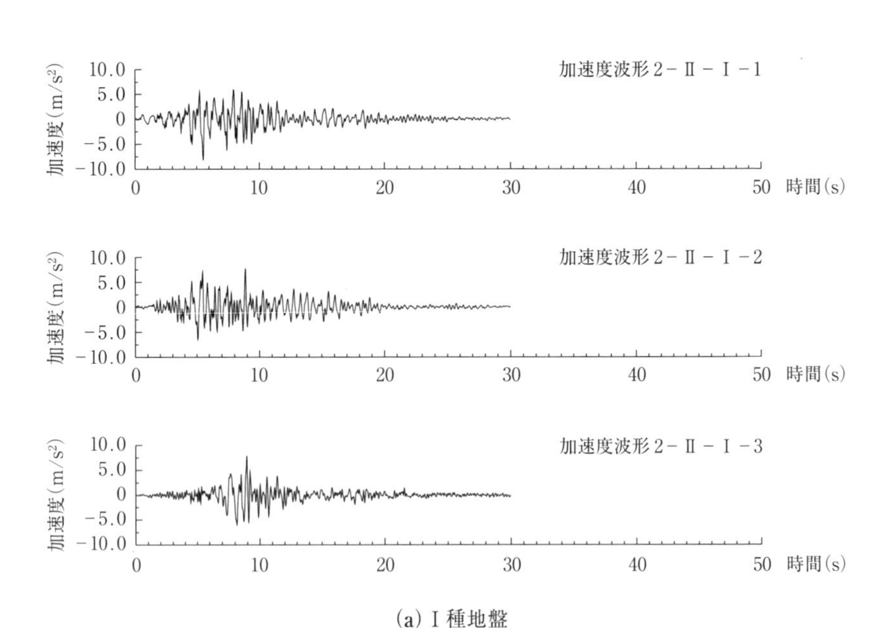

(a) Ⅰ種地盤

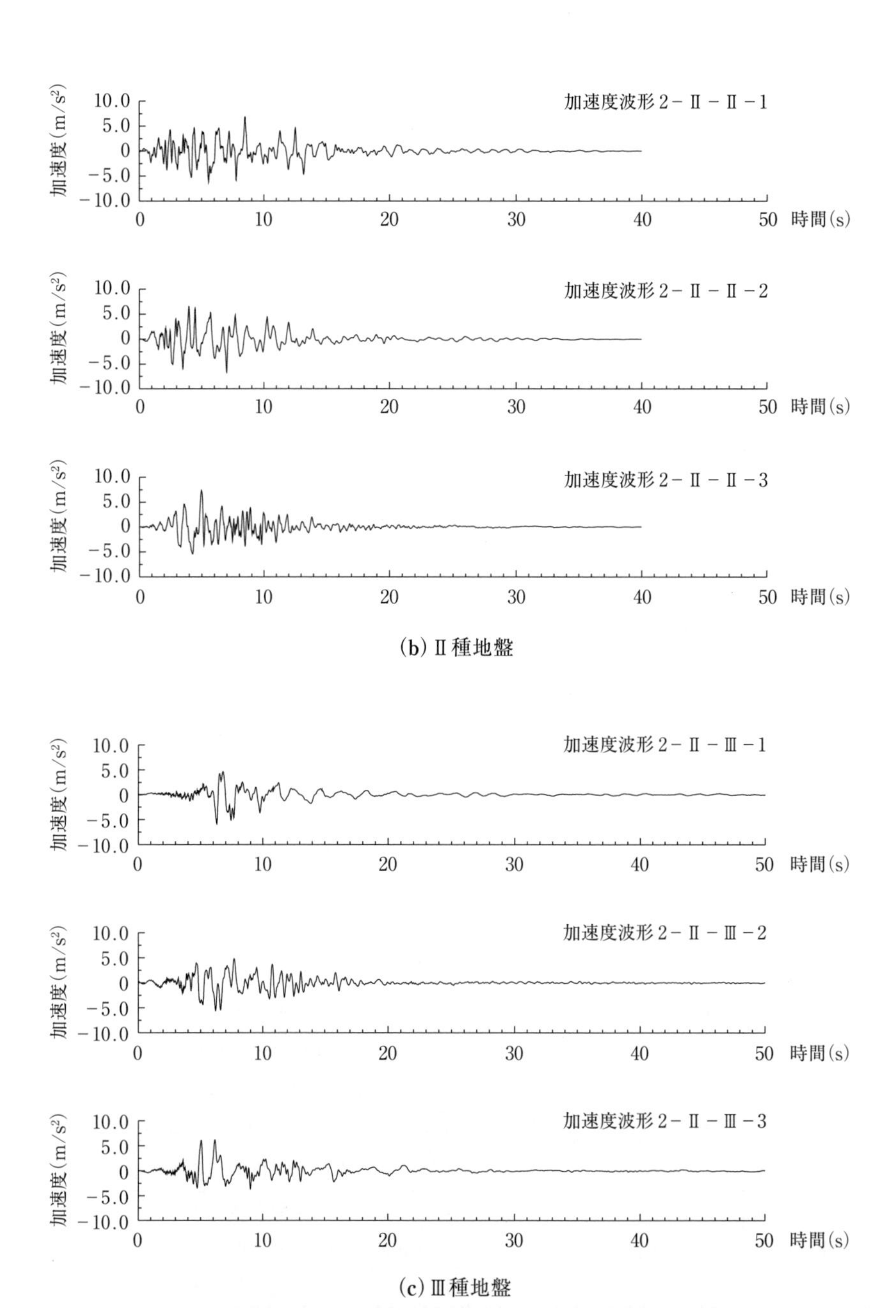

図-解 4.1.4　レベル2地震動（タイプⅡ）の標準加速度波形

表-解 4.1.1　標準加速度波形を求める際に振幅調整のもととなった強震記録

(a) レベル1地震動

呼び名	地盤種別	振幅調整のもととなった強震記録の地震名と記録場所及び成分	
1-Ⅰ	Ⅰ種地盤	昭和53年宮城県沖地震	開北橋周辺地盤上LG成分
1-Ⅱ	Ⅱ種地盤	昭和43年日向灘地震	板島橋周辺地盤上LG成分
1-Ⅲ	Ⅲ種地盤	昭和58年日本海中部地震	津軽大橋周辺地盤上TR成分

(b) レベル2地震動（タイプⅠ）

呼び名	地盤種別	振幅調整のもととなった強震記録の地震名と記録場所及び成分	
2-Ⅰ-Ⅰ-1	Ⅰ種地盤	平成15年十勝沖地震	清水道路維持出張所構内地盤上EW成分
2-Ⅰ-Ⅰ-2		平成23年東北地方太平洋沖地震	開北橋周辺地盤上EW成分
2-Ⅰ-Ⅰ-3			新晩翠橋周辺地盤上NS成分
2-Ⅰ-Ⅱ-1	Ⅱ種地盤	平成15年十勝沖地震	直別観測点地盤上EW成分
2-Ⅰ-Ⅱ-2		平成23年東北地方太平洋沖地震	仙台河川国道事務所構内地盤上EW成分
2-Ⅰ-Ⅱ-3			阿武隈大堰管理所構内地盤上NS成分
2-Ⅰ-Ⅲ-1	Ⅲ種地盤	平成15年十勝沖地震	大樹町生花観測点地盤上EW成分
2-Ⅰ-Ⅲ-2		平成23年東北地方太平洋沖地震	山崎震動観測所地盤上NS成分
2-Ⅰ-Ⅲ-3			土浦出張所構内地盤上EW成分

(c) レベル2地震動（タイプⅡ）

呼び名	地盤種別	振幅調整のもととなった強震記録の地震名と記録場所及び成分	
2-Ⅱ-Ⅰ-1	Ⅰ種地盤	平成7年兵庫県南部地震	神戸海洋気象台地盤上NS成分
2-Ⅱ-Ⅰ-2			神戸海洋気象台地盤上EW成分
2-Ⅱ-Ⅰ-3			猪名川架橋予定地点周辺地盤上NS成分
2-Ⅱ-Ⅱ-1	Ⅱ種地盤		JR西日本鷹取駅構内地盤上NS成分
2-Ⅱ-Ⅱ-2			JR西日本鷹取駅構内地盤上EW成分
2-Ⅱ-Ⅱ-3			大阪ガス葺合供給所構内地盤上N27W成分
2-Ⅱ-Ⅲ-1	Ⅲ種地盤		東神戸大橋周辺地盤上N12W成分
2-Ⅱ-Ⅲ-2			ポートアイランド内地盤上NS成分
2-Ⅱ-Ⅲ-3			ポートアイランド内地盤上EW成分

4.1.3 静的解析を用いる場合の慣性力

静的解析を用いる場合の慣性力の大きさは，4.1.5 に規定する設計振動単位の固有周期を算出し，4.1.6 に規定する設計水平震度を求め，構造物の重量に乗じて算出する。

3 章に規定する橋に作用する地震動の特性値は加速度応答スペクトルとして設定されており，静的解析で慣性力を考慮するためには，適切に静的な荷重に置き換え慣性力を算出する必要がある。慣性力の算出にあたっては，2.5(4)に解説されるように，死荷重による荷重効果を見込む必要があることから，死荷重（D）の荷重組合せ係数及び荷重係数を重量に乗じたうえで，設計水平震度に，地震の影響（EQ）の荷重組合せ係数及び荷重係数を乗じる。

構造物と一緒に振動し，構造物に大きな影響を与える土塊部分に対して慣性力を考慮する場合には，土塊の重量に設計水平震度を乗じて慣性力を求める。

慣性力の算出は，設計振動単位ごとに行うが，設計振動単位が 1 基の下部構造とそれが支持している上部構造部分からなる場合と，設計振動単位が複数の下部構造とそれが支持している上部構造部分からなる場合について，それぞれ，次のように慣性力を算出する。

1) 設計振動単位が 1 基の下部構造とそれが支持している上部構造部分からなる場合

設計振動単位が 1 基の下部構造とそれが支持している上部構造部分からなる場合には，上部構造の慣性力として，当該下部構造が支持している上部構造部分の重量に設計水平震度を乗じた値を用いる。

2) 設計振動単位が複数の下部構造とそれが支持している上部構造部分からなる場合

設計振動単位が複数の下部構造とそれが支持している上部構造部分からなる場合には，4.1.5 に規定される式（4.1.3）により固有周期 T を算出する過程で，橋の各部に生じる断面力も同時に求めておくことで，式（解 4.1.1）により慣性力による断面力を算出することもできる（図-解 4.1.14 参照）。

$$F_d = \frac{k_h F}{k_{h \cdot unit}} \qquad \text{(解 4.1.1)}$$

ここに，

F_d：慣性力により生じる断面力（kN 又は kN・m）

k_h：設計水平震度

F：上部構造及び耐震設計上の地盤面より上方の下部構造の重量に $k_{h \cdot unit}$ の水平震度を乗じることにより算出した水平力を慣性力の作用方向に作用させた場合に生じる断面力（kN 又は kN・m）

$k_{h \cdot unit}$：断面力 F の算出の際の水平震度（= 1.00）

ここで，式（解 4.1.1）は $k_{h \cdot unit}$ と設計水平震度 k_h との比から，慣性力による断面力 F_d を求める式である。なお，$k_{h \cdot unit}$ を 1.00 とすれば，上部構造及び耐震設計上の地盤面より上方の下部構造の重量に相当する水平力を作用させることに相当し，図-解 4.1.14 はこれを表現している。

なお，斜橋の場合は設計振動単位が複数の下部構造とそれが支持している上部構造部分からなる場合に該当するが，斜角が大きい斜橋（一般に 60° 以上）の場合には計算の簡便さを考慮して直橋とみなし，橋軸方向及び橋軸直角方向の支承条件に応じて慣性力を求めてもよい。

上部構造における慣性力の作用位置は，図-解 4.1.5 に示すようにその重心位置とするが，下部構造の設計における上部構造の慣性力の作用位置は，慣性力の伝達機構を考慮して，図-解 4.1.6 に示すように適切に設定する必要がある。

なお，直橋の橋軸方向に対して，支承部が桁の回転を許す場合には，支承部において曲げモーメントが伝達されないため，下部構造の設計における上部構造の慣性力の作用位置は支承部の回転中心位置となるが，橋の下部構造の耐震設計においては，支承の高さの影響は比較的小さいため，設計の便宜上，支承の底面としてもよい。一方，橋軸直角方向を設計の対象とする場合のように，慣性力の作用方向の直角方向と支承線の方向が一致しない場合には，水平力 H，鉛直力 W のほかにモーメント M が下部構造の頂部に作用することになることから，上部構造の慣性力の作用位置は上部構造の重心位置となる。斜角を有する橋脚の橋軸方向もこの条件に該当する。

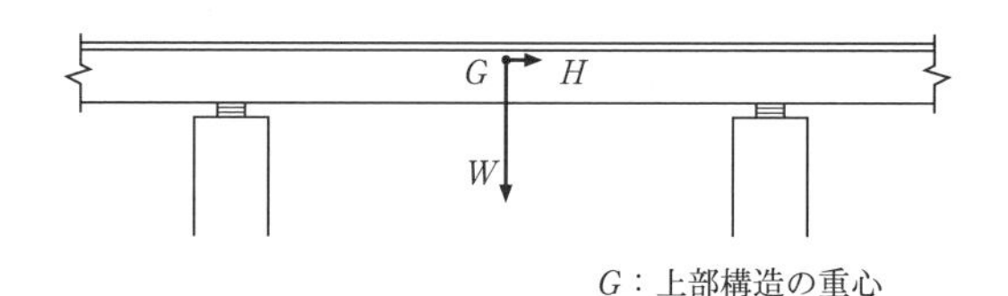

図-解 4.1.5　上部構造における慣性力の作用位置

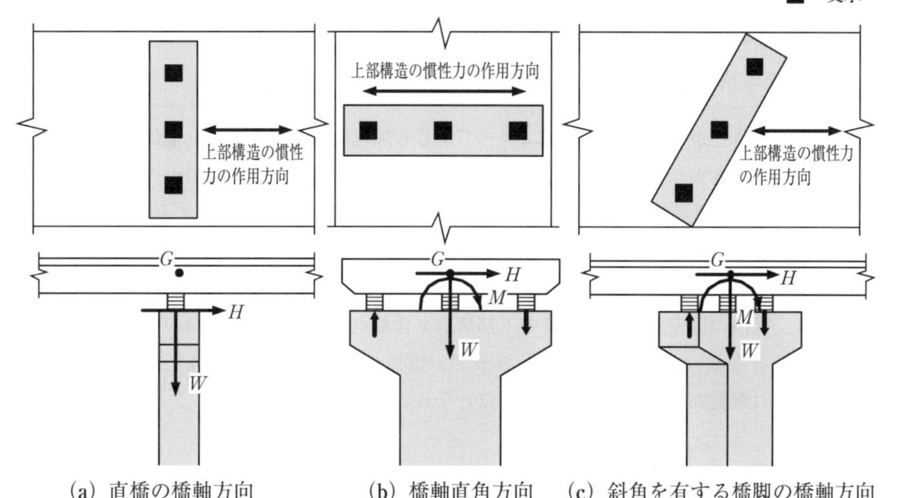

図-解 4.1.6　下部構造の耐震設計における上部構造の慣性力の作用位置と下部構造の頂部に作用する荷重

4.1.4　設計振動単位

(1)　設計振動単位は，橋脚及び橋台の剛性及び高さ，基礎とその周辺地盤の特性，上部構造の特性及び支持条件が橋の振動特性に及ぼす影響を考慮して，地震時に同一の振動をするとみなして慣性力の算出が行える構造系ごとに橋を分割し，適切に設定しなければならない。

(2)　以下の1)から3)により，設計振動単位を設定する場合は，(1)を満足するとみなしてよい。

1)　複数の下部構造の頂部において一連の上部構造の支持条件が慣性力の作用方向に固定又は弾性支持の場合には，その作用方向に対して，それらの複数の下部構造とそれらが支持している上部構造部分からなる構造系を1つの設計振動単位とする。

2)　1基の下部構造の頂部において上部構造の支持条件が慣性力の作用方向に固定又は弾性支持の場合には，その作用方向に対して，その1基の下部構造とそれが支持している上部構造部分からなる構造系を1つの設計振動単位とする。

3) 下部構造の頂部において上部構造の支持条件が慣性力の作用方向に可動支持の場合には，その作用方向に対して，その1基の下部構造のみからなる構造系を1つの設計振動単位とする。

(1) 橋の振動特性が異なると，地震によって生じる加速度応答が異なり，橋に作用する慣性力の大きさも異なることとなる。そのため，橋の振動特性は橋脚，橋台の剛性及び高さ，基礎とその周辺地盤の特性，上部構造の特性等に応じて適切に設定する必要がある。

(2)1) 複数の下部構造の頂部において一連の上部構造の支持条件が橋軸方向に固定又は弾性支持の場合の設計振動単位の設定例を図-解 4.1.7及び図-解 4.1.8 に示す。この場合は，図中の固定又は弾性支持の下部構造を含む点線で囲まれた範囲が1つの設計振動単位となる。また，アーチ橋，ラーメン橋等の場合には，図-解 4.1.9 に示す点線で囲まれた範囲が1つの設計振動単位となる。

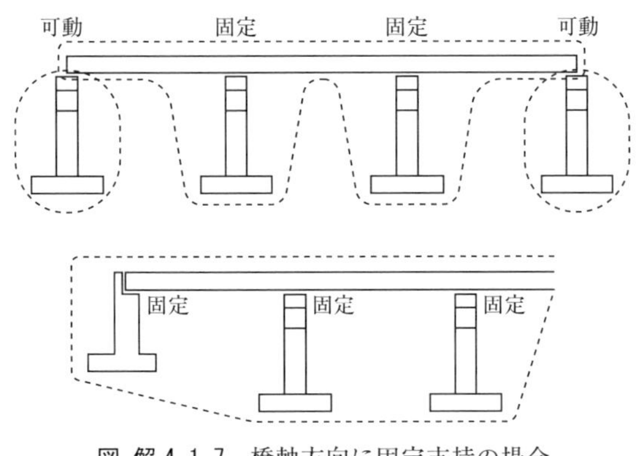

図-解 4.1.7　橋軸方向に固定支持の場合

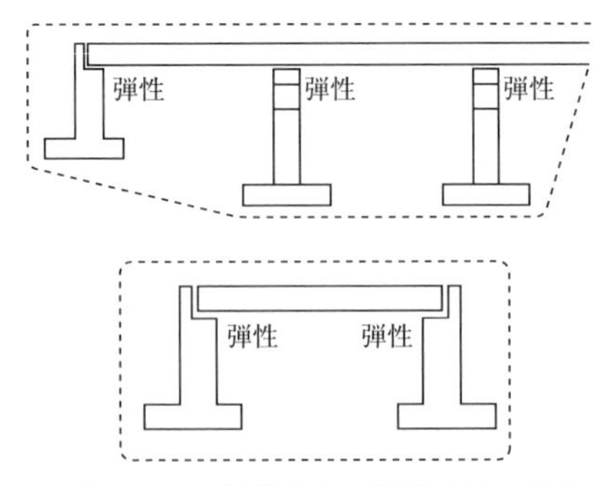

図-解 4.1.8　橋軸方向に弾性支持の場合

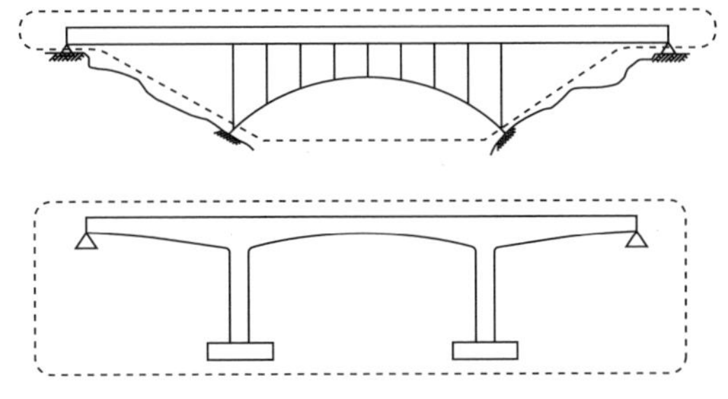

図-解 4.1.9　アーチ橋，ラーメン橋等の場合

2)　1基の下部構造の頂部において上部構造の支持条件が橋軸方向に固定又は弾性支持の場合の設計振動単位の設定例を図-解 4.1.10及び図-解 4.1.11 に示す。この場合は，図柱の固定支持の下部構造を含む点線で囲まれた範囲が1つの設計振動単位となる。

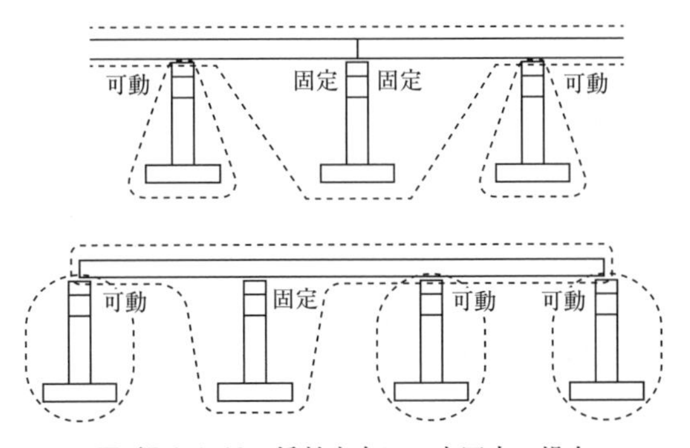

図-解 4.1.10　橋軸方向に一点固定の場合

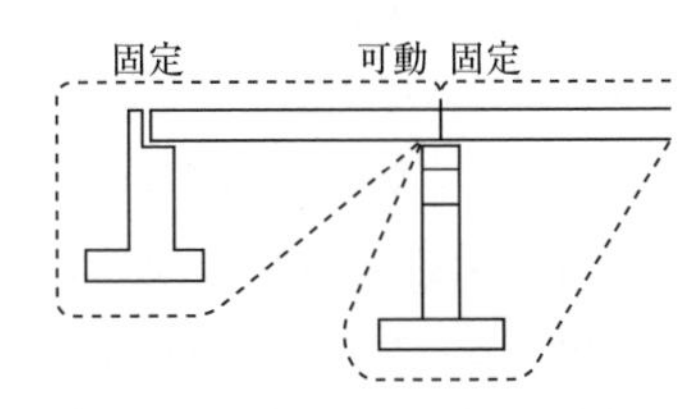

図-解 4.1.11　橋軸方向に固定・可動の場合

3)　下部構造の頂部において上部構造の支持条件が橋軸方向に可動支持の場合には，図-解 4.1.7及び図-解 4.1.10 に示す可動支持の下部構造を含む点線で囲まれた範囲が1つの設計振動単位となる。

なお，慣性力の算出において，橋台も慣性力を分担する条件の場合には，橋台を含む構造系を１つの設計振動単位とする必要がある。このほか，斜橋の場合は，単純桁橋で両端の支承条件が橋軸方向に固定・可動の場合にも，土圧の水平成分の作用方向に慣性力を作用させる場合には，両端とも固定条件となるため，設計振動単位が複数の下部構造とそれが支持している上部構造からなる構造として取り扱うのがよい。

橋軸直角方向に対しては1)の場合が該当するため，図-解 4.1.12 に示す点線で囲まれた範囲を１つの設計振動単位とする。これまでは，橋脚間の固有周期特性が大きく異ならない場合は，仮に橋を１基の下部構造とそれが支持している上部構造部分に分割して，それぞれを１つの設計振動単位とみなしてよいとされてきたが，4.1.3 の解説に示される，複数の下部構造とそれが支持する上部構造部分からなる場合のように算出する方法が一般的となってきており，特に支障のないかぎり，より適切に振動特性を設定することができるこの方法により設計振動単位を設定するのがよい。

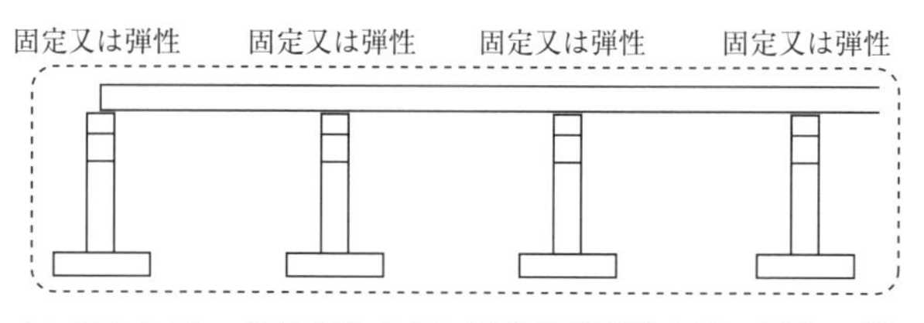

図-解 4.1.12　橋軸直角方向に固定又は弾性支持の場合の例

4.1.5　設計振動単位の固有周期

(1)　設計振動単位の固有周期は，橋を構成する各部材等の変形の影響を考慮して適切に算出しなければならない。

(2)　2.6 の規定に基づき適切にモデル化し，固有値解析により設計振動単位の固有周期を算出する場合には，(1)を満足するとみなしてよい。このとき，3.5 の規定による耐震設計上ごく軟弱な土層又は 7.2 の規定により液状化が生じると判定される土層を有する場合は，耐震設計上の土質定数の低減を行わずに固有周期を算出する。ただし，静的解析を用いる場合は，設計振動単位に応じて，以下の 1) 又は 2) により固有周期を算出してもよい。

1)　設計振動単位が，１基の下部構造とそれが支持している上部構造部分からなる場合又は１基の下部構造のみからなる場合，固有周期は式 (4.1.2) により算出する。

$$T = 2.01\sqrt{\delta} \quad \cdots\cdots (4.1.2)$$

ここに,

T：設計振動単位の固有周期 (s)

δ：耐震設計上の地盤面より上にある下部構造の重量の 80% と，それが支持している上部構造部分の全重量に相当する力を慣性力の作用方向に作用させた場合の上部構造の慣性力の作用位置における変位 (m)

2）設計振動単位が，複数の下部構造とそれが支持している上部構造部分からなる場合には，固有周期は式（4.1.3）により算出する。

$$T = 2.01\sqrt{\delta} \quad \cdots\cdots (4.1.3)$$

$$\delta = \frac{\int w(s)\,u(s)^2 ds}{\int w(s)\,u(s)\,ds} \quad \cdots\cdots (4.1.4)$$

ここに,

$w(s)$：上部構造及び下部構造の位置 s における重量 (kN/m)

$u(s)$：上部構造及び耐震設計上の地盤面より上の下部構造の重量に相当する水平力を慣性力の作用方向に作用させた場合にその方向に生じる位置 s における変位 (m)

なお，$\int$ は設計振動単位全体に関する積分を示す。

(1) 構造部材には，非線形履歴特性を有する部材のように，変形の大きさによって剛性が大きく変化するものがあるため，設計振動単位の固有周期の算出にあたっては，この影響を考慮する必要がある。一般には以下の 1)から 3)のように取扱うことができる。

なお，設計振動単位の固有周期の算出にあたっては，設計状況を踏まえ，考慮する構造物の重量には死荷重の荷重組合せ係数及び荷重係数を考慮する必要がある。

1）レベル 1 地震動を考慮する設計状況における部材等の耐荷性能の照査では橋脚の全断面を有効とみなして算出される剛性を，レベル 2 地震動を考慮する設計状況に対する各限界状態に対する照査では橋脚の降伏剛性をそれぞれ用いる。ここで，橋脚の全断面を有効とみなして算出される剛性とは，鉄筋コンクリート橋脚の場合はコンクリートの全断面を有効とし，鋼材を無視して算出した剛性である。また，降伏剛性は，橋脚の曲げ変形による降伏時の割線剛性 K_y のことであり，橋脚の降伏耐力 P_y と降伏変位 δ_y の比（$K_y = P_y/\delta_y$）により求める。これは，一般に橋の振動応答の中では，橋脚に生じる塑性ヒンジが主たる非線形要因であり，この影響を降伏剛性として取り入れる必要があるためである。なお，橋脚が塑性域に達してからの固有周期は，塑性化の程度によって変化するため，厳密にこれを算出するためには，仮定した塑性化の程度とそれに基づく固有周期，さらには4.1.6に規定する設計水平震度の関係が整合するように，繰返し計算を行わなければならない。ただし，5章に規定する静的解析を用いるにあたって，塑性化の影響を考慮した照査を行うにあたって設計水平震度を算出する場合に用いる固有周期の算出では，降伏剛性を用いて固有周期 T を算出することとされている。これは，この固有周期を用いて算出した設計水平震度を用いてエネルギー一定則により応答変位を算出すれば，所要の精度で応答変位を算出できるためである。なお，上部構造等の死荷重による偏心モーメントが作用する場合には，偏心モーメントによる初期変位の影響を除去するために，図-解 8.8.2 に示す偏心モーメントの影響を考慮して算出した降伏剛性 K_{yE} を用いて鉄筋コンクリート橋脚の固有周期を求める。

2) 上部構造及び基礎の剛性は，レベル1地震動及びレベル2地震動のいずれを考慮する設計状況における部材等の耐荷性能の照査を行う場合にも，一般には全断面を有効とみなして算出する。これは，一般にはこうした部材には主たる塑性化を生じさせないこと，また，固有周期を長く見積もることにより慣性力を過小評価することを避けるためである。

地盤反力係数については，レベル1地震動及びレベル2地震動のいずれを考慮する設計状況における部材等の耐荷性能の照査を行う場合にも，Ⅳ編の規定により求める。ただし，固有周期を算出する際に用いる地盤反力係数については，上記と同じ趣旨により，地震動により地盤に生じる変形に相当する地盤の剛性から求める必要があるため，Ⅳ編の規定によらず，式（解 4.1.2）及び式（解 4.1.3）により求めるのがよい。

$$k_{H0} = \frac{1}{0.3} E_D \qquad \text{（解 4.1.2）}$$

$$k_{V0} = \frac{1}{0.3} E_D \qquad \text{（解 4.1.3）}$$

$$E_D = 2(1 + \nu_D) G_D \qquad \text{（解 4.1.4）}$$

$$G_D = \frac{\gamma_t}{\mathrm{g}} V_{SD}^2 \qquad \text{（解 4.1.5）}$$

ここに，

k_{H0}：水平方向地盤反力係数の基準値（kN/m^3）
k_{V0}：鉛直方向地盤反力係数の基準値（kN/m^3）
E_D：地盤の動的変形係数（kN/m^2）
ν_D：地盤の動的ポアソン比
G_D：地盤の動的せん断変形係数（kN/m^2）
γ_t：地盤の単位体積重量（kN/m^3）
g：重力加速度（＝9.8）（m/s^2）

V_{SD}：地盤のせん断弾性波速度（m/s）

ここで，V_{SD}は，式（3.6.2）により求められるV_{Si}に準拠してi番目の地層について式（解 4.1.6）により求めてよい。

$$V_{SDi} = c_V V_{si} \quad \cdots\cdots（解 4.1.6）$$

$$\left.\begin{array}{l} c_V = 0.8\ (V_{si} < 300\text{m/s}) \\ c_V = 1.0\ (V_{si} \geqq 300\text{m/s}) \end{array}\right\} \quad \cdots\cdots（解 4.1.7）$$

ここに，

V_{SDi}：基礎の抵抗を表わすばね定数の算出に用いるi番目の地層の平均せん断弾性波速度（m/s）

V_{si}：式（3.6.2）に規定するi番目の地層の平均せん断弾性波速度（m/s）

c_V：地盤ひずみの大きさに基づく補正係数

ただし，建設地点で実測されたせん断弾性波速度V_{si}がある場合には，式（3.6.2）のV_{si}の代わりに実測値を用いるのがよい。地盤の動的ポアソン比は，一般の沖積及び洪積地盤では，地下水位以浅では0.45，地下水位以深では0.5とし，軟岩では0.4，硬岩では0.3とすることができる。

また，耐震設計上ごく軟弱な土層や液状化が生じると判定される土層の振動特性の過渡的なメカニズムについては，未解明な点が多く，耐震設計上の土質定数を低減させて固有周期を求めると慣性力を小さめに評価する可能性があるため，安全側に慣性力を求めることに配慮し，耐震設計上の土質定数を低減させないこととされている。

3)　地震時水平力分散構造に用いる弾性支承の場合で，変形によって剛性がほとんど変わらない範囲で用いる場合には，その剛性を用いる。免震支承のように等価剛性が変形によって変化する支承では，有効設計変位に相当する等価剛性を用いる。

(2) 1)　式 (4.1.2) は，1自由度系の振動理論に基づき設定されている（図-解 4.1.13 参照）。ここで，当該下部構造が支持している上部構造部分とは，図-解 4.1.7から図-解 4.1.12に示す点線で囲まれた一体の構造系のうちの上部構造部分をいう。

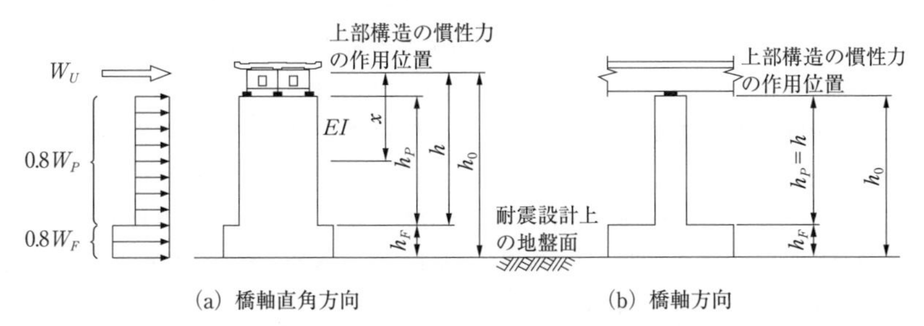

図-解 4.1.13　固有周期の算出のためのモデルの例（設計振動単位が1基の下部構造とそれが固定支承により支持している上部構造部分からなる場合）

式（4. 1. 2）のδは，式（解 4. 1. 8）により算出することができる。

$$\delta = \delta_P + \delta_0 + \theta_0 h_0 \quad \cdots\cdots （解 4. 1. 8）$$

ここに，

δ_P：下部構造躯体の曲げ変形（m）

δ_0：基礎の水平変位（m）

θ_0：基礎の回転角（rad）

h_0：耐震設計上の地盤面から上部構造の慣性力の作用位置までの高さ（m）

下部構造躯体が等断面の場合には，曲げ変形δ_Pは式（解 4. 1. 9）により算出することができる。

$$\delta_P = \frac{W_U h^3}{3EI} + \frac{0.8 W_P h_P{}^3}{8EI} \quad \cdots\cdots （解 4. 1. 9）$$

ここに，

W_U：対象とする下部構造躯体が支持する上部構造部分の重量（kN）

W_P：下部構造躯体の重量（kN）

EI：下部構造躯体の曲げ剛性（$kN \cdot m^2$）で，(1)の解説による。

h：下部構造躯体下端から上部構造の慣性力の作用位置までの高さ（m）

h_P：下部構造躯体の高さ（m）

式（4. 1. 2）のδの算出における基礎の水平変位δ_0及び基礎の回転により上部構造の慣性力作用位置に生じる水平変位$\theta_0 h_0$は適切な方法により算出する。また，可動支承を有する下部構造の場合には，上部構造部分の重量を以下のように設定するのがよい。

i ）レベル 1 地震動を考慮する設計状況では，下部構造単体が上部構造とは独立して振動すると仮定し，上部構造部分の重量及び可動支承に作用する摩擦の影響は考慮しない。

ii ）レベル 2 地震動に対しては，上部構造の死荷重反力の 1/2 を上部構造部分の重量として見込む。

2)　設計振動単位が，1 基の下部構造とそれが支持している上部構造部分からなる場合で，弾性支承を用いる場合，又は設計振動単位が複数の下部構造とそれが支持している上部構造部分からなる場合には，図-解 4. 1. 14 に示す考え方に基づいて，式（4. 1. 3）により固有周期を算出するとされている。式（4. 1. 4）によりδを求める際の算出方法の例を次に示す。

i ）上部構造及び下部構造の剛性と重量の分布を算出し，橋をモデル化する。このとき，剛性及び重量の算出には二次部材は無視して主要な部材だけを考慮して求める。モデル化は，以下の①から⑦のように行う。

①　部材の剛性を算出する。構造部材に生じる変形の大きさに応じた剛性の設定は，(1)の解説による。

② 橋台のモデル化に際しては，橋台背面土の重量，変形等の影響を無視する。

③ 基礎とその周辺地盤の変形及び変位の影響は，基礎の抵抗を表わすばねによって考慮する。

④ 上部構造を表わすはりの位置は，4.1.3の解説に記載する上部構造の重心位置とする。

⑤ 固有周期の算出においては可動支承の摩擦の影響を無視する。ただし，斜橋，曲線橋等で慣性力の作用方向と可動支承の可動方向が一致しない場合には，可動方向以外の方向に上部構造からの慣性力が作用するため，支承部の可動方向を適切にモデル化する必要がある。

⑥ 上下部構造間の相対変位に対する拘束条件は，支承形式に応じて適切に設定する。ここで，固定支承や可動支承の鉛直軸周りの拘束条件は支承部を複数の支承部による1つの支承線として考えると一般には固定であると考えられるが，計算の簡便さを考慮して一般には自由とすることができる。ただし，曲線橋を支持する橋脚や常時死荷重により大きな偏心モーメントを受ける橋脚を含むような構造系では，固定支承や可動支承の鉛直軸周りの拘束条件を固定とする等，適切に考慮する必要がある。

⑦ 弾性支承等の剛性を利用して慣性力の分散を図る場合には，その剛性をばねとしてモデル化する。ただし，固定部材によって水平変位を拘束する固定型ゴム支承又はすべり機構を有する可動型ゴム支承（すべり型ゴム支承）を用いる場合には，固有周期及び慣性力の算出に際しては，原則としてゴム支承の剛性を考慮せず，⑥に示したように拘束条件を適切にモデル化する。

ii）上記1)のモデルに上部構造及び耐震設計上の地盤面から上方の下部構造の重量に相当する力を慣性力の作用方向に静的に作用させ，その方向に生じる変位を求める。

なお，離散型の骨組構造にモデル化する場合には，式(4.1.4)のδは式(解4.1.10)によって求めることができる。

$$\delta = \frac{\sum_i (W_i u_i^2)}{\sum_i (W_i u_i)} \quad \cdots\cdots \text{(解 4.1.10)}$$

ここに，

W_i：上部構造及び下部構造の節点iの重量（kN）

u_i：上部構造及び耐震設計上の地盤面より上方の下部構造の重量に相当する力を慣性力の作用方向に作用させた場合にその方向に生じる節点iの変位（m）

なお，Σは設計振動単位全体に関する和を示す。

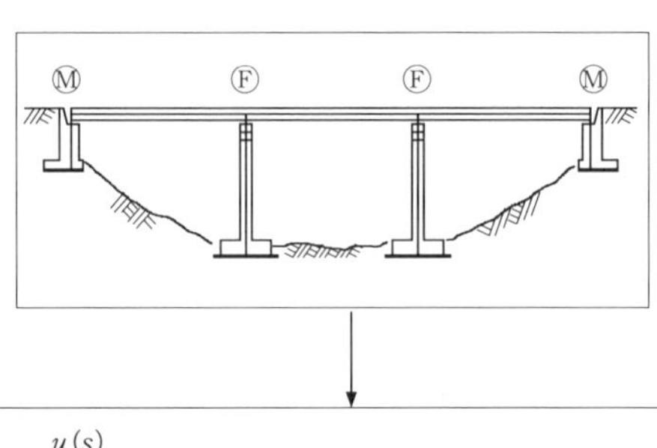

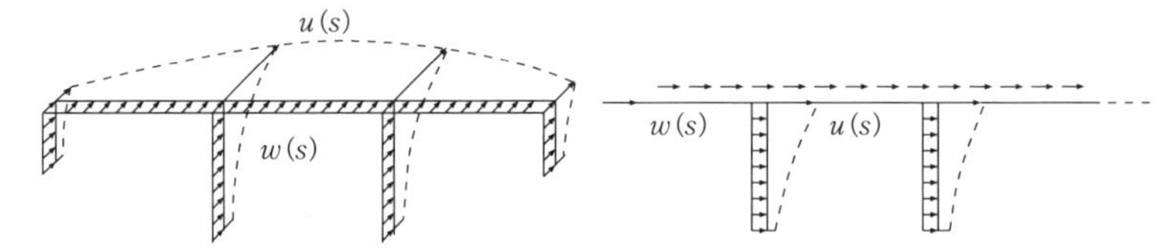

(a) 橋軸直角方向に着目した場合　　(b) 橋軸方向に着目した場合

$w(s)$：上部構造及び下部構造の位置 s における重量（kN/m）

$u(s)$：上部構造及び耐震設計上の地盤面より上方の下部構造の重量に相当する水平力を慣性力の作用方向に作用させた場合にその方向に生じる位置 s における変位（m）

F：上部構造及び耐震設計上の地盤面より上方の下部構造の重量に相当する水平力を慣性力の作用方向に作用させた場合に生じる断面力（kN又はkN･m）

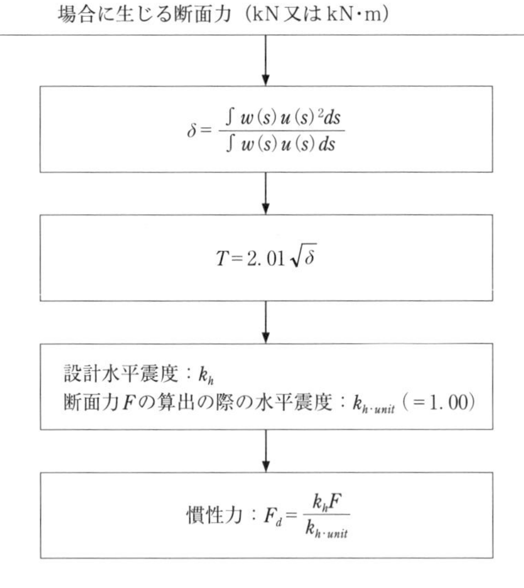

図-解 4.1.14　固有周期及び慣性力の算出の手順

4.1.6　設計水平震度

(1)　設計水平震度は，3 章に規定する橋に作用する地震動の特性値に対して，構造物の振動特性に応じた減衰特性を適切に考慮して設定しなければならない。

(2)　(3)から(6)による場合には，(1)を満足するとみなしてよい。

(3)　レベル 1 地震動の設計水平震度は式（4.1.5）により算出する。ただし，式（4.1.5）による値が 0.10 を下回る場合には，レベル 1 地震動の設計水平震度を 0.10 とする。

$$k_h = c_z k_{h0} \quad \cdots\cdots (4.1.5)$$

ここに，

k_h：レベル 1 地震動の設計水平震度（四捨五入により小数点以下 2 桁とする）

k_{h0}：レベル 1 地震動の設計水平震度の標準値で，表-4.1.1 による。

c_z：3.4 に規定するレベル 1 地震動の地域別補正係数

表-4.1.1　レベル 1 地震動の設計水平震度の標準値 k_{h0}

地盤種別	固有周期 T (s) に対する k_{h0} の値		
I 種	$T < 0.10$ $k_{h0} = 0.431\,T^{1/3}$ ただし，$k_{h0} \geqq 0.16$	$0.10 \leqq T \leqq 1.10$ $k_{h0} = 0.20$	$1.10 < T$ $k_{h0} = 0.213\,T^{-2/3}$
II 種	$T < 0.20$ $k_{h0} = 0.427\,T^{1/3}$ ただし，$k_{h0} \geqq 0.20$	$0.20 \leqq T \leqq 1.30$ $k_{h0} = 0.25$	$1.30 < T$ $k_{h0} = 0.298\,T^{-2/3}$
III 種	$T < 0.34$ $k_{h0} = 0.430\,T^{1/3}$ ただし，$k_{h0} \geqq 0.24$	$0.34 \leqq T \leqq 1.50$ $k_{h0} = 0.30$	$1.50 < T$ $k_{h0} = 0.393\,T^{-2/3}$

(4)　レベル 2 地震動の設計水平震度は以下の 1)及び 2)により算出する。

1)　レベル 2 地震動（タイプ I）の設計水平震度

レベル 2 地震動（タイプ I）の設計水平震度は，式（4.1.6）により算出する。

$$k_{\mathrm{I}h} = c_{\mathrm{I}z} k_{\mathrm{I}h0} \quad \cdots\cdots (4.1.6)$$

ここに，

$k_{\mathrm{I}h}$：レベル２地震動（タイプⅠ）の設計水平震度（四捨五入により小数点以下２桁とする）

$k_{\mathrm{I}h0}$：レベル２地震動（タイプⅠ）の設計水平震度の標準値で，表-4.1.2による。

$c_{\mathrm{I}z}$：3.4に規定するレベル２地震動（タイプⅠ）の地域別補正係数

表-4.1.2 レベル２地震動（タイプⅠ）の設計水平震度の標準値 $k_{\mathrm{I}h0}$

地盤種別	固有周期 T(s) に対する $k_{\mathrm{I}h0}$ の値		
Ⅰ種	$T < 0.16$ $k_{\mathrm{I}h0} = 2.58\,T^{1/3}$	$0.16 \leqq T \leqq 0.60$ $k_{\mathrm{I}h0} = 1.40$	$0.60 < T$ $k_{\mathrm{I}h0} = 0.996T^{-2/3}$
Ⅱ種	$T < 0.22$ $k_{\mathrm{I}h0} = 2.15\,T^{1/3}$	$0.22 \leqq T \leqq 0.90$ $k_{\mathrm{I}h0} = 1.30$	$0.90 < T$ $k_{\mathrm{I}h0} = 1.21\,T^{-2/3}$
Ⅲ種	$T < 0.34$ $k_{\mathrm{I}h0} = 1.72\,T^{1/3}$	$0.34 \leqq T \leqq 1.40$ $k_{\mathrm{I}h0} = 1.20$	$1.40 < T$ $k_{\mathrm{I}h0} = 1.50\,T^{-2/3}$

2) レベル２地震動（タイプⅡ）の設計水平震度

レベル２地震動（タイプⅡ）の設計水平震度は，式（4.1.7）により算出する。

$$k_{\mathrm{II}h} = c_{\mathrm{II}z}\,k_{\mathrm{II}h0} \quad \cdots\cdots (4.1.7)$$

ここに，

$k_{\mathrm{II}h}$：レベル２地震動（タイプⅡ）の設計水平震度（四捨五入により小数点以下２桁とする）

$k_{\mathrm{II}h0}$：レベル２地震動（タイプⅡ）の設計水平震度の標準値で，表-4.1.3による。

$c_{\mathrm{II}z}$：3.4に規定するレベル２地震動（タイプⅡ）の地域別補正係数

表-4.1.3 レベル２地震動（タイプⅡ）の設計水平震度の標準値 $k_{\mathrm{II}h0}$

地盤種別	固有周期 T(s) に対する $k_{\mathrm{II}h0}$ の値		
Ⅰ種	$T < 0.30$ $k_{\mathrm{II}h0} = 4.46\,T^{2/3}$	$0.30 \leqq T \leqq 0.70$ $k_{\mathrm{II}h0} = 2.00$	$0.70 < T$ $k_{\mathrm{II}h0} = 1.24T^{-4/3}$
Ⅱ種	$T < 0.40$ $k_{\mathrm{II}h0} = 3.22\,T^{2/3}$	$0.40 \leqq T \leqq 1.20$ $k_{\mathrm{II}h0} = 1.75$	$1.20 < T$ $k_{\mathrm{II}h0} = 2.23\,T^{-4/3}$
Ⅲ種	$T < 0.50$ $k_{\mathrm{II}h0} = 2.38\,T^{2/3}$	$0.50 \leqq T \leqq 1.50$ $k_{\mathrm{II}h0} = 1.50$	$1.50 < T$ $k_{\mathrm{II}h0} = 2.57\,T^{-4/3}$

(5) 土の重量に起因する慣性力の算出に用いる地盤面における設計水平震度は，式（4.1.8），式（4.1.9）及び式（4.1.10）により算出する。

$$k_{hg}=c_z k_{hg0} \quad \cdots\cdots (4.1.8)$$

$$k_{\mathrm{I}hg}=c_{\mathrm{I}z} k_{\mathrm{I}hg0} \quad \cdots\cdots (4.1.9)$$

$$k_{\mathrm{II}hg}=c_{\mathrm{II}z} k_{\mathrm{II}hg0} \quad \cdots\cdots (4.1.10)$$

ここに，

k_{hg}：レベル1地震動の地盤面における設計水平震度（四捨五入により小数点以下2桁とする）

k_{hg0}：レベル1地震動の地盤面における設計水平震度の標準値で，3.6に規定する耐震設計上の地盤種別がⅠ種，Ⅱ種，Ⅲ種の地盤に対し，それぞれ，0.16，0.20，0.24とする。

$k_{\mathrm{I}hg}$：レベル2地震動（タイプⅠ）の地盤面における設計水平震度（四捨五入により小数点以下2桁とする）

$k_{\mathrm{I}hg0}$：レベル2地震動（タイプⅠ）の地盤面における設計水平震度の標準値で，3.6に規定する耐震設計上の地盤種別がⅠ種，Ⅱ種，Ⅲ種の地盤に対し，それぞれ，0.50，0.45，0.40とする。

$k_{\mathrm{II}hg}$：レベル2地震動（タイプⅡ）の地盤面における設計水平震度（四捨五入により小数点以下2桁とする）

$k_{\mathrm{II}hg0}$：レベル2地震動（タイプⅡ）の地盤面における設計水平震度の標準値で，3.6に規定する耐震設計上の地盤種別がⅠ種，Ⅱ種，Ⅲ種の地盤に対し，それぞれ，0.80，0.70，0.60とする。

(6) 慣性力の算出に際しては，設計振動単位ごとに，式（4.1.5），式（4.1.6）及び式（4.1.7）により算出される同じ設計水平震度を用いることを原則とする。ただし，土の重量に起因する慣性力の算出に際しては，下部構造位置における地盤種別に応じて式（4.1.8），式（4.1.9）及び式（4.1.10）により算出する地盤面における設計水平震度を用いなければならない。

(1) 慣性力の算出に用いる設計水平震度の標準値は，3章に規定されるレベル1地震動及びレベル2地震動の標準加速度応答スペクトルに減衰定数の影響を取り入れて定められている。慣性力に影響する橋の地震応答特性には，固有周期，減衰特性，固有振動モード等がある。5.1に規定されるとおり，静的解析は1次の固有振動モードが卓越する場合に適用されるものであるから，静的解析に用いる慣性力は，1次の固有振動モードを考慮し，水平一方向への作用として設計水平震度で与えられている。また，動的解析とは異なり，静的解析の過程では減衰定数の影響が考慮されないため，設計水平震度には減衰定数の影響が取り入れられている。すなわち，強制振動実験結果の知見等によれば，固有周期の長い道路橋の減衰定数は相対的に小さくなる傾向が見られることから，その影響を取り入れて設計水平震度の標準値が定められている。

(3) 表-4.1.1を図示すれば，図-解4.1.15のようになる。

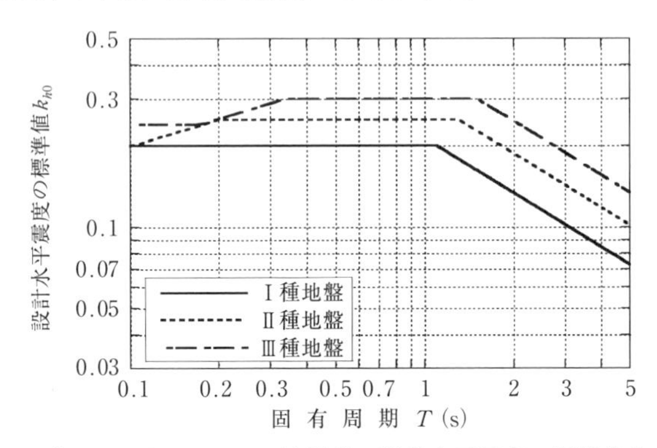

図-解4.1.15　レベル1地震動の設計水平震度の標準値 k_{h0}

ここで，式（4.1.5）による設計水平震度の算出に際して，下限値を0.10とすることとされている。この理由は，設計水平震度を地域別補正係数により補正して求めた設計水平震度が0.10を下回ると実効的に変動作用による影響が支配的な状況のうち地震の影響を考慮する場合において橋の耐荷性能を満足できない場合が生じるためである。

なお，免震橋を採用する場合にも，レベル1地震動を考慮する設計状況における橋の耐荷性能の照査では，橋の減衰定数 h に基づく補正は行わず，式（4.1.5）をそのまま適用する。これは，免震設計は，レベル2地震動を考慮する設計状況において，免震支承によるエネルギー吸収を期待できるように設計することが一般的であり，そのときの振動特性に基づき，橋の減衰定数 h を評価するのに対して，レベル1地震動を考慮する設計状況では同様の振動特性とはならず，橋の減衰定数 h を同様に考慮することができないためである。

(4) 表-4.1.2及び表-4.1.3を図示すると，それぞれ，図-解4.1.16及び図-解4.1.17のとおりである。

(5) 土の重量に起因する慣性力や地震時土圧には，橋の振動が大きく影響しないため，これらの算出には地盤面における設計水平震度を用いることとされている。レベル2地震動の地盤面における設計水平震度の標準値は，関東地震の際の被害状況の記録等に関する近年の分析を踏まえると，関東地震において東京周辺で生じた地盤上の加速度は

$4m/s^2 \sim 5m/s^2$ 程度と考えられること，平成７年（1995年）兵庫県南部地震において地盤上で実測された加速度記録が $6m/s^2 \sim 8m/s^2$ 程度であったことを考慮して，地震動のタイプ別に設定されている。

(6) 一つの設計振動単位の中で，地盤種別が変化すれば，橋脚ごとに異なる設計水平震度を与えることになる。しかし，設計振動単位ごとには，同じ地震の影響を見込むことが望ましいという観点から，条文のように設計振動単位ごとには同じ設計水平震度の値を用いることが原則とされている。このとき，設計振動単位内において橋脚ごとに求めた設計水平震度のうち最も大きな値を用いる。

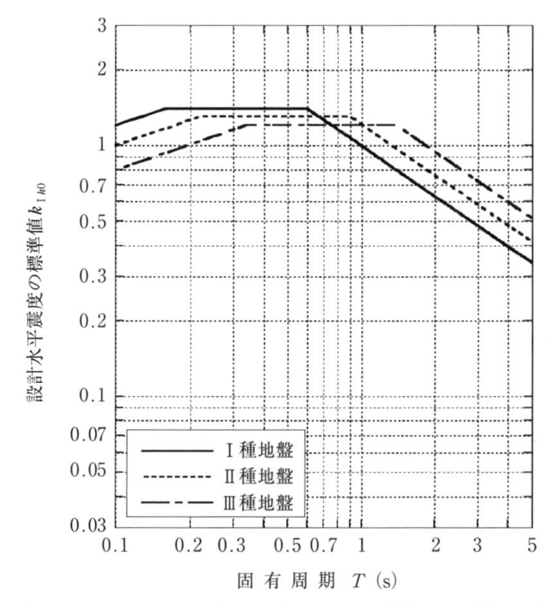

図-解 4.1.16 レベル２地震動（タイプⅠ）の設計水平震度の標準値 $k_{\mathrm{I}h0}$

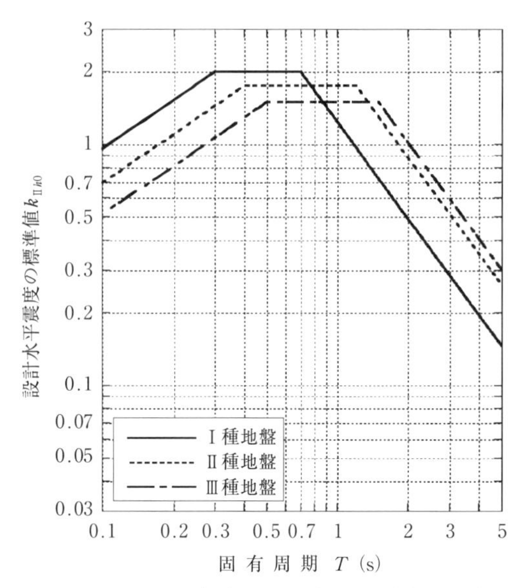

図-解 4.1.17 レベル２地震動（タイプⅡ）の設計水平震度の標準値$k_{\mathrm{II}h0}$

4.2 地震時土圧

(1) 地震時土圧は，構造物の種類，土質条件，土に生じるひずみの大きさ，土の力学特性の推定における不確実性等を適切に考慮して設定しなければならない。

(2) 橋台の土圧の作用面は，Ⅰ編 8.7 の規定による。

(3) (4)による場合には，(1)を満足するとみなしてよい。

(4) 地震時土圧は分布荷重とし，その主働状態における土圧強度の特性値は，式（4.2.1）により算出する。

$$p_{EA}=\gamma x K_{EA}+q' K_{EA} \quad \cdots\cdots (4.2.1)$$

ここに，

p_{EA}：深さxにおける地震時主働土圧強度 (kN/m^2)

K_{EA}：地震時主働土圧係数で，式（4.2.2）により算出してよい。

1) 背面が土とコンクリートの場合

砂及び砂れき　$K_{EA} = 0.21 + 0.90\,k_h$

砂質土　$K_{EA} = 0.24 + 1.08\,k_h$

2) 背面が土と土の場合

砂及び砂れき　$K_{EA} = 0.22 + 0.81\,k_h$

砂質土　$K_{EA} = 0.26 + 0.97\,k_h$

……………………… (4.2.2)

k_h：地震時土圧の算出に用いる設計水平震度で，レベル1地震動に対しては，4.1.6(5)に規定する地盤面の設計水平震度，レベル2地震動に対しては，11.3に規定する橋台及び橋台基礎の設計水平震度を用いる。

γ：土の単位体積重量 (kN/m^3)

x：地震時土圧 p_{EA} が壁面に作用する深さ (m)

q'：地震時の地表載荷荷重 (kN/m^2)

また，q' は地震時に確実に作用するもののみを考慮し，活荷重は含まない。

(4) 式 (4.2.2) は，レベル1地震動及びレベル2地震動のいずれに対しても適用可能な修正物部・岡部法に基づいて，一般的な橋台背面土の材料，施工状況，橋台の形状等を考慮して定められた近似式である。式 (4.2.2) が導出された手順及び条件を以下の①から④に示す。地震時主働土圧とその算出に用いる諸定数の関係を模式的に表すと図-解 4.2.1 に示すとおりである。

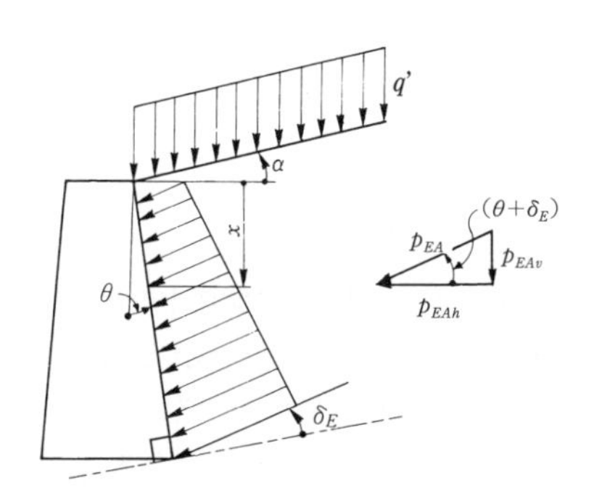

図-解 4.2.1　地震時主働土圧

① 良質な材料で密に締固められた背面土においては，その地盤のせん断抵抗は，ピーク強度を発現した後，残留強度へと低下する。したがって，ここでは橋台の背面土はⅣ編7.9の規定を満たすような良質な材料を用い，適切な設計及び施工がなされることを前提に，土質に応じた背面土のピーク強度時，残留強度時のせん断抵抗角 ϕ_{peak}，ϕ_{res} が表-解4.2.1のように仮定されている。表-解4.2.1に示すせん断抵抗角の値は，密な砂質材料に対して，すべり破壊が生じる際の状態に近いと考えられる平面ひずみ状態でのせん断抵抗角に粘着力の影響も反映させて設定されている。

② いずれの水平震度に達した時点で主働破壊面が生じるかは，橋台に生じる変位にも影響されるために予測することが困難である。しかし，水平震度が零のときに主働破壊面が発生すると仮定して以下の④で地震時主働土圧係数と水平震度の関係式を算出した結果は，水平震度が0.4程度以下の範囲においてそれぞれの震度で最初の主働破壊が発生したと仮定した瞬間の主働土圧係数に近い係数を与える。このことも考慮したうえで，ここでは背面土には地震前よりわずかな変位によって潜在的なすべり面が生じていると仮定し，すべり面と水平面のなす角 θ_s が物部・岡部の方法により求められる式（解4.2.1）により算出されている。以下，最初に発生するすべり面を一次主働破壊面という。

$$\cot(\theta_s-\alpha)=-\tan(\phi_{peak}+\delta_E+\theta-\alpha)+\sec(\phi_{peak}+\delta_E+\theta-\alpha)\sqrt{\frac{\cos(\theta+\delta_E+\theta_0)\sin(\phi_{peak}+\delta_E)}{\cos(\theta-\alpha)\sin(\phi_{peak}-\alpha-\theta_0)}} \quad \text{（解4.2.1）}$$

ここに，

α：地表面と水平面とのなす角（°）

δ_E：壁背面と土との間の壁面摩擦角（°）であり，Ⅰ編表-解8.7.1による。

θ：壁背面と鉛直面とのなす角（°）

θ_0：地震合成角（°）で，式（解4.2.2）により算出する。

$$\theta_0=\tan^{-1}k_h \quad \text{（解4.2.2）}$$

k_h：地震時土圧の算出に用いる設計水平震度

ただし，α，θ，δ_E は，反時計回りを正とする。

ここで，一次主働破壊面の算出において，背面土のせん断強度としては ϕ_{peak} を用い，δ_E は ϕ_{peak} を用いてⅠ編の表-解8.7.1により算出されている。また，式（4.2.2）の算出にあたっては，最も一般的な橋台形状を想定し，$\theta=0°$，$\alpha=0°$ と仮定されている。

③ 水平震度を増加させながら，求められた一次主働破壊面を持つ土塊に作用する力の釣合いを考えたときの地震時主働土圧係数 K_{EA1} を式（解4.2.3）により，また，物部・岡部の方法において $\phi=\phi_{peak}$ とした式（解4.2.4）より求められる地震時主働土圧係数 K_{EA2} を算出する。$K_{EA1}>K_{EA2}$ となる場合は，一次主働破壊面を有する土塊が橋台

に影響を与えると判定する。また，$K_{EA1} \leqq K_{EA2}$ となる場合は，新たに2つ目のすべり面が発生し，これより大きい水平震度に対しては，この2つ目のすべり面を有する土塊が橋台に影響を与えると判定する。この2つ目のすべり面を二次主働破壊面と呼ぶ。

$$K_{EA1} = \frac{\cos(\theta_s - \phi_{\mathrm{res}})(1 + \tan\theta \tan\theta_s)(1 + \tan\theta \tan\alpha)\{\tan(\theta_s - \phi_{\mathrm{res}}) + \tan\theta_0\}}{\cos(\theta_s - \phi_{\mathrm{res}} - \theta - \delta_E)(\tan\theta_s - \tan\alpha)} \quad \cdots(解 4.2.3)$$

$$K_{EA2} = \frac{\cos^2(\phi_{\mathrm{peak}} - \theta_0 - \theta)}{\cos\theta_0 \cos^2\theta \cos(\theta + \theta_0 + \delta_E)\left\{1 + \sqrt{\dfrac{\sin(\phi_{\mathrm{peak}} + \delta_E)\sin(\phi_{\mathrm{peak}} - \alpha - \theta_0)}{\cos(\theta + \theta_0 + \delta_E)\cos(\theta - \alpha)}}\right\}^2} \quad \cdots(解 4.2.4)$$

ただし，$\phi_{\mathrm{peak}} - \alpha - \theta_0 < 0$ のときは $\sin(\phi_{\mathrm{peak}} - \alpha - \theta_0) = 0$ とする。

ここに，K_{EA1}, K_{EA2} の算出に用いる δ_E は，既に一次主働破壊が発生していることから，ϕ_{res} を用いてⅠ編の表-解 8.7.1 により算出されている。また，ここでも式（4.2.2）の算出に際しては，$\theta = 0°$，$\alpha = 0°$ と仮定されている。

④ 計算上，レベル2地震動を考慮する設計状況において，背面土に生じる可能性があるすべり面は二次主働破壊面であると考えられる。また，さらに三次主働破壊が発生する場合には，盛土には既に過大な残留変位が生じていると考えられ，修正物部・岡部式の適用が困難と考えられる。そこで，設計水平震度に関わらず，二次主働破壊面と水平面がなす角度を θ_s として，任意の震度における主働土圧係数を式（解 4.2.3）により算出することとし，地震時主働土圧係数と水平震度の関係式が導出されている。参考として，表-解 4.2.1 に示す背面土において，いくつかの θ に対して地震時主働土圧係数を算出した結果を表-解 4.2.2 に示す。

橋台形状及び地表面と水平面のなす角度が式（4.2.2）の算出に用いられた条件に当てはまらない場合には，以上の①から④までの手順により地震時主働土圧係数を算出することができる。背面土についてはⅣ編 7.9 の規定を満たす良質な材料を用いることが前提とされていることから，せん断抵抗角については，前述の考え方に基づいて設定された表-解 4.2.1 の値を用いることができるが，Ⅳ編 7.9 の規定を満たさない場合は，別途，せん断抵抗角を適切な方法で評価し，地震時土圧の評価に反映する必要がある。

なお，部材等の応答値の算出にあたって，地震時土圧を作用させる場合は，式（4.2.1）により算出される地震時土圧の値に対して土圧（E）に対する荷重組合せ係数及び荷重係数を乗じる。このとき，地震時土圧の算出式の変数である式（4.2.2）により算出される地震時主働土圧における設計水平震度には，地震の影響（EQ）に対する荷重組合せ係数及び荷重係数を乗じる。

表-解 4.2.1　地震時土圧算出のためのせん断抵抗角

	ϕ_{peak}	ϕ_{res}
砂及び砂れき	50°	35°
砂質土	45°	30°

表-解 4.2.2　橋台形状に応じた地震時主働土圧係数 $K_{EA}=a_0+a_1k_h(\alpha=0°)$

(a) 砂及び砂れきの場合

θ	$\delta_E=0°$		$\delta_E=\phi/2$	
	a_0	a_1	a_0	a_1
1°	0.21	0.91	0.22	0.82
2°	0.22	0.91	0.23	0.83
3°	0.23	0.91	0.24	0.84
5°	0.24	0.92	0.25	0.85
10°	0.28	0.94	0.29	0.90

(b) 砂質土の場合

θ	$\delta_E=0°$		$\delta_E=\phi/2$	
	a_0	a_1	a_0	a_1
1°	0.25	1.09	0.26	0.98
2°	0.26	1.09	0.27	0.98
3°	0.26	1.09	0.28	0.99
5°	0.28	1.09	0.29	1.00
10°	0.32	1.10	0.33	1.04

4.3　地震時動水圧

(1)　地震時動水圧は，水位，下部構造の形状，寸法等を考慮して，適切に設定しなければならない。

(2)　(3)による場合は，(1)を満足するとみなしてよい。

(3)　レベル 1 地震動により下部構造に作用する地震時動水圧は，次により算出する。ただし，地震時動水圧の作用方向は，4.1.1 に規定する上部構造の慣性力の作用方向と一致させなければならない。

1)　片面にのみ水が存在する壁状構造物に作用する地震時動水圧

片面にのみ水が存在する壁状構造物に作用する地震時動水圧の合力及びその作用位置は，式 (4.3.1) 及び式 (4.3.2) により算出する（図-4.3.1 参照)。

$$P=\frac{7}{12}k_h w_0 b h^2 \quad \cdots\cdots (4.3.1)$$

$$h_g=\frac{2}{5}h \quad \cdots\cdots (4.3.2)$$

ここに，

P：構造物に作用する地震時動水圧の合力 (kN)

k_h：4.1.6に規定するレベル1地震動に対する設計水平震度

w_0：水の単位体積重量（kN/m^3）

h：水深（m）

h_g：地盤面から地震時動水圧の合力作用点までの距離（m）

b：地震時動水圧の作用方向に直角方向の躯体幅（m）

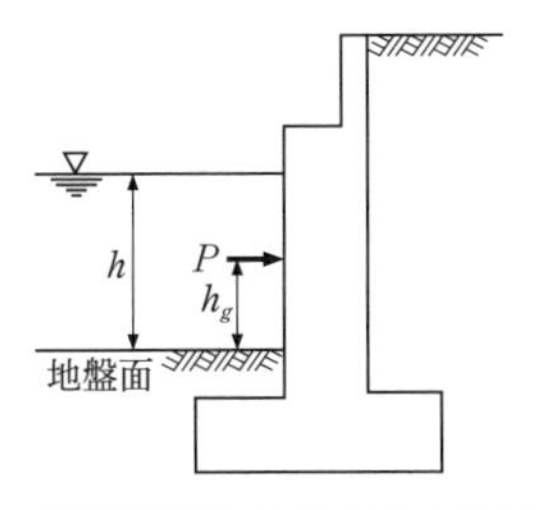

図-4.3.1　壁状構造物に作用する地震時動水圧

2)　周辺を完全に水で取り囲まれた柱状構造物に作用する地震時動水圧

周辺を完全に水で取り囲まれた柱状構造物に作用する地震時動水圧の合力及びその作用位置は，式（4.3.3）及び式（4.3.4）により算出する（図-4.3.2参照）。

$$\left.\begin{array}{l}\dfrac{b}{h}\leqq 2.0\text{の場合}\\ \quad P=\dfrac{3}{4}k_h w_0 A_0 h\dfrac{b}{a}\left(1-\dfrac{b}{4h}\right)\\ 2.0<\dfrac{b}{h}\leqq 4.0\text{の場合}\\ \quad P=\dfrac{3}{4}k_h w_0 A_0 h\dfrac{b}{a}\left(0.7-\dfrac{b}{10h}\right)\\ 4.0<\dfrac{b}{h}\text{の場合}\\ \quad P=\dfrac{9}{40}k_h w_0 A_0 h\dfrac{b}{a}\end{array}\right\} \quad \cdots\cdots (4.3.3)$$

$$h_g=\frac{3}{7}h \quad \cdots\cdots (4.3.4)$$

ここに，

P：構造物に作用する地震時動水圧の合力（kN）

k_h：4.1.6に規定するレベル1地震動に対する設計水平震度

w_0：水の単位体積重量 (kN/m^3)

h：水深 (m)

h_g：地盤面から地震時動水圧の合力作用点までの距離 (m)

b：地震時動水圧の作用方向に直角方向の躯体幅 (m)

a：地震時動水圧の作用方向の躯体幅 (m)

A_0：構造物の断面積 (m^2)

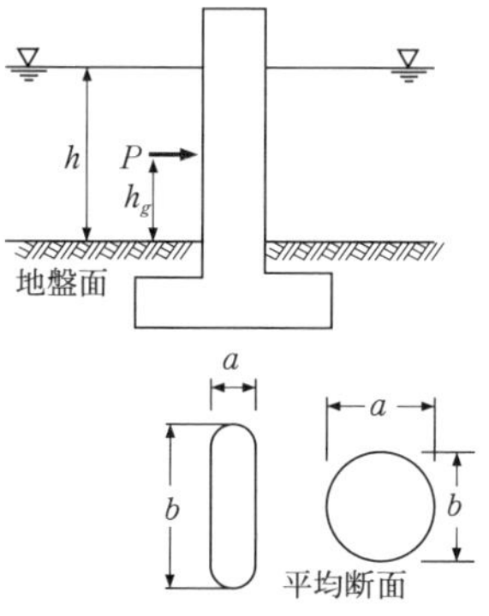

図-4.3.2　柱状構造物に作用する地震時動水圧

(1)　水中にある下部構造又は水に接する下部構造は，地震の影響を考慮する状況では，水により複雑な影響を受けるため，水位，下部構造の形状・寸法，設計地震動のレベル等に応じて，その影響を適切に評価して照査において反映させる必要がある。ただし，地震時動水圧の影響が耐震設計上有意となるのは，一般に水深の深い高橋脚を有する橋と考えてよい。

地震時動水圧の影響の反映のさせ方としては，静的な荷重に置き換える方法，付加質量に置き換える方法，水との連成を考慮した動的有限要素法による方法等があるが，静的な荷重に置き換える方法を用いることとし，静的解析により応答値を算出することとされている。

なお，軟弱土層及び液状化した土層における地震時動水圧は，設計上考慮しなくてもよい。また，4.1.5 に規定する固有周期の算出においては，地震時動水圧の影響を考慮しなくてもよい。これは，一般に地震時動水圧の作用が橋の固有周期に及ぼす影響は小さく，また，固有周期が短めに算出されることにより，一般に安全側の評価となるためである。

(3)　レベル 1 地震動を考慮する設計状況に対して，部材等の耐荷性能の照査に用いる地震時動水圧の算出方法が規定されている。橋台のような片面にのみ水が存在する壁状構造物に対する地震時動水圧は，ダムに関するWestergaard式に基づき設定されている。この場合，地震時動水圧は静水圧の作用方向及び反対方向（貯水池方向）に，静水圧を増減するように働く。したがって，静水圧の作用方向には（静水圧）+（地震時動水圧）が，また貯水池方向には（地震時動水圧）−（静水圧）が合水圧として作用することになる。このようなことから壁状構造物の耐震計算では，静水圧の作用方向には慣性力と同時に静水圧と地震時動水圧を考慮することとなる。一方，貯水池方向には慣性力及び土圧を考え，静水圧及び地震時動水圧は無視する。貯水池方向において静水圧及び地震時動水圧を無視したのは，設計上安全側の配慮をするためである。

柱状構造物の地震時動水圧については，水のまわり込みによる水圧低下を考慮し，式（4.3.3）及び式（4.3.4）のように規定されている。柱状構造物の耐震設計において構造物全体の安定を検討する場合は，静水圧は構造物の前後で平衡を保っていると仮定し，地震時動水圧のみを考えることとされている。ここで，式（4.3.3）は後藤・土岐の提案式に基づいて算出される地震時動水圧を橋脚高さ方向に積分して求めた合力であり，その合力の作用位置は，橋脚基部において地震時動水圧によって生じる曲げモーメントが等価となるように，式（4.3.4）で与えることとされている。地震時動水圧は当該断面の応答加速度に比例するため，地震時動水圧の合力を算出する積分計算においては，応答加速度の高さ方向分布を考慮して行うのが合理的である。しかしながら，ここでは安全側の判断から，上部構造の慣性力の作用位置における応答加速度が橋脚高さ方向に一律に生じると仮定し，式（4.3.3）では，水平震度として4.1.6に規定するレベル1地震動に対する設計水平震度をそのまま用いることとされている。b/hが4より大きい範囲は，安全側を考えてb/hによらず一定とされている。また，中空断面橋脚の場合には，構造物の断面積A_0として中空部を中実とみなした断面積の値を用いる。

なお，部材等の応答値の算出にあたって，地震時動水圧を作用させる場合は，式(4.3.1)及び式（4.3.3）により算出される値に対して水圧（HP）に対する荷重組合せ係数及び荷重係数を乗じる。このとき，算出式の変数である設計水平震度k_hには地震の影響(EQ)に対する荷重組合せ係数及び荷重係数を乗じる。

レベル2地震動を考慮する設計状況において水に接する下部構造の照査を行う場合には，地震時動水圧の影響を考慮することができる解析モデルを用いた動的解析により地震時の挙動を解析するのがよい。これは，レベル2地震動を考慮する設計状況においては，下部構造の断面に塑性変形が生じ，変動作用による影響が支配的な状況において想定している変形と比較して大きな変形が生じること，下部構造躯体の応答加速度は高さ方向に変化するが，これを一定値と仮定した式（4.3.3）の適用には限界があること，地震時動水圧の影響が懸念されるのは一般に高橋脚で水深の深い場合であり，このような橋は高次の振動モードが橋の地震時応答に影響を与えることから，動的解析によって応答値を算出する必要があること等の理由によるためである。

動的解析において地震時動水圧の影響を考慮する方法としては，水と接している下部構造の領域に，地震時動水圧の影響をモデル化した質量を付加する方法（以下「付加質量モデル」という。）がある。ここで，水の付加質量とは，地震時動水圧の影響を考慮するために下部構造躯体に付加させる仮想の質量のことであり，この付加質量の運動によって生じる慣性力によって地震時動水圧の影響を簡便にモデル化することができる。レベル２地震動を考慮する設計状況における地震時動水圧に対する付加質量モデルの適用性については，その研究例がまだ少ないが，水深が深く，地震時動水圧の影響を考慮する必要があるような場合には，式（解 4.3.1）に示す後藤・土岐の提案式に基づく付加質量モデルを用いて地震時動水圧の影響を考慮することが可能と考えられる。なお，付加質量は地震時動水圧の影響を考慮するために，下部構造躯体に付加させる仮想の質量としてモデル化しているものであり，荷重組合せとして考慮する死荷重とは異なるものである。そのため，死荷重（D）の荷重組合せ係数及び荷重係数を考慮する必要はない。ただし，水圧（HP）による荷重効果を見込めるように付加質量を適切にモデル化する必要がある。

$$
\left.
\begin{array}{l}
\dfrac{b}{h} \leqq 2.0 \text{の場合} \\
\qquad m = \dfrac{w_0 A_0}{g} \dfrac{b}{a} \left(1 - \dfrac{b}{4h}\right) \sqrt[3]{\dfrac{y}{h}} \\
2.0 < \dfrac{b}{h} \leqq 4.0 \text{の場合} \\
\qquad m = \dfrac{w_0 A_0}{\mathrm{g}} \dfrac{b}{a} \left(0.7 - \dfrac{b}{10h}\right) \sqrt[3]{\dfrac{y}{h}} \\
4.0 < \dfrac{b}{h} \text{の場合} \\
\qquad m = \dfrac{3}{10} \dfrac{w_0 A_0}{\mathrm{g}} \dfrac{b}{a} \sqrt[3]{\dfrac{y}{h}}
\end{array}
\right\} \cdots\cdots \text{（解 4.3.1）}
$$

ここに，

m：水面からの深さが y の位置における単位長さあたりの付加質量（$\mathrm{kN \cdot s^2/m^2}$）

g：重力加速度（$\mathrm{m/s^2}$）

w_0：水の単位体積重量（$\mathrm{kN/m^3}$）

A_0：橋脚の断面積（$\mathrm{m^2}$）

a：地震時動水圧の作用方向の躯体幅（m）

b：地震時動水圧の作用方向に直角方向の躯体幅（m）

y：水面からの深さ（m）

h：水深（m）

また，レベル２地震動に対する地震時動水圧の影響の程度を概略検討する等の目的においては，式（8.4.5）に規定する等価重量の代わりに，式（解 4.3.2）により算出される等価重量を用いれば，静的解析により応答値を算出することもできるので，適宜参考にすることができる。

$$W = W_U + c_P W_P + c_{WP} W_{WP} \quad \text{……（解 4.3.2）}$$

ここに，

W：等価重量（kN）

W_U：当該橋脚が支持している上部構造部分の重量（kN）

c_P：橋脚に対する等価重量算出係数で，8.4(2)3)の規定による。ただし，鉄筋コンクリート橋脚の破壊形態がせん断破壊型と判定された場合には，c_Pを1.0とする。

W_P：橋脚の重量（kN）

c_{WP}：地震時動水圧の等価重量算出係数で，式（解 4.3.3）により算出する。

$$c_{WP} = \frac{9}{35}\left(\frac{h}{H}\right)^2 \quad \text{……（解 4.3.3）}$$

H：橋脚基部から上部構造の慣性力の作用位置までの高さ（m）

W_{WP}：水の付加重量（kN）で，式（解 4.3.4）により算出する。

$$\left.\begin{array}{l}
\dfrac{b}{h} \leqq 2.0 \text{ の場合} \\
\quad W_{WP} = \dfrac{3}{4} w_0 A_0 \dfrac{bh}{a}\left(1 - \dfrac{b}{4h}\right) \\
2.0 < \dfrac{b}{h} \leqq 4.0 \text{ の場合} \\
\quad W_{WP} = \dfrac{3}{4} w_0 A_0 \dfrac{bh}{a}\left(0.7 - \dfrac{b}{10h}\right) \\
4.0 < \dfrac{b}{h} \text{ の場合} \\
\quad W_{WP} = \dfrac{9}{40} w_0 A_0 \dfrac{bh}{a}
\end{array}\right\} \quad \text{……（解 4.3.4）}$$

ここに，式（解 4.3.2）は，式（8.4.5）にさらに地震時動水圧の影響による等価重量を加えたものである。地震時動水圧の等価重量算出係数 c_{WP} は，上部構造の慣性力の作用位置に地震時動水圧の影響に相当する等価重量を作用させた場合の曲げモーメントと，橋脚が基部の回転運動のみによって変形すると仮定した場合の水の付加質量の慣性力による曲げモーメントが，橋脚基部で等しくなるように設定している。式（解 4.3.4）は，水の付加質量モデルとして後藤・土岐モデルを用い，これを水深の範囲で積分することにより水の付加重量を導き出している。

4.4　地盤の流動力

4.4.1　一　　般

(1)　地盤の流動力は，地盤条件，地形条件，下部構造の設置位置等を考慮して，適切に設定しなければならない。
(2)　4.4.2の規定により橋に影響を与える流動化が生じると判定された地盤において，4.4.3の規定により橋脚基礎に作用する地盤の流動力を設定する場合には，(1)を満足するとみなしてよい。

液状化に伴う剛性低下が生じ，かつ，偏土圧の作用する土層を有する地盤では，流動化が発生する可能性がある。平成7年（1995年）兵庫県南部地震の際には，臨海部の水際線付近において液状化に伴う流動化が発生し，橋脚基礎に残留変位が生じた事例が確認された。残留変位が生じた橋脚基礎の解析結果によれば，地表面付近の液状化しない土層がその下部に位置する液状化する土層とともに移動し，橋のフーチングに大きな力を及ぼしたと考えられるが，このような現象が確認されたのは兵庫県南部地震が初めてである。この示方書では，上記の解析結果に基づいて橋脚基礎に作用する地盤の流動力が設定されている。兵庫県南部地震では，流動化により，橋台のパラペット，たて壁及び杭頭部にも損傷が確認されたことが報告されている。橋台に対する流動化の影響のメカニズムには未解明な点があり，この示方書では，橋台に作用する流動力の算出方法については規定されていない。ただし，レベル2地震動を考慮する設計状況に対して，液状化の影響を考慮した設計がなされた橋台基礎には，一定の耐力等が付与されることとなり，液状化に伴う地盤の流動化が橋台に影響を与える場合であっても一定の抵抗力を期待できると考えられる。このため，Ⅳ編7章に規定される橋台に関しては，液状化に対する照査が行われていれば，別途計算により地盤の流動化の影響を考慮した照査を行わずとも橋の限界状態2及び橋の限界状態3を超えないとみなすことができることが11.2に解説されている。

4.4.2　橋に影響を与える流動化が生じる地盤の判定

以下の1)及び2)のいずれにも該当する地盤は，橋に影響を与える流動化が生じる地盤と判定する。
1)　臨海部において，背後地盤と前面の水底との高低差が5m以上ある護岸によって形成された水際線から100m以内の範囲にある地盤
2)　7.2の規定により液状化すると判定される層厚5m以上の土層があり，

かつ，当該土層が水際線から水平方向に連続的に存在する地盤

橋に影響を与える流動化の発生要件については十分解明されていないが，平成7年（1995年）兵庫県南部地震による被災事例に基づき，条文のとおり橋に影響を与える流動化が生じる可能性がある地盤が規定されている。

ここで，護岸の背後地盤と前面の水底との高低差が5m以上とされているのは，兵庫県南部地震の際に，流動化により橋脚基礎に残留変位が生じた臨海部における護岸の背後地盤と前面の水底との高低差は10 m程度以上であったが，流動化が生じた箇所としては，それ以下の高低差の箇所もあったためである。また，橋に影響を与える流動化が生じる可能性がある範囲としては，兵庫県南部地震の際に流動化により橋脚基礎に残留変位が生じた範囲を参考に，水際線から100m以内とされている。水際線からの距離は，橋の耐荷性能の照査を行う対象基礎に最も近い位置にある水際線からの距離を用い，図-解4.4.1に示すようにとる。

液状化すると判定される層厚5m以上の土層があることが条件とされているのは，兵庫県南部地震の際に流動化により橋脚基礎に残留変位が生じた箇所及び大きな地盤変位が生じた箇所における地盤条件が参考にされたためである。また，流動化は広範な地盤の液状化に伴って生じる現象であるため，水際線から基礎位置ごとの液状化の判定結果をもとに，水際線から100m以内であっても，液状化すると判定される土層が水際線から水平方向に連続的に存在していない場合には，その背後の地盤については橋に影響を与える流動化は生じないとみなしている。

臨海部以外でも，昭和39年（1964年）新潟地震の際には新潟市の信濃川沿岸において液状化やそれに伴う流動化により橋が被災したと考えられる事例があり，その経験を踏まえ，耐震設計に液状化の影響が考慮されるようになった。その後，流動化により橋が大きな影響を受けたのは，兵庫県南部地震の際の臨海部における事例が初めてである。河川部における流動化のメカニズムや構造物に与える影響は，臨海部で生じた現象とは異なることが考えられるが，河川部についても，偏土圧の影響が大きいと考えられる直立式の低水護岸の背後の高水敷及び直立式の特殊堤の堤内地盤において，条文に規定する条件1)及び2)の両方に該当する場合には，臨海部に準じて，流動化の影響を考慮するのが望ましい。

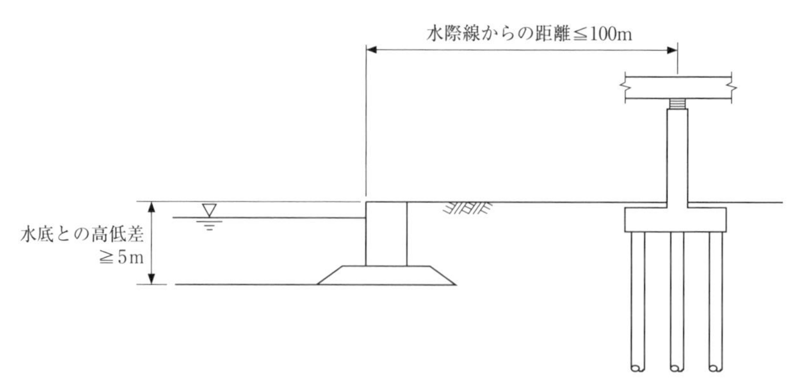

図-解 4.4.1　水底との高低差及び水際線からの距離のとり方

4.4.3　地盤の流動力の算出

橋脚基礎に作用させる地盤の流動力の算出は，図-4.4.1 に示すように，地表面付近に液状化しない土層（以下「非液状化層」という。）があり，その下部に液状化する土層（以下「液状化層」という。）がある場合，以下の 1) 及び 2) による。

1)　流動化の影響を考慮する範囲内の非液状化層に位置する部材に作用させる流動力は，式（4.4.1）により算出する。ここで，液状化層の上部に非液状化層が存在せず，地表面まで液状化する地盤については，式（4.4.1）を考慮する必要はない。

2)　流動化の影響を考慮する範囲内の液状化層に位置する部材に作用させる流動力は，式（4.4.2）により算出する。

$$q_{NL} = c_s c_{NL} K_P \gamma_{NL} x \quad (0 \leqq x \leqq H_{NL}) \cdots\cdots (4.4.1)$$

$$q_L = c_s c_L \{\gamma_{NL} H_{NL} + \gamma_L (x - H_{NL})\} \quad (H_{NL} < x \leqq H_{NL} + H_L) \cdots\cdots (4.4.2)$$

ここに，

q_{NL}：非液状化層中にある部材に作用する深さ x の位置の単位面積あたりの流動力 (kN/m^2)

q_L：液状化層中にある部材に作用する深さ x の位置の単位面積あたりの流動力 (kN/m^2)

c_s：水際線からの距離による補正係数であり，表-4.4.1の値とする。

c_{NL}：非液状化層中の流動力の補正係数であり，式（4.4.3）による液状化指数 P_L (m^2) に応じて，表-4.4.2の値とする。

$$P_L = \int_0^{20} (1 - F_L)(10 - 0.5x)\,dx \quad \cdots\cdots (4.4.3)$$

c_L：液状化層中の流動力の補正係数（0.3とする）

K_P：受働土圧係数で，Ⅰ編8.7の規定による。

γ_{NL}：非液状化層の平均単位体積重量（kN/m^3）

γ_L：液状化層の平均単位体積重量（kN/m^3）

x：地表面からの深さ（m）

H_{NL}：非液状化層厚（m）

H_L：液状化層厚（m）

F_L：式（7.2.1）により算出する液状化に対する抵抗率で，$F_L \geqq 1$ の場合には $F_L = 1$ とする。

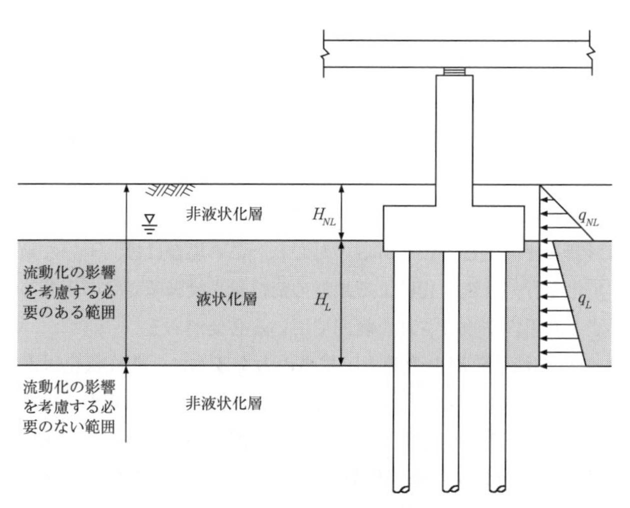

図-4.4.1　流動力の算定モデル

表-4.4.1　水際線からの距離による補正係数 c_s

水際線からの距離 s (m)	補正係数 c_s
$s \leqq 50$	1.0
$50 < s \leqq 100$	0.5
$100 < s$	0

表-4.4.2　非液状化層中の流動力の補正係数 c_{NL}

液状化指数 P_L (m^2)	補正係数 c_{NL}
$P_L \leqq 5$	0
$5 < P_L \leqq 20$	$(0.2P_L - 1)/3$
$20 < P_L$	1

流動化が橋脚基礎に及ぼす影響のメカニズムについては研究途上の部分があるが，流動化の影響を橋脚基礎に作用する流動力として取り扱う場合のモデル化手法が規定されている。このモデルは，平成7年（1995年）兵庫県南部地震の際の臨海埋立地盤上の橋の被災事例の解析結果等をもとに定められたものであり，図-4.4.1に示すように地表面付近に液状化しない土層（非液状化層）があり，その下部に液状化する土層（液状化層）がある場合に，液状化層と非液状化層を流動化の影響を考慮する必要のある範囲としてモデル化されている。したがって，これとは条件が大きく異なる場合には，適宜，モデルを修正することが必要である。液状化層と非液状化層が互層状態で存在する場合について，流動化の影響を考慮する必要のある範囲の例を図-解4.4.2に示す。

地盤条件が複雑な場合等には，その影響をより詳細に評価するため，FEM解析等を用いて流動化の影響を評価する方法もある。ただし，この場合には，十分な地盤調査を行ったうえでモデル化を行い，流動化による地盤の変位量や橋脚基礎への影響等を適切に評価できる解析手法を適用性が検証された範囲で用いる必要がある。

式（4.4.1）では非液状化層の受働土圧相当の力を基本に，非液状化層から構造物に作用する単位面積あたりの流動力が与えられている。流動力と水際線からの距離の関係については，兵庫県南部地震の際の橋脚の残留変位と水際線からの距離との関係を参考に，表-4.4.1に示すように距離による補正係数が与えられている。また，地盤の流動量がわずかであれば，流動力は受働土圧には達せず，流動量がある程度以上大きくなってはじめて流動力は受働土圧に達する。係数 c_{NL} はこのような点を考慮するための補正係数であり，兵庫県南部地震の際に流動化により損傷を受けた橋脚基礎の逆解析から，表-4.4.2のように与えられている。

一方，式（4.4.2）は全上載圧に相当する力を基本に，液状化層から構造物に作用する単位面積あたりの流動力を表している。液状化層中の流動力の補正係数 c_L は全上載圧のうち流動力として基礎に作用する割合を示す係数である。ここでc_Lが0.3とされているのは，兵庫県南部地震により残留変位が生じた橋脚基礎の逆解析の結果から，液状化層中の構造物には，全上載圧の30%程度の流動力が作用したとみなされたためである。

式（4.4.1）及び式（4.4.2）は単位面積あたりの流動力を与えるものであり，橋脚及びフーチングについては，それぞれの幅を乗じることにより単位深さあたりの流動力を算出することができる。また，杭基礎については単位面積あたりの流動力に，流動力を受ける面の両端に位置する杭の最外縁幅を乗じた値を，杭基礎以外の形式の基礎については，その幅を乗じた値を，それぞれ，単位深さあたりの流動力とすればよい。杭基礎では，1列目をすり抜けて2列目以降に作用する流動力がある。このメカニズムに関しては，現状では十分解明されていないが，ここでは最外縁の投影面積を考慮することにより，近似的にその効果を取り入れている。また，設計上は全ての杭が分担して流動力に抵抗すると仮定している。

なお，流動力を作用させる場合には，2.5の解説に記載するとおり，土圧（E）の荷重組合せ係数及び荷重係数を考慮する必要はない。

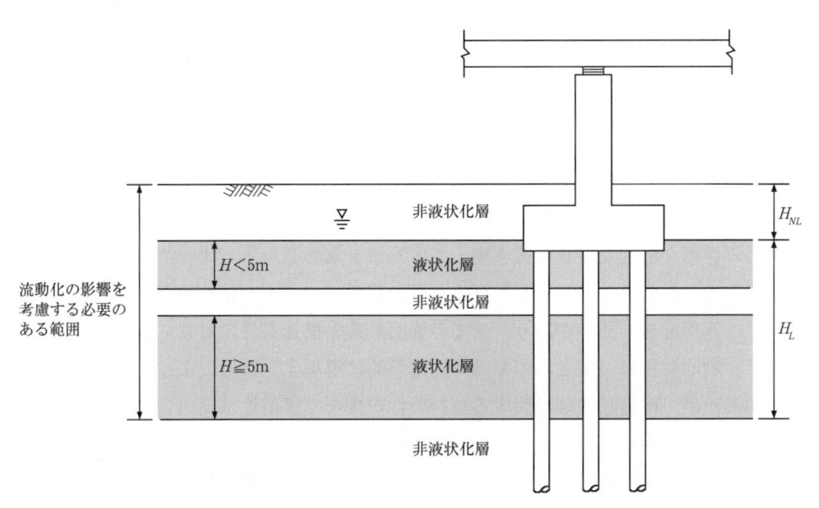

図-解 4.4.2　液状化層と非液状化層が互層状態で存在する場合の流動力の影響を考慮する必要のある範囲の例

5章　構造解析手法

5.1　一　　般

(1)　橋の耐震設計にあたっては，慣性力による断面力，応力，変位等の応答値の算出に，5.2 に規定する動的解析を用いることを標準とする。ただし，部材等の塑性化を期待しない場合で以下の 1)に該当する場合又は部材等の塑性化を期待する場合で以下の 1)から 3)に該当する場合には，5.3 に規定する静的解析を用いてもよい。

1)　1次の固有振動モードが卓越している。

2)　塑性化の生じる部材及び部位が明確である。

3)　エネルギー一定則の適用性が検証されている。

(2)　地盤抵抗は，3.5 に規定する耐震設計上の地盤面の下方において考慮することを標準とする。

(1)　地震の影響を考慮する場合，橋の応答値を算出する構造解析手法としては，大きく分けて静的解析と動的解析の2つがある。静的解析は，地震の影響によって構造物や地盤に生じる作用を静的な荷重に置き換えて応答値を求めるため，比較的簡便に地震応答を推定することができる。しかしながら，静的荷重へのモデル化や地震応答の推定方法については適用可能な条件があり，全ての橋梁形式や構造条件に対して適用できるものではない。動的解析は，地震時の挙動を動力学的に解析することにより，橋の地震応答を算出するため，構造形式等に関する制約条件が少なく汎用性は高い。しかし，解析モデルの設定方法等が解析結果に重要な影響を及ぼすこともあり，求められた結果の妥当性の評価や解析結果の耐震設計への反映方法等については，動的解析に関する適切な知識と技術が必要となる。

このように，これらの構造解析手法にはそれぞれ特徴があるので，こうした点をよく踏まえたうえで，適切に橋の地震時の応答を算出できるようにする必要があることが規定されている。これまでの示方書では，地震時の挙動が複雑ではない橋に対して静的解析を用い，地震時の挙動が複雑な橋に対して動的解析を用いることが規定されていた。この示方書では，橋の地震応答の評価に動的解析が一般的に用いられるようになっていることを踏まえて動的解析による照査を標準とし，地震時の挙動が複雑ではない橋に対しては，静的解析による照査を行ってもよいとされている。

上記の基本的な考え方に基づき，静的解析が適用できない橋梁条件に関する具体例を示すと次のとおりである。

① 塑性化やエネルギー吸収を複数箇所に期待するため，静的解析を適用できない構造の橋

・ラーメン橋（面内方向）

・免震橋

② 1次の固有振動モードが卓越していない又はエネルギー一定則の適用性が十分検証されていないため，静的解析を適用できない構造の橋

・橋脚高さが高い橋（一般に，30m程度以上）

・鋼製橋脚に支持される橋

・固有周期の長い橋（一般に，固有周期1.5秒程度以上）

・弾性支承を用いた地震時水平力分散構造を有する橋

③ 塑性ヒンジが形成される箇所が明確ではない又は複雑な地震時挙動をするため，静的解析を適用できない構造の橋

・斜張橋，吊橋等のケーブル系の橋

・アーチ橋

・トラス橋

・曲線橋

ラーメン橋の面内方向のように地震時に塑性変形が複数箇所に生じることが想定される場合には，エネルギー一定則の適用範囲外となる。また，弾性支承を用いた地震時水平力分散構造の橋や免震橋では，橋脚に生じる塑性化と支承の動的挙動との相互作用の影響により，1自由度系を対象としたエネルギー一定則では非線形応答の推定精度が低下する場合があることが知られている。このため，このような橋については静的解析を用いることができない。ただし，ラーメン橋でも構造系が単純で，地震応答が特定の固有振動モードによって決まり，主たる塑性化の生じる部位が明確になっている場合であれば，地震応答に寄与する固有振動モードのモード形状を考慮して静的な荷重に置き換え，これを作用させた荷重漸増載荷解析により橋全体系の非線形挙動を解析し，これとエネルギー一定則等を組み合わせた静的解析を用いて照査することができる。

斜張橋，吊橋，アーチ橋，トラス橋等については，既往の地震による被災経験は少ないものの，地震時の挙動はまだ十分解明されておらず，静的解析の適用性が確認されていない。このため，このような橋では動的解析により，地震時にどのように応答し，どこに塑性化が生じるか等を検討する必要がある。ここで，アーチ橋，トラス橋については，上路式や中路式の場合だけでなく，下路式の場合も静的解析は適用しないのがよい。

また，曲線橋では，橋の3次元的な挙動特性によって，静的解析では下部構造に作用

する慣性力が適切に求められない場合があるため，静的解析を適用しないのがよい。

1次の固有振動モードが卓越する場合でもエネルギー吸収が複数箇所に生じる橋やエネルギー一定則の適用性が十分検討されていない構造形式の橋については，部材が塑性化することによって地震時の挙動が複雑となるため，動的解析を適用する必要がある。ただし，このような橋であっても，レベル1地震動を考慮する設計状況に対して，部材を塑性化させない場合には，静的解析も適用することができる。

(2) 3.5に規定する耐震設計上の地盤面は，地震時に水平抵抗を期待できる地盤の上面であることから，地盤抵抗はこの面より下方において考慮することが可能である。ただし，地震の影響を考慮する設計状況においても，Ⅳ編8.5.2に解説されるように，フーチング周辺の埋戻しが十分行われ，地盤面が長期にわたり安定して存在する場合には，フーチング前面の地盤抵抗を考慮して設計を行うことができる。

5.2 動的解析

(1) 動的解析には，時刻歴応答解析を用いることを標準とする。

(2) 動的解析により応答値を算出するにあたって，部材のモデル化は以下の1)から3)を満足しなければならない。

1) 橋の構造特性を踏まえ，橋の地震時の挙動を評価できるように，部材の材料特性，地盤の抵抗特性等に応じて，適切に部材をモデル化する。

2) 部材のモデル化は，その力学的特性及び履歴特性に応じて適切に行う。

3) 橋の減衰特性は，橋を構成する部材等の振動特性を考慮して，適切にモデル化する。

(3) 動的解析による応答値の算出は，レベル2地震動を考慮する設計状況において，4.1.2に規定する加速度波形を用いて算出した応答値の平均値を用いる。

(1) 橋の動的解析に用いられる解析方法としては，応答スペクトル法や時刻歴応答解析を用いる方法がある。時刻歴応答解析を用いる場合は，個々の固有振動モードに対する1自由度系の運動方程式をそれぞれ解き，それらを重ね合わせることによって多自由度系の時刻歴応答を求めるモード解析法，運動方程式を時間領域で解く直接積分法等がある。これらの動的解析法は，解析目的とそれぞれの解析方法の適用性に留意して適切な方法を選定し，その解析方法に応じた適切なモデルを用いる必要がある。塑性化を期待する部材がある場合は，応答スペクトル法やモード解析法による時刻歴応答解析でもその非線形特性を等価な線形部材に置き換える等価線形化法により，非線形地震応答の近似値を求めることができる。また，非線形時刻歴応答解析法により，各部材に対して非線形履歴モデルを用いることで，より直接的に地震時の非線形応答を算出することができる。この示方書では，履歴特性を適切に考慮するにあたって，設計実務でも使用されるようになっている非線形時刻歴応答解析が標準的に用いられることを前提としている。

(2) 動的解析による橋の地震時挙動の解析では，固有振動特性，減衰特性，橋脚等の非線形履歴特性等を十分考慮し，橋の動的特性を表現できる解析モデルを用いて地震時の応答を算出する必要がある。動的解析における橋のモデル化にあたっては，地震動のレベルと橋の限界状態に対応する部材等の限界状態に応じて適切なモデル及び解析方法を選定する必要がある。レベル１地震動を考慮する設計状況に対しては，部材の塑性化を期待しないため，可逆性を有する範囲における橋の動的特性を表現できる解析モデル及び解析方法を用いることができる。レベル２地震動を考慮する設計状況に対して，部材の塑性変形やエネルギー吸収を考慮した設計を行う場合は，必要に応じて橋脚等の部材の非線形履歴特性を考慮した橋の非線形域の動的特性を表現できる解析モデル及び解析方法を用いるのがよい。

動的解析を用いる場合は，一般にモデル化が煩雑となる。特に部材の非線形挙動を考慮する場合は，橋全体系の地震時挙動が妥当かどうか，モデル化の適用範囲に応じて，適切にモデル化を行う必要がある。モデル化が適切かどうかを以下の①や②の観点から確認するのがよい。

① 解析モデルや設定パラメータが構造特性に適合していること。少なくとも以下の点について設計で考慮した条件との整合性を確認するのがよい。
  - 固有振動モードの形状
  - 死荷重に相当する荷重等，初期条件を考慮した結果生じる鉛直方向及び水平方向に対する各部材・各境界部の反力
  - 非線形履歴モデル特性を考慮した部材の断面力

② 固有周期，固有振動モードの形状，応答波形，履歴曲線，変形分布，断面力分布，塑性化が生じた部材の位置等に基づき橋全体系の挙動を把握し，得られた解析結果が橋の地震時の挙動からみて妥当であること

なお，得られた応答値の妥当性については，エネルギー一定則による非線形応答の算出や荷重漸増載荷解析等の静的解析による結果との比較や，線形解析と非線形解析による結果の比較により検討することができる。また，地震時の挙動が複雑な橋は，次の①や②の観点についても確認するのがよい。

① 塑性化を期待する部材及びその塑性化する位置，範囲以外に塑性化が生じていないこと

② 部材に塑性化が生じることにより橋全体系が不安定にならないこと。例えば，ケーブル構造やアーチ構造など，構造を構成するいずれの部材も部材単位の構造解析上は

完全には耐荷力を失っていない場合でも，変位等の影響によって構造全体が不安定化し，構造全体として耐荷力を喪失する場合がある。

以下にモデル化の考え方の例として，標準的なモデル化の方法や留意点等を示す。

橋の構造特性，橋を構成する部材の材料特性，周辺地盤の抵抗特性等に応じて，橋の固有振動特性を適切に表現できるように，橋を構成する各部材（基礎，橋脚，橋台，支承部，上部構造等）の質量分布，剛性分布及び境界条件を適切にモデル化する必要がある。そのようにモデル化された橋に対して動的解析により応答値を算出する場合には，橋を構成する構造及び部材等の減衰特性を用いて橋全体系としての減衰特性を適切にモデル化する必要がある。さらに，部材の塑性化やエネルギー吸収を期待する部材を含む構造系に対しては，塑性化やエネルギー吸収を期待する部材を非線形履歴モデルの適用範囲に応じて適切にモデル化する必要がある。

部材等のモデル化やモデルを決定するパラメータについても実験データ等に基づいて，いくつかの方法が提案されている。また，動的解析に用いる減衰特性等のモデル化の方法も様々な提案が行われている。部材や構造の特性に応じて，部材のモデル化方法や減衰特性等のモデル化方法の選定が適切に行われないと適切な解析結果が得られないため，実験等との対比が行われ検証がなされたモデルを用いる必要がある。

この示方書に基づき行う部材等の耐荷性能の照査にあたっては，質点，はり要素，ばね要素によって部材等をモデル化する方法が前提とされている。このため，平板要素，シェル要素，3次元体要素等に代表される高次の有限要素のような解析モデルも含め，ここに示す以外のモデル化を行う場合には，実験等との対比により検証されたモデル化であること等，適切な根拠に基づいた方法である必要がある。特に，解析モデルが高度になると，同じ部材をモデル化するにしてもより多くの情報が必要となり，その情報を用いた解析パラメータの設定に高度な専門的知識が求められる場合が多い。実験等との対比により検証が行われたモデルであったとしても，その着目する事象に対して，どのような力学的機構を前提としてその事象を再現できることが検証されたモデルであるのか等，適用範囲を適切に把握する必要がある。また，解析モデルが高度になってもその応答値の精度が向上しない場合もあることから，解析目的と解析モデルの作成に用いる情報の内容及び精度に応じて解析方法を適切に選定する必要がある。

1)　橋全体系の地震時の挙動を表す解析モデルを作るためには，構造物の形状を表現するために必要な節点と構造要素，慣性力の作用を考慮するために必要な構造物の質量分布，力学的特性を求める際に必要な構造要素の断面特性（断面積，断面二次モーメント等），部材に発生する断面力と変形の関係を表現するための非線形履歴モデル，対象とする構造物の境界条件（例えば，隣接橋や地盤との境界部分のモデル化）等が必要となる。以下のⅰ)からⅲ)にその基本的な考え方を示す。

i ）節点の設定

構造物の形状を表すために，図-解 5.2.1 に示すように一般に部材の重心位置に節点や質点を設ける。節点は，線形挙動をする部材では，上部構造では桁，支点部，断面変化の始終点と必要に応じてその中間点の重心位置，下部構造では断面剛性の変化する点や，その中間点の重心位置に設ける。このほかにも，より複雑な挙動が予想される場合には，さらに節点を細かく設ける。塑性化の可能性のある部材では，一般にはその部材において断面力，曲率等の照査を行う必要があるが，これらの応答値は部材の要素長に依存することから，適切な応答値を求めるために，その要素長が適切になるように節点を設ける必要がある。なお，4.1.2(1)に解説されるように，慣性力の算出にあたっても死荷重による荷重効果を見込む必要があることから，この質点に死荷重の荷重組合せ係数及び荷重係数を乗じる。

構造物の質量は連続的に分布しているが，モデル化の際には，構造部材ごとにこれらの重心位置の節点に質量を集中させるのが一般的である。上部構造の慣性質量は，上部構造の重心位置に与えることを標準とする。なお，こうしたモデル化により構造形式によっては回転慣性の影響を考慮できなくなる場合もあるため，そのような場合には回転質量によりこの影響をモデル化する必要がある。

節点と構造要素で分割した橋のモデル化を行う場合の基本事項は以下の①から④のとおりである。

① 設計振動単位をモデル化の最小範囲とする。

② 塑性化しない部材における節点の設定は断面変化位置だけでなく，橋の応答に影響を与える固有振動モードを表すことができるように行う。塑性化が生じることが予測される部位については，部材等の限界状態 2 及び限界状態 3 に相当する特性値を設定する際に用いられた領域の長さとモデル化の要素長が一致するように節点を設けることを標準とする。例えば，鉄筋コンクリート橋脚の場合は，要素長は塑性ヒンジ長とするのがよい。ただし，塑性化する部位を事前に予測することが困難な構造では，部材等の限界状態 2 及び限界状態 3 に相当する特性値を設定する際に用いられた領域の長さよりも要素長が小さくなるように節点を設定するのがよい。また，鋼製橋脚の場合には，ひずみ硬化の影響を考慮した二次剛性を正としたモデルが用いられること，部材等の限界状態 2 及び限界状態 3 に相当する特性値を設定する際に塑性ヒンジ長のような概念が適用されていないこと等から，照査において支配的となる橋脚基部の応答に及ぼす要素長の影響は鉄筋コンクリート橋脚に比べて一般には大きくない。このため，鋼製橋脚の場合には，要素長が曲率の部材軸方向の分布を適切に評価できる程度の大きさになるように節点を設定すればよく，一般には断面幅を 5 分割した程度の長さを要素長とする。ここで，断面幅には，矩形断面の鋼製橋脚の場合には式（9.4.2）により算出さ

れる b' を，円形断面の鋼製橋脚の場合にはその直径をそれぞれ用いる。

③　直橋の場合は橋軸方向と橋軸直角方向の固有振動モードが連成することは少なく，連成した場合にも一般にはその影響は小さいので，橋軸方向を対象とする場合には2次元モデルを用いることが可能であるが，曲線橋，アーチ橋，斜張橋等，その挙動が3次元となる橋の応答を解析する場合には3次元モデルを用いる必要がある。

④　解析対象の設計振動単位と隣接する設計振動単位との境界条件については，隣接する設計振動単位の慣性力，減衰力，復元力等を適切に考慮できるようにモデル化する。対象とする設計振動単位とそれに隣接する設計振動単位を一体としてモデル化することにより，設計振動単位間の動的相互作用の影響を適切に考慮できる場合は，これを検討することができる。ただし，後述するように動的解析における応答値の算出にあたっては，粘性減衰のモデル化が大きな影響を及ぼすため，隣接する設計振動単位を一体としてモデル化する場合には，それぞれの設計振動単位の振動特性に応じた減衰モデルが設定できるように留意する必要がある。

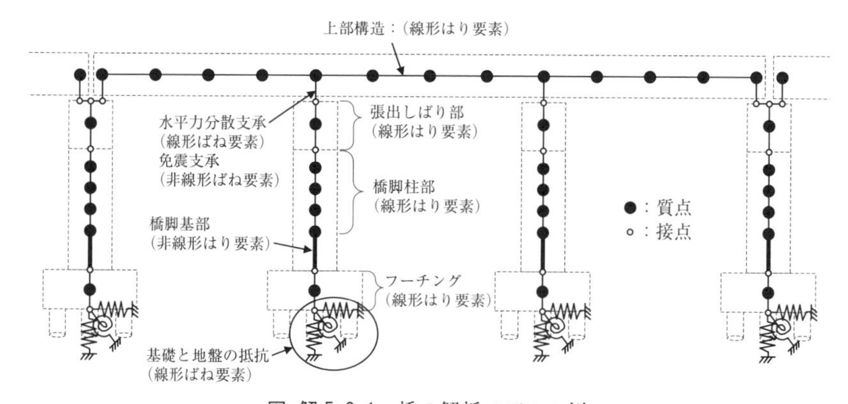

図-解 5.2.1　橋の解析モデルの例

ii）部材のモデル化

部材のモデル化においては，対象とする部材の境界条件や力学的特性に応じて，生じる断面力を適切に評価できるように，モデル化される部材及び解析における構造要素の力学的特性を踏まえて，適切な構造要素を選定する必要がある。各部材のモデル化については，(2)2)の規定による。

iii）動的解析における初期状態

動的解析を行う際には，橋の各部材の初期の応力，ひずみ，断面力，変形量等を適切に考慮する必要がある。例えば，架設時の構造系の断面力やコンクリートの乾燥収縮やクリープの影響等が完成系の構造に残るような構造では，その影響を動的解析に用いる初期状態として適切に考慮する必要がある。このような場合には，橋の架設ステップ等を踏まえて，動的解析モデルにおける初期状態が橋の完成系等，評価しようとしている段階での断面力に一致するようにモデル化する必要がある。

2)　部材のモデル化の基本的な考え方について規定されている。ここでいう部材には，部材及び部材の組み合わされた構造のほか，支承等の装置，基礎とその周辺地盤も含んでいる。

非線形挙動をする部材を線形要素でモデル化する場合には，実験等で得られたデータ等に基づき等価剛性及び等価減衰定数を適切に設定する。ここで，等価剛性は，地震応答の非定常性を考慮して，応答変位の実効値（有効値）に相当する変位に対する割線剛性として定める。また，等価減衰定数は，応答変位が生じた際に吸収されるエネルギーをもとに設定する。塑性化を期待する部材を等価剛性及び等価減衰定数を用いて線形要素でモデル化する場合には，一般には設定した応答変位と解析で得られる最大応答変位が近い値となるまで繰返し計算が必要になる。

非線形挙動をする部材を非線形要素でモデル化する場合には，実験によりその復元力特性を求め，これに基づき非線形履歴モデルを設定する。なお，ここでいう非線形挙動とは，2.4.6 に規定される部材等の限界状態 1 を超え，塑性化を期待する場合の挙動であり，エネルギー吸収を考慮する部材の挙動をモデル化する場合の考え方である。12 章に規定されるプレストレストコンクリート箱桁に対して挙動が可逆性を有する状態であることをモデル化する場合等は，エネルギー吸収を考慮していないため，非線形弾性モデルを用いればよい。

作用する軸力が地震応答に伴って変化し，これが部材の非線形挙動に影響を及ぼす場合には，これを適切に考慮できるようにモデル化を行う。以下の①から③にその標準的な考え方を示す。

①　死荷重による軸力を受ける状態に対して構造全体系をモデル化し，これに対する非線形動的解析により各部材に生じる軸力の最大値及び最小値を求める。

②　塑性化を期待するために非線形要素でモデル化する部材において，①の解析により得られた最大軸力と最小軸力が作用する場合の非線形の抵抗特性（例えば，曲げモーメント－曲率関係の骨格曲線）をそれぞれ求め，これによるモデル化を行う。

③　②で作成した 2 つのモデルに対して，動的解析を行う。

アーチ橋や斜張橋，吊橋等吊構造系の橋や橋脚高さの非常に高い橋等，橋に生じる変位が大きい場合には，幾何学的非線形の影響を適切に考慮する。なお，幾何学的非線形の影響を考慮する動的解析においては，数値計算における誤差の収束方法の設定や初期応力状態を含む各種パラメータの設定によって結果が大きく変わる可能性もあるため，解析によって安定した解が得られているかどうかの検証が必要となる。検証にあたっては，積分時間間隔を細かくする等の方法により解が一定の値に収束していることを確認する必要がある。

橋の主要部材に適用する標準的な非線形履歴モデルを以下のｉ)からｖ)に示す。

ｉ) 鉄筋コンクリート橋脚

動的解析により鉄筋コンクリート橋脚の非線形挙動を推定する場合には，解析モデルの設定の前に，当該部材が曲げ破壊型，曲げ損傷からせん断破壊移行型又はせん断破壊型のいずれであるかを把握しておく必要がある。式（8.3.1）により当該鉄筋コンクリート橋脚の破壊形態をあらかじめ判定し，その破壊形態に応じて適切に非線形履歴特性をモデル化する必要がある。

曲げ破壊型の鉄筋コンクリート橋脚の非線形履歴モデルの骨格曲線は，8.3の規定により設定される地震時保有水平耐力を8.4に規定される限界状態1に相当する点とし，この点と限界状態2に相当する点を結ぶ完全弾塑性型の骨格曲線とする。ここで，初期剛性は，初降伏点に対する割線剛性で与えている。この骨格曲線となるように，図-解5.2.2に示す部材の水平力と水平変位の関係を定義するモデル，塑性ヒンジ領域の曲げモーメントと回転角の関係を定義するモデル，塑性ヒンジ領域の断面の曲げモーメントと曲率の関係を定義するモデル等がある。

鉄筋コンクリート橋脚のレベル2地震動に対する地震応答を精度よく求めるためには，鉄筋コンクリート橋脚の非線形履歴特性を適切に表すことができる履歴則を用いる必要がある。鉄筋コンクリート橋脚は，塑性変形が大きくなると除荷及び再載荷の剛性が低下する特性を有することから，塑性変形量に応じた剛性低下を表すことができるモデルを用いることが望ましい。剛性低下型モデルとしては，Takedaモデルがその特性をよく表すことが確認されている。Takedaモデルにおいて，曲げモーメント－曲率関係における除荷時の剛性 K_{un} は式（解5.2.1）で与えられる。

$$K_{un} = K_1 \left| \frac{\phi_{max}}{\phi_y} \right|^{-\alpha} \quad \cdots\cdots\cdots\cdots\cdots\cdots\cdots\cdots\cdots\cdots \text{（解5.2.1）}$$

ここに，

K_1：降伏剛性（一次剛性）（N・mm^2）

ϕ_{max}：地震応答中に経験した最大の曲率（1/mm）

ϕ_y：降伏曲率（1/mm）

α：除荷時剛性低下指数

ここで α は既往の鉄筋コンクリート橋脚模型に対する正負交番繰返し載荷実験結果に基づく分析により0.5を用いると塑性率がおおむね2.5～6.5の領域では実験

結果との近似度がよいことが確認されているので，設計の簡便さも考慮し，応答塑性率の値に関わらずこれを用いることができる。

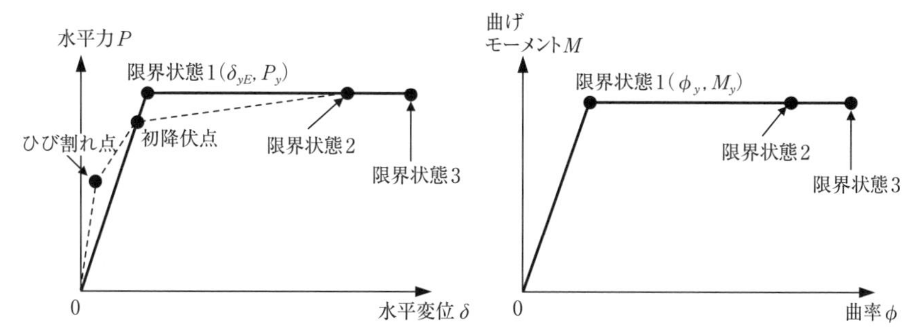

(a)水平力−水平変位関係を定義するモデル　(b)曲げモーメント−曲率関係を定義するモデル

図−解 5.2.2　鉄筋コンクリート橋脚の骨格曲線の例

鉄筋コンクリート橋脚の柱基部のように，塑性ヒンジ長を要素長とする場合で，かつ要素の中央において非線形性を制御する要素を用いる場合には，限界状態１に相当する点の曲げモーメント及び曲率は，式（解 5.2.2）及び式（解 5.2.3）から求められる。

$$M_y = P_y\left(h - \frac{L_p}{2}\right) \quad \cdots\cdots \text{（解 5.2.2）}$$

$$\phi_y = \left(\frac{\delta_{py}}{h - L_p/2}\right) \Big/ L_p \quad \cdots\cdots \text{（解 5.2.3）}$$

ここに，

M_y：非線形はり要素中央の降伏曲げモーメント（N・mm）

P_y：橋脚の降伏水平耐力（N）で，式（8.5.8）により算出する。

h：橋脚基部から上部構造の慣性力作用位置までの距離（mm）

L_p：塑性ヒンジ長（mm）で，式（8.5.4）により算出する。

ϕ_y：非線形はり要素中央の降伏曲率（1/mm）

δ_{py}：降伏変位のうち塑性ヒンジ領域の弾性変形によって上部構造の慣性力作用位置に生じる水平変位（mm）

これらは，動的解析に用いる解析モデルから得られる降伏水平耐力及び降伏水平変位が地震時保有水平耐力及び降伏水平変位と等価となるように補正するための式である。なお，塑性化する部位を事前に予測することが困難な構造で，曲げモーメント−曲率関係を用いて非線形性を考慮する場合は，要素長が十分小さくなるように節点を設定すれば，塑性化する部位の曲率分布を適切に考慮することができることから，モデル化において一般にはこの補正を行わなくてもよいこととなる。

また，鉄筋コンクリート橋脚の塑性化しない領域をモデル化する場合には，鉄筋コンクリート橋脚のコンクリートの全断面を有効とし，鋼材を無視して算出した剛性を用いることができる。

また，上部構造等の死荷重による偏心モーメントが作用する鉄筋コンクリート橋脚の動的解析に用いる曲げモーメント－曲率関係の骨格曲線には，単柱式の鉄筋コンクリート橋脚と同様に完全弾塑性型の骨格曲線を用いることができる。ただし，骨格曲線の設定の際には，上部構造等の死荷重による偏心モーメントの影響を適切に考慮する必要がある。また，解析においては，上部構造等の死荷重による偏心モーメントにより部材に生じる初期断面力を適切に考慮する必要がある。

一層式の鉄筋コンクリートラーメン橋脚の動的解析に用いる曲げモーメント－曲率関係の骨格曲線には，単柱式の鉄筋コンクリート橋脚と同様に完全弾塑性型の骨格曲線を用いることができる。ただし，面内方向に対しては，柱部材やはり部材に作用する軸力が地震応答に伴って変動するため，骨格曲線の設定の際にこの影響を適切に考慮する必要がある。上述したように死荷重による軸力，動的解析により得られた最大軸力又は最小軸力が作用する場合の曲げモーメント－曲率関係の骨格曲線をそれぞれ求め，これによるモデル化を行う必要がある。

ii）鋼製橋脚

鋼製橋脚の非線形履歴特性のモデル化は，6.3.2 に規定された曲げモーメント－曲率関係の骨格曲線に基づく。また，非線形履歴モデルの硬化則には，コンクリート充てんの有無及び断面形状によらず，図-解 5.2.3 に示すような，移動硬化則を適用する。

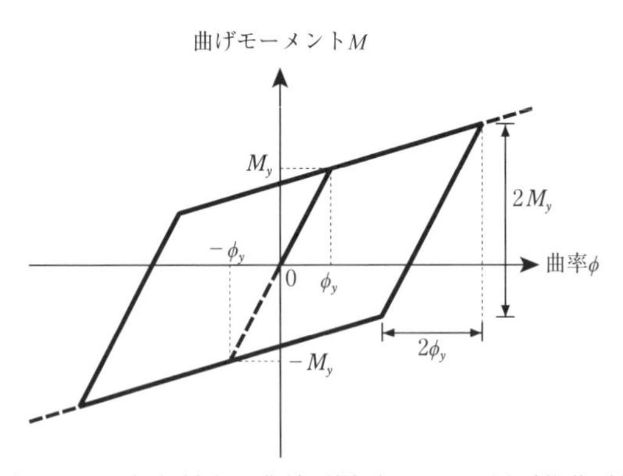

図-解 5.2.3　鋼製橋脚の非線形履歴モデルの例（移動硬化則）

iii）基礎と地盤の抵抗特性

地盤は，極めて非線形性が強い特性を有しているが，一般にはその非線形性は等価剛性によって表わされ，また，基礎は一般には降伏しないように設計されるため，基礎と地盤の抵抗特性を表すばねは線形要素によりモデル化してよい。ここで，基礎と地盤の抵抗特性を表すばねは，一般には，水平ばね，鉛直ばね及び回転ばねにより構成される。基礎の抵抗を表わすばね定数は，式（解 4.1.2）及び式（解 4.1.3）による地盤反力係数の基準値を用いて算出する。

7.2 に規定される液状化が生じると判定される地盤がある場合の基礎と地盤の抵抗特性に関しては，未だ技術的知見が十分ではないため，これを考慮した動的解析を用いた設計手法については確立されていない。このため，液状化が生じると判定される地盤がある場合については，橋脚，支承部，上部構造等の耐震設計上の地盤面より上方の構造物に対しては，この影響がないと仮定すると一般には安全側の評価となることから，この影響を考慮しない条件に対しても照査を行うことが 2.5⑿に規定されている。

なお，地盤も含めた橋全体系の地震応答解析を用いて橋の耐荷性能の照査を行うにあたって，地盤の非線形履歴特性を考慮したモデルを適用する場合には，地盤の抵抗特性を適切にモデル化する必要がある。地盤の抵抗特性のモデル化にあたっては，地盤ひずみレベル，荷重の繰返し特性，水平力と転倒モーメントの割合等を適切に考慮する必要がある。また，対象とする橋の構造条件や地盤条件を踏まえて模擬した条件で実施された静的及び動的載荷実験に基づいた設計対象構造に対する適用性が検証されたモデルを用いる必要がある。

iv）支承部

支承部は，支承条件に応じて適切にモデル化する必要があり，一般には，固定支承の場合には，境界条件や構造要素の結合条件を固定とすることにより，また，ゴム支承を用いる場合のように弾性支持の場合にはばね要素によりそれぞれモデル化する。支承部の力学的特性は，2.4.6⑷⑸の規定に基づき，限界状態を適切に設定したうえで，水平力－水平変位関係等を適切にモデル化しなければならない。

なお，可動支承については，一般には完全自由の境界条件としてモデル化する。可動支承の摩擦力や桁端部の衝突現象等をモデル化する方法もあるが，その地震時挙動は，十分解明されていない点も多いためである。こうした挙動を考慮するためには，実験等による検証が必要となるが，実験により検証された場合でも，摩擦型の抵抗特性を表すような剛塑性型のモデルを用いると，数値解析が不安定となり解が適切に求められない場合もあるので，解析結果について十分確認することが必要である。

免震橋では，橋の地震時挙動が免震支承によるエネルギー吸収能に大きく依存しているため，免震支承の非線形履歴特性を適切に設定することが重要である。

免震支承には，従来から使用されている鉛プラグ入り積層ゴム支承や高減衰積層ゴム支承のような積層ゴム系の支承だけでなく，近年はすべり系支承と復元力装置との組合せにより１つの免震支承として機能するすべり免震構造等，様々なタイプの支承が開発されている。また，従来からある積層ゴム系の支承も，さらなる高機能化が進んできている。このような積層ゴム系の支承の中には，ひずみ依存性，速度依存性，面圧依存性，温度依存性等の特性を有するものもあるため，使用条件を踏まえてこれらを適切に考慮してモデル化する必要がある。また，支承の個体差によるばらつきも適切に考慮する必要がある。ひずみ依存性等の特性や支承の製作上生じうる力学的特性のばらつきを適切に考慮しない場合，各下部構造に伝達される上部構造の慣性力の分担のさせ方が設計の条件と異なることや，エネルギー吸収が実際よりも大きめに評価されることにより，設計において橋の地震応答を小さく評価する場合もある。このため，使用される条件及び力学的特性のばらつきを考慮してエネルギー吸収の観点から安全側の評価となるようにモデル化する必要がある。

非線形履歴特性をモデル化する場合には，限界状態に対応する変位の制限値を振幅とした一定振幅に対する５回以上の正負交番繰返し載荷実験結果に基づき，この履歴特性を適切に考慮できるようにモデル化するのがよい。これは，エネルギー吸収量が安全側の評価となる履歴を表すようにモデル化することで，一般に支承部の応答変位を大きめに評価することができるためである。ここで，ゴム製の支承本体の場合には，一般には一定振幅の載荷を繰返すことにより水平力が徐々に低下する特性を示すので，５回目の載荷における水平力－水平変位関係の履歴特性を表すように，降伏時の水平力又は水平変位が零の点の水平力，一次剛性及び二次剛性を設定する。図-解 5.2.4 はバイリニア型の非線形履歴モデルによりモデル化した例を示している。一定振幅に対して５回以上の繰返し回数としたのは，レベル２地震動を考慮する設計状況における免震橋の地震応答特性に関する検討結果を踏まえて，この繰返し回数を考慮していれば一般には安全性を確保できると考えられるためである。

なお，ゴム製の支承本体では一定振幅の繰返し載荷を与えた際に１回目の載荷における水平力－水平変位関係が２回目以降の載荷における水平力－水平変位関係とは大きく異なる特性を有するものもある。このような特性を有する支承においても，５回目の載荷履歴を対象として，非線形履歴特性をモデル化してもよいが，１回目の載荷の特性の影響については適切に考慮する必要がある。これは，この特性により，支承部に最初に大きな地震応答が生じるときには，支承部の取付部材及び取り付けられる上下部構造の部位には支承本体の１回目の載荷時に生じる水平力が作用することになり，これらの部位が先に損傷する可能性やこの特性により免震橋においては免震支承がエネルギー吸収能を発揮する前に橋脚が塑性化し，塑性化した橋脚にエネルギー吸収が集中することにより，橋脚において設計で考慮した限界状態を超える応答が生じる等，免震橋の耐荷性能に影響を及ぼす可能性が考えられるためである。なお，免震橋ではない場合には，設計で考慮する範囲において支承部に生じる水平力の最大値を適切に推定し，この力に対して支承部の取付部材及び取り付けられる上下部構造の部位を設計することにより，この影響を考慮することができる。

また，すべり免震構造のように，すべり系支承と復元力装置の組合せによる場合には，それぞれの水平力－水平変位関係を個別にモデル化する方法やこれらを並列ばねとして足し合わせた構造系に対して水平力－水平変位関係をモデル化し，これをすべり免震構造のモデルとする方法があるので，その特性に応じて適切にモデル化する必要がある。

なお，レベル1地震動を考慮する設計状況に対する橋の耐荷性能の照査において，免震支承の非線形履歴特性を考慮する場合には，レベル2地震動を考慮する設計状況と同じモデルを用いればよい。静的解析による場合は，免震支承の等価剛性を有する線形部材としてモデル化する。この場合には，レベル1地震動に対する免震支承の設計で対象とする範囲の変位に基づき，等価剛性及び等価減衰定数を適切に定める必要がある。

エネルギー吸収を期待しない弾性支承は，線形部材としてモデル化することができ，その剛性を適切に設定する必要がある。この剛性は変位の制限値の70%に相当する変位に対する一定振幅繰返し載荷実験において3回目の履歴をもとに設定するのがよい。ここで，変位の制限値の70%としたのは，支承に生じる変位の時間的な変化を考慮するという，等価線形化部材としてモデル化する場合の考え方と同じ考え方に基づいている。また，繰返し作用の影響については，繰返し作用を受けるときの平均的な挙動を表すという観点に基づいてその剛性を設定する必要があるためである。地震応答解析の結果からレベル2地震動を考慮する設計状況において変位の制限値程度の応答変位の繰返し回数（5回程度）をもとに，その平均的な挙動として3回目としている。

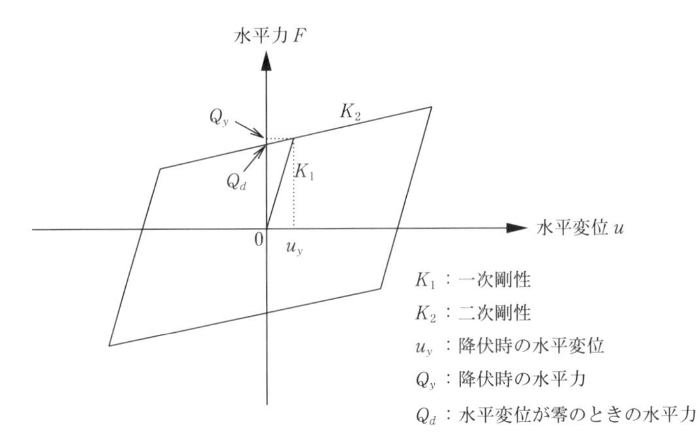

図-解 5.2.4 免震支承の非線形履歴モデル（バイリニアモデルの場合）

v）上部構造

鋼上部構造については，鋼部材の局部座屈や全体座屈，さらに局部座屈と全体座屈の連成座屈が橋の全体挙動に大きな影響を及ぼす場合がある。しかし，鋼部材をはり要素やファイバー要素でモデル化しても，局部座屈の影響を適切に評価することはそもそも理論的に困難であり，また全体座屈についても残留応力及び初期たわみといった初期不整を適切に考慮した解析を実施することは実務設計においては一般には困難である。このため，局部座屈，全体座屈及び連成座屈の影響を解析的には考慮せずに線形はり要素を用いて動的解析を行った結果をもとに，Ⅱ編の規定に従い照査を行うのがよい。

コンクリート上部構造に対して6.4に規定されるように，Ⅲ編の規定によらず限界状態を超えないとみなせる制限値を適切に設定する場合には，非線形弾性モデルのようにエネルギー吸収を考慮しないモデルを用いるのがよい。

3）部材の減衰定数の設定及び粘性減衰モデルの設定にあたっては，部材の粘性抵抗により生じる粘性減衰，部材の塑性化による履歴減衰，振動エネルギーの地下逸散減衰等を適切に考慮できるようにしなければならない。これらの減衰効果は橋の構造特性や周辺地盤の条件等によって複雑に変化するため，個々の減衰を厳密にモデル化するのではなく，橋を構成する部材に減衰定数の標準値を与え，固有振動特性に応じて橋全体のモード減衰定数を評価する方法が一般的に用いられる。動的解析によって算出される応答値は，粘性減衰モデルの設定手法が異なると大きな差が生じる。ただし，適切な粘性減衰モデルの設定にあたっては，実験や地震観測に基づき検証された範囲は限られており，動的解析における粘性減衰のモデル化については現状での技術的知見は限られている。そのため，応答値の算出にあたっては，過度に減衰効果を考慮しないように留意し，安全側の評価となるようにする必要がある。粘性減衰モデルとして Rayleigh 型減衰モデルを用いた場合に，安全側に応答値を評価するために，過度に減衰効果を考慮しないための留意点にも配慮した設定例を示す。

① 固有値解析を行い，橋の固有振動モードを求め，式（解 5.2.4）によりモード減衰定数を求める。

$$h_i = \frac{\sum_{j=1}^{n} h_j \{\phi_{ij}\}^T [K_j] \{\phi_{ij}\}}{\{\phi_i\}^T [K] \{\phi_i\}} \quad \cdots\cdots \text{（解 5.2.4）}$$

ここに，

h_i：i 次の固有振動モードに対する減衰定数

$\{\phi_{ij}\}$：i 次の固有振動モードの要素 j のモードベクトル

h_j：構造要素 j の減衰定数

$[K_j]$：構造要素 j の剛性行列

$\{\phi_i\}$：i 次の固有振動モードの構造全体のモードベクトル

$[K]$：構造全体の剛性行列

n：要素数

② 慣性力を考慮する方向における卓越する固有振動モードの振動数及び減衰定数をよく表すように，Rayleigh 型減衰モデルの設定に用いる 2 つの固有振動モードを選択し，式（解 5.2.5）より，式（解 5.2.6）の α 及び β を求める。このとき，式（解 5.2.4）に示すひずみエネルギー比例減衰法によって得られた橋のモード減衰定数を近似するように Rayleigh 型減衰モデルを設定する必要がある。

$$\begin{Bmatrix} \alpha \\ \beta \end{Bmatrix} = 2 \frac{\omega_m \omega_n}{\omega_n^2 - \omega_m^2} \begin{bmatrix} \omega_n & -\omega_m \\ -1/\omega_n & 1/\omega_m \end{bmatrix} \begin{Bmatrix} h_m \\ h_n \end{Bmatrix} \quad \cdots\cdots \text{（解 5.2.5）}$$

$$[C] = \alpha[M] + \beta[K] \quad \cdots\cdots \text{（解 5.2.6）}$$

ここに，

ω_m，ω_n：m 次又は n 次の固有振動モードの固有円振動数

h_m，h_n：m 次又は n 次の固有振動モードの減衰定数

$[C]$：減衰行列

$[M]$：質量行列

$[K]$：剛性行列

ここで，構造要素の減衰定数 h_j としては，一般に表-解 5.2.1 の値を用いることができる。表-解 5.2.1 は，構造部材の応答が弾性域に留まる場合と非線形域に達する場合に分けて標準的な減衰定数を示したものである。

ゴム系の免震支承のように相対的に低い作用力の段階で非線形化する部材等を用い

た橋のモード減衰定数を求める場合は，ゴム系の免震支承の地震時の平均的な挙動を評価するために，ゴム系の免震支承の設計で対象とする範囲の変位における等価剛性を，使用される条件及び力学的特性のばらつきを考慮して適切に設定する必要がある。ここで，等価剛性は，有効設計変位に対する割線剛性であり，有効設計変位は一般には最大応答変位の70%としてよい。なお，等価剛性を設定するための変位については，動的解析の実施前に免震支承に生じる変位を仮定し，その仮定した変位に対応する等価剛性を算出し，上述した粘性減衰モデルを用いて免震支承に生じる変位を計算し，その値が仮定した免震支承の変位値と同じ値に収束するまで繰返し計算が必要になる。

ゴム系の免震支承やすべり系の支承及び減衰力の速度依存性を非線形ばねでモデル化した制震装置のように高い初期剛性を有し，相対的に低い作用力で非線形化するという履歴特性でモデル化される部材等については，地震応答中の平均的な振動特性を表さない高い初期剛性を用いて対象とする設計振動単位に対するRayleigh型減衰モデルを設定すると，減衰効果が過大に評価される場合もある。このため，部材ごとにRayleigh型減衰モデルによる減衰行列を作成する方法を用いること等により，初期剛性の高い部材の影響が粘性減衰効果として含まれないようにする必要がある。

構造部材の非線形性を非線形履歴モデルで表した場合には，この部材の履歴減衰は履歴モデルによって自動的に解析に考慮される。このため，表-解5.2.1に示すように，非線形履歴モデルを用いて表した部材の減衰定数は鉄筋コンクリート橋脚及びコンクリートを充てんした鋼製橋脚では0.02，コンクリートを充てんしない鋼製橋脚では0.01としている。

エネルギー吸収を期待しないゴム支承は一般に線形要素によりモデル化されるが，ゴム支承もエネルギー吸収することが実験により確認されている。実験によれば，減衰定数としては下限値として0.03程度，平均的には0.05程度の値が得られていることから，ここでは標準値を0.03としている。一方，免震支承の場合は，一般には非線形要素によりモデル化され，非線形履歴によりエネルギー吸収が考慮されるため，減衰定数は0とする。なお，上部構造，弾性支承及び基礎に対しては，線形要素によりモデル化され，非線形要素によるエネルギー吸収を解析上は考慮しないため，表-解5.2.1には非線形履歴によるエネルギー吸収を別途考慮するモデルを用いる場合の減衰定数の標準値を示していない。

なお，ここに示した標準値の中には，必ずしも実験や観測等による十分なデータが得られていないものもあるが，これまでの知見等を踏まえ，設計上，構造要素ごとの減衰定数の標準値が設定されている。

例えば，アーチ橋，斜張橋，吊橋等の複雑な構造系の場合には，多数の固有振動モードが応答に寄与したり，又は，部材ごとに寄与する固有振動モードが異なる場合もあり，どの固有振動モードを選定してよいか選択の判断が難しい場合もある。このような場合には，応答値の算出にあたって主たる固有振動モードに寄与する部材に着目し，着目した部材ごとに粘性減衰モデルを設定し直し，着目した部材ごとに応答値を算出するのがよい。なお，塔のように複数の固有振動モードがその地震応答に寄与する部材については，その部材の応答に寄与する固有振動モードのうち，2つの主要な固有振動モードを用いてRayleigh型減衰モデルにより粘性減衰モデルを設定するのがよい。

表-解 5.2.1　各構造要素の減衰定数の標準値

<table>
<tr><th rowspan="2">構造部材</th><th colspan="2">線形部材としてモデル化する場合</th><th colspan="2">非線形履歴によるエネルギー吸収を別途考慮するモデルを用いる場合</th></tr>
<tr><th>鋼構造</th><th>コンクリート構造</th><th>鋼構造</th><th>コンクリート構造</th></tr>
<tr><td>上部構造</td><td>0.02
（ケーブル：0.01）</td><td>0.03</td><td colspan="2">–</td></tr>
<tr><td>弾性支承</td><td colspan="2">0.03（使用する弾性支承の実験より得られた等価減衰定数）</td><td colspan="2">–</td></tr>
<tr><td>免震支承</td><td colspan="2">有効設計変位に対する等価減衰定数</td><td colspan="2">0</td></tr>
<tr><td>橋　脚</td><td>0.03</td><td>0.05</td><td>0.01：コンクリートを充てんしない場合
0.02：コンクリートを充てんする場合</td><td>0.02</td></tr>
<tr><td>基　礎</td><td colspan="2">0.1：Ⅰ種地盤上の基礎及びⅡ種地盤上の直接基礎
0.2：上記以外の条件の基礎</td><td colspan="2">–</td></tr>
</table>

(3) 応答値の算出にあたっては，同じ加速度応答スペクトル特性を有する地震動であっても，部材の塑性化やエネルギー吸収を期待する場合だけではなく，部材の塑性化やエネルギー吸収を期待しない場合でも，橋の周期特性や地震動の位相特性の違い等により応答値に差異が生じる。4.1.2(4)2)に規定されるように，非線形応答変位が大きくなるように振幅調整された加速度波形であることから，応答値の算出にあたって，このばらつきを考慮することとし，平均値を用いることとされている。

なお，レベル1地震動に対しては，入力する地震動は1波形でよい。これは，弾性域における最大応答値は，弾塑性応答による最大応答値と比べると入力地震動の位相特性には大きな影響を受けないためである。

5.3 静的解析

(1) 静的解析には，荷重漸増載荷解析及びエネルギー一定則を用いることを標準とする。

(2) 静的解析により応答値を算出するにあたって，部材のモデル化は，橋の構造特性を踏まえ，橋の地震時の挙動を評価できるように，部材の材料特性，地盤の抵抗特性等に応じて，適切に行わなければならない。

(1) 荷重漸増載荷解析は，地盤や構造物の非線形性を考慮したモデルに対して，設計水平震度を超える大きさの荷重を静的に漸増載荷して，荷重－変位関係を求め，橋の弾性挙動及び非線形挙動を推定する手法である。部材等の耐荷性能の照査では，設計水平震度に相当する荷重を作用させた際に，生じる断面力等が，部材等の限界状態に対応する制限値を超えなければ，その限界状態を超えないとみなすことができる。また，荷重－変位関係を用いることで，エネルギー一定則により非線形応答を算出するにあたって用いる弾性限界点を求めることができる。塑性化が生じる部材が明確ではない場合は，塑性化が生じる箇所を把握するための荷重漸増載荷解析を適用することができる。

荷重漸増載荷解析により把握した荷重－変位関係を用いて非線形応答を算出する場合，エネルギー一定則のほか，変位一定則によって非線形応答を算出する方法がある。この示方書では，適用性が検証された範囲であれば，エネルギー一定則を用いてもよいとされている。なお，変位一定則を用いる場合は，2.6の規定に従い，実験等との比較による等，その適用性を検証したうえで用いなければならない。

エネルギー一定則とは，弾塑性型の抵抗特性を有する1質点系構造物に地震動が作用するときの弾塑性応答により蓄えられるひずみエネルギーは，部材が塑性化せず弾性応答すると仮定した場合に蓄えられるひずみエネルギーとほぼ同量となるという考え方に基づく近似的な解析方法である。すなわち，上部構造の慣性力の作用位置において橋脚に水平力を作用させた場合に，その位置における水平力 P －水平変位 δ の関係は図-解5.3.1のように簡略化して表すことができる。橋脚基部が塑性域に入った場合には，△0ABと□0CDEの面積が等しくなるように弾塑性応答が生じるというものである。この考え方に基づけば，塑性域に入っても橋脚の水平力が急激に減少することなく変形できる領域が大きければ，降伏水平耐力 P_y は小さくてもよいことになる。

ラーメン橋のように，橋脚基部以外の部位にも主たる塑性化を期待する場合には，図-解5.3.2に示すように，橋全体系に対する荷重漸増載荷解析等を行って降伏変位と橋の限界状態2又は限界状態3に相当する水平変位を求め，これらの値を用いて式(8.4.2)又は式（8.4.6）により各限界状態に対応する変位の制限値を求めればよいこととなる。

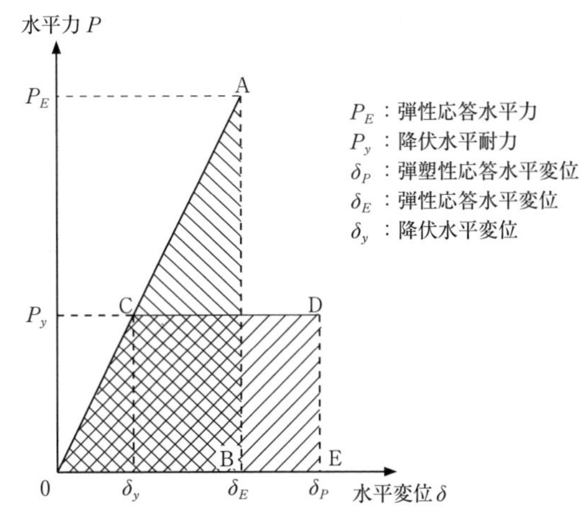

図-解 5.3.1　エネルギー一定則に基づく構造物の弾塑性応答変位の推定

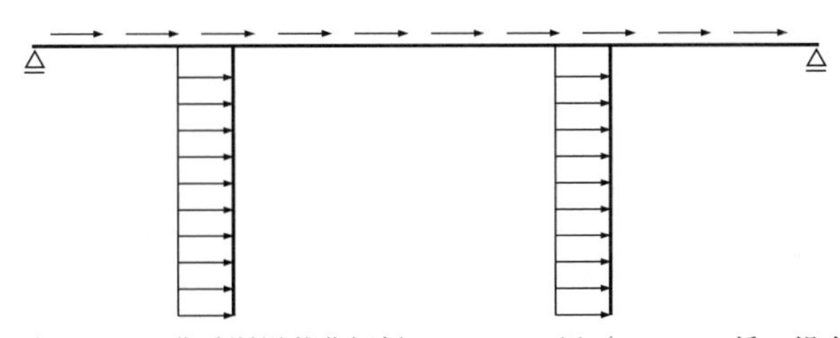

図-解 5.3.2　荷重漸増載荷解析のモデルの例（ラーメン橋の場合）

6章　地震の影響を考慮する状況における部材等の設計

6.1　地震の影響を考慮する状況における部材等の限界状態

(1)　地震の影響を考慮する状況における部材等の限界状態1に対応する特性値又は制限値は以下の1)から3)による。

1)　鋼部材はII編5章及びII編9章から19章の規定に従う。

2)　コンクリート部材はIII編5章及びIII編7章から16章の規定に従う。ただし，レベル2地震動を考慮する設計状況に対して，プレストレスを導入するコンクリート部材は6.4及び8章以降の規定に従う。

3)　下部構造を構成する部材はIV編5章及びIV編7章から14章の規定に従う。

(2)　地震の影響を考慮する状況において，部材等の塑性化を期待する場合，部材等の限界状態2に対応する特性値又は制限値は以下の1)から3)による。

1)　鉄筋コンクリート部材は6.2及び8章以降の規定に従う。

2)　鋼部材は6.3及び8章以降の規定に従う。

3)　プレストレスを導入するコンクリート部材は6.4及び8章以降の規定に従う。

(3)　地震の影響を考慮する状況における部材等の限界状態3に対応する特性値又は制限値は以下の1)及び2)による。

1)　塑性化を期待する場合は，以下のi)からiii)による。

i)　鉄筋コンクリート部材は6.2及び8章以降の規定に従う。

ii)　鋼部材は6.3及び8章以降の規定に従う。

iii)　プレストレスを導入するコンクリート部材は6.4及び8章以降の規定に従う。

2)　塑性化を期待しない場合は，以下のi)からiii)による。

i)　鋼部材はII編5章及びII編9章から19章の規定に従う。

ⅱ）コンクリート部材はⅢ編5章及びⅢ編7章から16章の規定に従う。

ⅲ）下部構造を構成する部材はⅣ編5章及びⅣ編7章から14章の規定に従う。

(2) 部材の塑性化を期待する場合，塑性化を期待する部材の選定に関する基本的な考え方が2.4.5(2)に規定されている。その際に用いる部材等の非線形挙動を適切に評価するための非線形特性の設定方法がこの節以降に規定されている。基本的には2.4.6(5)に規定されるように，塑性化を期待する部材等の限界状態に相当する特性値は，橋ごとの特有の構造条件や特性を考慮できる実験等による適切な知見に基づき設定する必要があり，その使われる部材の構造条件に応じて，また，求める橋の機能に影響を与えない範囲でその部材に許容される損傷の程度に応じて決定されなければならない。これを踏まえ，その特性値を設定するにあたって必要となる非線形特性に用いる解析モデルとその前提となる応力度－ひずみ関係等が6.2.3及び6.3.3に規定されており，8章以降の規定では，この規定を踏まえ，構造条件に応じた部材等の限界状態に相当する特性値又は限界状態を超えないとみなせる制限値を設定する方法が規定されている。8章以降に規定される構造条件と異なる場合や，異なる材料等を用いる場合は，この規定を踏まえ，適切に検討を行う必要がある。なお，関連する学協会等の技術論文や図書を参考とする場合は，想定する限界状態や安全余裕の考え方，また，限界状態と関連付けられる特性値，制限値等が必ずしもこの示方書と一致しない。そのため，設計においてこれらを参考とする場合には，そこに示される制限値，評価式等をそのまま使用するのではなく，この示方書で要求する性能が満足されることをその設定根拠に立ち戻って慎重に確認したうえで使用する等，適切な取扱いを必要とする。

6.2 塑性化を期待する鉄筋コンクリート部材

6.2.1 曲げモーメント及び軸方向力を受ける部材

(1) 鉄筋コンクリート部材の塑性化を期待する場合は，曲げモーメント及び軸方向力を受ける鉄筋コンクリート部材が，6.2.5に規定する構造細目を満足したうえで，以下の(2)から(4)を満足する場合には，それぞれ限界状態2又は限界状態3を超えないとみなしてよい。

(2) 部材に生じる応答が限界状態2又は限界状態3に対応する制限値を超えない。限界状態2又は限界状態3に対応する変位や曲率の特性値及び制限値は，部材の構造条件に応じて適切に設定しなければならない。

(3) 作用力に応じて部材に生じる断面力及び応力並びに変位，曲率，塑性率等を適切に算出できるように，部材の材料特性を適切に評価できるモデルを用いなければならない。

(4) 鉄筋コンクリート部材の曲げモーメント－曲率関係を6.2.2の規定により設定し，限界状態2又は限界状態3に対応する特性値及び制限値を設定する場合には，(3)を満足するとみなしてよい。

部材等の限界状態2及び限界状態3に対応する鉄筋コンクリート部材の塑性変形能を評価する方法が規定されている。6.2.5に規定される塑性変形能を確保するための鉄筋の配置等の構造細目を有していることを前提として，鉄筋コンクリート部材の曲げモーメント－曲率関係を設定する方法等が示されている。

なお，2.7.2 2) ii)に規定されるようにねじりの影響が少なくなるように配慮することが必要とされていることから，塑性化を期待する場合の鉄筋コンクリート部材の設計として，ねじりモーメントに対して設計することはここでは規定されていない。この影響が生じる場合は，適切にその影響を考慮する必要がある。

6.2.2 鉄筋コンクリート部材の曲げモーメント－曲率関係

鉄筋コンクリート部材の曲げモーメント－曲率関係は，以下の1)から3)に基づき算出し，降伏曲げモーメント及び限界状態2又は限界状態3に相当する曲げモーメントの大きさが，ひび割れ曲げモーメントの大きさ以上となる場合で，かつ，限界状態2又は限界状態3に相当する曲げモーメントの大きさが降伏曲げモーメントの大きさ以上となる場合は，図-6.2.1に示すトリリニア型とすることを標準とする。ここで，降伏曲げモーメントは，最外縁にある軸方向引張鉄筋位置において，軸方向引張鉄筋が降伏強度に達するときの曲げモーメント，ひび割れ曲げモーメントは最外縁のコンクリートが曲げ引張強度に達するときの曲げモーメントとする。

1) 維ひずみは中立軸からの距離に比例する。

2) コンクリートの応力度－ひずみ曲線及び鉄筋の応力度－ひずみ曲線は，6.2.3の規定による。

3) 限界状態2又は限界状態3に相当する曲げモーメントの特性値の設定では，コンクリートの圧縮抵抗に必要な強度を期待できなくなるとき又は軸方向引張鉄筋の引張抵抗に必要な強度を期待できなくなるときに生じるコンクリートのひずみ又は軸方向鉄筋のひずみを，コンクリートの圧縮ひずみの限界又は軸方向引張鉄筋の引張ひずみの限界とし，限界状態2又は限界状態3に相当するひずみの特性値として，2.4.6(5)の規定に基づき適切に設定する。

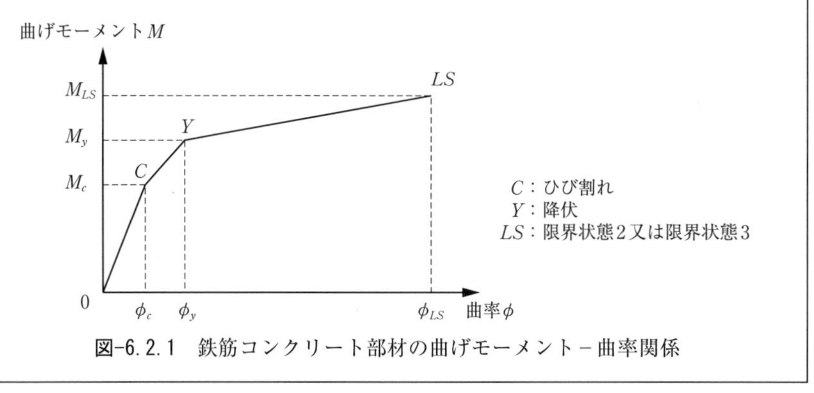

図-6.2.1　鉄筋コンクリート部材の曲げモーメント－曲率関係

ひび割れ曲げモーメント，降伏曲げモーメント，限界状態2又は限界状態3に相当する曲げモーメントの大きさは，軸方向鉄筋比に応じてその大きさが異なるが，図-6.2.1に示すような曲げモーメントの大小関係となる場合の曲げモーメント－曲率関係の設定の考え方が規定されている。限界状態2又は限界状態3に相当する曲率の特性値については，これまでの示方書で鉄筋コンクリート橋脚の規定で示されていた考え方と同様に，その限界状態に相当するコンクリートの圧縮ひずみや軸方向鉄筋の引張ひずみを用いて設定することとされており，用いられる部材の構造条件に応じて適切に設定する必要がある。なお，曲げモーメント－曲率関係を設定するにあたって考慮する軸力は，荷重組合せ係数や荷重係数を考慮した組合せ作用下での軸力とする。

部材断面が非常に大きく，軸方向鉄筋比が小さい場合には，ひび割れ曲げモーメントが，降伏曲げモーメント及び限界状態2又は限界状態3に相当する曲げモーメントよりも大きくなることがある。このような部材に大きな荷重が作用すると，コンクリートのひび割れ発生とともに耐荷力が急激に減じて破壊に至る可能性がある。このような条件に該当する場合は，塑性変形能を考慮するにあたってその適切な考え方が明確ではないため，一般的には塑性変形能を見込まないのがよい。塑性変形能を考慮する場合は2.4.6(5)に規定されるように適切な知見に基づき設定しなければならない。

6.2.3　コンクリートの応力度－ひずみ曲線及び鉄筋の応力度－ひずみ曲線

(1)　コンクリートの応力度－ひずみ曲線は，横拘束鉄筋の拘束効果を考慮し，図-6.2.2 に基づき式（6.2.1）によって算出する。

$$\left.\begin{array}{ll}\sigma_c = E_c \varepsilon_c \left\{1 - \dfrac{1}{n}\left(\dfrac{\varepsilon_c}{\varepsilon_{cc}}\right)^{n-1}\right\} & (0 \leqq \varepsilon_c \leqq \varepsilon_{cc}) \\ \sigma_c = \sigma_{cc} - E_{des}(\varepsilon_c - \varepsilon_{cc}) & (\varepsilon_{cc} < \varepsilon_c \leqq \varepsilon_{ccl})\end{array}\right\} \quad \cdots\cdots (6.2.1)$$

$$n = \frac{E_c \varepsilon_{cc}}{E_c \varepsilon_{cc} - \sigma_{cc}} \quad \cdots\cdots (6.2.2)$$

$$\sigma_{cc} = \sigma_{ck} + 3.8 \alpha \rho_s \sigma_{sy} \quad \cdots\cdots (6.2.3)$$

$$\varepsilon_{cc} = 0.002 + 0.033 \beta \frac{\rho_s \sigma_{sy}}{\sigma_{ck}} \quad \cdots\cdots (6.2.4)$$

$$E_{des} = 11.2 \frac{\sigma_{ck}^{2}}{\rho_s \sigma_{sy}} \quad \cdots\cdots (6.2.5)$$

$$\rho_s = \frac{4A_h}{sd} \leqq 0.018 \quad \cdots\cdots (6.2.6)$$

ここに，

σ_c：コンクリートの応力度（N/mm^2）

σ_{cc}：横拘束鉄筋で拘束されたコンクリートの最大圧縮応力度（N/mm^2）

σ_{ck}：コンクリートの設計基準強度（N/mm^2）

ε_c：コンクリートのひずみ

ε_{cc}：コンクリートが最大圧縮応力度に達するときのひずみ

ε_{ccl}：コンクリートの圧縮ひずみの限界

E_c：コンクリートのヤング係数（N/mm^2）で，Ⅲ編表-4.2.3による。

E_{des}：下降勾配（N/mm^2）

ρ_s：横拘束鉄筋の体積比で，耐震設計で考慮する慣性力の作用方向と平行な方向に配置された横拘束鉄筋によって分割されたコンクリート部分の中で最も小さい値とする。

A_h：横拘束鉄筋１本あたりの断面積（mm^2）

s：横拘束鉄筋の間隔（mm）

d：コンクリートの横拘束効果を考慮するための横拘束鉄筋の有効長 (mm)

σ_{sy}：横拘束鉄筋の降伏応力度 (N/mm²) で，上限を 345N/mm² とする。

α, β：断面補正係数で，円形断面の場合には $\alpha=1.0$, $\beta=1.0$, また，矩形断面の場合においては $\alpha=0.2$, $\beta=0.4$ とする。

n：式 (6.2.2) で定義する定数

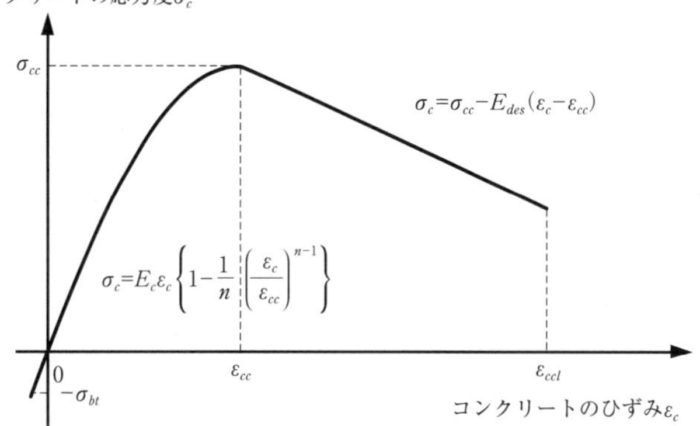

図-6.2.2　コンクリートの応力度－ひずみ曲線

(2)　軸方向鉄筋の応力度－ひずみ曲線は図-6.2.3 に基づき，式 (6.2.7) によって算出する。

$$
\begin{aligned}
\sigma_s &= -\sigma_{sy} & (\varepsilon_s < -\varepsilon_{sy}) \\
\sigma_s &= E_s\varepsilon_s & (-\varepsilon_{sy} \leqq \varepsilon_s \leqq \varepsilon_{sy}) \\
\sigma_s &= \sigma_{sy} & (\varepsilon_{sy} < \varepsilon_s \leqq \varepsilon_{st})
\end{aligned}
\quad \cdots\cdots (6.2.7)
$$

ここに，

σ_s：軸方向鉄筋の応力度 (N/mm²)

σ_{sy}：軸方向鉄筋の降伏強度 (N/mm²)

E_s：軸方向鉄筋のヤング係数 (N/mm²)

ε_s：軸方向鉄筋のひずみ

ε_{sy}：軸方向鉄筋の降伏ひずみで，式 (6.2.8) により算出する。

$$\varepsilon_{sy}=\frac{\sigma_{sy}}{E_s} \quad \cdots\cdots (6.2.8)$$

ε_{st}：軸方向鉄筋の引張ひずみの限界

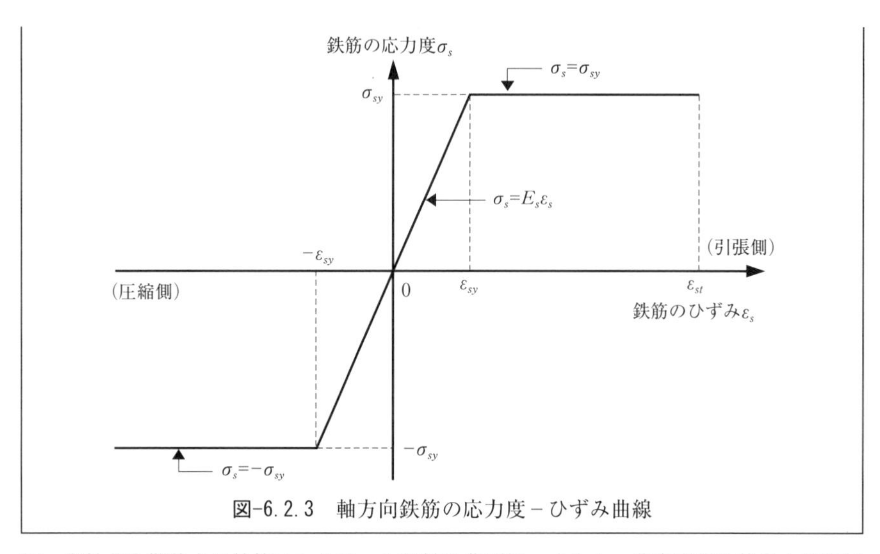

図-6.2.3　軸方向鉄筋の応力度－ひずみ曲線

(1)　塑性化を期待する鉄筋コンクリート部材の曲げモーメント－曲率関係を算出する際に用いるコンクリートの応力度－ひずみの関係式としては，式（6.2.1）から式（6.2.6）のように，横拘束効果を見込んだ式を用いることが規定されている。この関係式では，横拘束鉄筋の体積比ρ_sを増加させれば，横拘束鉄筋で拘束されたコンクリートの最大圧縮応力度σ_{cc}は拘束しない場合のコンクリート強度σ_{ck}よりも大きくなること，また，コンクリートが最大圧縮応力に達するときのひずみε_{cc}が大きくなることや，下降勾配E_{des}が小さくなることを評価できる。

ここで，横拘束鉄筋とは，軸方向鉄筋を取り囲む帯鉄筋と部材断面内に配筋される中間帯鉄筋から構成され，6.2.5(1)の規定を満たす鉄筋のことである。横拘束鉄筋の効果は，図-解6.2.1に示すように同じ断面内でも，中間帯鉄筋により分割されるコンクリート部分の幅（有効長）に応じて異なる。ここでは，安全側の配慮からこのうち式（6.2.6）より算出される横拘束鉄筋の体積比が最も小さくなる，すなわち，横拘束効果が最も小さく評価されるコンクリートの応力度－ひずみ曲線をその断面の特性を代表するものとして用いることが規定されている。矩形断面の場合には，軸方向鉄筋が2段配筋され，帯鉄筋も2重に配置されるような場合でも分割されるコンクリートの挙動に影響を及ぼすのは，当該コンクリート部分の両側に設置される横拘束鉄筋であるため，外側の帯鉄筋の効果は見込まないのがよい。こうした考えに基づき，式（6.2.6）の横拘束鉄筋の断面積は，帯鉄筋1本あたりの断面積とされている。一方，円形断面橋脚の場合で軸方向鉄筋が多段配筋され，帯鉄筋も多段に配置されるような場合には，横拘束鉄筋の断面積として配置される帯鉄筋の本数分の断面積を考慮できる。

横拘束鉄筋の有効長は，帯鉄筋や中間帯鉄筋により分割されるコンクリート部分の辺長であり，ρ_s が最も小さいコンクリート部分の辺長として与えられている。

なお，一般には，有効長が最も大きいコンクリート部分において横拘束鉄筋の体積比が最も小さくなることが多い。

円形断面の場合には，帯鉄筋によって拘束されるコンクリート部分の直径を用いるが，軸方向鉄筋が多段配筋され，帯鉄筋も多段に配置されるような場合には，図-解 6.2.2 に示すように最も外側に配置される鉄筋の位置をもとに有効長を算出する。また，円形断面に中間帯鉄筋が配置される場合にも，有効長の算出の際には中間帯鉄筋は考慮しないで算出する。

対象部材の断面形状について，小判型断面は，円形断面と矩形断面の組合せにより形成される断面であるが，短辺方向に対して設計する場合には，両端の円形部分の挙動が支配的となることはないので，矩形断面部のみを対象としてよい。長辺方向に対して設計する場合には，半円形の断面形状となっているため，断面補正係数については円形断面と同じとしてよい。

塑性化を期待する部材の軸方向鉄筋には，SD390 及び SD490 の鉄筋も使用可能であるが，塑性化を期待する部材の横拘束鉄筋として使用する場合には，横拘束鉄筋の効果として考慮できる強度の上限値は SD345 の鉄筋と同じ 345N/mm^2 とされている。これは，こうした強度の鉄筋を用いる場合の横拘束効果による塑性変形能やエネルギー吸収能等の向上については，まだ十分に検証されていないためである。このほか，横拘束鉄筋に更に高強度の鉄筋，Ⅲ編 4 章に規定される鉄筋コンクリート用棒鋼とは異なる種類や 6.2.5 に規定される配筋方法を用いた鉄筋コンクリート部材における横拘束鉄筋の拘束効果についても，ここに規定される算出式の適用範囲外であることから，実験による個別の検討が必要である。

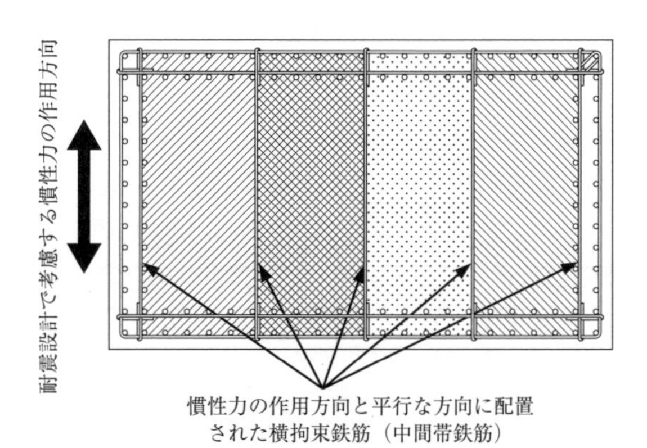

図-解 6.2.1 耐震設計で考慮する慣性力の作用方向と平行な方向に配置された横拘束鉄筋とそれにより分離されたコンクリート部分

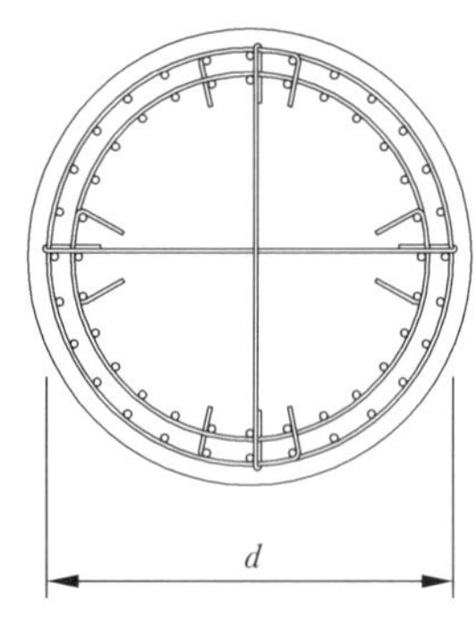

図-解 6.2.2　多段配筋の円形断面における横拘束鉄筋の有効長 d の取り方（柱の例）

6.2.4　せん断力を受ける部材

(1)　鉄筋コンクリート部材の塑性化を期待する場合は，せん断力を受ける鉄筋コンクリート部材が，(2)及び(3)を満足する場合には，限界状態2及び限界状態3を超えないとみなしてよい。

(2)　部材に生じるせん断力がⅢ編5.8.2(3)に規定するせん断力の制限値を超えない。ただし，鉄筋コンクリート部材のせん断力の特性値及び制限値は，部材の構造条件及び塑性化の程度に応じて適切に設定しなければならない。

(3)　コンクリートの設計基準強度が30N/mm^{2}以下の場合で，以下の1)から3)による場合は，適切にせん断力の特性値を設定したとみなしてよい。

1)　コンクリートが負担できる平均せん断応力度 τ_γ の算出に用いる補正係数は，以下のⅰ)からⅳ)とする。

ⅰ) 有効高 d に関する補正係数 c_e は表-6.2.1による。

表-6.2.1　有効高 d に関する補正係数 c_e

有効高（mm）	1,000以下	3,000	5,000	10,000以上
c_e	1.0	0.7	0.6	0.5

ⅱ) 軸方向に配置された引張側の鉄筋比 p_t に関する補正係数 c_{pt} は表-6.2.2による。

表-6.2.2　軸方向引張鉄筋比 p_t に関する補正係数 c_{pt}

軸方向引張鉄筋比（%）	0.2	0.3	0.5	1.0以上
c_{pt}	0.9	1.0	1.2	1.5

iii）せん断スパン比によるコンクリートの負担するせん断力の割増係数 c_{dc} は1.0とする。

iv）荷重の正負交番繰返し作用の影響に関する補正係数 c_c は，表-6.2.3による。

表-6.2.3　塑性化を期待する場合の荷重の正負交番繰返し作用の影響に関する補正係数 c_c

レベル2地震動	タイプⅠ	タイプⅡ
c_c	0.6	0.8

2）　せん断スパン比によるせん断補強鉄筋が負担するせん断力の低減係数 c_{ds} は1.0とする。

3）　コンクリートが負担できるせん断力の特性値 S_c には，軸方向圧縮力によりコンクリートの負担するせん断力が増加する効果は考慮しないものとする。

(2)(3)　Ⅲ編5.8.2(3)に規定されるコンクリートが負担できるせん断力の特性値は，コンクリートが負担できる平均せん断応力度に補正係数を乗じて算出される。塑性化を期待する部材に用いる補正係数は，鉄筋コンクリート橋脚によって得られた知見に基づき設定されている。軸方向引張鉄筋比として0.3%程度，部材断面の有効高を1m程度を対象として，コンクリートの負担できる平均せん断応力度が設定されている。これまでの示方書では，これまでに実施された鉄筋コンクリート橋脚模型の正負交番繰返し載荷実験によれば，軸方向鉄筋が降伏し大きく曲げ塑性変形が生じ，荷重の繰返し回数が多くなるような場合には，塑性ヒンジ領域においてコンクリートの負担するせん断力が大きく低下することが確認されていることから，荷重の正負交番繰返し作用の影響に関する補正係数 c_c によりコンクリートが負担するせん断力を低減させることが規定されていた。今回の改定においてもⅢ編5.8.2(3)の規定に従い，この影響を適切に考慮しなければならない。せん断スパン比によるコンクリートの負担するせん断力の割増係数 c_{dc} とせん断補強鉄筋が負担するせん断力の低減係数 c_{ds} については，塑性化を期待しない部材についてはその効果を見込む方法が規定されているが，塑性化を期待する部材にはこれを考慮することとはされていない。なお，これまでに実施された鉄筋コンクリート橋脚模型の正負交番繰返し載荷実験では，せん断スパン比が小さい場合には，塑性化の程度が極めて小さい場合，繰返し作用の影響によるコンクリートの負担するせん断力の低下がわずかであり，せん断スパン比によるコンクリートの負担するせん断力の割増が見込めることが確認されている事例もある。そのため，部材の構造条件及び塑性化の程度に応じてせん断力の特性値及び制限値を設定するにあたって，せん断スパン比の影響を考慮する場合は，2.4.6(5)の規定に従い，鉄筋コンクリート部材の構造条件に応じて，これを模擬できる実験等により，せん断スパン比によるコンクリートの負担するせん断力の割増係数 c_{dc} とせん断補強鉄筋が負担するせん断力の低減係数 c_{ds} について所要の安全余裕が確保できることが確認されている必要がある。

なお，これまでの実験結果等に基づきコンクリートの設計基準強度が 30N/mm^2 以下であることが規定されており，これ以上のコンクリートの設計基準強度を用いる場合には個別に検討を行うことが必要となる。

(3) 1) 補正係数 c_e は鉄筋コンクリート部材断面の有効高 d に関する補正係数であり，断面の有効高 d が大きくなるにつれてコンクリートの負担する平均せん断力が低下する，いわゆる寸法効果を考慮するための係数である。この補正係数 c_e の設定にあたっては，土木研究所における大型鉄筋コンクリートはりに対するせん断載荷実験結果や過去の実験結果等，寸法効果が顕著となる側方鉄筋がないはり部材に対して行われた実験を参考にして定められている。したがって，鉄筋コンクリート橋脚のように側方鉄筋やせん断補強鉄筋がある場合には，これよりも寸法効果が緩やかとなる可能性がある。しかし，側方鉄筋やせん断補強鉄筋が存在する場合の寸法効果については，現時点ではまだ十分な理論的根拠や実験データの蓄積がないので，ここでは安全側の判断となるように，表-6.2.1 の値を用いるとされている。

補正係数 c_{pt} は軸方向引張鉄筋比 p_t に関する補正係数である。これは，一般に軸方向引張鉄筋比が大きくなるにつれて，コンクリートの負担できる平均せん断応力度が増加することを考慮するための係数である。ここで，コンクリートの負担するせん断力を増加させるために軸方向鉄筋比を増加させることは，必ずしも好ましくはないため，軸方向引張鉄筋比が1%以上となった場合には，コンクリートの負担する平均せん断応力度の増加を見込まないこととされている。なお，軸方向引張鉄筋比 p_t は断面の中立軸よりも引張側にある鉄筋の断面積の総和から求めることが原則であるが，計算の簡略化のため断面の図心位置から引張側にある軸方向鉄筋の断面積の総和から求めることができる。

補正係数 c_{dc} は，せん断スパン比によるコンクリートの負担できるせん断力の割増係数である。せん断スパン比が3程度以下の場合は，ディープビームの効果により，一般にせん断スパン比の減少に応じてコンクリートの負担するせん断力が大きくなる。一方，せん断スパン比の小さい鉄筋コンクリート部材の載荷実験によれば，軸方向鉄筋が降伏しない範囲の正負交番繰返し載荷に対してはコンクリートの負担するせん断力の低下はわずかであるが，軸方向鉄筋が降伏し曲げ塑性変形が生じるような範囲の正負交番繰返し載荷に対してはコンクリートの負担するせん断力が大きく低下することが明らかになっている。したがって，塑性化を期待する鉄筋コンクリート部材に対しては，安全側の判断となるように，ディープビームの効果を考慮せず，せん断スパン比に応じたコンクリートの負担するせん断力の割増しは行わないこととされている。

補正係数 c_c は，荷重の正負交番繰返しの効果によるコンクリートの負担する平均せん断応力度の低下を考慮するための係数である。これまでに実施された鉄筋コンクリート橋脚模型の正負交番繰返し載荷実験結果によれば，このようなコンクリートの負担するせん断力の低下については，鉄筋コンクリート橋脚の塑性変形が大きくなり，荷重の繰返し回数が多くなった場合に，塑性ヒンジ領域においてその影響が現れ始めることが明らかになっている。繰返し回数が多くなるほどコンクリートの負担する平均せん断応力度の低下度合いは大きくなり，その影響は繰返し回数が３回程度までの範囲においても現れる。このため，ここでは，この点を考慮して繰返し回数が多いレベル２地震動（タイプⅠ）に対しては，レベル２地震動（タイプⅡ）よりも補正係数 c_c が小さく設定されている。

なお，Ⅲ編 5.8.2⑶の解説に示されているように，コンクリートの設計基準強度，断面の有効高，軸方向引張鉄筋比が表に示した値の中間にある場合は，線形補間によって τ_c，c_e 及び c_{pt} を求めることができる。

2) 補正係数 c_{ds} は，せん断スパン比によるせん断補強鉄筋の負担できるせん断力の低減係数である。塑性化を期待する部材に対しては，この影響は考慮しないものとされている。これは，正負交番繰返し作用を受け塑性化が生じるような部材に対しては，まだ十分に解明されていないためである。

3) コンクリートが負担できるせん断応力度は，軸方向圧縮力が大きくなると一般に大きくなるが，この影響は考慮しないものとされている。これは，正負交番繰返し作用を受け塑性化が生じるような部材に対しては，軸方向圧縮力がコンクリートの平均せん断応力度に及ぼす影響についてまだ十分に解明されていないためである。

図-解 6.2.3から図-解 6.2.5は τ_c，補正係数 c_e 及び c_{pt} の値を表したものである。なお，図-解 6.2.4及び図-解 6.2.5においては横軸を対数軸としている。

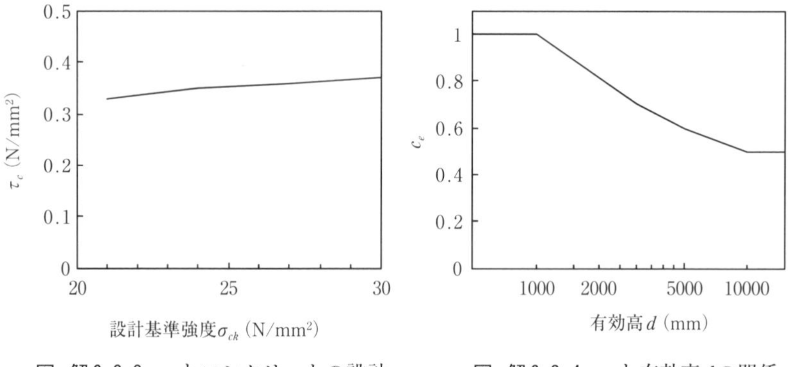

図-解 6.2.3　τ_cとコンクリートの設計基準強度の関係

図-解 6.2.4　c_eと有効高dの関係

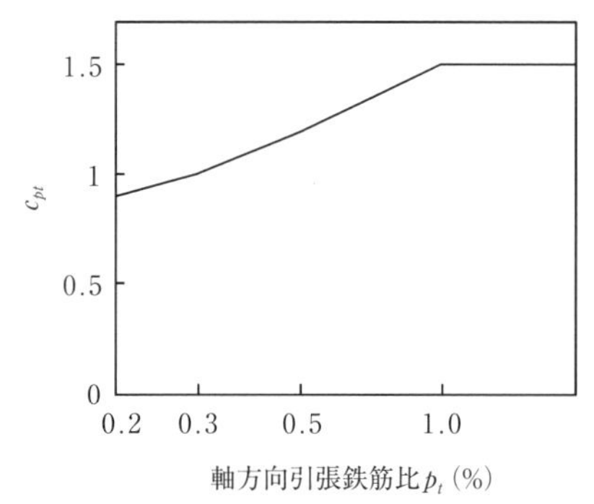

図-解 6.2.5　c_{pt}と軸方向鉄筋比P_tの関係

6.2.5　塑性変形能を確保するための鉄筋コンクリート部材の構造細目

(1)　鉄筋コンクリート部材には脆性的な破壊を防ぎ，必要な塑性変形能を確保するために，軸方向鉄筋のはらみ出しを抑制する効果と横拘束鉄筋で囲まれるコンクリートを拘束する効果が確実に発揮できるような形式及び間隔で，横拘束鉄筋を配置しなければならない。

(2)　以下の 1)から 5)による場合には，(1)を満足するとみなしてよい。

1)　横拘束鉄筋のうちの帯鉄筋には異形棒鋼を用い，その直径は 13mm 以上，かつ，軸方向鉄筋の直径よりも小さくする。また，帯鉄筋間隔は 300mm 以下とする。

2)　帯鉄筋は，軸方向鉄筋を取り囲むように配置し，端部は以下のⅰ)，ⅱ)又はⅲ)のいずれかのフックをつけて帯鉄筋で囲まれるコンクリートに定着することを標準とし，フックのない重ね継手は原則として用いてはならない。帯鉄筋の端部にフックとしてⅲ)直角フックを用いる場合には，かぶりコンクリートが剥離してもフックがはずれないような構造とする。なお，帯鉄筋の継手部は軸線方向に千鳥状に配置する。鉄筋の種類に応じたフックの曲げ形状とフックの曲げ内半径は，Ⅲ編5.2.6の規定による。フックは，曲げ加工する部分の端部から次に示す値以上まっすぐにのばす。

ⅰ) 半円形フック：帯鉄筋の直径の8倍又は120mmのうち大きい値

ⅱ) 鋭角フック：帯鉄筋の直径の10倍

ⅲ) 直角フック：帯鉄筋の直径の12倍

3)　矩形断面の隅角部以外で帯鉄筋を継ぐ場合には，帯鉄筋の直径の40倍以上帯鉄筋を重ね合わせ，さらに2)に規定するフックを設けることを標準とする。

4)　横拘束鉄筋のうちの中間帯鉄筋は，次の事項を満足しなければならない。

ⅰ) 原則として帯鉄筋と同材質，同径の鉄筋を用いる。

ⅱ) 原則として断面内配置間隔は1m以内とする。

ⅲ) 帯鉄筋の配置される全ての断面で配筋する。

ⅳ) 断面周長方向に配筋される帯鉄筋に，2)に規定する半円形フック又は鋭角フックをかけて内部のコンクリートに定着することを標準とする。なお，軸方向鉄筋を2段以上配筋する場合には，最も外側に配筋される帯鉄筋にフックをかける。

ⅴ) 1本の連続した鉄筋又は部材断面内部に継手を有する2本の鉄筋により部材断面を貫通させることを標準とする。ただし，部材断面内部において継手を設ける場合には，中間帯鉄筋の強度に相当する継手強度が確保できるように適切な継手構造を選定する。

5)　中空断面を有する鉄筋コンクリート部材においては，中空断面の特性を踏まえて，塑性変形能が確実に発揮できるような断面形状及び配筋としなければならない。

(2) 鉄筋コンクリート部材の塑性変形能を確保するために横拘束鉄筋として配置される帯鉄筋について満足すべき事項が規定されている。ここで，横拘束鉄筋は軸方向鉄筋のはらみ出しを抑制する効果とコンクリートを拘束する効果を期待するために，部材軸に対して直角方向に配置される鉄筋であり，軸方向鉄筋を取り囲む帯鉄筋と部材断面を貫通するように配筋される中間帯鉄筋から構成される。

1) 塑性化が進展しても軸方向鉄筋のはらみ出しが抑制できるように帯鉄筋間隔を適切に設定する必要がある。また，帯鉄筋に囲まれるコンクリートである内部コンクリートに対して横拘束鉄筋の横拘束効果が発揮できることも考慮する必要がある。帯鉄筋間隔として，鉄筋コンクリート橋脚等の下部構造に対してこれまでの示方書においても設けられていた上限値である300mmを鉄筋コンクリート部材として満足することが求められている。

2) 帯鉄筋は，その効果を確実に発揮できるようにするために，端部にフックをつけてコンクリートに定着させる必要がある。

帯鉄筋のフック長に関しては，鉄筋コンクリート部材では地震の影響により正負交番の繰返し変形を受け，かぶりコンクリートが剥落し，内部コンクリートが損傷することを考慮しておく必要があることから，このような損傷に至っても内部コンクリートを確実に拘束できるように，諸外国における塑性ヒンジ領域における規定を参考にして定められている。また，直角フックは内部コンクリートから抜け出しやすいことから，塑性化を考慮する領域では用いないのが望ましいが，施工性への配慮から直角フックを用いる場合には，かぶりコンクリートが剥離してもフックがはずれないような配慮が必要である。図-解 6.2.6 は，中間帯鉄筋のフックをかけることにより帯鉄筋の直角フックが抜け出さないようにした定着例を示したものである。また，安定した横拘束効果が得られるようにするために，帯鉄筋の継手位置は部材軸方向に隣接する帯鉄筋相互について千鳥配置になるように規定されている。このほか，フックの曲げ形状及び曲げ内半径については，Ⅲ編 5.2.6 に規定されている。

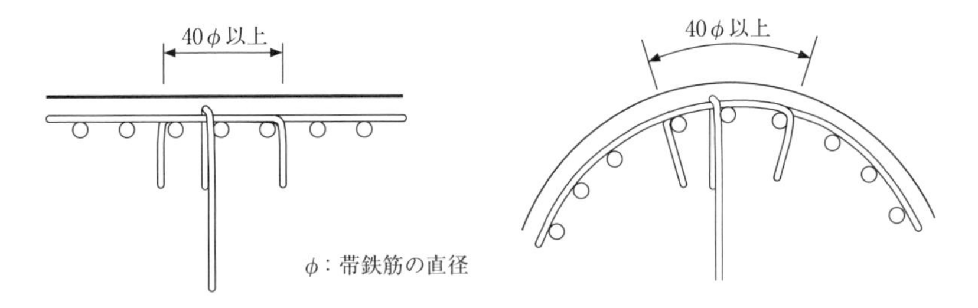

図-解 6.2.6　直角フックを有する帯鉄筋の定着例

3) 帯鉄筋による横拘束効果を考慮しているため，帯鉄筋を継ぐ場合にはその強度を確実に伝達できるようにする必要がある。継手端部にはフックをつけて内部コンクリートに定着させることを前提として，その継手長として帯鉄筋の直径の40倍以上を標準とすることが規定されている。ただし，矩形断面の隅角部で帯鉄筋を継ぐ場合には，半円形フック又は鋭角フックにより軸方向鉄筋に定着すれば，その強度を確実に伝達できると考えられることから，継手長は設ける必要はない。

4) 断面内部に配置される中間帯鉄筋は，せん断補強鉄筋として効果的に機能するほか，載荷方向の直交方向に配置される帯鉄筋のはらみ出しを抑え，その結果として軸方向鉄筋のはらみ出しを抑制する機能にも期待するため，重要な鉄筋として断面内に適切に配置する必要がある。

条文に規定する中間帯鉄筋の配筋に関する構造細目の目的及び考え方は次のとおりである。

i）中間帯鉄筋によって分割されたコンクリート部分に対して，均一な横拘束効果が得られるように，中間帯鉄筋は帯鉄筋と同材質，同径の鉄筋を用いることが原則とされている。

ii）横拘束鉄筋の断面内間隔が1mを超えると一般に十分な横拘束効果が得られなくなるので，中間帯鉄筋の断面内間隔は1m以下とすることが原則とされている。ただし，中間帯鉄筋の断面内間隔を密にすると，コンクリート投入口が小さくなり，また締固め作業が困難となる場合もあるので，中間帯鉄筋の断面内間隔の設定に際しては，施工性にも配慮しておく必要がある。

また，ラーメン橋脚のはり部材は面内方向の耐震設計に対してのみ塑性変形能を期待する部材であり，面外方向の耐震設計では一般には塑性化を期待しない。このため，横拘束鉄筋の断面内間隔が1mを超える場合にも，はり部材の断面の水平方向には横拘束鉄筋としての中間帯鉄筋は配筋しなくてもよい。

iii）コンクリートの横拘束効果を高めるために，中間帯鉄筋は帯鉄筋を配置する全ての断面で配筋する。

iv）軸方向鉄筋及び帯鉄筋のはらみ出しを効果的に抑制するために，中間帯鉄筋は周長方向に配筋される帯鉄筋にフックをかけることが標準とされている。この場合，フックの形式が適切でないと横拘束効果が十分に発揮できないため，2)に規定する帯鉄筋と同様に，コンクリートを確実に拘束できるように，帯鉄筋にかける側の端部に半円形フック又は鋭角フックをつけて橋脚の内部コンクリートに定着させることが標準とされている。すなわち，1本の連続した鉄筋により中間帯鉄筋とする場合には，両端のフックは半円形フック又は鋭角フックとする必要がある。なお，やむを得ず施工性に配慮して，一方のフックを直角フックとする場合には，直角フックの位置が千鳥状になるように中間帯鉄筋を配筋するのがよい。このとき，塑性化を考慮する領域において直角フックを用いる場合には，軸方向鉄筋のはらみ出しが生じるような大きな塑性変形を受けた段階では鋭角フックや半円形フックと同等の横拘束効果が見込めないことに配慮し，横拘束鉄筋の有効長としては，8.5に規定する鉄筋コンクリート橋脚の塑性ヒンジ長を算出するための有効長d'及び6.2.3に規定するコンクリートの横拘束効果を考慮するための有効長dの1.5倍の値を用いるのがよい。

中間帯鉄筋のフックは，軸方向鉄筋のはらみ出しを抑制する観点からは，帯鉄筋とともに軸方向鉄筋にもかけるようにするのがより効果的である。しかし，軸方向鉄筋のすぐ近傍で帯鉄筋に中間帯鉄筋のフックをかければ，軸方向鉄筋のはらみ出しは抑制できることから，施工性にも配慮し，中間帯鉄筋は帯鉄筋にフックをかけるようにして定着させればよいとされている。

また，近年，施工性の向上を目的として端部に定着体を取り付けた鉄筋を中間帯鉄筋として用いる方法が提案されることがあるが，その適用にあたってはⅢ編5.2.5の規定を満たすとともに，正負交番繰返しの作用を受ける場合に鉄筋コンクリート部材としての破壊までの挙動も含めて鋭角フックや半円形フックと同等の効果が期待できることが実験により確認されていること，適用される鉄筋コンクリート部材の条件がその実験により検証された条件の範囲内にあること等に留意する必要がある。ここで，鉄筋コンクリート橋脚の場合，破壊までの挙動とは，耐荷力を喪失する状態までの挙動であり，かぶりコンクリートが剥落し，軸方向鉄筋がはらみ出した後に軸方向鉄筋が破断する等により，水平方向の復元力が大きく低下するまでの挙動のことをいう。破壊に対する適切な安全性を確保するという観点では，次に示す①及び②のような場合には，限界状態に対応する特性値及び制限値の設定にあたって，破壊後の挙動も含めて特に十分な検証が必要であり，適用する際には注意が必要である。

① 軸力が高い条件下の場合や軸方向鉄筋量が多く，軸方向鉄筋の負担する荷重が大きい場合等の塑性変形能の観点で厳しい条件の場合

② 8.7に規定される作用軸力が変動するラーメン橋脚の限界状態の特性値のように，単柱式の鉄筋コンクリート橋脚の限界状態に相当する工学的指標を用いてこれを超える状態までを限界状態の特性値として設定する場合

v）中間帯鉄筋がせん断補強鉄筋として確実に機能するためには，1本の鉄筋又は2本の鉄筋を継いだもののいずれも使うことが可能である。ただし，断面寸法が大きくなると，両端に半円形フック又は鋭角フックを有する1本の中間帯鉄筋を配置するのが困難となるため，2本の鉄筋を継いだ中間帯鉄筋とすればよい。ここで，2本の鉄筋の継手構造としては，重ね継手や機械式継手等がある。重ね継手とする場合には，重ね継手長は中間帯鉄筋の直径の40倍以上とし，その端部には2)に規定されるいずれかのフックをつける。

一方，中間帯鉄筋にはせん断補強鉄筋としての機能を期待せず，横拘束鉄筋としての機能のみを期待し，これにより配筋を合理化するという考え方もある。このような考え方を適用する場合には，正負交番繰返しの作用を受ける場合に鉄筋コンクリート橋脚としての破壊までの挙動も含めて，貫通する中間帯鉄筋と同等の横拘束効果が期待できることが実験により確認されていること，適用される橋脚の条件がその実験により検証された条件の範囲内にあること等に留意する必要がある。

5) 塑性ヒンジ領域を中空断面とするような鉄筋コンクリート橋脚が地震により正負交番繰返し作用を受けると，その構造条件によっては，圧縮力を負担する壁部のコンクリートの圧縮破壊によって軸耐荷力を失って最終的な破壊に至ることや，地震後における中空断面の内面の点検及び中空断面の内面に損傷が生じた場合の修復が一般に容易ではないこと等，中空断面の棒部材に特有な事象や課題があり，これらの特性を適切に考慮して限界状態２又は３に相当する特性値や必要な安全余裕を設定する方法は明らかになっていない。したがって，塑性ヒンジ領域とその近傍で塑性ヒンジの影響を受ける領域は充実断面としたうえで，塑性ヒンジの影響を受けない部位のみを中空断面とし，さらに，充実断面から中空断面へと変化する部位が新たな損傷箇所とならないように構造的な配慮をするのがよいとされていた。そのため，中空断面を有する鉄筋コンクリート部材の中空断面が塑性化する部位ではなくとも，部材内で弾性域に留まる事が確実でない場合等，脆性的な破壊を防ぎ，塑性変形能を確保するためには，橋脚構造と同様に塑性ヒンジ領域とその近傍で塑性ヒンジの影響を受ける領域は充実断面とすることとし，充実断面から中空断面へと変化する部位についてテーパーを設けるのがよい。

6.3 塑性化を期待する鋼部材

6.3.1 曲げモーメント及び軸方向力を受ける部材

(1) 鋼部材の塑性化を期待する場合は，曲げモーメント及び軸方向力を受ける鋼部材が，6.3.4 に規定する構造細目を満足したうえで，(2)から(5)を満足する場合には，それぞれ限界状態２又は限界状態３を超えないとみなしてよい。

(2) 部材に生じる応答が限界状態２又は限界状態３に対応する制限値を超えない。限界状態２又は限界状態３に対応する変位や曲率の特性値及び制限値は，部材の構造条件に応じて適切に設定しなければならない。

(3) 作用力に応じて各部材に生じる断面力及び応力並びに変位，曲率，塑性率等を適切に算出できるように，部材の材料特性を適切に評価できるモデルを用いなければならない。

(4) 鋼部材の曲げモーメント－曲率関係を6.3.2の規定により設定し，限界状態2又は限界状態3に対応する特性値及び制限値を設定する場合には，(3)を満足するとみなしてよい。

(5) 鋼部材の限界状態に相当する特性値は，設計で対象とする鋼部材と同等の構造細目を有する供試体を用いた繰返しの影響を考慮した載荷実験に基づいて定めることを原則とし，載荷実験に基づいて設定する限界状態2に相当する特性値は，水平力が最大となるときとすることを標準とする。また，限界状態3に相当する特性値は，限界状態2に相当する特性値を用いることを標準とする。

(5) 鋼製橋脚の水平耐力及び塑性変形能の定量的評価については，繰返しの影響を考慮した載荷実験結果に基づき鋼製橋脚の塑性域での抵抗メカニズムを踏まえて設定する必要がある。これは，解析的な検討のみに基づく場合は，その信頼性が担保されない可能性が否定できず，また，実験結果を補完するために解析を行う場合にも，解析方法自体の妥当性の検証が実験結果に基づいて行われる必要があるためである。塑性化を期待する鋼部材についても，鋼部材の限界状態に相当する水平変位等の特性値の設定にあたっては，鋼材の機械的性質及び塑性履歴特性の影響も十分に把握し，同等の構造細目を有する供試体を用いた繰返しの影響を考慮した載荷実験に基づくことが原則である。

鋼部材の限界状態2に相当する特性値は，対象とする鋼部材と同等の構造細目を有する供試体に対する繰返しの影響を考慮した載荷実験の水平力－水平変位関係から，水平力が最大となるときとすることが標準とされている。これは，水平力が最大となる付近の水平変位までであれば，局部座屈による変形が小さいため弾塑性挙動に及ぼす局部座屈の影響が小さく，載荷繰返し回数の影響をほとんど受けずに安定した非線形履歴特性が得られることから，地震発生後に速やかな機能の回復が可能である状態に留まると考えられること，また，この範囲内であれば実務設計で用いる比較的簡単なモデルであっても5.2(2)の解説に示すような適切な解析モデルにより弾塑性挙動を比較的精度良く表すことができること等を考慮して定められたものである。

なお，鋼部材の限界状態2に相当する水平変位の特性値を水平力が最大となるときの水平変位に基づいて設定する場合には，基準変位の整数倍ごとに水平変位を漸増させていく正負交番繰返し載荷実験が行われるが，このとき，基準変位の載荷繰返し回数としては一般に1回とされる。これは，鋼部材の場合には，水平力が最大となるときの水平変位までであれば，タイプⅠの地震動とタイプⅡの地震動により生じる地震応答の繰返し回数の影響が顕著にならないことが実験から明らかにされているためである。

また，限界状態３に相当する特性値は限界状態２に相当する特性値と同じとされている。これは，水平力が最大となるときを超える領域においては，局部座屈の影響や載荷繰返し回数の影響等が十分に解明されておらず，その塑性変形能を精度よく評価することが困難であり，2.4.6(5)の規定を満たすことができないためである。

主桁やアーチリブ等の鋼上部構造の塑性域での耐力及び塑性変形能に関しては，近年，鋼製アーチ橋のアーチリブのように高圧縮軸力を受ける鋼部材の抵抗特性に関する研究もいくつか行われているものの，非常に少なく，耐力や塑性変形能について未解明な部分が多く残されている。したがって，塑性化を期待する部材として，鋼上部構造を選定する場合は，鋼上部構造の塑性域の力学的特性について鋼上部構造を対象とした実験結果又はその妥当性が実験結果との比較により検証されている解析方法による解析結果に基づいて十分な検討を行うとともに，上部構造の限界状態に応じた，耐力及び変形量に関する特性値及び制限値を適切に設定する必要がある。

なお，2.7.2 2)の規定に従い，鋼アーチ橋のアーチリブや鋼トラス橋の弦材，斜材や垂直材，斜張橋や吊橋の鋼製の塔等の主要部材については，塑性化を期待しない部材であっても，脆性的な破壊を防ぐために6.3.4の規定に従い構造細目を適切に設定したうえで，応答が制限値以下に留まるように設計するのが望ましい。仮に部材の塑性化を許容する場合にも，前述した通り，実験や解析等の成果により提案された方法をそのまま適用するのではなく，その方法の根拠，他の関連する規定との比較による妥当性の検証等，詳細かつ慎重に検討する必要がある。

6.3.2　鋼部材の曲げモーメントー曲率関係

鋼部材の曲げモーメント－曲率関係は，以下の1)から4)に基づき算出する。

1)　維ひずみは中立軸からの距離に比例する。

2)　鋼材及び鋼部材に充てんされるコンクリートの応力度－ひずみ曲線は，6.3.3の規定によることを標準とする。

3)　限界状態２又は限界状態３に相当する曲げモーメントの特性値の設定では，鋼部材が最大耐力に達するときに，圧縮縁の鋼材の板厚中心位置に生じる圧縮ひずみの限界を限界状態２又は限界状態３に相当するひずみの特性値として，2.4.6(5)の規定に基づき適切に設定する。

4)　曲げモーメント－曲率関係の骨格曲線は，コンクリートの充てんの有無及び断面形状に応じて，図-6.3.1に示すバイリニア型のモデル又は図-6.3.2に示すトリリニア型のモデルを用いて算出する。剛性変化点及び骨格曲線は，コンクリートの充てんの有無及び断面形状に応じて，以下のⅰ)からⅲ)により設定する。この場合，軸力及び偏心モーメントの影響を考慮する。

ⅰ) 矩形断面のコンクリートを充てんしない鋼部材の場合には，圧縮縁の鋼材の板厚中心位置における圧縮ひずみが6.3.3に規定する降伏ひずみの特性値に最初に達するときの曲げモーメント及び曲率（ϕ_{yc}, M_{yc}）を降伏曲げモーメント及び降伏曲率（ϕ_y, M_y）とし，この点と，圧縮縁の鋼材の板厚中心位置における圧縮ひずみが限界状態2又は限界状態3に相当するひずみの特性値に最初に達するときの曲げモーメント及び曲率（ϕ_a, M_a）の点を結ぶことによりバイリニアモデルを設定する。

ⅱ) 円形断面のコンクリートを充てんしない鋼部材の場合には，圧縮縁の鋼材の板厚中心位置における圧縮ひずみが降伏ひずみの特性値に最初に達するときの曲げモーメント及び曲率（ϕ_{yc}, M_{yc}）の点，引張縁の鋼材の板厚中心位置における引張ひずみが降伏ひずみに最初に達するときの曲げモーメント及び曲率（ϕ_{yt}, M_{yt}）の点並びに圧縮縁の鋼材の板厚中心位置における圧縮ひずみが限界状態2又は限界状態3に相当するひずみの特性値に最初に達するときの曲げモーメント及び曲率（ϕ_a, M_a）の点を結ぶことによりトリリニアモデルを設定する。

ⅲ) 矩形断面及び円形断面のコンクリートを充てんした鋼部材の場合には，圧縮縁の鋼材の板厚中心位置における圧縮ひずみが降伏ひずみの特性値に最初に達するときの曲げモーメント及び曲率（ϕ_{yc}, M_{yc}）又は引張縁の鋼材の板厚中心位置における引張ひずみが降伏ひずみの特性値に最初に達するときの曲げモーメント及び曲率（ϕ_{yt}, M_{yt}）のいずれか小さい方を降伏曲げモーメント及び降伏曲率（ϕ_y, M_y）とし，この点と圧縮縁の鋼材の板厚中心位置における圧縮ひずみが，限界状態2又は限界状態3に相当するひずみの特性値に最初に達するときの曲げモーメント及び曲率（ϕ_a, M_a）の点を結ぶことによりバイリニアモデルを設定する。

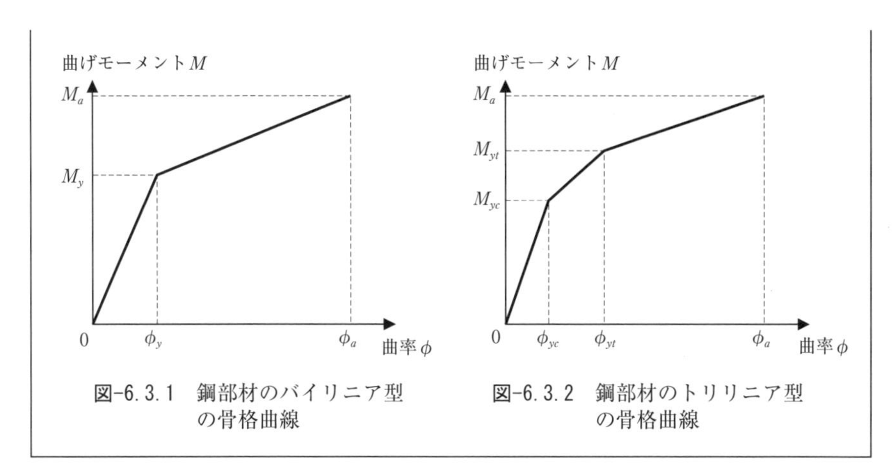

図-6.3.1　鋼部材のバイリニア型の骨格曲線

図-6.3.2　鋼部材のトリリニア型の骨格曲線

塑性化を期待する鋼部材の曲げモーメント－曲率関係が規定されている。限界状態2又は限界状態3に相当する特性値については，設計で対象とする鋼部材と同等の構造細目を有する供試体を用いた繰返しの影響を考慮した載荷実験に基づいて定められることから，作用軸力及び対象とする断面形状等の適用範囲に注意するとともに，6.3.4に規定する構造細目によることが前提であることに留意する必要がある。なお，曲げモーメント－曲率関係を設定するにあたって考慮する軸力は，荷重組合せ係数や荷重係数を考慮した組合せ作用下での軸力とする。

門型の鋼製ラーメン橋脚の面内方向の柱部材等，軸力変動が生じる鋼部材に対しては，鋼部材に生じる軸力が2.4.6(5)の規定に基づき，載荷実験等により適切に設定された鋼材の圧縮ひずみの限界の適用範囲内にあることを確認する必要がある。作用軸力が変動する部材に対する曲げモーメント－曲率関係は，5.2(2)2)の解説に示すように，動的解析を行うにあたっては，死荷重による軸力並びに動的解析により得られた最大軸力及び最小軸力が作用する場合の3ケースの軸力を用いて設定するのがよい。これは，軸力変動が生じる鋼部材の地震の影響による正負交番の繰返し作用に対する抵抗特性に関する実験的研究より，当該方法はコンクリートを充てんした鋼部材及びコンクリートを充てんしない鋼部材いずれについても安全側に評価できることが明らかにされているためである。一方，動的解析の結果，構造物を構成する鋼部材の1カ所以上の断面において応答値が限界状態2又は限界状態3を超える場合には，ここに規定される方法に基づいて設定した非線形履歴モデルの適用性について別途検討する必要がある。これは，限界状態の特性値を超える領域における挙動を予測するには，こうした簡便なモデルでは限界があるためである。

6.3.3　鋼材及び鋼部材に充てんされるコンクリートの応力度－ひずみ曲線

(1)　鋼材の応力度－ひずみ曲線は図-6.3.3に基づき，式（6.3.1）により算出する。

$$\left.\begin{aligned}\sigma_s &= -\sigma_y + \frac{E_s}{100}(\varepsilon_s + \varepsilon_y) && (-\varepsilon_a \leqq \varepsilon_s < -\varepsilon_y)\\ \sigma_s &= E_s \varepsilon_s && (-\varepsilon_y \leqq \varepsilon_s \leqq \varepsilon_y)\\ \sigma_s &= \sigma_y + \frac{E_s}{100}(\varepsilon_s - \varepsilon_y) && (\varepsilon_s > \varepsilon_y)\end{aligned}\right\} \cdots\cdots (6.3.1)$$

ここに，

σ_s：鋼材の応力度（N/mm^2）

σ_y：鋼材の降伏強度（N/mm^2）

E_s：鋼材のヤング係数（N/mm^2）で，Ⅱ編表-4.2.1による。

ε_s：鋼材のひずみ

ε_y：鋼材の降伏ひずみで，式（6.3.2）により算出する。

$$\varepsilon_y = \frac{\sigma_y}{E_s} \cdots\cdots (6.3.2)$$

ε_a：鋼材の圧縮ひずみの限界

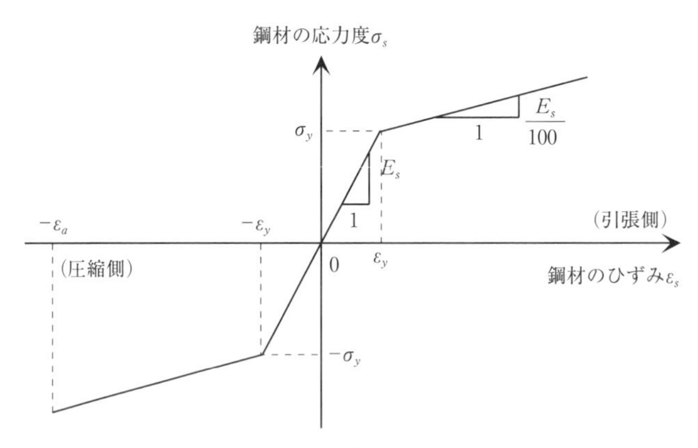

図-6.3.3　鋼材の応力度－ひずみ曲線

(2) 鋼部材に充てんされるコンクリートの応力度－ひずみ曲線は図-6.3.4に基づき，式（6.3.3）により算出する。なお，コンクリートは引張力に抵抗しないと仮定する。

$$\left.\begin{aligned}\sigma_c &= 0.85\sigma_{ck}\left\{\frac{\varepsilon_c}{0.002}\left(2-\frac{\varepsilon_c}{0.002}\right)\right\} & (0 \leqq \varepsilon_c \leqq 0.002) \\ \sigma_c &= 0.85\sigma_{ck} & (\varepsilon_c > 0.002)\end{aligned}\right\} \cdots\cdots\cdots\cdots (6.3.3)$$

ここに，

σ_c：コンクリートの応力度（N/mm^2）

σ_{ck}：コンクリートの設計基準強度（N/mm^2）

ε_c：コンクリートのひずみ

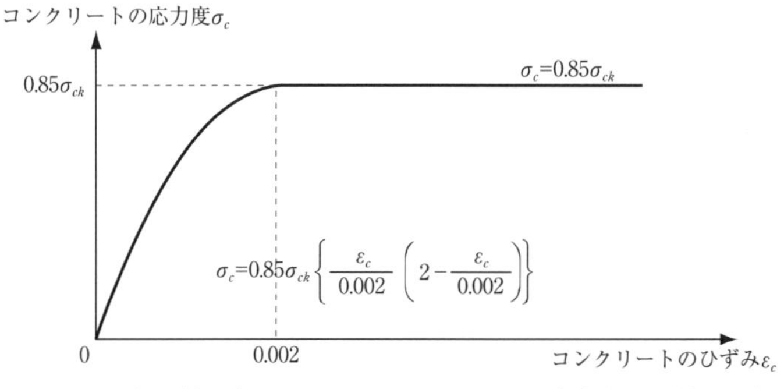

図-6.3.4　鋼部材に充てんされるコンクリートの応力度－ひずみ曲線

6.3.4　塑性変形能を確保するための鋼部材の構造細目

(1) コンクリートを充てんしない鋼部材では，Ⅱ編5.4.1，5.4.2，5.4.3及び19.8の規定を満足するとともに，局部座屈に対する圧縮応力度の制限値がその上限値となる範囲で部材寸法を設定するとともに，脆性的な破壊を防ぎ，塑性変形能が確実に得られる構造としなければならない。

(2) 脆性的な破壊を防ぎ，塑性変形能を確保するために，部材内部にコンクリートを充てんした鋼部材では，内部にコンクリートを充てんするにあたって，その充てん範囲はコンクリートを有する断面と有しない断面との境界部付近に座屈が生じないようにする。

(1) 脆性的な破壊を防ぎ塑性変形能を確保できる構造とするためには，矩形断面の両縁支持板又は自由突出板及び補剛板，円形断面，鋼管について，Ⅱ編に規定される局部座屈に対する制限値の上限値となる範囲で部材寸法を設計することが必要である。また，鋼製橋脚の基部以外であっても塑性変形能の確保が必要とされる構造部位においては，適宜鋼製橋脚の規定を参考に設計するのが望ましい。Ⅱ編に規定される式（5.4.4）及び式（5.4.7）において $R \leqq 0.7$ の場合，式（5.4.11）において $R_R \leqq 0.5$ の場合，式（19.8.1）に規定される局部座屈に対する圧縮応力度の制限値がその上限値となる $R/(\alpha t)$ を満足する場合が該当する。局部座屈に対して上述したように安全性を確保した場合，局部座屈に対する圧縮応力度の制限値がその上限値となる範囲で部材寸法を設定していない場合と比較して，最大耐力以降の耐力低下の割合が小さく，脆性的な破壊とはならないことが近年の研究で明らかにされていることも考慮して，局部座屈を抑制するための構造細目が規定されている。

(2) 土木研究所等における正負交番繰返し載荷実験等によれば，鋼製橋脚の内部に適切にコンクリートを充てんすることにより，局部座屈を防ぎ鋼製橋脚の水平耐力及び塑性変形能等を確保することができることが明らかにされている。これを鋼製橋脚だけではなく，鋼製部材全般に対して求めることが規定されている。ここで，充てんするコンクリート強度については規定されていない。これまでの示方書では，鋼製橋脚に鋼断面の局部座屈の発生及びその後の変形を抑えるためにコンクリートを充てんする場合には，充てん部の強度が鋼断面と比べて著しく大きくならないようにするために，低強度のコンクリートを用いるのがよいと規定されており，設計基準強度 18N/mm^2 程度がよいことが解説されていた。しかし，この示方書では，局部座屈を防ぐことができるのであれば，必ずしも低強度のコンクリートにする必要はないことを考慮して，2.4.6(4)及び(5)の規定に従い，実験により検証された範囲であればこれを用いることも可能とされた。9章に規定される鋼製橋脚の限界ひずみの設定にあたって，コンクリート強度については適用範囲の一つの条件として位置づけられ，実験により検証された範囲として設計基準強度が 24N/mm^2 以下であることが新たに規定されている。

このとき，コンクリートの充てん範囲としては，充てんコンクリートとの境界部における鋼断面の降伏耐力又は局部座屈を考慮した耐力を上部構造の慣性力作用位置からの距離で除した値が，コンクリートが充てんされる鋼断面の耐力を上部構造の慣性力作用位置からの距離で除した値を上回るように設定する必要がある。

6.4 プレストレスを導入するコンクリート部材

(1) レベル2地震動を考慮する設計状況に対して，Ⅲ編の規定によらず，プレストレスを導入するコンクリート部材の限界状態を設定する場合は，2.4.6(4)及び(5)の規定に従い適切に限界状態に対応する特性値及び限界状態を超えないとみなせる制限値を設定し，部材に生じる応答が限界状態1，限界状態2及び限界状態3に対応する制限値を超えない場合には，限界状態1，限界状態2及び限界状態3をそれぞれ超えないとみなしてよい。

(2) 作用力に応じて部材に生じる断面力及び応力並びに変位，曲率，塑性率等を適切に算出できるように，部材の材料特性を適切に評価できるモデルを用いなければならない。

(1) Ⅲ編5.6.1に解説するように，この示方書では，プレストレストコンクリート構造の限界状態1は，プレストレスの存在を前提にコンクリートが全断面で抵抗する耐荷機構を発揮できる限界とされている。一方，この条文では，偶発作用が支配的な状況であるレベル2地震動を考慮する設計状況に対して，コンクリートが全断面有効ではなくなるものの，鋼材による引張応力の分担との協働によって耐荷機構が制御される状態であって，その挙動及びその信頼性が実験等で確認できている範囲に限って，部材が弾性応答する限界状態を超えていないとみなせる場合には，この限界の状態を限界状態1として扱ってよいことが規定されている。例えば，最外縁の鉄筋が降伏していなければ，部材の弾性応答する限界を超えておらず，荷重を支持する能力が低下していない状態であると考えられる。この条文を踏まえ，プレストレストコンクリート箱桁については，個別に限界状態を超えないとみなせる制限値が12章に規定されている。

6.5 接合部の設計

(1) 接合部の設計にあたっては，部材どうしが連結され一体となる部材の限界状態1及び限界状態3又は限界状態2及び限界状態3と，接合部の限界状態1及び限界状態3又は限界状態2及び限界状態3との関係を明確にしたうえで，部材どうしが連結され一体となる部材が所要の機能を発揮するようにしなければならない。

(2) 接合部は，部材相互の応力を確実に伝達できるようにしなければならない。

(3) (2)において接合部が所要の接合の機能を発揮するよう，接合部及び連結される各部材に求められる条件を明らかにし，これを満足するようにしなければならない。

(4) 地震の影響に伴う載荷の繰返しも考慮したうえで，接合部に生じる応力を分担する耐荷機構を適切に設定し，それが確実に実現される構造にしなければならない。

(5) 鋼材又は鉄筋によりコンクリート部材を接合する場合は，地震の影響に伴う載荷の繰返しに対しても，付着切れ及び鉄筋等の抜け出しの影響をなるべく少なくするとともに，この影響を考慮したうえで，接合部に生じる断面力を分担する耐荷機構を適切に設定し，限界状態及び限界状態に対応する特性値及び制限値を設定しなければならない。

(6) 地震の影響を考慮する状況と地震の影響を考慮する状況以外の状況において，接合部の耐荷機構が異ならない場合には，Ⅱ編9章，Ⅲ編7章及びⅣ編5章の接合部の規定による。

(1)から(4) 接合部の設計の考え方は，地震の影響を考慮する場合にも，各編に規定される設計の考え方と同様である。また，各編で規定される接合部を有する部材の限界状態1及び限界状態3と，接合部の限界状態1及び限界状態3との関係については，一般的には，部材としての連続性を失わず，かつ，接合部が剛結となり部材相互の全ての断面力を確実に伝達することから，各編の規定を満足していれば，地震の影響を考慮する場合にも，同様の関係にあると考えられる。ただし，使用する材料や想定する耐荷機構によっては，接合部の耐荷力が載荷の繰返しの影響を大きく受ける場合もある。そのため，適切にその影響を考慮したうえで，接合部の限界状態や限界状態と関連付けられる特性値及び制限値を設定する必要がある。

(5) 鋼材又はアンカーボルト等の鉄筋によりコンクリート部材と接合する場合，地震の影響を考慮するような状況に対しては，比較的大きな応力が生じ，引張応力を分担するこれらの部材に，付着切れや鉄筋の抜け出し等が生じると，前提としている耐荷機構が確保される状態ではなくなることから，これらが生じないようにしなければならないことが規定されている。

7章　地盤の液状化

7.1　一　　般

液状化が橋に及ぼす影響は，以下の1)及び2)により考慮する。

1)　7.2の規定により橋に影響を与える液状化が生じるか否かを判定する。

2)　7.2の規定により橋に影響を与える液状化が生じると判定された土層に対して，7.3の規定により耐震設計上の土質定数を低減し，これを設計に考慮する。

液状化の影響を考慮した橋の耐震設計においては，液状化の判定を行ったうえで，液状化層における耐震設計上の土質定数を低減させて設計に反映させることを基本とした方法が昭和46年の道路橋耐震設計指針より導入され，以後に発生した地震における橋の液状化被害が軽減されてきた実績がある。この示方書においても，同様の手法を用いて耐震設計を行うことで，液状化が橋に及ぼす影響が適切に考慮されたものとみなしてよいことが規定されている。なお，橋に影響を与える液状化が生じると判定される土層がある地盤では，4.4の規定に基づき，必要に応じて地盤の流動化の影響も考慮する必要がある。

7.2　橋に影響を与える液状化の判定

(1)　橋に影響を与える液状化の判定は，(2)に該当する土層を対象として，(3)により行う。

(2)　沖積層の土層で以下の1)から3)の条件全てに該当する場合には，地震時に橋に影響を与える液状化が生じる可能性があるため，液状化の判定を行わなければならない。

1)　地下水位が地表面から10m以内にあり，かつ，地表面から20m以内の深さに存在する飽和土層

2)　細粒分含有率 FC が35%以下の土層又は FC が35%を超えても塑性指数 I_P が15以下の土層

3)　50%粒径 D_{50} が10mm以下で，かつ，10%粒径 D_{10} が1mm以下である土層

(3)　液状化に対する抵抗率 F_L をレベル1地震動及びレベル2地震動のそれぞれに対して式（7.2.1）により算出し，この値が1.0以下の土層については橋に影響を与える液状化が生じると判定する。

$$F_L = R/L \quad \cdots\cdots (7.2.1)$$

ここに，

F_L：液状化に対する抵抗率

R：動的せん断強度比で，(4)により算出する。

L：地震時せん断応力比で，(5)により算出する。

(4)　動的せん断強度比 R は，レベル1地震動及びレベル2地震動のそれぞれに対して式（7.2.2）によることを標準とする。

$$R = c_W R_L \quad \cdots\cdots (7.2.2)$$

（レベル1地震動及びレベル2地震動（タイプⅠ）の場合）

$$c_W = 1.0$$

（レベル2地震動（タイプⅡ）の場合）

$$c_W = \begin{cases} 1.0 & (R_L \leqq 0.1) \\ 3.3R_L + 0.67 & (0.1 < R_L \leqq 0.4) \\ 2.0 & (0.4 < R_L) \end{cases} \quad \cdots (7.2.3)$$

$$R_L = \begin{cases} 0.0882\sqrt{(0.85N_a + 2.1)/1.7} & (N_a < 14) \\ 0.0882\sqrt{N_a/1.7} + 1.6 \times 10^{-6} \cdot (N_a - 14)^{4.5} & (14 \leqq N_a) \end{cases} \quad \cdots (7.2.4)$$

$$N_a = \begin{cases} c_{FC}(N_1 + 2.47) - 2.47 & (D_{50} < 2\text{mm}) \\ \{1 - 0.36\log_{10}(D_{50}/2)\}N_1 & (D_{50} \geqq 2\text{mm}) \end{cases} \quad \cdots\cdots (7.2.5)$$

$$N_1 = 170N/(\sigma_{vb}' + 70) \quad \cdots\cdots (7.2.6)$$

$$c_{FC} = \begin{cases} 1 & (0\% \leqq FC < 10\%) \\ (FC + 20)/30 & (10\% \leqq FC < 40\%) \\ (FC - 16)/12 & (40\% \leqq FC) \end{cases} \quad \cdots\cdots (7.2.7)$$

ここに，

c_W：地震動特性による補正係数

R_L：繰返し三軸強度比

N：標準貫入試験から得られる N 値

N_1：有効上載圧 100kN/m^2 相当に換算した N 値

N_a：粒度の影響を考慮した補正 N 値

σ_{vb}'：標準貫入試験を行ったときの地表面からの深さにおける有効上載圧（kN/m^2）

c_{FC}：細粒分含有率による N 値の補正係数

FC：細粒分含有率（%）（粒径 75μm 以下の土粒子の通過質量百分率）

D_{50}：50%粒径（mm）

(5) 地震時せん断応力比 L は，レベル 1 地震動及びレベル 2 地震動のそれぞれに対して式（7.2.8）によることを標準とする。

$$L = r_d k_{hgL} \sigma_v / \sigma_v' \quad \cdots\cdots (7.2.8)$$

$$r_d = 1.0 - 0.015x \quad \cdots\cdots (7.2.9)$$

$$k_{hgL} = c_z k_{hgL0} \quad \cdots\cdots (7.2.10)$$

ここに，

r_d：地震時せん断応力比の深さ方向の低減係数

k_{hgL}：液状化の判定に用いる地盤面の設計水平震度（四捨五入により小数点以下 2 桁とする）

c_z：地域別補正係数で，レベル 1 地震動に対しては 3.4 に規定するレベル 1 地震動の地域別補正係数 c_z とする。レベル 2 地震動（タイプⅠ）に対しては 3.4 に規定する $c_{\mathrm{I}z}$，また，レベル 2 地震動（タイプⅡ）に対しては 3.4 に規定する $c_{\mathrm{II}z}$ とする。

k_{hgL0}：液状化の判定に用いる地盤面の設計水平震度の標準値で，表-7.2.1 の値とする。

σ_v：地表面からの深さ x における全上載圧（kN/m^2）

σ_v'：地表面からの深さ x における有効上載圧（kN/m^2）

x：地表面からの深さ（m）

表-7.2.1　液状化の判定に用いる地盤面の設計水平震度の標準値 k_{hgL0}

地盤種別	レベル1地震動	レベル2地震動	
		タイプⅠ	タイプⅡ
Ⅰ種地盤	0.12	0.50	0.80
Ⅱ種地盤	0.15	0.45	0.70
Ⅲ種地盤	0.18	0.40	0.60

(1)　液状化の判定法は，昭和39年（1964年）新潟地震以後進められてきた研究の成果に加え，平成7年（1995年）兵庫県南部地震，平成23年（2011年）東北地方太平洋沖地震の事例分析等に基づき定められている。また，ここに規定されている液状化の判定法は，橋に影響を与える液状化が生じるか否かを判定するための工学的手法である。東北地方太平洋沖地震における事例分析の結果，これまでの示方書で規定されていた判定法は安全側の結果を与えていたものの，更なる合理化の余地があることが明らかとなり，今回の改定では，土の液状化特性に与える粒度の影響の評価方法について見直しが行われている。

(2)　地震により液状化現象が生じるのは，ほとんどの場合，比較的弱齢の沖積砂質土層である。ただし，兵庫県南部地震や近年の地震において砂質土以外の土層が液状化した例も確認されていることから，液状化の判定を行う必要がある土層の範囲は，1)から3)のとおり規定されている。なお，ここでいう沖積層とは，第四紀のうち新しい地質時代（完新世）における堆積物及び埋立土による土層に概ね対応すると考えることができる。

1)から3)に規定される条件の全てに該当する可能性が考えられる土層を対象に，液状化の判定を行う必要がある土層の選定の手順を図-解7.2.1に示す。液状化特性を評価するうえでは特に粒度及びコンシステンシーが重要な指標となること，深さ方向に土質が著しく変化することがあることから，液状化の可能性がある土層では，標準貫入試験により得られる試料の粒度試験，液性限界試験及び塑性限界試験を1m間隔程度ごとに行う必要がある。なお，図-解7.2.1に示す液状化の判定に必要となる試験はⅣ編2.4.3に規定されている。

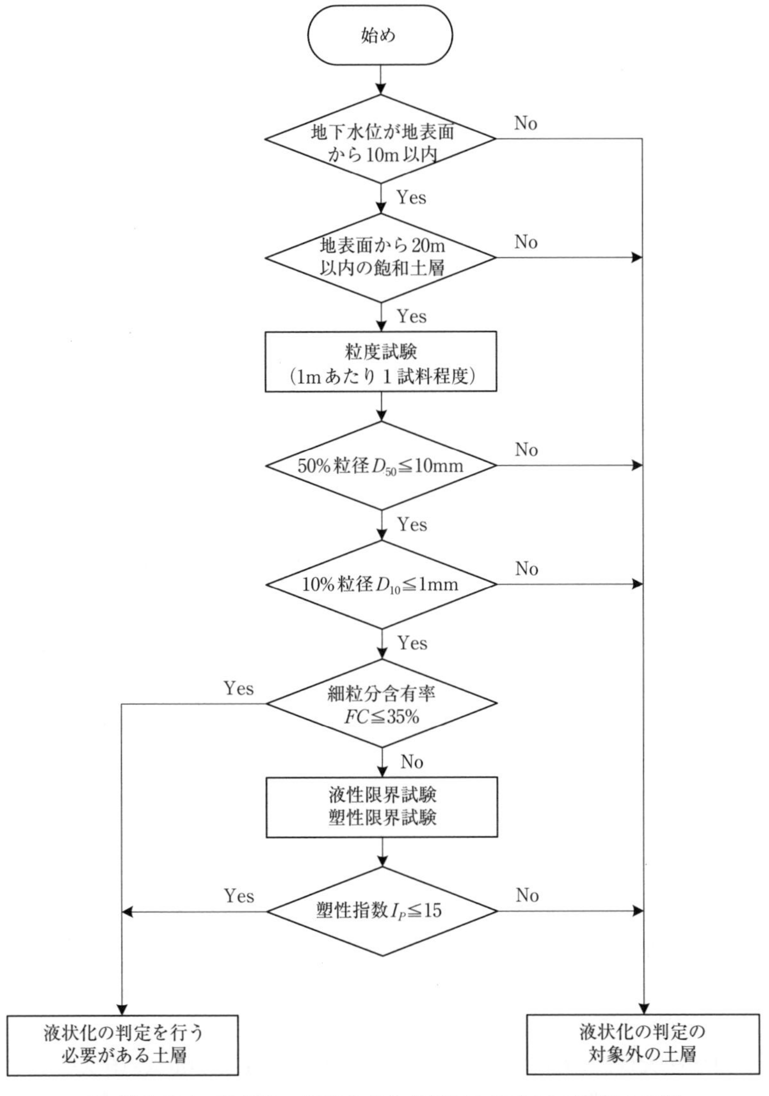

図-解 7.2.1 液状化の判定を行う必要がある土層の選定の手順

1) 橋に影響を与える液状化が生じる可能性がある土層の深さについては，従来の経験及び構造物に与える影響の度合い等を勘案して，地表面から20mまでとされている。なお，当該地点の地形，地質の状況や既存資料等により，地表面から20m以浅に液状化が生じる土層が存在しないことが明らかである場合，液状化の判定のみを目的として標準貫入試験を20mまで実施する必要はない。なお，ここでいう地表面とは，完成時における地表面のことである。また，橋台や橋台基礎に対する液状化の影響を検討する際には，一般には橋台基礎の前面側における地盤抵抗の低下に着目することになるため，橋台前面側における完成後の地表面から20m以内の深さに存在する飽和土層を対象に，液状化の判定を行う必要性を検討する必要がある。

2) 液状化の判定を行う必要がある土層の粒度の下限値については，これまでの研究成果を踏まえ，条文のように規定されている。既往の事例によれば，液状化が確認された地盤の大部分はFCが35%以下の土層であるが，FCが35%を超えても塑性指数の低い土層，例えば，低塑性シルト質砂等では液状化が生じた事例もある。すなわち，細粒分の多い土の液状化特性に対しては，粒径のみならず細粒分の性質も重要な影響要因であることから，細粒分含有率FCが35%を超える場合は，Ⅳ編2.4.3に規定される土質試験のうち，液性限界試験及び塑性限界試験を行う必要がある。

3) 液状化の判定を行う必要がある土層の粒度の上限値については，兵庫県南部地震を含む既往の地震において50%粒径が2 mmを超えるれき質土で液状化が確認されたことを踏まえ，条文のように規定されている。ただし，ここに示す粒径には，標準貫入試験により得られる試料を粒度分析して求めた値を用いる。標準貫入試験の試料は，粒子破砕等の影響により，原位置に比べて粒度が細かくなる。この程度は粒子の硬さや粗さにより必ずしも一定の関係があるわけではないが，標準貫入試験の試料の50%粒径10 mmは概ね原位置の50%粒径20 mm程度又はそれ以上に相当する。

また，10%粒径D_{10}が1mm以下とされているのは，粗粒で均等係数の低いれき質土では透水性が高く液状化しにくいことが考慮されたためである。

なお，洪積層は，東北地方太平洋沖地震や兵庫県南部地震を含む既往の地震においても液状化したという事例は確認されていない。洪積層は一般にN値が高く，続成作用により液状化に対する抵抗が高いこと，さらに，地震による繰返しせん断に対して著しい剛性低下を生じにくいことから，橋に影響を与える液状化が発生する可能性は低い。このため，洪積層は液状化の判定の対象とはされていない。なお，ここでいう洪積層とは，第四紀のうち古い地質時代（更新世）における堆積物による土層に概ね対応すると考えることができる。

(3) 液状化の判定は，一般に，標準貫入試験が実施された深度（1m間隔程度）において，各深度のN値，物理特性等を適切に反映させたうえで液状化に対する抵抗率F_Lを算出し，各深度におけるF_Lにより行う。ただし，一般に，層厚が1m程度以上の連続した土層を対象に判定を行う。したがって，層厚が1m程度以上の連続した土層においては，標準貫入試験が実施された各深度においてF_Lを算出し，F_Lが1.0を下回る箇所がその土層に含まれる場合には，その土層を橋に影響を与える液状化が生じる土層と判定することになる。

(4) 動的せん断強度比 R は，室内土質試験により得られる繰返し三軸強度比 R_L に対して，地震動特性による補正係数 c_W を乗ずることで算出される。c_W は，原位置と室内土質試験における応力状態の違い，地震動の振幅の不規則性の影響，試料採取過程における乱れや密実化等の影響を考慮して設定されたものであり，地震動の繰返し特性によって大きく変化するため，レベル 2 地震動（タイプⅠ）及びレベル 2 地震動（タイプⅡ）に応じて算出することとされている。レベル 1 地震動に対する地震動特性による補正係数 c_W については，過去のレベル 1 地震動相当の地震動に対して検証された値が平成 24 年の示方書より規定されている。

繰返し三軸強度比 R_L を算出する際に用いる補正 N 値 N_a の算出式は，凍結サンプリング等による試料を用いた非排水繰返し三軸試験結果及び兵庫県南部地震，東北地方太平洋沖地震を含む事例分析の結果に基づいて，50% 粒径 D_{50} に応じて定められている。従来は，砂質土とれき質土に分類して求めることとされていたが，50% 粒径 D_{50} が 2 mm 未満であれば砂質土に，D_{50} が 2 mm 以上であればれき質土に分類することとされていたため，実質的な分類の方法は変更されていない。

東北地方太平洋沖地震における事例分析の結果に基づき，判定法の合理化の必要性が指摘されたことを受けて，今回の改定では，繰返し三軸強度比 R_L の算出式のうち，式 (7.2.4)，(7.2.5) 及び (7.2.7) が見直されている。これは，数多くの室内試験データの分析結果に基づき，N 値が小さく細粒分を多く含む土層の R_L がより合理的に評価されるように改善されたものである。

式 (7.2.5) において，れき質土の N 値はれきの存在の影響を受けて高めに測定されることから，50% 粒径 D_{50} が 2mm 以上の場合は換算 N 値 N_1 を D_{50} に応じて低減させて繰返し三軸強度比を評価するとされている。ただし，れき質土についてのこのようなデータの集積は未だ少ないため，当面，式 (7.2.5) に示す補正 N 値を用いて繰返し三軸強度比を評価することとされている。

埋立土の繰返し三軸強度比については，従来までの知見や東北地方太平洋沖地震において液状化した事例の分析によれば，自然地盤の沖積土に比べて低い傾向が認められたものの，式(7.2.4)によって安全側に評価されていたことから，従来の考え方が踏襲され，沖積土と埋立土を区別した規定は設けられていない。

深さ方向に土質が著しく変化する場合は，異なる土質による N 値，粒度等の物理試験データを組み合わせて用いることで，過度に安全側の判定結果を与えることがある。このため，標準貫入試験で得られる 1 深度の試料の中で土質が変化している場合は物理試験を土質ごとに分けて実施することや，標準貫入試験における 300mm の打撃区間のなかでも土質が変化している場合は着目する深度のみに関する打撃回数から N 値を算出し直して用いるなど，異なる土質による N 値や物理試験データの組合せを採用することのないよう十分な配慮が必要である。

橋の建設における盛土，切土等により地表面の高さが変わる場合があることを考慮し，式（7.2.6）における有効上載圧 σ_{vb}' は，標準貫入試験を行ったときの地表面からの値とされている。これは，換算 N 値 N_1 は N 値を有効上載圧 100kN/m^2 相当の値に換算した値であるが，式（7.2.6）の計算に用いる N 値は調査時の有効上載圧のもとで得られた値であるためである。ここで，標準貫入試験を行ったときの地表面とは，当該ボーリングの孔口標高のことである。式（7.2.8）では，有効上載圧 σ_v' を完成時の地表面からの値として算出するとされており，これとは取扱いが異なる点に注意を要する。

繰返し三軸強度比 R_L を求める方法としては，式（7.2.4）から式（7.2.7）のほかにも，原位置より乱れの少ない試料を採取して室内試験により直接的に求める方法がある。ただし，試料の乱れ，密実化が試験結果に強く影響を及ぼすことが知られているため，サンプリング，運搬，供試体成形，試験機への設置等の各過程において，乱れ，密実化を最小限にとどめるように配慮する必要がある。また，試験データの整理にあたっては，個々の供試体の物理特性，力学特性を把握したうえで，当該土層の液状化特性を適切に反映したデータであるかどうかをよく吟味する必要がある。特に，細粒分を含まない密な砂や砂れき地盤では，試料の採取の際に乱れが生じやすいため，凍結法などの乱れの影響の少ないサンプリング方法を用いた方が高い精度が得られる。その他，標準貫入試験以外の簡易なサウンディングに基づく方法もいくつか提案されている。こうした手法の採用を検討する場合は，条文に示されている標準的な手法と同等以上の精度を有することを確認するとともに，手法の適用範囲に留意する必要がある。

(5) 地震時せん断応力比 L は，地震により深さ x の位置の地盤に作用する動的せん断応力の最大値を，深さ x における有効上載圧 σ_v' で正規化したものであり，式（7.2.8）及び（7.2.9）は，地震応答解析及び既往の地震に対する事例分析の結果に基づいて定められたものである。

地震時せん断応力比 L は，レベル1地震動及びレベル2地震動のそれぞれに対して算出することとされている。レベル1地震動に対する液状化の判定に用いる地盤面の設計水平震度の標準値には，過去のレベル1地震動相当の地震動に対して検証された値が平成24年の示方書より規定されている。

全上載圧及び有効上載圧を算出する際の地表面は，完成時の地表面とする。ただし，河床のように水位が地表面より上にある場合には，地下水位が地表面にあるとして全上載圧及び有効上載圧を求める。これは，水はせん断力を伝えず地震時に地盤に対して外力とはならないこと，また，地表面より上の水の荷重は有効上載圧の増加に寄与しないためである。

地震時せん断応力比 L は，土の重量に起因する慣性力をもとに算出するものであるが，橋への直接的な作用として考慮するものではないため，式（7.2.8）における水平震度や上載圧等には荷重組合せ係数及び荷重係数を考慮する必要はない。

なお，液状化の判定を行う方法の一つとして，個々の地盤条件を反映させたモデルに対して地震応答解析を行うことで，地震時せん断応力比 L 及び地震動特性による補正係数 c_W を求める方法もある。その場合は，地盤の非線形応答特性を精度よくモデル化するため，十分な地盤調査，室内試験を行うとともに，モデル化の方法及びパラメータ設定方法，設計地震動の入力位置及び設定方法等について，十分な検討を行う必要がある。特に，地盤の地震応答解析で強い地震動を入力する場合は，地中の一部の土層にひずみが集中することで地盤が過度に長周期化し，地盤の応答加速度を過小に評価することがあるため，既往の鉛直アレー記録の再現性等から検証がなされた解析手法や解析モデルを用いることが必要である。

7.3　耐震設計上の土質定数を低減させる土層とその取扱い

7.2 の規定により橋に影響を与える液状化が生じると判定された土層における耐震設計上の土質定数は，レベル 1 地震動及びレベル 2 地震動のそれぞれに対して算出した液状化に対する抵抗率 F_L の値に応じて，表-7.3.1 に示す低減係数 D_E を乗じることで低減させた値とする。

表-7.3.1　耐震設計上の土質定数の低減係数 D_E

F_L の範囲	地表面からの深さ x (m)	動的せん断強度比 R	
		$R \leqq 0.3$	$0.3 < R$
$F_L \leqq 1/3$	$0 \leqq x \leqq 10$	0	1/6
	$10 < x \leqq 20$	1/3	1/3
$1/3 < F_L \leqq 2/3$	$0 \leqq x \leqq 10$	1/3	2/3
	$10 < x \leqq 20$	2/3	2/3
$2/3 < F_L \leqq 1$	$0 \leqq x \leqq 10$	2/3	1
	$10 < x \leqq 20$	1	1

液状化した土層においては，土の強度及び支持力が低下する。したがって，7.2 により液状化すると判定された土層については，その土質定数に式（7.2.1）で算出した液状化に対する抵抗率 F_L の値に応じた表-7.3.1 の係数 D_E を乗じて，耐震設計上土質定数を低減させることが規定されている。ここで，D_E を乗じて低減させる耐震設計上の土質定数は，3.5 に規定されるとおり，地盤反力係数，地盤反力度の上限値及び最大周面摩擦力度とする。なお，土質定数を低減させる土層であっても，その重量を低減してはならない。また，土質定数を低減させる土層における地震時土圧及び地震時動水圧は，考慮する必要はない。ただし，橋に影響を与える流動化が生じる可能性があると判定された場合の取扱いは 4.4

の規定による。

F_L が1.0以下である場合にも，0.9と0.5ではその意味するところは異なる。そこで，設計計算にあたって液状化が生じると判定される地盤上にある基礎の抵抗特性を適切に再現することを意図しつつ，平成7年（1995年）兵庫県南部地震の被災事例の解析，兵庫県南部地震以降の地震による被害の実態，設計上の影響等を総合的に勘案して，土質定数に乗じる係数 D_E の値が F_L 及び動的せん断強度比 R の値に応じて定められている。なお，D_E は，標準貫入試験が実施された深度において得られた F_L を土層ごとに平均した値を用いて，表-7.3.1により求める。

R の値に応じて D_E の値を変化させているのは，F_L の値が同じであっても R が大きければ，小さい場合と比べて地盤反力の低下の程度が小さくなるためである。また，深くなるほど地盤の振動が減少すること，10mより深い位置にある土層で完全に液状化した事例が少ないことを考慮して，深さ10mを境界として異なる係数 D_E の値が設定されている。

8章　鉄筋コンクリート橋脚

8.1　適用の範囲

この章は，塑性化を期待する鉄筋コンクリート橋脚のうち，単柱式の鉄筋コンクリート橋脚及び一層式の鉄筋コンクリートラーメン橋脚の耐震設計に適用する。

この章では，6.2に規定される塑性化を期待する鉄筋コンクリート部材の規定に基づき，鉄筋コンクリート橋脚特有の事項について規定されている。実験的調査研究により明らかにされた塑性ヒンジの形成メカニズムに基づき，限界状態2や限界状態3に対応する水平変位の特性値や制限値，その特性値の算出に用いる軸方向鉄筋の引張ひずみや横拘束鉄筋で拘束されたコンクリートの限界圧縮ひずみ等が設定されている。単柱式の鉄筋コンクリート橋脚及び一層式の鉄筋コンクリートラーメン橋脚を対象としており，はりのない二柱式の鉄筋コンクリート橋脚については，二柱式の鉄筋コンクリート橋脚の挙動を適切に考慮したうえで，柱ごとにこの章の規定を適用し，限界状態を設定することができる。

8.2　一　　般

塑性化を期待する鉄筋コンクリート橋脚を設計する場合は，以下の1)から5)を満足しなければならない。

1)　塑性化を期待する鉄筋コンクリート橋脚は，破壊形態を考慮したうえで，限界状態の特性値及び制限値を適切に設定し，地震時保有水平耐力を算出しなければならない。ここで，破壊形態は，曲げ破壊型，曲げ損傷からせん断破壊移行型及びせん断破壊型に区分することを標準とする。

2)　8.3の規定による場合は，適切に破壊形態を区分し，破壊形態に応じた地震時保有水平耐力を算出したとみなしてよい。

3)　破壊形態に応じた鉄筋コンクリート橋脚の限界状態は8.4の規定による。

4)　上部構造等の死荷重による偏心モーメントが作用する場合は，8.8の規定によりその影響を考慮する。

5)　基礎との接合部は8.11の規定による。

8.3　鉄筋コンクリート橋脚の破壊形態の判定及び地震時保有水平耐力

鉄筋コンクリート橋脚の破壊形態の判定は1)に，また，地震時保有水平耐力は2)による。

1) i) 単柱式の鉄筋コンクリート橋脚又は一層式の鉄筋コンクリートラーメン橋脚の面外方向に対する破壊形態の判定は，式（8.3.1）による。

$$\left.\begin{array}{rl} P_u \leqq P_s : & \text{曲げ破壊型} \\ P_s < P_u \leqq P_{s0} : & \text{曲げ損傷からせん断破壊移行型} \\ P_{s0} < P_u : & \text{せん断破壊型} \end{array}\right\} \cdots\cdots\cdots\cdots\cdots (8.3.1)$$

ここに，

P_u：8.5に規定する鉄筋コンクリート橋脚の終局水平耐力 (N)

P_s：8.6に規定する鉄筋コンクリート橋脚のせん断力の制限値 (N)

P_{s0}：荷重の正負交番繰返し作用の影響に関する補正係数 c_c を1.0として8.6の規定により算出する鉄筋コンクリート橋脚のせん断力の制限値 (N)

ii) 一層式の鉄筋コンクリートラーメン橋脚の面内方向に対する破壊形態の判定は，式（8.3.2）による。

$$\left.\begin{array}{rl} S_i \leqq P_{si} : & \text{曲げ破壊型} \\ P_{si} < S_i \leqq P_{s0i} : & \text{曲げ損傷からせん断破壊移行型} \\ P_{s0i} < S_i : & \text{せん断破壊型} \end{array}\right\} \cdots\cdots\cdots\cdots\cdots (8.3.2)$$

ここに，

S_i：8.7に規定する終局水平耐力に相当する断面力が生じたときに i 番目の塑性ヒンジ位置に生じるせん断力 (N)

P_{si}：8.6の規定により算出する i 番目の塑性ヒンジ位置のせん断力の制限値 (N)

P_{s0i}：荷重の正負交番繰返し作用の影響に関する補正係数 c_c を1.0として8.6の規定により算出する i 番目の塑性ヒンジ位置のせん断力の制限値 (N)

2) i ）単柱式の鉄筋コンクリート橋脚又は一層式の鉄筋コンクリートラーメン橋脚の面外方向の地震時保有水平耐力は，破壊形態に応じて式(8.3.3) により算出する。

$$\left.\begin{array}{l} P_a = P_u \text{（曲げ破壊型）（ただし，} P_c < P_u \text{）} \\ P_a = P_u \text{（曲げ損傷からせん断破壊移行型）} \\ P_a = P_{s0} \text{（せん断破壊型）} \end{array}\right\} \cdots\cdots (8.3.3)$$

ここに，

P_a：鉄筋コンクリート橋脚の地震時保有水平耐力 (N)

P_c：鉄筋コンクリート橋脚のひび割れ水平耐力 (N) で，式 (8.3.4) により算出する。

$$P_c = \frac{Z_c}{h}\left(\sigma_{bt} + \frac{N}{A}\right) \cdots\cdots (8.3.4)$$

ここに，

Z_c：橋脚基部断面における軸方向鉄筋を考慮した橋脚の断面係数 (mm^3)

σ_{bt}：コンクリートの曲げ引張強度 (N/mm^2)で，式(8.3.5)により算出する。

$$\sigma_{bt} = 0.23\sigma_{ck}^{2/3} \cdots\cdots (8.3.5)$$

N：橋脚基部断面に作用する軸力 (N)

A：橋脚基部断面における軸方向鉄筋を考慮した橋脚の断面積 (mm^2)

h：橋脚基部から上部構造の慣性力の作用位置までの距離 (mm)

σ_{ck}：コンクリートの設計基準強度 (N/mm^2)

ii ）一層式の鉄筋コンクリートラーメン橋脚の面内方向の地震時保有水平耐力は，破壊形態に応じて式 (8.3.6) により算出する。

$$\left.\begin{array}{l} P_a = P_u \text{（曲げ破壊型）} \\ P_a = P_u \text{（曲げ損傷からせん断破壊移行型）} \\ P_a = P_i \text{（せん断破壊型）} \end{array}\right\} \cdots\cdots (8.3.6)$$

ここに，

P_u：8.7 に規定する一層式の鉄筋コンクリートラーメン橋脚の終局水平耐力 (N)

P_i：8.6 の規定により算出する i 番目の塑性ヒンジ位置のせん断力の制限値 (N)

この節では，鉄筋コンクリート橋脚の破壊形態に応じた鉄筋コンクリート橋脚の限界状態1，限界状態2及び限界状態3を超えないとみなせるための，水平変位，せん断力及び残留変位の制限値が規定されている。

1) i) 単柱式の鉄筋コンクリート橋脚の破壊形態は8.5の規定に基づいて算出する終局水平耐力と8.6の規定に基づいて算出するせん断力の制限値の大小関係から，曲げ破壊型，曲げ損傷からせん断破壊移行型，せん断破壊型の3種類に分類することとされている。

一層式の鉄筋コンクリートラーメン橋脚の面外方向に対しては，上部構造の慣性力が複数の柱部材によって分担される。このため面外方向に対しては，各柱部材が分担する上部構造重量を算出し，これを支持する各柱部材をそれぞれ単柱式の鉄筋コンクリート橋脚として，8.3の規定により地震時保有水平耐力及び8.4の規定により限界状態1，限界状態2及び限界状態3のそれぞれに対応する制限値を算出する。ここで，各柱部材が分担する上部構造の慣性力は，柱部材の降伏剛性の比によって定める。ただし，はり部材によって支持する上部構造が極端に偏心している場合には，各柱部材の分担率について別途検討が必要である。

ii) 式 (8.3.2) により，一層式の鉄筋コンクリートラーメン橋脚の破壊形態の判定を行う。これは，一層式の鉄筋コンクリートラーメン橋脚において，曲げ損傷を前提とした塑性変形能を期待するためには，終局水平耐力に相当する慣性力が作用する状態においても，各部材がせん断破壊を生じないことが必要とされるためである。

帯鉄筋等の配筋の変更を行ってせん断力の制限値を向上させても，曲げ破壊型となるように設計することができない場合には，一層式の鉄筋コンクリートラーメン橋脚がせん断破壊することを前提として設計する必要がある。ただし，このような設計はできる限り避ける必要がある。

2) i) 単柱式の鉄筋コンクリート橋脚模型に対する正負交番繰返し載荷実験の結果より，曲げ破壊型の単柱式の鉄筋コンクリート橋脚の水平力－水平変位関係の骨格曲線は，一般に図-解 8.3.1 に示すような骨格曲線により表すことができる。8.5 4) に規定されるように，限界状態1は完全弾塑性型の骨格曲線における弾性限界点であり，限界状態1に相当する変位の特性値 δ_{yE} は初降伏変位 δ_{y0} に基づき算出される。これは，初降伏変位を超えても，側方にある軸方向鉄筋の効果により剛性が急激に低下することはなく，また，骨格曲線上における弾性限界点を限界状態1に達する点とする方がエネルギー一定則で仮定している完全弾塑性型の骨格曲線とも一致するためである。したがって，曲げ破壊型の場合には地震時保有水平耐力は式(8.3.3)の第一式により求めることとされている。

ただし，橋脚の断面が非常に大きく，軸方向鉄筋比が小さい場合には，8.5で算出する終局水平耐力がひび割れ水平耐力よりも小さくなることがある。このような橋脚に大きな荷重が作用すると，コンクリートのひび割れ発生とともに水平力が急激に減じて破壊に至る可能性がある。このため，曲げ破壊型の鉄筋コンクリート橋脚では，終局水平耐力をひび割れ水平耐力よりも大きくしなければならない。

一方，曲げ損傷からせん断破壊移行型の場合には，8.4(4)及び(5)に規定されるように，塑性域での繰返し変形が生じないように設計することとなるため，終局水平耐力を地震時保有水平耐力とすることが規定されている。また，せん断破壊型の場合には，8.4(4)及び(5)に規定されるように塑性域での繰返し変形が生じないように設計することとなるため，8.6の規定によりせん断耐力の制限値を算出し，この値を地震時保有水平耐力とする。

単柱式の鉄筋コンクリート橋脚の地震時保有水平耐力，限界状態1，限界状態2及び限界状態3に対応する変位の制限値の算出の手順を示すと図-解8.3.2のとおりである。

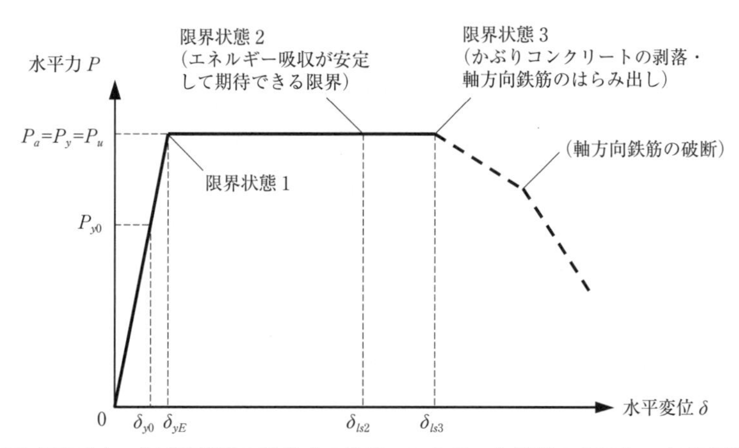

図-解 8.3.1　曲げ破壊型の単柱式の鉄筋コンクリート橋脚の水平力－水平変位関係と限界状態

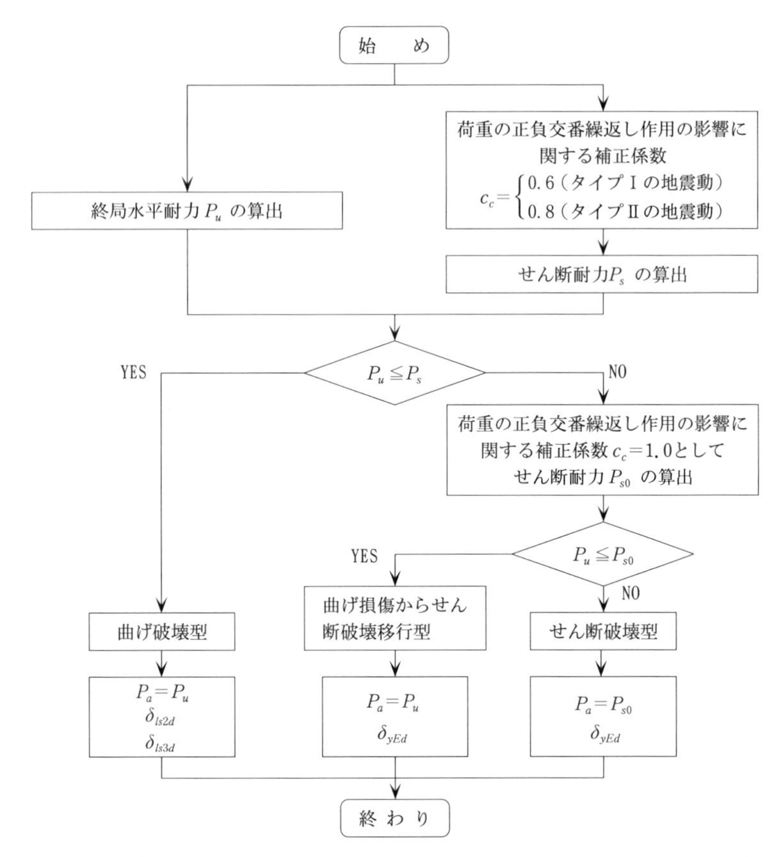

図-解 8.3.2　単柱式の鉄筋コンクリート橋脚の破壊形態の判定と地震時保有水平耐力及び各限界状態に対応する変位の制限値の算出手順

ⅱ）一層式の鉄筋コンクリートラーメン橋脚の面内方向に対して荷重漸増解析を行い，水平力－水平変位関係を算出し，エネルギー一定則により応答変位を算出する場合には以下の①から③に注意する必要がある。

① 水平力の正負交番作用に伴い，柱部材に作用する軸力が変化する。したがって，各柱部材の曲げモーメント－曲率関係が軸力変動の影響を受けることを考慮する。

② 塑性ヒンジは柱部材の上端部と下端部，はり部材の端部等に形成される可能性がある。塑性ヒンジが形成される箇所は各部材の剛性，配筋等により決まるので，これを適切に評価する。

③ 柱部材の上端部及び下端部並びにはり部材の端部以外の箇所に塑性ヒンジが形成されないように留意する。特に，柱部材とはり部材の接合部の破壊形態はせん

断破壊型となり，脆性的な破壊が生じやすいため，8.9.2(4)の規定に従い，接合部に塑性ヒンジが形成されることのないように配筋する。

上記の①及び②を考慮して一層式の鉄筋コンクリートラーメン橋脚の終局水平耐力を精度良く算出するためには，橋脚を鉄筋要素やコンクリート要素に分割し，これらの応力度－ひずみ曲線に基づく非線形解析を行うのが望ましいが，部材の曲げモーメント－曲率関係により復元力特性を定義した簡便な骨組モデルによっても，実用上は十分な精度で一層式の鉄筋コンクリートラーメン橋脚の地震時保有水平耐力及び各限界状態に対応する変位の制限値を算出することができる。

8.4　鉄筋コンクリート橋脚の限界状態

(1)　鉄筋コンクリート橋脚の破壊形態が曲げ破壊型の場合は，8.9 から 8.11 の規定を満足したうえで，以下の 1)及び 2)を満足する場合には，鉄筋コンクリート橋脚の限界状態 1 を超えないとみなしてよい。

1)　鉄筋コンクリート橋脚に生じる水平変位が，式（8.4.1）により算出する水平変位の制限値を超えない。

$$\delta_{yEd} = \xi_1 \cdot \Phi_{RY} \cdot \delta_{yE} \quad \cdots\cdots (8.4.1)$$

ここに，

δ_{yEd}：鉄筋コンクリート橋脚の限界状態 1 に対応する水平変位の制限値 (mm)

ξ_1：調査・解析係数で，1.00 とする。

Φ_{RY}：抵抗係数で，1.00 とする。

δ_{yE}：鉄筋コンクリート橋脚の限界状態 1 に相当する水平変位の特性値 (mm) で，単柱式の鉄筋コンクリート橋脚に対しては 8.5 の規定により算出する。一層式の鉄筋コンクリートラーメン橋脚に対しては 8.7 の規定により算出する。

2)　鉄筋コンクリート橋脚に生じるせん断力が，8.6 に規定するせん断力の制限値を超えない。

(2)　鉄筋コンクリート橋脚の破壊形態が曲げ破壊型の場合は，8.9 から 8.11 の規定を満足したうえで，以下の 1)から 3)を満足する場合には，鉄筋コンクリート橋脚の限界状態 2 を超えないとみなしてよい。

1)　鉄筋コンクリート橋脚に生じる水平変位が，式（8.4.2）により算出する水平変位の制限値を超えない。

$$\delta_{ls2d} = \xi_1 \cdot \Phi_s \cdot \delta_{ls2} \cdots\cdots (8.4.2)$$

ここに，

δ_{ls2d}：塑性化を期待する鉄筋コンクリート橋脚の限界状態2に対応する水平変位の制限値（mm）

δ_{ls2}：塑性化を期待する鉄筋コンクリート橋脚の限界状態2に相当する水平変位の特性値（mm）で，単柱式の鉄筋コンクリート橋脚に対しては8.5の規定により算出する。一層式の鉄筋コンクリートラーメン橋脚に対しては8.7の規定により算出する。

ξ_1：調査・解析係数で，1.00とする。

Φ_s：抵抗係数で，0.65とする。

2)　鉄筋コンクリート橋脚に生じるせん断力が，8.6に規定するせん断力の制限値を超えない。

3)　式（8.4.3）により算出する鉄筋コンクリート橋脚に生じる残留変位δ_Rが，残留変位の制限値を超えない。ここで，残留変位の制限値は地震後に橋に求める機能に応じて適切に設定しなければならない。個別に検討を行わない場合は，橋脚下端から上部構造の慣性力の作用位置までの高さの1/100の値とすることを原則とする。

$$\delta_R = c_R(\mu_r - 1)(1 - r)\delta_{yE} \cdots\cdots (8.4.3)$$

ここに，

c_R：残留変位補正係数で，0.6とする。

r：鉄筋コンクリート橋脚の降伏剛性に対する降伏後の二次剛性の比で，零とする。

μ_r：鉄筋コンクリート橋脚の最大応答塑性率で，鉄筋コンクリート橋脚の最大応答変位をδ_{yE}で除した値とする。静的解析による場合，最大応答塑性率は，式（8.4.4）により算出する。

$$\mu_r = \frac{1}{2}\left\{\left(\frac{c_{2z} k_{h0} W}{P_a}\right)^2 + 1\right\} \cdots\cdots (8.4.4)$$

k_{h0}：レベル2地震動の設計水平震度の標準値で，地震動のタイプに応じて4.1.6に規定する $k_{\mathrm{I}h0}$ 又は $k_{\mathrm{II}h0}$ を用いる。

c_{2z}：レベル2地震動の地域別補正係数で，地震動のタイプに応じて3.4に規定する $c_{\mathrm{I}z}$ 又は $c_{\mathrm{II}z}$ を用いる。

W：等価重量（N）で，式（8.4.5）により算出する。

$$W = W_U + c_P W_P \quad \cdots\cdots (8.4.5)$$

c_P：等価重量算出係数で，0.5とする。

W_U：当該鉄筋コンクリート橋脚が支持している上部構造部分の重量（N）

W_P：鉄筋コンクリート橋脚の重量（N）

(3) 鉄筋コンクリート橋脚の破壊形態が曲げ破壊型の場合は，8.9から8.11の規定を満足したうえで，以下の1)及び2)を満足する場合には，限界状態3を超えないとみなしてよい。

1) 鉄筋コンクリート橋脚に生じる水平変位が，式（8.4.6）により算出する水平変位の制限値を超えない。

$$\delta_{ls3d} = \xi_1 \cdot \xi_2 \cdot \Phi_s \cdot \delta_{ls3} \quad \cdots\cdots (8.4.6)$$

ここに，

δ_{ls3d}：塑性化を期待する鉄筋コンクリート橋脚の限界状態3に対応する水平変位の制限値（mm）

δ_{ls3}：塑性化を期待する鉄筋コンクリート橋脚の限界状態3に相当する水平変位の特性値（mm）で，単柱式の鉄筋コンクリート橋脚に対しては8.5の規定により算出する。一層式の鉄筋コンクリートラーメン橋脚に対しては8.7の規定により算出する。

ξ_1：調査・解析係数で，1.00とする。

ξ_2：部材・構造係数で，1.00とする。

Φ_s：抵抗係数で，0.65とする。

2) 鉄筋コンクリート橋脚に生じるせん断力が，8.6に規定するせん断力の制限値を超えない。

(4) 鉄筋コンクリート橋脚の破壊形態が曲げ損傷からせん断破壊移行型の場合及びせん断破壊型の場合は，以下の1)及び2)を満足する場合には，鉄筋コンクリート橋脚の限界状態1を超えないとみなしてよい。

1) 鉄筋コンクリート橋脚に生じる変位が，式（8.4.1）により算出する水平変位の制限値を超えない。

2) 鉄筋コンクリート橋脚に生じるせん断力が，8.6 に規定するせん断力の制限値を超えない。

(5) 鉄筋コンクリート橋脚の破壊形態が曲げ損傷からせん断破壊移行型の場合及びせん断破壊型の場合は，(4) 1)及び 2)を満足する場合には，鉄筋コンクリート橋脚の限界状態 3 を超えないとみなしてよい。

(1)から(3) 曲げ破壊型と判定される塑性化を期待する鉄筋コンクリート橋脚の耐荷性能の照査では，限界状態 1，限界状態 2 又は限界状態 3 に相当する変位を工学的指標として設定することが基本である。なお，これまでの示方書では静的解析による鉄筋コンクリート橋脚の照査では，許容塑性率の大きさに応じてエネルギー一定則により低減された設計水平震度を用いて算出する慣性力と部材の地震時保有水平耐力とを比較するという力を指標として行うことが規定されていた。今回の改定では，実際に生じる応答変位を直接的に評価することとされ，鉄筋コンクリート橋脚の応答変位が，部材の限界状態 1，限界状態 2 及び限界状態 3 を超えないとみなせる変位の制限値を設定することが規定されている。

各限界状態に相当する変位の特性値は，静的な正負交番繰返し載荷を受ける鉄筋コンクリート橋脚の水平力－水平変位関係の骨格曲線，エネルギー吸収能及び損傷の進展を踏まえ，限界状態が定められている。部材等の挙動が可逆性を失うものの，耐荷力が想定する範囲内で確保できる限界の状態が限界状態 2 とされており，ここでは水平力の低下がほとんどなくエネルギー吸収が安定して期待できる限界の状態が限界状態 2 とされている。これは，水平力の低下がほとんどなく十分なエネルギー吸収が期待できる状態においては，曲げひび割れが残留する程度の損傷に留まることから，鉛直耐荷力の低下のおそれがなく，余震に対しても直ちには水平耐荷力の低下が生じない。この状態は，残留変位が大きくならなければ，地震発生後に速やかな機能の回復が可能である状態に相当すると考えられる。そのため，この状態の限界が限界状態 2 として設定されている。また，限界状態 3 は，地震時保有水平耐力を保持できる限界の状態としている。これは，この段階を超えるとかぶりコンクリートが剥落し，軸方向鉄筋のはらみ出しが顕著になるため，水平力の低下が顕著となり，安定して耐力が確保されなくなり，余震に対しても，耐荷力を喪失する可能性が生じるためである。このような限界の状態となる水平変位の特性値を設定するために，6.2 の規定に基づき，柱部材を対象とした実験結果から，その水平変位に対応する軸方向鉄筋の引張ひずみや横拘束鉄筋で拘束されたコンクリートの限界圧縮ひずみ等が設定されている。

なお，鉄筋コンクリート橋脚の地震時保有水平耐力や限界状態に相当する変位の特性値は主として，静的な正負交番繰返し載荷実験に基づき設定されている。これは，地震により橋脚に生じる応答速度は，静的な正負交番繰返し載荷実験で載荷される速度とは異なるものの，振動台実験等との比較により，静的な正負交番繰返し載荷実験の結果得られた鉄筋コンクリート橋脚の地震時保有水平耐力や塑性変形能は，応答速度の差により大きな影響がないことが確認されているためである。

また，各限界状態に相当する変位の特性値の設定においては，地震応答による塑性変形応答の繰返しの影響を適切に評価することが重要である。地震による鉄筋コンクリート橋脚の塑性応答繰返し特性と基準変位の整数倍ごとに変位を漸増させていく正負交番繰返し載荷実験における載荷繰返し回数の関係に関しては，多数の既往の地震記録を用いた非線形地震応答解析の結果を分析した研究によると，一般的な鉄筋コンクリート橋脚において最大応答変形が生じるまでに経験する塑性応答変形の繰返し回数は，そのばらつきを安全側に考慮しても，レベル２地震動（タイプⅠ）では繰返し回数が２～３回程度の正負交番載荷実験に，レベル２地震動（タイプⅡ）では１回程度の正負交番載荷実験にそれぞれ相当することが明らかとなっている。したがって，レベル２地震動（タイプⅠ）に対しては各振幅における繰返し回数を３回とした実験の結果に，レベル２地震動（タイプⅡ）に対しては各振幅における繰返し回数を１回とした実験の結果に，それぞれ基づいて限界状態に相当する変位の特性値を設定するのが合理的といえる。一方，水平耐力付近で安定していた水平力が低下し始める限界の状態までは，繰返し回数が１～３回の範囲では地震時保有水平耐力や損傷の進展過程等に及ぼす載荷の繰返しの影響は顕著ではないことも明らかになっている。以上のことから，繰返し回数が少ないレベル２地震動（タイプⅡ）についても，安全側の判断から，レベル２地震動（タイプⅠ）と同様に，繰返し回数を３回とした正負交番繰返し載荷実験結果をもとに，繰返し回数の影響が顕著にならない範囲を耐震設計で考慮する範囲とし，レベル２地震動（タイプⅠ）及びレベル２地震動（タイプⅡ）の両方に対して同じ各限界状態に相当する変位の特性値が設定されている。

なお，これまでの示方書では塑性域の変位に対して安全係数（$\alpha=1.2$）で除することにより制限値となる許容塑性率を算出していたが，限界状態２及び限界状態３に相当する変位の評価式のもつばらつき等が抵抗係数の算出に考慮されており，これまでの示方書と同程度の信頼性が得られることにも配慮し制限値は設定されている。

また，曲げ損傷からせん断破壊移行型の場合には，橋脚に塑性変形が正負交番で繰り返して作用する過程においてせん断破壊へと移行していくことを考慮し，耐震設計上，塑性域のねばりを期待せず，塑性化を期待してはならないことが規定されている。

式（8.4.5）の等価重量 W を求める際に用いる等価重量算出係数は，曲げ破壊型と判定された場合の橋脚の等価重量を橋脚重量の1/2とされている。これは，上部構造の慣性力の作用位置に等価重量を作用させた場合の曲げモーメントと橋脚に等分布に慣性力を作用させた場合の曲げモーメントが基部で等しくなるようにしたためである。なお，等価重量の算出にあたっては，死荷重（D）に対する荷重組合せ係数及び荷重係数を考慮する。

ラーメン橋のように上下部構造が一体的に挙動する橋を静的解析により照査を行う場合には，上下部構造を構成する各部材に生じる応答値は，図-解 5.3.2 に示すような橋全体系に対する荷重漸増載荷解析を行って限界状態に応じた水平震度を求め，エネルギー一定則を適用して式（解 8.4.1）により最大応答塑性率を算出し，その最大応答塑性率に達したときの各部材の応答値として求めることができる。

$$\mu_{rT}=\frac{1}{2}\left\{\left(\frac{c_{2z}k_{h0}}{k_{hu}}\right)^2+1\right\} \quad \text{（解 8.4.1）}$$

ここに，

μ_{rT}：橋全体系の最大応答塑性率

k_{hu}：限界状態に応じた橋全体系の水平震度で，橋全体系に対する荷重漸増載荷解析により算出する。

k_{h0}：4.1.6 に規定する $k_{\mathrm{I}h0}$ 又は $k_{\mathrm{II}h0}$

c_{2z}：レベル 2 地震動の地域別補正係数で，地震動のタイプに応じて 3.4 に規定する $c_{\mathrm{I}z}$ 又は $c_{\mathrm{II}z}$ を用いる。

曲げ破壊型と判定された場合にも，2.4.5(2)(3)の解説に示したように，ダム湖に架かる橋の橋脚のように地震後の点検や修復が著しく難しい条件等の場合には，このような制約条件を踏まえて設計で考慮する限界状態を定める必要がある。鉄筋コンクリート橋脚に塑性化が生じると，コンクリートにひび割れが生じ，地震後にひび割れが残留する。地震後の残留ひび割れが耐久性に及ぼす影響に関する技術的知見が十分ではないことから，このような条件の場合には塑性化を期待しない部材とするという考え方もある。なお，こうした地点に建設される橋脚の設計の合理化のためには，鉄筋コンクリート橋脚の修復を必要とせず，かつ，耐久性に影響を及ぼさない損傷の程度に関する研究の蓄積が必要である。

(2) 3)　橋脚の非線形域において大きな塑性変形を許容する設計を行えば，それだけ大きな非線形応答変位が生じることになり，これに伴って地震後に橋脚に生じる残留変位が大きくなり，橋としての速やかな機能回復のための応急復旧が困難となることなどが懸念される。このため，塑性変形能に過度に頼った設計とならないようにするために，塑性化を期待する鉄筋コンクリート橋脚の限界状態 2 を超えないとみなせる条件として，残留変位についても制限値が規定されている。

平成 7 年（1995 年）兵庫県南部地震により被災した橋脚では，橋脚の残留変位が橋脚高さの 1/60 程度又は 150mm 程度以上生じた場合には，残留変位を強制的に修復することが困難であったこと，支承部の嵩上げが必要になる等復旧が困難であることから橋脚の再構築を必要とした事例があったこと等を考慮して残留変位についても橋に求める機能に応じて所要の範囲に抑えることが求められる。なお，個別に検討を行わない場合は，制限値として橋脚高さの 1/100 を原則とすることが規定されている。これは，上述したように被災した橋脚等での実績を踏まえ設定されたものであり，橋脚高さが特に高い橋を対象として設定したものではない。橋脚高さが非常に高い等特殊な橋脚の場合では，橋に求める機能に応じて個別に検討するのがよい。

残留変位の算出は，残留変位応答スペクトルに基づき，式（8.4.3）に基づき算出することとされている。残留変位応答スペクトルによれば，橋脚の残留変位は，式（8.4.3）に示すように応答塑性率 μ_r，橋脚の降伏剛性に対する降伏後の二次剛性の比 r 及び残留変位補正係数 c_R により求められる。残留変位補正係数 c_R は，r との相関が強い係数であり，$r=0$ としたモデルに対する動的解析結果に基づき設定されている。ここで，$r=0$ としたのは，鉄筋コンクリート橋脚では完全弾塑性型の骨格曲線にモデル化するためである。c_R は，応答塑性率の大きさに応じて除荷時の剛性が低下する履歴特性を考慮したモデルに対する動的解析結果に基づき，残留変位応答スペクトルの最大値を推定するように設定されている。なお，式（8.4.3）は，鉄筋コンクリート部材の非線形特性の特徴の１つである除荷時の剛性低下は考慮されていない。これは，除荷時の剛性低下を考慮しない方が安全側の評価になること及び設計の便を考慮したものである。

(4) せん断破壊型と判定された場合には，ねばりが乏しいもろい破壊を生じる可能性があるため，2.7.2 2) i)に規定されるように，脆性的な破壊は生じにくくなるように配慮しなければならない。ただし，壁式橋脚の橋軸直角方向のように，橋脚の曲げ耐力が大きく，曲げ破壊型となるように設計することが合理的ではない場合もある。このような場合には，塑性変形能を期待することができないため，破壊に対して適切な安全性を確保するために，6.2.4 に規定される荷重の正負交番繰返し作用の影響に関する補正係数 c_c を 1.0 とした場合の鉄筋コンクリート橋脚のせん断力の制限値を超えないことを確認することが必要となる。また，曲げ損傷からせん断破壊移行型の場合にも，橋脚に塑性変形が正負交番に繰り返して作用する過程においてせん断破壊へと移行していくことを考慮し，塑性化を期待しない設計を行う必要がある。

8.5　単柱式の鉄筋コンクリート橋脚の限界状態に対応する水平耐力及び水平変位

単柱式の鉄筋コンクリート橋脚の限界状態1に相当する水平変位の特性値 δ_{yE}，限界状態2に相当する水平変位の特性値 δ_{ls2} 及び限界状態3に相当する水平変位の特性値 δ_{ls3} 並びに限界状態1に相当する耐力 P_y（以下「降伏水平耐力」という。）及び終局水平耐力 P_u の算出は，以下の1)から6)による。この場合，適用対象は充実断面の単柱式の鉄筋コンクリート橋脚であり，その適用範囲は，軸方向鉄筋比が2.5%まで，横拘束鉄筋比が1.8%まで，柱基部の軸圧縮応力度が3N/mm^{2}まで，軸方向鉄筋の種類はSD345，SD390及びSD490，横拘束鉄筋の種類はSD345，コンクリートの設計基準強度は21～30 N/mm^{2}とする。

1)　維ひずみは，中立軸からの距離に比例する。

2)　水平力－水平変位の骨格曲線は図-8.5.1に示す完全弾塑性型とする。

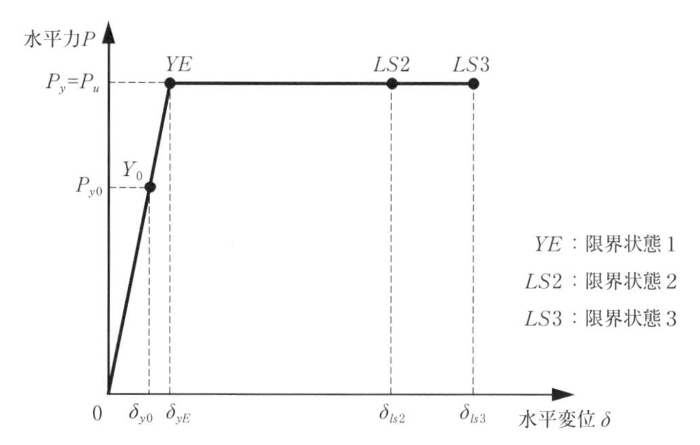

図-8.5.1　単柱式の鉄筋コンクリート橋脚の水平力－水平変位関係のモデル化

3)　コンクリートの応力度－ひずみ曲線及び鉄筋の応力度－ひずみ曲線は6.2.3の規定による。ただし，図-8.5.2に示すコンクリートの限界圧縮ひずみ ε_{ccl} は式（8.5.1）により算出する。また，塑性化を期待する単柱式の鉄筋コンクリート橋脚の限界状態2，限界状態3に相当する軸方向鉄筋の引張ひずみ ε_{st2} 及び ε_{st3} は図-8.5.3に基づき，それぞれ式（8.5.2）及び式（8.5.3）により算出する。

$$\varepsilon_{ccl} = \varepsilon_{cc} + \frac{0.5\sigma_{cc}}{E_{des}} \quad \cdots\cdots (8.5.1)$$

$$\varepsilon_{st2} = 0.025 \cdot L_p^{0.15} \phi^{-0.15} \beta_s^{0.2} \beta_{co}^{0.22} \quad \cdots\cdots (8.5.2)$$

$$\varepsilon_{st3} = 0.035 \cdot L_p^{0.15} \phi^{-0.15} \beta_s^{0.2} \beta_{co}^{0.22} \quad \cdots\cdots (8.5.3)$$

ここに，

ε_{cc}：コンクリートが最大圧縮応力度に達するときのひずみで，式（6.2.4）により算出する。

ε_{ccl}：横拘束鉄筋で拘束されたコンクリートの限界圧縮ひずみ

σ_{cc}：横拘束鉄筋で拘束されたコンクリートの最大圧縮応力度（N/mm^2）で，式（6.2.3）により算出する。

E_{des}：下降勾配（N/mm^2）で，式（6.2.5）により算出する。

ε_{st2}：限界状態2に相当する軸方向鉄筋の引張ひずみ

ε_{st3}：限界状態3に相当する軸方向鉄筋の引張ひずみ

ϕ：式（8.5.2）又は式（8.5.3）により，各限界状態に相当する軸方向鉄筋の引張ひずみを算出するための軸方向鉄筋の直径（mm）

L_p：塑性ヒンジ長（mm）で，式（8.5.4）により算出する。

$$\left. \begin{array}{l} L_p = 9.5\sigma_{sy}^{1/6}\beta_n^{-1/3}\phi' \\ \text{ただし，} L_p \leqq 0.15h \end{array} \right\} \quad \cdots\cdots (8.5.4)$$

σ_{sy}：軸方向鉄筋の降伏強度（N/mm^2）

β_n：軸方向鉄筋のはらみ出しに対する抵抗を表すばね定数（N/mm^2）で，断面形状に関わらず式（8.5.5）により算出する。

$$\beta_n = \beta_s + \beta_{co} \quad \cdots\cdots (8.5.5)$$

β_s：横拘束鉄筋の抵抗を表すばね定数（N/mm^2）で，式（8.5.6）により算出する。

$$\beta_s = \frac{384\,E_0 I_h}{n_s d'^3 s} \quad \cdots\cdots (8.5.6)$$

E_0：横拘束鉄筋のヤング係数（N/mm^2）

I_h：横拘束鉄筋の断面二次モーメント（mm^4）

d'：塑性ヒンジ長を算出するための横拘束鉄筋の有効長（mm）で，耐震設計で考慮する慣性力の作用方向と平行な方向に配置する横拘束鉄筋によって分割されたコンクリート部分の中で最も大きい値とする。ただし，円形断面の場合には，最外縁に配置された横拘束鉄筋が囲むコンクリートの直径の0.8倍の値とする。

n_s：塑性ヒンジ長を算出するための横拘束鉄筋の有効長d'が最も大きいコンクリート部分に配置される圧縮側軸方向鉄筋の本数で，複数段配筋される場合にはそれらの合計の本数とする。

s：横拘束鉄筋の間隔（mm）

β_{co}：かぶりコンクリートの抵抗を表すばね定数（N/mm^2）で，式(8.5.7)により算出する。

$$\beta_{co}=0.01c_0 \cdots\cdots (8.5.7)$$

c_0：塑性ヒンジ長を算出するための横拘束鉄筋の有効長d'が最も大きいコンクリート部分の最外縁に配置された軸方向鉄筋の最外面からコンクリートの表面までの距離（mm）

ϕ'：塑性ヒンジ長を算出するための横拘束鉄筋の有効長d'が最も大きいコンクリート部分に配置される軸方向鉄筋の直径（mm）で，40mm以上の直径の軸方向鉄筋を用いる場合には40mmとする。

h：橋脚基部から上部構造の慣性力の作用位置までの距離（mm）

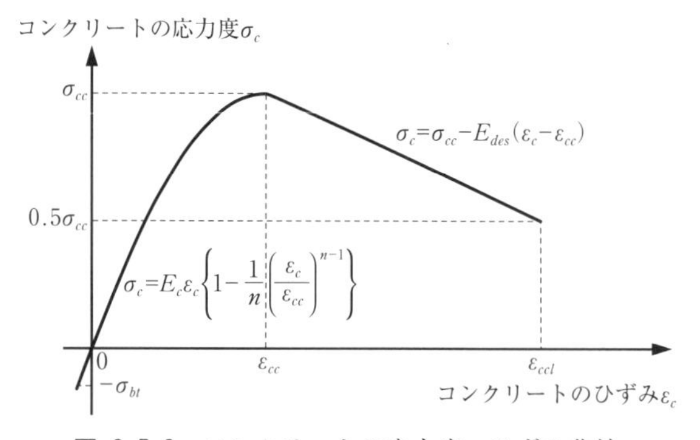

図-8.5.2　コンクリートの応力度－ひずみ曲線

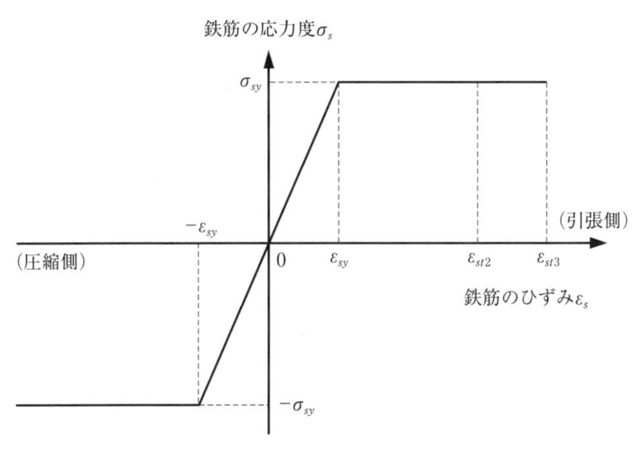

図-8.5.3　軸方向鉄筋の応力度－ひずみ曲線

4)　限界状態1は，図-8.5.1に示す完全弾塑性型の骨格曲線における弾性限界点とする。限界状態1に相当する降伏水平耐力P_y及び水平変位の特性値δ_{yE}は，それぞれ，式（8.5.8）及び式（8.5.9）により算出する。

$$P_y = \frac{M_{ls2}}{h} \cdots\cdots (8.5.8)$$

$$\delta_{yE} = \frac{M_{ls2}}{M_{y0}} \delta_{y0} \cdots\cdots (8.5.9)$$

ここに，

P_y：単柱式の鉄筋コンクリート橋脚の降伏水平耐力 (N)

δ_{yE}：限界状態1に相当する水平変位の特性値 (mm)

M_{ls2}：限界状態2に相当する橋脚基部断面の曲げモーメント (N·mm)

δ_{y0}：最外縁にある軸方向引張鉄筋位置において軸方向鉄筋の引張ひずみが降伏ひずみに達するときの水平変位（以下「初降伏変位」という。）(mm) で，上部構造の慣性力の作用位置に式（8.5.10）により算出する初降伏水平耐力P_{y0}を作用させたときの曲率分布をもとに算出する。

$$P_{y0} = \frac{M_{y0}}{h} \cdots\cdots (8.5.10)$$

ここに，

P_{y0}：最外縁にある軸方向引張鉄筋が降伏するときの単柱式の鉄筋コンクリート橋脚の水平耐力（N）

M_{y0}：最外縁にある軸方向引張鉄筋が降伏するときの橋脚基部断面の曲げモーメント（N·mm）

5）　限界状態2は，最外縁の軸方向引張鉄筋位置において軸方向鉄筋の引張ひずみが鉄筋コンクリート橋脚の限界状態2に相当する引張ひずみに達するとき又は最外縁の軸方向圧縮鉄筋位置においてコンクリートの圧縮ひずみが限界圧縮ひずみに達するときのいずれか先に生じるときの状態とする。このときの水平耐力を終局水平耐力 P_u とし，式（8.5.11）により算出する。限界状態2に相当する水平変位の特性値 δ_{ls2} は式（8.5.12）により算出する。

$$P_u = \frac{M_{ls2}}{h} \qquad \cdots\cdots(8.5.11)$$

$$\delta_{ls2} = k_2 \cdot (\delta_{yE} + (\phi_{ls2} - \phi_y) L_p (h - L_p/2)) \qquad \cdots\cdots(8.5.12)$$

ここに，

P_u：単柱式の鉄筋コンクリート橋脚の終局水平耐力（N）

δ_{ls2}：単柱式の鉄筋コンクリート橋脚の限界状態2に相当する水平変位の特性値（mm）

k_2：補正係数で，1.3とする。

ϕ_{ls2}：橋脚基部断面における限界状態2に達するときに生じる曲率（1/mm）

ϕ_y：橋脚基部断面における限界状態1に達するときに生じる曲率（1/mm）で，式（8.5.13）による。

$$\phi_y = \left(\frac{M_{ls2}}{M_{y0}}\right) \phi_{y0} \qquad \cdots\cdots(8.5.13)$$

ϕ_{y0}：橋脚基部断面の最外縁にある軸方向引張鉄筋が降伏するときの曲率（1/mm）

6）　限界状態3は，最外縁の軸方向引張鉄筋位置において軸方向鉄筋の引張ひずみが鉄筋コンクリート橋脚の限界状態3に相当する引張ひずみに達するとき又は最外縁の軸方向圧縮鉄筋位置においてコンクリートの圧縮ひずみが限界圧縮ひずみに達するときのいずれか先に生じるときの状態とする。限界状態 3 に相当する水平変位の特性値 δ_{ls3} は，式 (8. 5. 14) により算出する。

$$\delta_{ls3} = k_3 \cdot (\delta_{yE} + (\phi_{ls3} - \phi_y) L_p (h - L_p/2)) \quad \cdots\cdots (8.5.14)$$

ここに，

δ_{ls3}：単柱式の鉄筋コンクリート橋脚の限界状態 3 に相当する水平変位の特性値 (mm)

ϕ_{ls3}：橋脚基部断面における限界状態 3 に達するときに生じる曲率 (1/mm)

k_3：補正係数で，1. 3 とする。

単柱式の鉄筋コンクリート橋脚の限界状態 2 又は限界状態 3 に相当する変位の特性値は，図-解 8. 5. 1 に示すように，最外縁の軸方向引張鉄筋位置において軸方向鉄筋の引張ひずみがそれぞれの限界状態に応じたひずみに達するとき又は最外縁の軸方向圧縮鉄筋位置におけるコンクリートの圧縮ひずみが限界圧縮ひずみに達するときのいずれか小さい方の変位と定義されている。6. 2 の規定に基づき，鉄筋コンクリート橋脚模型を用いた正負交番載荷実験結果等を踏まえ限界状態に相当する水平変位の特性値を設定し，6. 2 に規定される応力度－ひずみ関係を用いて限界状態に相当する軸方向鉄筋の引張ひずみ又はコンクリートの圧縮ひずみが設定されている。

これらの塑性変形能は，8. 4 の解説に示したように，軸方向鉄筋のはらみ出しの挙動に強く関連する。このはらみ出し挙動は，曲げ塑性変形を受けた鉄筋コンクリート橋脚の塑性ヒンジ領域の軸方向鉄筋が引張りを受けた後に橋脚に作用する水平力が反転して軸方向鉄筋が圧縮される段階に生じる。この軸方向鉄筋のはらみ出し挙動は，軸方向鉄筋が経験した最大の引張ひずみとの相関が確認されているため，軸方向鉄筋の引張ひずみを用いて限界状態に相当する水平変位が定義されている。なお，軸方向鉄筋の引張ひずみそのものを限界状態に相当する工学的指標としていないのは，実験結果に基づく塑性変形能の評価を行うに際して，限界状態の軸方向鉄筋の引張ひずみは直接計測できないため，そのときの水平変位をその評価指標としたためである。

また，軸力が高い場合等には，軸方向鉄筋の引張ひずみが小さい段階でも圧縮側のかぶりコンクリートに損傷が生じることにより軸方向鉄筋のはらみ出しに対するかぶりコンクリートの抵抗力が低下し，その結果，軸方向鉄筋がはらみ出して，限界状態に達する場合もある。このような破壊モードを表すためには，軸力の大きさとかぶりコンクリートの損傷程度，さらに軸方向鉄筋のはらみ出しの関連性を明らかにし，この破壊モードを表すことができるモデルが必要となるが，これらの相関に関してはまだ十分明らかになっていない。このため，ここでは，この影響を比較的簡便に考慮するために，こうした限界状態を表す指標としてコンクリートに限界圧縮ひずみを設け，コンクリートの圧縮ひずみがこの限界値に達するときの変位も算出し，鉄筋ひずみが限界状態に相当する引張ひずみに達するとき，又はコンクリートのひずみが限界圧縮ひずみに達するときのいずれかが先に達するときが，それぞれの限界状態に相当する水平変位の特性値とされている。

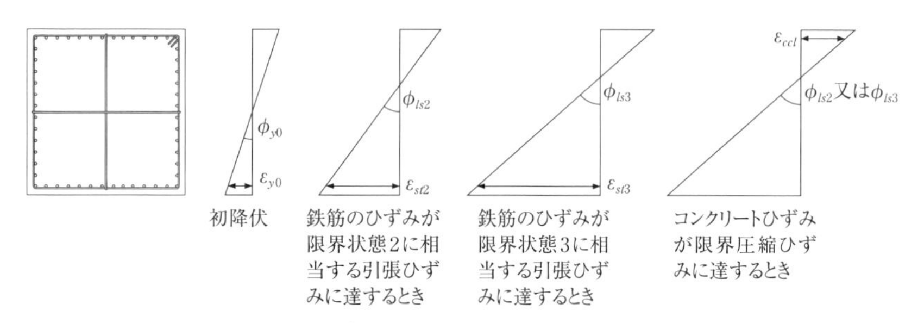

図-解 8.5.1　各限界状態におけるひずみ分布の設定

また，限界状態2又は限界状態3に相当する水平変位の特性値の算出方法において，塑性ヒンジ長及びそれぞれの限界状態に相当するひずみは，実験結果のキャリブレーションにより設定されている。このため，検討対象とした鉄筋コンクリート橋脚模型の諸元の範囲がここに示す方法の適用範囲となる。実験的に検証されているのは，充実断面の鉄筋コンクリート橋脚の軸方向鉄筋比が0.5～2.5%，横拘束鉄筋比が0.1～1.8%，柱基部の軸圧縮応力度が0～3N/mm^2，軸方向鉄筋の種類はSD295，SD345及びSD490，横拘束鉄筋の種類はSD295及びSD345であり，コンクリートの強度は21～40 N/mm^{2}であるが，評価方法の適用範囲と示方書に規定される材料の範囲を踏まえて，適用範囲が条文のように規定されている。ここで，SD490の鉄筋を軸方向鉄筋に使用した鉄筋コンクリート橋脚に対する適用性を検証する実験は，30 N/mm^{2}以上の強度を有するコンクリートを用いて実施されている。したがって，鉄筋コンクリート橋脚の軸方向鉄筋にSD390又はSD490の鉄筋を使用する場合には，設計基準強度30 N/mm^{2}のコンクリートを用いる必要がある。なお，6.2.2に解説されるように，曲げモーメント－曲率関係を設定するにあたって考慮する軸力は，荷重組合せ係数や荷重係数を考慮した組合せ作用下での軸力とする必要があることから，軸圧縮応力度が適用範囲であることを確認する場合は，荷重組合せ係数や荷重係数を考慮した組合せ作用下での軸力を用いて算出する。

したがって，この適用範囲に含まれない場合や新しい材料や構造等を用いる場合には，2.4.6(5)の規定に基づき，次に示すｉ)からiii)を満たすことを実験により検証する必要がある。

ｉ）設計で対象とする限界状態までの範囲だけでなく，それを超える応答が生じるような状態となっても直ちに落橋，倒壊等につながるような致命的な損傷が鉄筋コンクリート橋脚に生じるのはできる限り避ける必要がある。鉄筋コンクリート橋脚は，その構造条件に応じて，比較的安定的な曲げ破壊を示す場合と脆性的なせん断破壊を示す場合がある。また，近年の実験では，8.3の規定を準用し曲げ破壊型と判定される場合にも，例えば，中空断面を有する橋脚において軸力が大きくかつ軸方向鉄筋が負担する力の割合が大きいなどの構造条件の場合には，曲げの作用を受けた際に圧縮力を負担する壁部のコンクリートの圧縮破壊によって急激に軸耐荷力を失うという，倒壊につながる可能性のある致命的な損傷を生じる場合があることも明らかになってきている。中空断面を有する鉄筋コンクリート橋脚のように，特殊性のある構造の場合には，破壊形態に応じて適切な安全性を確保するように橋の限界状態に応じた，鉄筋コンクリート橋脚の限界状態に相当する特性値等を定める必要がある。

ii）塑性化を期待する部材として鉄筋コンクリート橋脚を選定した橋では，橋の限界状態2又は限界状態3を鉄筋コンクリート橋脚の限界状態で代表できるように，鉄筋コンクリート橋脚の限界状態を適切に定める必要がある。塑性ヒンジが形成される領域に所要の横拘束鉄筋を配置した鉄筋コンクリート橋脚模型に対して，初降伏変位を基準変位とした基準変位の整数倍ごとに変位を漸増させていく正負交番繰返し載荷実験の結果によれば，水平力と水平変位の関係は，軸方向鉄筋の降伏後，水平力が水平耐力において安定して保持されたのち，かぶりコンクリートの剥離，軸方向鉄筋のはらみ出し等により水平力が低下し始め，横拘束鉄筋で拘束された内部のコンクリートの破壊や軸方向鉄筋の破断等により最終状態に至る。また，この水平力と水平変位の関係の特性は橋脚に生じる塑性変形の繰返し回数にも影響を受ける。こうした特性を踏まえ，水平耐力を安定して保持できる領域を設計で対象とする範囲として定める必要がある。

3.3(1)に規定されるように橋の耐震設計では，地震動の継続時間及び地震動の強度の異なる2種類のレベル2地震動を設計で考慮することとされている。地震動の継続時間が長くなると，一般に橋脚に生じる塑性応答の繰返し回数が増えるため，これを適切に考慮する必要がある。一般にはレベル2地震動が作用するときに鉄筋コンクリート橋脚に生じる応答が水平耐力を安定して保持できる範囲内に留まれば，橋脚に生じる塑性応答の繰返し回数が塑性変形能に及ぼす影響は顕著ではないことが明らかになっている。

iii）鉄筋コンクリート橋脚の地震時保有水平耐力，塑性変形能等を適切に評価できるとともに，地震時の応答を適切に求めるためのモデルを与える必要がある。なお，こうした評価方法やモデル化の方法は正負交番繰返し載荷実験や振動台加震実験等によって検証された方法である必要がある。

また，条文に規定する算出方法の適用条件の1つとして，充実断面の鉄筋コンクリート橋脚であることが規定されている。これは，中空断面を有する鉄筋コンクリート橋脚模型に対する正負交番繰返し載荷実験によると，壁厚が薄く，軸圧縮力が大きく，かつ軸方向鉄筋が負担する力の割合が大きいなどの条件に該当する中空断面の鉄筋コンクリート橋脚の中空断面部に塑性ヒンジが形成される場合には，前述のように曲げの作用を受けた際に圧縮力を負担する壁部のコンクリートの圧縮破壊によって軸耐荷力を急激に失うという致命的な損傷が生じる場合があること，中空断面の内面の損傷の方が外周面の損傷よりも大きい場合があることが明らかになったこと，地震後における中空断面の内面の点検及び損傷が生じた場合の修復が容易ではないこと，中空断面の内面の損傷を外周面の損傷から推定することに関する十分な技術的知見がないこと等を踏まえたためである。なお，中空断面を有する橋脚の場合にも，8.9.2(5)の規定を踏まえ，その解説に示される構造的な配慮をする場合には，塑性ヒンジ領域は充実断面となるため，ここに示す水平力と水平変位の関係の算出方法を適用することができる。塑性ヒンジが中空断面部に形成される可能性のある鉄筋コンクリート橋脚とする場合は，個別に慎重な検討が必要である。例えば，単に水平力－水平変位関係だけでなく，上記のような中空断面部に塑性ヒンジが形成される鉄筋コンクリート橋脚の破壊特性を踏まえ，中空断面の内面の損傷にも着目した実験的検討も行うのがよい。

ここに設定している限界状態は，限界状態3においてもかぶりコンクリートが剥落する前の状態に設定しているが，安全側の配慮と設計における簡便さから，限界状態2又は限界状態3に達するときに生じる水平力を算出する場合には，圧縮側のかぶりコンクリートは圧縮応力を分担しないと仮定されている。なお，軸方向鉄筋が2段配筋となる場合には，外側に配置される軸方向鉄筋位置に限界圧縮ひずみを与えることになる。

ひび割れ水平耐力，初降伏水平耐力，限界状態1，限界状態2又は限界状態3に相当する水平耐力及び水平変位の標準的な算出方法の例を次に示す。

橋脚を高さ方向に m 分割し，分割された断面ごとにひび割れ水平耐力に達するときの曲げモーメント，初降伏曲げモーメント及び限界状態2又は限界状態3に相当する曲げモーメント（M_c, M_{y0}, M_{ls2} 又は M_{ls3}）及び曲率（ϕ_c, ϕ_{y0}, ϕ_{ls2} 又は ϕ_{ls3}）を求める。高さ方向の分割数 m は，50分割程度でよい。ただし，T型橋脚の張出しばり部のように，曲げ変形に対する剛性が高い部分は，剛体として取扱ってもよい。

ひび割れ曲げモーメント M_c 及び曲率 ϕ_c は，式（解 8.5.1）及び式（解 8.5.2）によりそれぞれ算出する。

$$M_c = Z_{ci}(\sigma_{bt} + N_i/A_i) \quad \text{（解 8.5.1）}$$

$$\phi_c = M_c/E_cI_i \quad \text{（解 8.5.2）}$$

ここに，

M_c：ひび割れ曲げモーメント（N・mm）

ϕ_c：ひび割れ曲率（1/mm）

Z_{ci}：上部構造の慣性力の作用位置から数えてｉ番目の断面における軸方向鉄筋を考慮した橋脚の断面係数（mm^3）

σ_{bt}：コンクリートの曲げ引張強度（N/mm^2）で，式（8.3.5）により算出する。

N_i：上下部構造の重量により上部構造の慣性力の作用位置から数えてi番目の断面に作用する軸力（N）

A_i：上部構造の慣性力の作用位置から数えてi番目の断面における軸方向鉄筋を考慮した橋脚の断面積（mm^2）

E_c：コンクリートのヤング係数（N/mm^2）

I_i：上部構造の慣性力の作用位置から数えてi番目の断面における軸方向鉄筋を考慮した橋脚の断面二次モーメント（mm^4）

初降伏曲げモーメント及び限界状態2又は限界状態3に相当する曲げモーメント及び曲率は次に示す算出方法により求める。まず，各要素の断面を慣性力の作用方向にn分割し，平面保持の仮定が成立するとして求めた中立軸からの距離に比例する縦ひずみ及びこれに対応する応力度が各微小要素内では一定として，式（解8.5.3）の釣合い条件を満たす中立軸を試算によって求める。断面内の分割数nは，算出結果に影響を及ぼさないようにする必要がある。なお，一般的には50分割程度でよい。

$$N_i=\sum_{j=1}^{n}\sigma_{cj}\Delta A_{cj}+\sum_{j=1}^{n}\sigma_{sj}\Delta A_{sj} \quad \cdots\cdots \text{（解8.5.3）}$$

ここに，

σ_{cj}，σ_{sj}：j番目の微小要素内のコンクリート又は鉄筋の応力度（N/mm^2）

ΔA_{cj}，ΔA_{sj}：j番目の微小要素内のコンクリート又は鉄筋の断面積（mm^2）

中立軸位置を定めた後に，曲げモーメントは式（解8.5.4）により，曲率は式（解8.5.5）より求める。

$$M_i=\sum_{j=1}^{n}\sigma_{cj}x_j\Delta A_{cj}+\sum_{j=1}^{n}\sigma_{sj}x_j\Delta A_{sj} \quad \cdots\cdots \text{（解8.5.4）}$$

$$\phi_i=\varepsilon_{c0}/x_0 \quad \cdots\cdots \text{（解8.5.5）}$$

ここに，

M_i：上部構造の慣性力の作用位置から数えてi番目の断面に作用する曲げモーメント（N·mm）

ϕ_i：上部構造の慣性力の作用位置から数えてi番目の断面の曲率（1/mm）

x_j：j番目の各微小要素内のコンクリート又は鉄筋から断面の図心位置までの距離（mm）

ε_{c0}：コンクリートの圧縮縁におけるひずみ

x_0：コンクリートの圧縮縁から中立軸までの距離（mm）

断面の最も外側に配置された軸方向引張鉄筋に生じるひずみが降伏ひずみε_{sy}に達したときの曲げモーメント及び曲率を求め，これらを初降伏曲げモーメントM_{y0}及び初降伏曲率

ϕ_{y0}とする。また，最外縁の軸方向鉄筋の引張ひずみが限界状態2に相当する引張ひずみε_{st2}に達するとき，最外縁の軸方向鉄筋の引張ひずみが限界状態3に相当する引張ひずみε_{st3}に達するとき及び最外縁の軸方向圧縮鉄筋位置におけるコンクリートの圧縮ひずみが限界圧縮ひずみε_{ccl}に達するときの曲げモーメント及び曲率をそれぞれ求める。限界状態2又は限界状態3における曲げモーメント及び曲率は，軸方向鉄筋の引張ひずみが各限界状態に相当する引張ひずみに達するときの曲率とコンクリートの圧縮ひずみが限界圧縮ひずみに達するときの曲率とを比較し，小さい曲率を与える方の曲げモーメント及び曲率とする。

3) コンクリートの応力度－ひずみ曲線は，6.2.3(1)の規定に従う。これは，6.2.5の規定を満たすように設置された横拘束鉄筋による横拘束効果が考慮できる場合のコンクリートの応力度－ひずみ曲線である。ここで，限界圧縮ひずみは応力下降域において最大圧縮応力度の50％まで応力度が低下した点とされている。これは，軸方向鉄筋の引張ひずみが限界状態に相当する引張ひずみに達していない小さい段階でも，圧縮側のかぶりコンクリートの圧縮破壊が生じ軸方向鉄筋がはらみ出すという破壊モードに対応する限界状態に相当する水平変位を算出するために設定した塑性ヒンジ長を前提として設定されたコンクリートの圧縮ひずみである。また，横拘束鉄筋の体積比は1.8％が上限値とされている。これは，繰返しの塑性変形を受ける鉄筋コンクリート部材では，コンクリートに対する横拘束を過度に高めると，一般に塑性ヒンジ領域が小さくなり，軸方向鉄筋の破断により終局状態に至るためである。実験結果等に基づき，コンクリートの応力度－ひずみ関係が設定されており，横拘束鉄筋の体積比に比例して下降勾配E_{des}が小さくなる特性を有しているが，この評価式の適用範囲として横拘束鉄筋の体積比の上限値が規定されている。

また，軸方向鉄筋の応力度－ひずみ曲線は，6.2.3(2)の規定に従い，完全弾塑性型のモデルで与えることが規定されている。実際には，鉄筋のひずみ硬化の影響により，降伏後に塑性ひずみが大きくなるとそれにつれて応力度も大きくなるが，鉄筋コンクリート橋脚の限界状態2及び限界状態3に相当する変位の特性値の推定精度には大きな影響を及ぼさないことから，ここでは完全弾塑性型のモデルが用いられている。

限界状態2及び限界状態3に相当する軸方向鉄筋の引張ひずみは，各限界状態に相当する水平変位が軸方向鉄筋のはらみ出しの挙動に強く関連することから，この挙動に影響を及ぼす軸方向鉄筋の直径及びかぶりコンクリートと横拘束鉄筋による軸方向鉄筋のはらみ出し挙動に対する抵抗特性をパラメータとして，鉄筋コンクリート橋脚模型の正負交番繰返し載荷実験結果の分析により，各限界状態に相当する水平変位を精度よく推定できるように設定されている。ここで，限界状態2に相当する水平変位を推定するための軸方向鉄筋の引張ひずみε_{st2}は，鉄筋コンクリート橋脚の上部構造慣性力作用位置における水平変位が増加しても水平力の地震時保有水平耐力からの低下がほとんどなくエネルギー吸収が安定して期待できる限界の状態に相当する変位に対して設定されている。この状態の設定にあたっては，実験で得られた鉄筋コンクリート橋脚の水平力－水平変位関係において，一定振幅で３回の正負交番繰返し載荷を与えた場合に，同一振幅の載荷において３回目の載荷における水平力の最大値が１回目の載荷における水平力の最大値の85%を下回らないことが目安となる。これに加えて，2回目の載荷と３回目の載荷におけるエネルギー吸収量を比較して，エネルギー吸収量の低下が10%程度以下であることも目安となる。また，限界状態３に相当する水平変位を推定するための軸方向鉄筋の引張ひずみ ε_{st3} は，実験で得られた鉄筋コンクリート橋脚の水平力－水平変位関係において，水平力が地震時保有水平耐力を保持できなくなった限界の状態に相当する変位に対して設定されている。

式（8.5.2）又は式（8.5.3）に用いる塑性ヒンジ長 L_p は，耐震設計で考慮する慣性力の作用方向と平行な方向に配置する横拘束鉄筋によって分割されたコンクリート部分の中で横拘束鉄筋の有効長が最も大きいコンクリート部分に対して求めることが規定されている。これは，横拘束鉄筋の有効長が各限界状態に相当する水平変位の算出結果に大きな影響を及ぼすパラメータの１つであり，有効長が大きい方が一般に各限界状態に相当する水平変位を小さめに与えることにより，安全側の評価となるためである。図-解 8.5.2 には，矩形断面における塑性ヒンジ長を算出する際の耐震設計で考慮する慣性力の作用方向と平行な方向に配置する横拘束鉄筋によって分割されたコンクリート部分と圧縮側軸方向鉄筋の本数 n_s の計上の考え方を示している。軸方向鉄筋が複数段配置される場合には，圧縮側軸方向鉄筋の本数 n_s はこれらの合計本数とする。ただし，この場合，側方鉄筋は計上しない。なお，有効長が同じ値となるコンクリート部分が複数あり，その部分の圧縮側軸方向鉄筋の本数 n_s が異なる場合には，最も多い本数を n_s として用いる。また，圧縮側軸方向鉄筋の本数 n_s として計上される軸方向鉄筋において直径の異なる軸方向鉄筋が含まれる場合には，小さい方の直径を式（8.5.4）における軸方向鉄筋の直径 ϕ' とする。

塑性ヒンジ長を算出するための横拘束鉄筋の有効長は，コンクリートの横拘束効果を考慮するための横拘束鉄筋の有効長と矩形断面の場合には同じ定義であるが，円形断面の鉄筋コンクリート橋脚に対しては異なった定義となるため，ここでは，コンクリートの横拘束効果を考慮するための横拘束鉄筋の有効長 d と区別するために d' と表記されている。これは，円形断面の鉄筋コンクリート橋脚では，曲げを受けた際に柱基部の断面において圧縮を受ける領域の幅が矩形断面のように全幅ではないことが考慮されたものであり，円形断面の有効長は図-解 8.5.3 に示すように最外縁に配置された横拘束鉄筋が囲むコンクリート部分の直径の 0.8 倍とされている。また，円形断面における圧縮側軸方向鉄筋の本数 n_s は，この圧縮領域に配置される軸方向鉄筋の本数とする。ここで，この圧縮領域は，中心角を約 106° とする弓形の領域に相当するため，円形断面における軸方向鉄筋の本数 n_s は，当該円形断面に配置される軸方向鉄筋の合計本数を 0.3 倍して算出した値の小数点以下を切り捨てた値とする。なお，円形断面に中間帯鉄筋が配置された場合の塑性ヒンジ長については十分な知見がないため，中間帯鉄筋の配置の効果は見込んではならない。

なお，6.2.3(1)に規定されるコンクリートの応力度－ひずみ曲線の算出においては，横拘束鉄筋の形状が円形状の場合には横拘束効果が大きいという断面形状による効果の違いが実験的に明らかにされていることから，断面形状に関する補正係数を用いて断面形状の影響が考慮されているが，塑性ヒンジ長の算出式に関する研究においては横拘束鉄筋が軸方向鉄筋のはらみ出しを抑制する効果は断面形状によって大きくは異ならないという考え方をもとに，実験結果とのキャリブレーションが行われているため，塑性ヒンジ長の算出においては断面形状による横拘束鉄筋の効果は区別されていない。これは，道路橋の鉄筋コンクリート橋脚のような大きさの断面になると円形の横拘束鉄筋であっても，軸方向鉄筋のはらみ出しの拘束に機能する圧縮側の限られた領域に着目すると，横拘束鉄筋の形状が円形状であることによる効果は大きくないという考え方に基づくものである。

また，塑性ヒンジ長を算出する際に用いる軸方向鉄筋の直径の値としては 40 mm を上限とされている。これは，式（8.5.4）により算出される塑性ヒンジ長は，軸方向鉄筋の直径に比例して大きくなり，この結果，各限界状態に相当する水平変位が大きく評価されるが，軸方向鉄筋径が 51 mm の異形棒鋼に対しては実験的な検証データがないことを踏まえて，安全側の配慮がなされたためである。軸方向鉄筋に D41 又は D51 を用いる場合には，式(8.5.4)における軸方向鉄筋の直径 ϕ' は 40mm とする。

なお，式（8.5.2）又は式（8.5.3）における軸方向鉄筋の直径 ϕ には上限値を設けられていない。これは，限界状態 2 及び限界状態 3 に相当する軸方向鉄筋の引張ひずみの算出式においては，軸方向鉄筋の直径 ϕ が大きくなる方が，各限界状態に相当する引張ひずみを小さく与えるためである。

塑性ヒンジ長の上限値は，橋脚基部から上部構造の慣性力作用位置までの距離の 0.15 倍とされている。これは，軸方向鉄筋が降伏する領域を推定するために，軸方向鉄筋の配筋等の断面諸元を様々に変えて行われた検討より，鉄筋コンクリート橋脚において軸方向鉄筋が降伏する領域はおおむね橋脚基部から上部構造の慣性力の作用位置までの距離 h の 0.15～0.35 倍の長さに相当する範囲にあることが分かったこと，また，鉄筋コンクリート橋脚の各限界状態に相当する水平変位を算出するという観点では塑性ヒンジ長を実際よりも大きく設定することは適切ではないという配慮を踏まえ，設定されたものである。この上限値は，一般にはせん断支間比が小さい橋脚に適用されることが多い。なお，式（8.5.4）は，h が定義できないような複雑な構造系の橋で曲げモーメント分布が複雑になる部材には適用できないため，動的解析結果における曲げモーメント分布等を参考に検討する必要がある。

塑性ヒンジ領域以外の断面に対して曲げモーメント－曲率関係を算出する場合には，断面の配筋等に応じてそれぞれの断面に対して限界状態2又は限界状態3に相当する軸方向鉄筋の引張ひずみを求めることになるが，式（8.5.4）における塑性ヒンジ長の上限値（橋脚基部から上部構造の慣性力の作用位置までの距離の0.15倍）は考慮する必要はない。これは，上述したように，この上限値が塑性ヒンジが形成される部位の塑性ヒンジ長を設定するにあたって，鉄筋コンクリート橋脚の各限界状態に相当する水平変位を算出するという観点で安全側に設定されたものであるためである。

ラーメン橋の柱部材の塑性ヒンジ領域のモデル化に適用する場合には，動的解析結果における曲げモーメント分布等を参考に，軸方向鉄筋が降伏することが予測される領域の高さを塑性ヒンジ長 L_p の上限値とする。この場合，簡便のために，柱基部から柱の上端部までの距離の1/2を h として，その0.15倍を上限値とすることができる。

軸方向鉄筋にSD490の鉄筋よりも強度が高い鉄筋を用いる場合には，ここに規定する算出方法の適用範囲外である。2.4.6(5)の規定に基づき，鉄筋コンクリート橋脚模型の繰返し載荷実験等に基づき限界状態に相当する特性値や制限値を設定するにあたっては，鉄筋コンクリート橋脚模型だけでなく，鉄筋単体の塑性繰返し実験等の結果なども考慮して，6.2に規定される軸方向鉄筋の応力度－ひずみ関係や引張ひずみの限界についても適切に設定する必要がある。

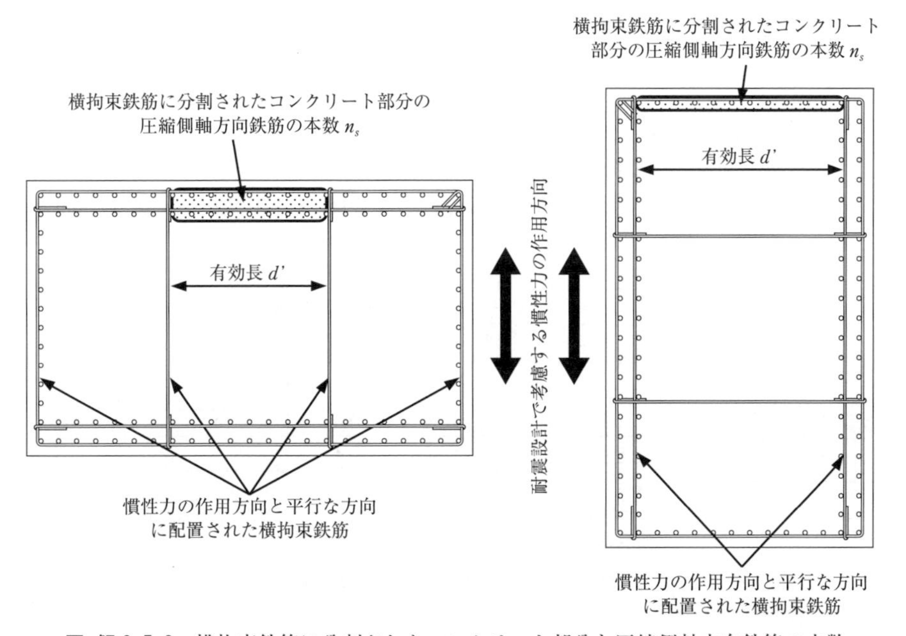

図-解 8.5.2　横拘束鉄筋に分割されたコンクリート部分と圧縮側軸方向鉄筋の本数

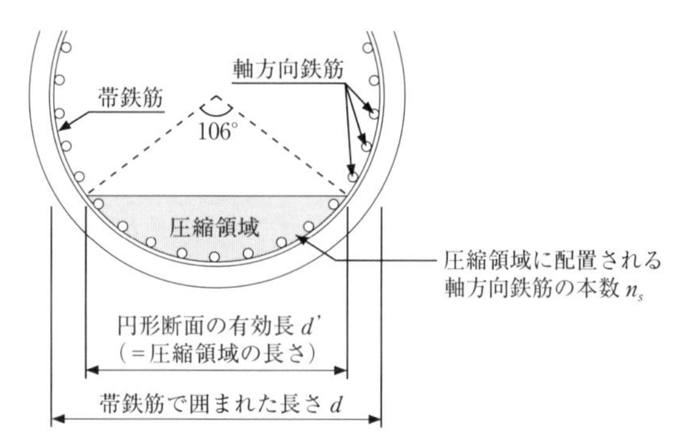

図-解 8.5.3　円形断面における横拘束鉄筋の有効長 d' と圧縮側軸方向鉄筋の本数 n_s の考え方

4)　初降伏変位 δ_{y0} は，図-解 8.5.4 に示すように，上部構造の慣性力の作用位置に初降伏水平耐力 P_{y0} を作用させたときの曲率分布より求める。この標準的な算出方法としては，式（解 8.5.6）のように m 分割した高さ方向の断面の曲率に基づく方法がある。

$$\delta_{y0}=\int \phi y dy \fallingdotseq \sum_{i=1}^{m}(\phi_i y_i+\phi_{i-1} y_{i-1})\Delta y_i/2 \quad \text{（解 8.5.6）}$$

ここに，

y_i：上部構造の慣性力の作用位置から数えて i 番目の断面までの上部構造の慣性力の作用位置から距離（mm）

Δy_i：上部構造の慣性力の作用位置から数えて i-1 番目と i 番目の断面間の距離（mm）

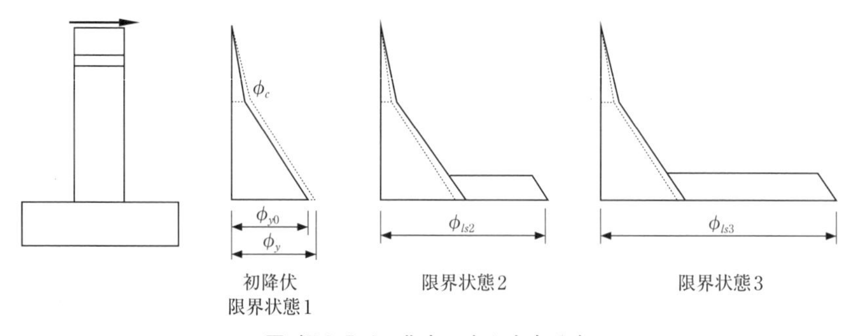

図-解 8.5.4　曲率の高さ方向分布

5)6)　限界状態 2 又は限界状態 3 は，上記のように軸方向鉄筋のはらみ出し挙動に着目し，軸方向鉄筋の引張ひずみがそれぞれの限界状態に相当する引張ひずみに達する段階とされている。ただし，圧縮軸力が高いことにより，水平変位が比較的小さな段階でかぶりコンクリートが剥落し，軸方向鉄筋がはらみ出す破壊モードに対する配慮から，コンクリートの圧縮ひずみが限界圧縮ひずみに達する段階が先に生じる場合にはこれを限界点としている。

鉄筋コンクリート橋脚の照査に用いる水平耐力は，従来のとおり，終局水平耐力と呼ぶこととし，終局水平耐力は，限界状態2に達するときに生じる水平力として算出している。これは，限界状態3までは，正負交番繰返し載荷実験においても鉄筋コンクリート橋脚の水平力はほとんど低下せずに安定しており，また，数値計算上もここに示す方法による場合には限界状態2に達するときに生じる水平力と限界状態3に達するときに生じる水平力がほとんど変わらないためである。

限界状態2又は限界状態3に相当する変位の特性値 δ_{ls2} 又は δ_{ls3} は，橋脚基部に形成される塑性ヒンジを考慮して，それぞれ式（8.5.12）又は式（8.5.14）により算出する。これは，次の仮定に基づいている。

① この段階において形成される塑性ヒンジはある長さを有し，塑性ヒンジ領域の塑性曲率は一定である（図-解 8.5.4）。

② 橋脚の塑性変形は塑性ヒンジの回転変形によって生じる。

実際には，塑性ヒンジ領域内においても，曲げモーメントが大きい基部ほど曲率が大きいことが鉄筋コンクリート橋脚模型に対する正負交番繰返し載荷実験により明らかになっているが，計算上は塑性ヒンジ領域の塑性曲率を一定と仮定しても，限界状態に相当するひずみを塑性ヒンジの長さと関連づけて適切に設定すれば，塑性ヒンジの塑性変形によって上部構造の慣性力の作用位置において生じる水平変位を工学的には十分な精度で推定できることが明らかになっていることから，この仮定に基づいている。

また，このように設定された各限界状態に相当する変位の特性値には補正係数1.3を乗じることとされているが，これは，実験結果とこの方法で設定された変位の評価式による変位の算定値に対し，実験値が1.3倍程度上回ったことにより定められている。

8.6 鉄筋コンクリート橋脚のせん断力の制限値

鉄筋コンクリート橋脚のせん断力の制限値は，6.2.4の規定による。

部材断面の有効高 d の取り方の例を，矩形断面，円形断面及び中空矩形断面の場合について，図-解 8.6.1から図-解 8.6.3 に示す。矩形断面では，有効高は圧縮縁から側方鉄筋

を無視した引張鉄筋の重心位置までの距離とする。円形断面では，円形断面を面積の等しい正方形断面に置き換え，置き換えられた正方形断面の圧縮縁から，引張鉄筋の重心位置までの距離を有効高とする。なお,円形断面での幅は面積の等しい正方形断面の幅とする。図-解 8.6.3 には中空断面の例も示しているが，これは，塑性ヒンジが形成される可能性のある領域以外の部位に適用されるものである。

なお，鉄筋コンクリート橋脚に塑性化を期待しない場合はⅣ編の規定による。

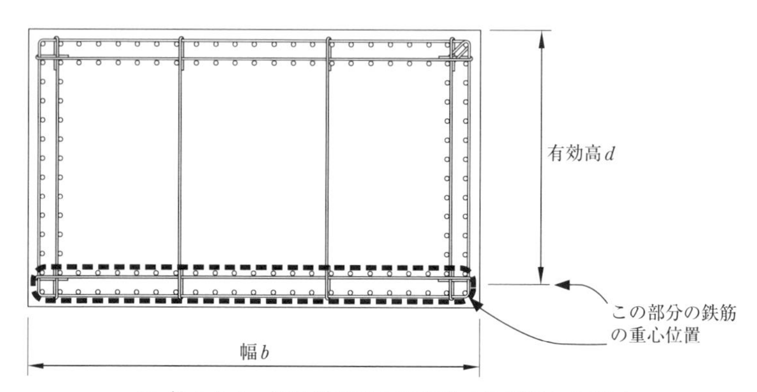

図-解 8.6.1 矩形断面での有効高 d 及び幅 b の関係

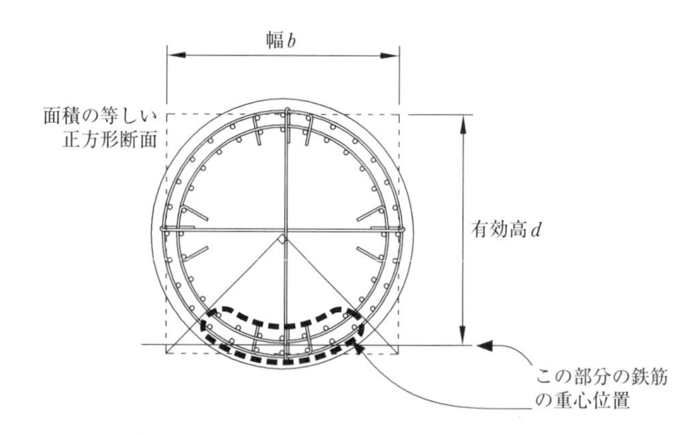

図-解 8.6.2 円形断面での有効高 d 及び幅 b の関係

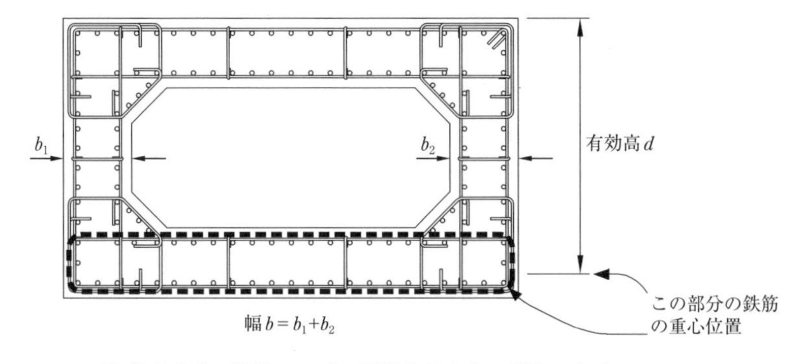

図-解 8.6.3　塑性ヒンジの影響を受けない部位における中空矩形断面での有効高 d 及び幅 b の関係

8.7　一層式の鉄筋コンクリートラーメン橋脚の限界状態に対応する水平耐力及び水平変位

(1)　一層式の鉄筋コンクリートラーメン橋脚の面外方向に対する限界状態に相当する水平変位の特性値は，柱部材ごとに 8.5 の規定により算出する。

(2)　一層式の鉄筋コンクリートラーメン橋脚の面内方向に対する限界状態に相当する水平変位の特性値は，1)により算出する。ただし，はり部材に塑性ヒンジを考慮する場合には，2)を満足しなければならない。

1)　一層式の鉄筋コンクリートラーメン橋脚の限界状態 1 に相当する水平変位の特性値 δ_{yE}，終局水平耐力 P_u 及び限界状態 2 又は限界状態 3 に相当する水平変位の特性値は，8.5 の規定によるほか，以下のⅰ)及びⅱ)により算出する。

ⅰ)　解析にあたっては，各柱部材に作用する軸力の変化及び複数箇所での塑性ヒンジの形成を考慮できる解析モデルを使用する。

ⅱ)　曲げ破壊型と判定された鉄筋コンクリートラーメン橋脚の限界状態 2 は，複数箇所に形成される塑性ヒンジが全て 8.5 3)に規定する限界状態 2 に相当する軸方向鉄筋の引張ひずみ又はコンクリートの圧縮ひずみが限界圧縮ひずみに達するときとする。また，限界状態 3 は，複数箇所に形成される塑性ヒンジが全て 8.5 3)に規定する限界状態 3 に相当する軸方向鉄筋の引張ひずみ又はコンクリートの圧縮ひずみが限界圧縮ひずみに達するときとする。

2) はり部材に塑性ヒンジを考慮する場合，当該箇所に生じるせん断力が，式（8.7.1）を満足する。

$$V_b/P_{si} \leqq 1 \quad \cdots\cdots (8.7.1)$$

ここに，

V_b：変動作用が支配的な状況においてはり部材に生じるせん断力（N）

P_{si}：8.6の規定により算出する i 番目の塑性ヒンジ位置のせん断力の制限値（N）

不静定構造物の非線形領域の塑性変形能に関するこれまでの調査研究成果をもとに不静定構造物に対する水平耐力及び水平変位が規定されている。ここで，対象とする不静定構造物とは，エネルギー一定則の適用性が確認された一層式の鉄筋コンクリートラーメン橋脚であり，二層式のラーメン橋脚や形状の複雑なラーメン橋脚等については，その適用性について別途検討する必要がある。

また，はり部材にプレストレスを導入しているラーメン橋脚ではり部材に塑性化を期待しない場合は，ここに塑性ヒンジが形成されないように設計する必要がある。一方，塑性化を期待する場合には，6.4の規定に従い，プレストレスを導入した部材の塑性域での挙動について別途検討する必要がある。

なお，一層式の鉄筋コンクリートラーメン橋脚では，単柱式の鉄筋コンクリート橋脚と同様にSD390及びSD490を柱部材及びはり部材の軸方向鉄筋として使用し，その強度を設計に考慮することができる。ただし，これらの種類の鉄筋を横拘束鉄筋又はせん断補強鉄筋として用いる場合には，Ⅲ編5.8.2(3)の規定に従い，設計上はその強度を345 N/mm^{2}とする。

(1) 一層式の鉄筋コンクリートラーメン橋脚の地震時保有水平耐力は，橋脚を骨組モデルとしてモデル化し，上部構造の慣性力の作用位置に水平力を静的に漸増させたときの水平力－水平変位関係を求め，この骨格曲線から算出する。

一層式の鉄筋コンクリートラーメン橋脚の限界状態に対応する変位の制限値は，破壊形態と8.5に基づいて当該橋脚に設定される限界状態に応じて8.4に準じて次のように算出する。

曲げ破壊型と判定された場合には，限界状態2は複数箇所に形成される全ての塑性ヒンジが8.5 3)に規定する限界状態2に達するときの状態とし，このときの変位を限界状態2に相当する変位の特性値として，式（8.4.2）を用いて限界状態2に対応する変位の制限値を算出する。限界状態3も同様に，複数箇所に形成される全ての塑性ヒンジが8.5 3)に規定する限界状態3に達するときの状態とし，このときの変位を限界状態

3に相当する変位の特性値として，式（8.4.6）を用いて限界状態3に対応する変位の制限値を算出する。これは，土木研究所で実施された一層式の鉄筋コンクリートラーメン橋脚模型に対する荷重の正負交番繰返し載荷実験及びその実験に対する解析の結果から，8.9.2に規定される構造細目に基づいて配筋すれば，ここに規定する方法により算出される限界状態に相当する水平変位を超えても，一層式の鉄筋コンクリートラーメン橋脚が水平耐力を保持できなくなる状態には至らないだけの十分なねばりを有していること，また，最初に限界状態2又は限界状態3に達した塑性ヒンジに生じる曲率がその断面の限界状態2又は限界状態3の曲率を超えても橋脚としての倒壊に結びつくことがないこと等から定められている。

なお，曲げ破壊型からせん断破壊移行型と判定された場合及びせん断破壊型と判定された場合には，8.4(4)の規定を満たすように設計する必要がある。

(2) 一層式の鉄筋コンクリートラーメン橋脚においてはり部材に塑性ヒンジを形成させる場合には，地震後に，その塑性ヒンジが形成される部位にI編3.2及び3.3に規定する変動作用が支配的な状況においても脆性的な破壊を生じないようにすることを目的として，式（8.7.1）によりせん断力の照査を行うことが規定されている。これは，地震により塑性ヒンジが形成されると，その断面が負担できるせん断力は地震前の状態よりも低下するが，この影響により，地震後に作用する荷重によってはり部材がせん断破壊することがないようにするためである。なお，塑性ヒンジが形成される断面のせん断力の制限値は，8.6に規定に基づき，荷重の正負交番繰返し作用の影響に関する補正係数を考慮して求めることができる。

8.8 上部構造等の死荷重による偏心モーメントが作用する単柱式の鉄筋コンクリート橋脚の地震時保有水平耐力及び限界状態

(1) 上部構造等の死荷重による偏心モーメントが作用する単柱式の鉄筋コンクリート橋脚の地震時保有水平耐力及び限界状態に相当する水平変位の特性値は，以下の(2)から(5)を考慮するとともに，8.3及び8.4の規定による。

(2) 破壊形態の判定に用いる単柱式の鉄筋コンクリート橋脚の終局水平耐力は，式（8.8.1）により算出する。

$$P_{uE} = P_u - \frac{M_0}{h} \quad \cdots\cdots (8.8.1)$$

$$M_0 = De \quad \cdots\cdots (8.8.2)$$

ここに，

P_{uE}：上部構造等の死荷重による偏心モーメントが作用する単柱式の鉄筋コンクリート橋脚の終局水平耐力（N）

M_0：上部構造等の死荷重による偏心モーメント（N·mm）

P_u：単柱式の鉄筋コンクリート橋脚の終局水平耐力（N）で，8.5 5）の規定による。

h：橋脚基部から上部構造の慣性力の作用位置までの距離（mm）

D：上部構造等の死荷重（N）

e：橋脚断面の図心位置から上部構造等の重心位置までの偏心距離（mm）

(3) 破壊形態が曲げ破壊型の場合及び曲げ損傷からせん断破壊移行型の場合，地震時保有水平耐力は，式（8.8.3）により算出する。

$$P_{aE} = P_{uE} \quad \cdots\cdots (8.8.3)$$

ここに，

P_{aE}：上部構造等の死荷重による偏心モーメントが作用する単柱式の鉄筋コンクリート橋脚の地震時保有水平耐力（N）

(4) 残留変位 δ_R の算出に用いる最大応答塑性率 μ_r は，鉄筋コンクリート橋脚の最大応答変位を，δ_{yE} から上部構造等の死荷重による偏心モーメントによって上部構造の慣性力の作用位置に生じる初期変位 δ_{0E} を引いた値で除した値とする。

(5) せん断破壊型の場合，上部構造等の死荷重による偏心モーメントが作用する単柱式の鉄筋コンクリート橋脚のせん断力の制限値は，偏心モーメントの影響を考慮せず算出する。

(1) 図-解 8.8.1 に示すように上部構造等の死荷重が偏心している橋脚等では，常時偏心モーメントが作用する。ここでは，偏心モーメントが作用する単柱式の橋脚に対する地震時保有水平耐力及び限界状態が規定されている。ここで，上部構造等の死荷重とは，上部構造の重量及び橋脚の張出し部の重量をいう。なお，偏心モーメントを算出するにあたって用いる上部構造等の死荷重には，死荷重（D）の荷重組合せ係数及び荷重係数を乗じる。

偏心モーメントの作用方向とは反対の方向の地震時保有水平耐力及び限界状態は，偏心モーメントの影響を無視してよいとされている。これは，偏心モーメントの作用方向とは反対の方向に対しては，偏心モーメントの影響を無視して地震時保有水平耐力及び限界状態に対応する制限値を算出した方が安全側の評価となるとともに，計算の煩雑さを避けることに配慮したためである。

なお，上部構造の慣性力が橋脚柱の図心から大きく偏心して作用する場合には，橋軸方向の慣性力によりねじりモーメントが作用するので，これに対する橋脚の安全性を検討するのがよい。

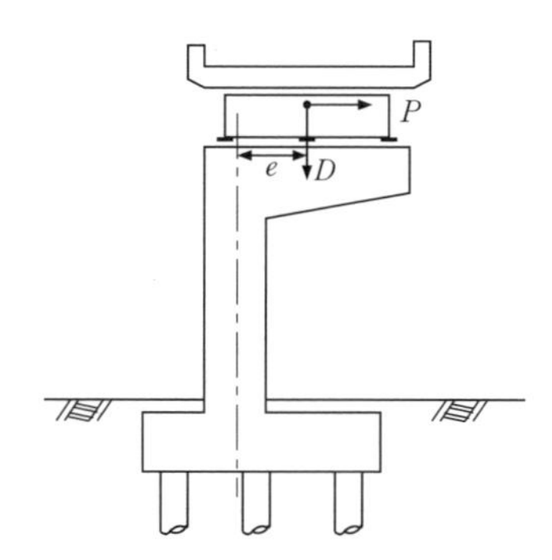

図-解 8.8.1　上部構造等の死荷重による偏心モーメントが作用する単柱式の鉄筋コンクリート橋脚の例

(3)から(5)　図-解 8.8.2 は，偏心モーメントを受ける場合の上部構造の慣性力の作用位置における水平力－水平変位関係を示している。偏心モーメント M_0 が上部構造の慣性力の作用位置に作用することにより，この位置には初期変位 δ_{0E} が生じ，この初期変位を基点として変形が生じる。このため，偏心モーメントがある場合には，初期変位 δ_{0E} を考慮して鉄筋コンクリート橋脚の限界状態に対応する変位の制限値 δ_{ls2d} 又は δ_{ls3d}，終局水平耐力 P_{uE} 及び降伏剛性 K_{yE} を算出する。

上部構造等の死荷重による偏心モーメントが作用する場合に，橋脚の曲げ変形によって生じる上部構造の慣性力の作用位置の水平変位 δ_{0E} は，8.5 の解説に示す式（解 8.5.6）により，上部構造等の死荷重による偏心モーメント M_0 に対する各断面の曲率を用いて算出することができる。

一方，降伏変位 δ_{yE} 及び限界状態 2 又は限界状態 3 に相当する変位の特性値 δ_{ls2} 又は δ_{ls3} は，図-解 8.8.3 に示すように M_0 を見込んだうえで橋脚の各断面に生じる曲率を用いて 8.5 に規定する方法に準じて算出する。

なお，破壊形態が，曲げ損傷からせん断破壊移行型と判定された場合には，地震時保有水平耐力は偏心モーメントの影響を考慮して式（8.8.3）により算出する。せん断破壊型と判定された場合には，偏心モーメントの影響を考慮せず，6.2.4 の規定する荷重の正負交番繰返し作用の影響に関する補正係数を 1.0 として算出する鉄筋コンクリート橋脚のせん断力の制限値を地震時保有水平耐力とし，塑性化を期待してはならない。また，上部構造等の死荷重による偏心モーメントが作用する鉄筋コンクリート橋脚の基礎の設計においては，式（10.3.2）に用いる橋脚の終局水平耐力としては，式（8.8.1）により算出する値 P_u ではなく，偏心モーメントの影響を考慮せずに8.5の規定に準じて算出する終局水平耐力 P_u を用いる。これは，橋脚基礎の耐震設計において安全側の設計水平震度を用いるという配慮をするためである。

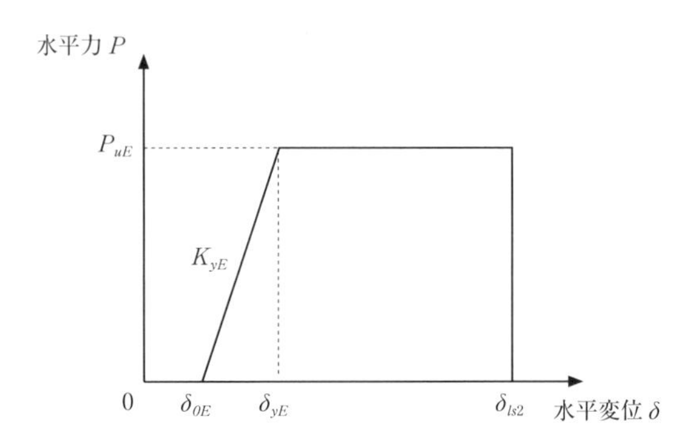

図-解 8.8.2 上部構造等の死荷重による偏心モーメントが作用する場合の水平力－水平変位関係（限界状態2の場合）

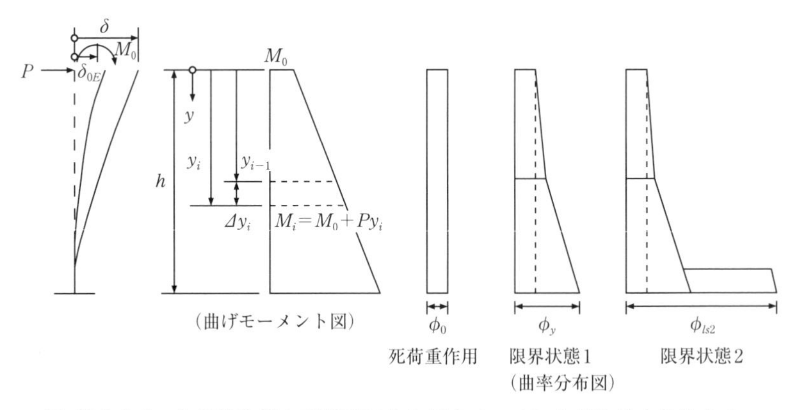

図-解 8.8.3 上部構造等の死荷重による偏心モーメントが作用する場合の曲げ変形による水平変位 δ の求め方（限界状態2の場合）

8.9　鉄筋コンクリート橋脚の構造細目

8.9.1　一　　般

(1) 鉄筋コンクリート橋脚において地震時に塑性化を考慮する領域の鉄筋の配置は，塑性変形能が確実に得られるように，以下の1)及び2)を満足しなければならない。ここで，塑性化を考慮する領域は，単柱式の鉄筋コンクリート橋脚の場合で，橋脚基部に塑性ヒンジを設ける場合には，橋脚基部から上部構造の慣性力の作用位置までの距離hの0.4倍の長さに相当する領域とする。一層式の鉄筋コンクリートラーメン橋脚の場合は，柱部材に対しては橋脚基部からはり軸線までの高さの1/2を，また，はりに対してはそれを両端で支持する柱部材の中心間距離の1/2をhとし，はり端部からhの0.4倍の長さに相当する領域とする。

1) 軸方向鉄筋は8.3に規定する地震時保有水平耐力が確実に保持できるように配置する。

2) 横拘束鉄筋は，軸方向鉄筋のはらみ出しを抑制する効果と横拘束鉄筋で囲まれるコンクリートを拘束する効果を確実に発揮できるような形式及び間隔で配置する。

(2) 8.9.2の規定による場合は，(1)を満足するとみなしてよい。

(3) 鉄筋コンクリート橋脚に対して，2.7.2 2) i)の規定に基づき構造設計上の配慮をする場合，破壊形態が8.3に規定する曲げ破壊型となるように設計するとともに，少なくとも(1)を満足しなければならない。

(4) 鉄筋コンクリート橋脚の地震時保有水平耐力は，式（8.9.1）を満足しなければならない。

$$P_a \geqq 0.4 c_{2z} W \quad \cdots\cdots (8.9.1)$$

ここに，

P_a：鉄筋コンクリート橋脚の地震時保有水平耐力（N）で，単柱式の鉄筋コンクリート橋脚又は一層式の鉄筋コンクリートラーメン橋脚の面外方向に対しては式（8.3.3）により算出する。また，一層式の鉄筋コンクリートラーメン橋脚の面内方向は式（8.3.6）により算出する。

c_{2z}：レベル2地震動の地域別補正係数で，地震動のタイプに応じて3.4に規定する $c_{\mathrm{I}z}$ 又は $c_{\mathrm{II}z}$ を用いる。

W：等価重量（N）で，式（8.4.5）により算出する。ただし，鉄筋コンクリート橋脚の破壊形態がせん断破壊型の場合には，8.4(2)3)に規定する c_P を1.0とする。

(1) 曲げ破壊型の鉄筋コンクリート橋脚において塑性化を考慮する領域では，かぶりコンクリートが剥落して軸方向鉄筋や帯鉄筋が露出し，これが塑性変形能に及ぼす影響を念頭に置く必要があることから，このような損傷が生じても，軸方向鉄筋や横拘束鉄筋が十分に機能するように，これらの配筋に関する構造細目が定められている。本構造細目は，橋脚の柱部だけでなく，ラーメン橋脚の横ばり部のように，塑性化する可能性がある領域に適用する。なお，本規定は鉄筋コンクリート橋脚において地震時に塑性化を考慮する領域を対象としているが，塑性化を期待しない場合には，Ⅲ編5章に規定する構造細目の規定に従う必要がある。

また，塑性化を考慮する領域としては，曲げ破壊型の単柱式の鉄筋コンクリート橋脚で，塑性ヒンジが橋脚基部にしか形成され得ないような場合には，図-解8.9.1に示すように，橋脚基部から上部構造の慣性力の作用位置までの距離 h の0.4倍の長さに相当する領域とすることが規定されている。これは塑性ヒンジ領域にその遷移領域を加味したものである。なお，この領域以外の領域は，弾性域に留まることが確実な領域と考えてよい。

橋軸方向と橋軸直角方向で橋脚基部から上部構造の慣性力の作用位置までの距離 h が異なる場合には，塑性化を考慮する領域の算出には h の大きい方の値を用いればよい。

また，ラーメン橋脚の柱部材の上端部やはり部材の両端部にハンチを設ける場合には，図-解8.9.2に示すようにハンチを無視して塑性化を考慮する領域の始点を設定する。

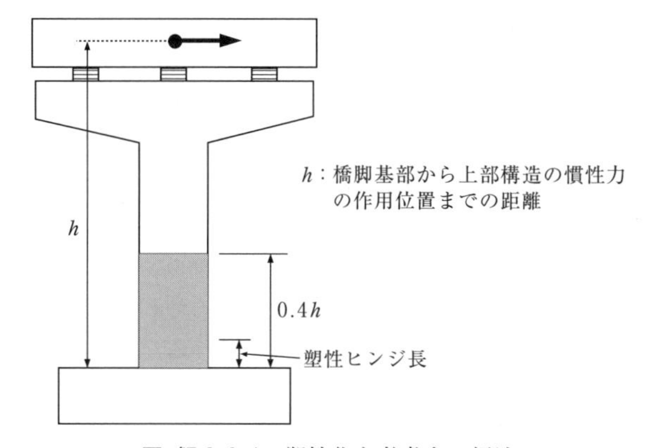

図-解 8.9.1　塑性化を考慮する領域

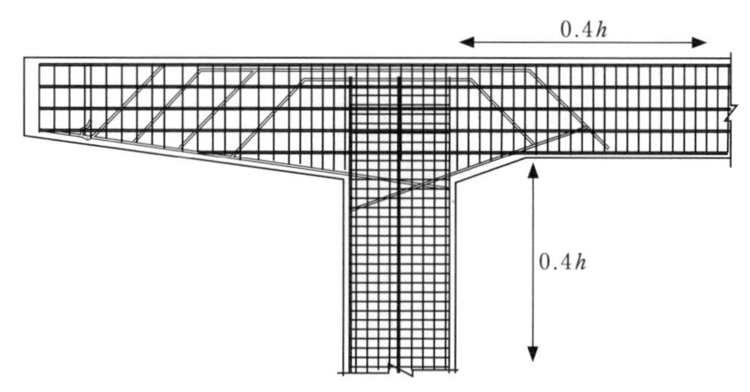

図-解 8.9.2　ハンチがある場合の塑性化を考慮する領域の取り方

(4)　橋の応答値の算出にあたって適用する解析モデルは，できる限り実際の橋の挙動を表せることが理想であるが，例えば支承部の摩擦の影響や変位の増大に伴う幾何学的非線形の影響等，実際には全てを精緻にモデル化として考慮できない場合もある。また，特に周期が長い構造物などでは応答加速度が極端に小さく算出される場合もある。そこで，地震の影響に対して，橋の耐荷性能を有していることを確認するにあたって，解析モデルとして十分に考慮できていない事項に配慮するとともに，橋全体系としての水平耐力が過度に小さくなったり変形が過度に大きくなったりしないことにも配慮するため，橋脚に一定以上の耐力が付与されるように地震時保有水平耐力の下限値が規定されたものである。

なお，式（8.9.1）は，上記の事項に配慮するため，橋脚の地震時保有水平耐力の算出において，構造物特性補正係数を考慮した設計水平震度の下限値として，0.40 に地域別補正係数を乗じた値を考慮してきたこれまでの示方書の考え方を踏襲したものである。また，これまでの示方書では，静的解析を用いる場合には設計水平震度の下限値が規定されてきたが，この示方書では構造物特性補正係数を用いずに変位の照査を行う体系に変わったため，地震時保有水平耐力の下限値として規定されている。

可動支承を有する橋脚に対しては，従来の静的照査法による場合と同様に，橋脚の地震時保有水平耐力の算出に用いる W_U は，当該橋脚が支持している上部構造の死荷重反力の1/2を用いることができる。これは，可動支承による静摩擦力のみで設計すると耐力が極端に低い橋脚が設計される場合があるが，支承部の破壊が生じ，損傷した支承がかみ合うなどして静摩擦力を超える水平力が生じた場合であっても，一定の耐力を確保することで，致命的な損傷につながらないように配慮するためである。

8.9.2　塑性変形能を確保するための構造細目

(1)　鉄筋コンクリート橋脚の軸方向鉄筋は，Ⅳ編5章に規定する構造細目を満足し，かつ，塑性化を考慮する領域においてかぶりコンクリートが剥離しても軸方向鉄筋が確実に機能するように配置する。

(2)　横拘束鉄筋の配置は6.2.5の規定によるほか，横拘束鉄筋のうち，帯鉄筋が以下の1)及び2)を満足するように配置する。

1)　塑性化を考慮する領域における帯鉄筋間隔は，帯鉄筋の直径に応じて表-8.9.1に示す値以下，かつ，断面幅の0.2倍以下とする。この場合，断面幅は，矩形断面の場合には短辺の長さ，また，円形断面の場合には直径とする。

2)　塑性化を考慮する領域以外の領域では，帯鉄筋間隔の上限値は300mmとしてもよい。ただし，高さ方向に対して途中で帯鉄筋の間隔を変化させる場合には，その間隔を徐々に変化させなければならない。

表-8.9.1　帯鉄筋間隔の上限値 (mm)

帯鉄筋の直径 ϕ_h (mm)	$13 \leqq \phi_h < 20$	$20 \leqq \phi_h < 25$	$25 \leqq \phi_h < 30$	$\phi_h \geqq 30$
帯鉄筋間隔の上限値 (mm)	150	200	250	300

(3)　鉄筋コンクリート橋脚の地震時保有水平耐力と塑性変形能が確実に発揮されるようにするため，原則として軸方向鉄筋の段落しを行ってはならない。ただし，高さが30mを超える高橋脚の場合には，軸方向鉄筋の段落しを行ってもよいが，この場合には8.10の規定によらなければならない。

(4) ラーメン橋脚の柱部材とはり部材の接合部においては，塑性ヒンジが形成されないように配筋しなければならない。

(5) 以下の1)から3)を満足する場合は，6.2.5(2)5)を満足するとみなしてよい。

1) 塑性領域及びその影響を受ける範囲の部材断面は充実断面とする。

2) 部材内で弾性域に留まる事が確実である領域を中空断面とする場合は，充実断面から中空断面へと変化する部位に対して応力伝達に配慮しテーパーを設けるものとする。テーパーの寸法は，付根部の幅と軸方向の幅の比を1：3とし，付根部の幅は中空断面の幅の厚さの0.5倍を標準とする。

3) 矩形断面の場合は中空断面の内部の隅角部においてハンチを設けるとともに，その接合部を取り囲むように補強鉄筋を配筋するものとする。ハンチの寸法は，幅と軸方向の幅の比を1：1とし，幅は中空断面の幅の厚さの0.5倍を標準とする。

(1) 8.9.1(1)1)の規定を満たす軸方向鉄筋の構造細目が規定されている。鉄筋コンクリート橋脚が地震時保有水平耐力を保持して塑性変形能を発揮するためには，軸方向鉄筋の機能が確保されていることが前提である。塑性ヒンジ領域では，橋脚に大きな塑性変形が生じるとかぶりコンクリートが剥落して軸方向鉄筋が露出するようになるが，このような損傷状態になっても軸方向鉄筋が確実に機能することが求められる。このため，塑性化を考慮する領域においては，軸方向鉄筋の継手を設けることはできるだけ避けるのがよい。ただし，施工上の事由等により，やむを得ず塑性化を考慮する領域で軸方向鉄筋の継手を設ける場合には，Ⅲ編5.2.7の規定に基づき，機械式継手，ガス圧接継手などから，鉄筋の種類，直径，応力状態，継手位置，施工性，継手機構の明確さ，環境条件が品質に及ぼす影響等を考慮して，適切な継手を選定する必要がある。ただし，重ね継手はかぶりコンクリートが剥落するとその機能が失われるため，塑性化を考慮する領域には用いてはならない。

(2) 塑性化を考慮する領域においては，塑性化が進展しても軸方向鉄筋のはらみ出しが抑制できるように帯鉄筋間隔を適切に設定する必要がある。この際，帯鉄筋に囲まれるコンクリートとして定義される内部コンクリートに対して横拘束鉄筋の横拘束効果が発揮できることも考慮する必要がある。

また，一方で，横拘束鉄筋による過度の横拘束はかえって塑性ヒンジが形成される領域を局所化させる場合もある。

表-8.9.1は，こうした点と過密配筋が施工性に与える影響及びこれまでの配筋実績等，さらに，帯鉄筋間隔は横拘束鉄筋の径の10倍程度以下とすることを目安とし，最大でも300mmとすること等を勘案し，設計や施工上の便を踏まえて設定されたものである。なお，JIS G 3112に規定される異形棒鋼については，表-解8.9.1に示す帯鉄筋間隔を目安とすることができる。また，断面寸法が1m以下のように小さな断面に太径の軸方向鉄筋及び横拘束鉄筋を用いる場合には横拘束鉄筋の間隔をいたずらに大きくすることは望ましくないため横拘束鉄筋の間隔を抑えるように併せて規定されている。なお，6.2.5に規定されるように横拘束鉄筋には軸方向鉄筋よりも直径が小さい鉄筋を使用する必要がある。

一方，鉄筋コンクリート橋脚のように，塑性ヒンジを設けることから塑性変形時においても弾性域に留まることが確実な断面領域については，軸方向鉄筋のはらみ出しを考慮する必要がないため，従来のとおり帯鉄筋間隔の最大値を300mmとすることができる。帯鉄筋間隔を途中で変化させる場合，帯鉄筋間隔を急変させるとそこに損傷が集中して思わぬ損傷が生じることも懸念されるため，帯鉄筋間隔の変化領域では，その間隔を徐々に変化させることが規定されている。なお，地震の影響を考慮する設計状況で変形が弾性域に留まることが確実な領域は，軸方向鉄筋の過強度や実際の塑性曲率分布の特性に加え，余裕を考慮して，適切に設定する必要がある。曲げ破壊型の単柱式の鉄筋コンクリート橋脚で，塑性ヒンジが橋脚基部にしか形成され得ないような場合には，橋脚基部から上部構造の慣性力の作用位置までの距離hの0.4倍の長さに相当する領域よりも上の部位を地震の影響を考慮する設計状況で変形が弾性域に留まることが確実な領域とされている。

なお，ここに規定する帯鉄筋間隔はあくまでも曲げ破壊型の鉄筋コンクリート部材の塑性変形能を確保することを目的として要求される構造細目である。したがって，せん断補強やその他の目的から帯鉄筋間隔が決定される場合もあることに注意する必要がある。

表-解8.9.1 JIS G 3112に規定される異形棒鋼に対する帯鉄筋間隔の設定の目安（mm）

帯鉄筋の呼び径	D13，D16 及びD19	D22	D25，D29	D32
帯鉄筋間隔の設定の目安	150	200	250	300

(3) 鉄筋コンクリート橋脚に塑性化を期待した設計を行う場合には，設計で考慮した部位のみに塑性化が確実に生じるように軸方向鉄筋の段落しに配慮する必要がある。鉄筋コンクリート橋脚に主たる塑性化を期待した設計を行う場合，軸方向鉄筋の実強度が設計値よりも大きいことの影響等により橋脚基部の余剰耐力が大きいと，橋脚の中間高さに設けた段落し部に損傷が生じることも考えられる。したがって，このような段落し部での損傷を防ぐために，原則として，軸方向鉄筋の段落しは行ってはならないことが規定

されている。

一方，橋脚高さが高い橋脚の場合には，全高にわたって軸方向鉄筋を一定とすると不合理となり，軸方向鉄筋を段落しせざるを得ないような場合もある。そのような場合で，やむを得ず段落しを行う場合には，コンクリートや軸方向鉄筋の強度のばらつき，軸方向鉄筋の定着長等を考慮し，段落し部に塑性化が生じないように段落し位置を設定する必要がある。なお，ここでいう橋脚高とはフーチングを含まない橋脚柱の高さをいう。

また，橋脚高さが高い橋脚と同様に，ラーメン橋の橋脚の場合には，全高にわたって軸方向鉄筋量を一定とすると橋脚と上部構造の定着部の配筋が複雑になりコンクリートの施工性等に影響を及ぼす場合もある。また，段落しを設けないことによって，橋脚頭部断面の曲げ耐力が大きくなり，上部構造に伝達される慣性力も大きくなることもある。このような理由により段落しを行う場合にも，適切に段落し位置を決定する必要がある。

(4) ラーメン橋脚の柱部材とはり部材の接合部には塑性化を期待した設計を行ってはならないことが規定されている。これは，地震により繰返し荷重が作用した場合に，柱部材とはり部材の接合部に塑性ヒンジが形成されないようにするために，接合部の配筋には十分注意を払う必要があるためである。一方，接合部の耐力や塑性変形能に関しては，未だ研究途上であり，未解明の部分が多いこと，現在まで我が国では接合部の被災例が少ないこと，現場での施工性等を考慮して，接合部がT型の形状となっている場合には，図-解 8.9.3 に例示するような配筋とすることができる。接合部には中間帯鉄筋は配筋しなくてもよいが，水平方向の帯鉄筋は柱部材の帯鉄筋間隔と同じ間隔で柱上端まで配筋し，鉛直方向の帯鉄筋ははり部材の帯鉄筋間隔と同じ間隔で配筋することを標準とする。

なお，SD490 の鉄筋を鉄筋コンクリートラーメン橋脚の柱部材及びはり部材の軸方向鉄筋として，図-解 8.9.3 に準じて配筋した模型に対する荷重の正負交番繰返し載荷実験から，SD490 の適用により接合部の鉄筋量は SD345 を使用する場合に比べて少なくなるものの，接合部の挙動は従来強度の鉄筋を使用する場合と同様であることが確認されている。そのため，D345，SD390 及び SD490 の鉄筋を用いる場合には，図-解 8.9.3 に示すような配筋により本規定を満たすと考えることができる。

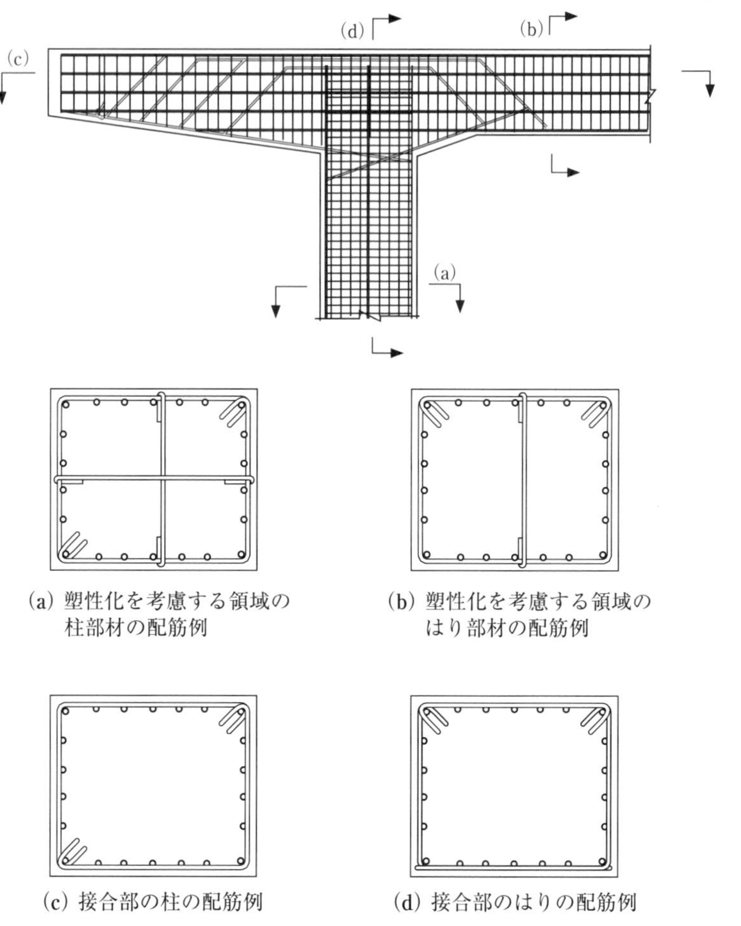

図-解 8.9.3　鉄筋コンクリートラーメン橋脚の柱部材とはり部材の接合部の配筋の標準（接合部がT型の形状の場合の例）

(5)　8.4には，単柱式の鉄筋コンクリート橋脚の水平耐力及び各限界状態に対応する変位の制限値の算出方法が規定されているが，この規定の適用から中空断面を有する鉄筋コンクリート橋脚は除外されている。これは，8.4の解説にも示したとおり，塑性ヒンジ領域を中空断面とするような鉄筋コンクリート橋脚が地震により正負交番繰返し作用を受けると，その構造条件によっては，圧縮力を負担する壁部のコンクリートの圧縮破壊によって軸耐荷力を失って最終的な破壊に至ることや，地震後における中空断面の内面の点検及び中空断面の内面に損傷が生じた場合の修復が一般に容易ではないこと等，中空断面の橋脚構造に特有な事象や課題があり，これらの特性を適切に考慮して限界状態を設定する方法が明らかになっていないためである。したがって，高橋脚等において中空断面の鉄筋コンクリート橋脚を適用する場合には，塑性ヒンジ領域とその近傍で塑性ヒンジの影響を受ける領域は充実断面としたうえで，塑性ヒンジの影響を受けない部位のみを中空断面とし，さらに，充実断面から中空断面へと変化する部位が新たな損傷箇所とならないように構造的な配慮を必要がある。

塑性ヒンジ領域とその近傍で塑性ヒンジの影響を受ける領域は，塑性化を考慮する領域（$0.4h$）を超えない範囲で式（8.5.4）による塑性ヒンジ長 L_p の 4 倍の区間に相当する領域とし，6.2.5(2)5)の規定に従い，充実断面から中空断面への変化部には，部材軸方向にハンチを設ける必要がある。図-解 8.9.4 は，中空断面を有する鉄筋コンクリート橋脚の構造の例を示したものである。

中空断面を有する鉄筋コンクリート橋脚については，斜め方向に荷重が作用した場合の破壊形態や抵抗特性等が未解明な点として残されている。仮に，斜め方向への荷重によって，中空断面における短辺方向と長辺方向の壁の接合部に損傷が生じると，最終的に 4 辺の壁が構造的に分離して橋脚が倒壊する可能性も考えられる。したがって，接合部に損傷が生じても，軸方向鉄筋の内側に圧縮力に抵抗しうる有効断面を確保できるようにするためには，中空断面としている部位では，中空断面の内部の隅角部においてハンチを設けるとともに，その接合部を取り囲むように補強鉄筋を配置するのがよい。図-解 8.9.5 は，塑性ヒンジの影響を受けない部位における中空断面の内部のハンチの形状と接合部の補強鉄筋の例を示したものである。ここで，中空断面の壁の厚さが橋軸方向と橋軸直角方向とで異なる場合には，大きい方の値をもとに付け根部のハンチの幅を設定する。

なお，図-解 8.9.4 に示す構造に準じた構造とする場合にも，中空断面の壁部においては 6.2.5(2)4)に規定される中間帯鉄筋を配置する必要がある。これは，設計で考慮していない複雑な応答等により中空断面部に塑性ヒンジが形成される状況になっても，脆性的な破壊が生じないようにするためである。中間帯鉄筋には，その両端に半円形フック又は鋭角フックをつけて，周長方向に配筋される帯鉄筋にフックをかけることが標準であるが，施工性に配慮して，一方のフックを直角フックとする場合は，6.2.5(2)4)の解説に示されている事項に留意する必要がある。なお，この際，中空断面の外周面だけでなく内面にもかぶりコンクリートの剥落や軸方向鉄筋のはらみ出し等の損傷が生じる可能性があることを踏まえ，直角フックの位置が外周面側と内面側で千鳥状になるように中間帯鉄筋を配筋する必要がある。また補強鉄筋については，その直径は帯鉄筋径と同じとし，その配置間隔は帯鉄筋と同様に配置することとなる。

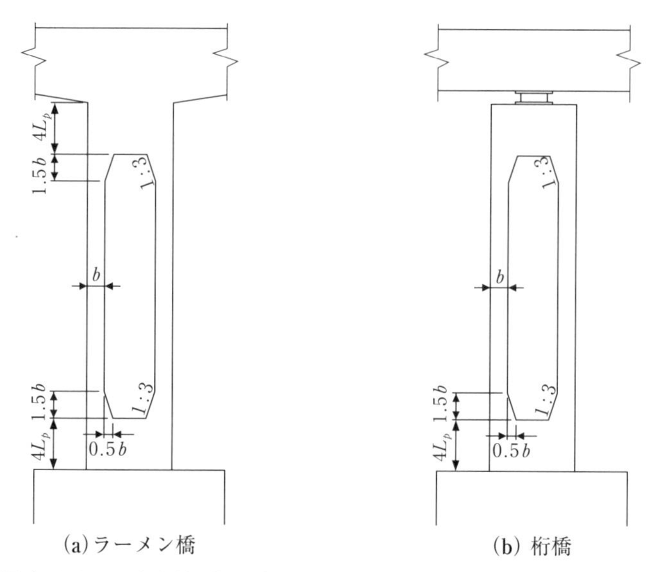

(a)ラーメン橋　　(b) 桁橋

図-解 8.9.4　中空断面部を有する橋脚における充実断面とする領域と部材軸方向のハンチの例

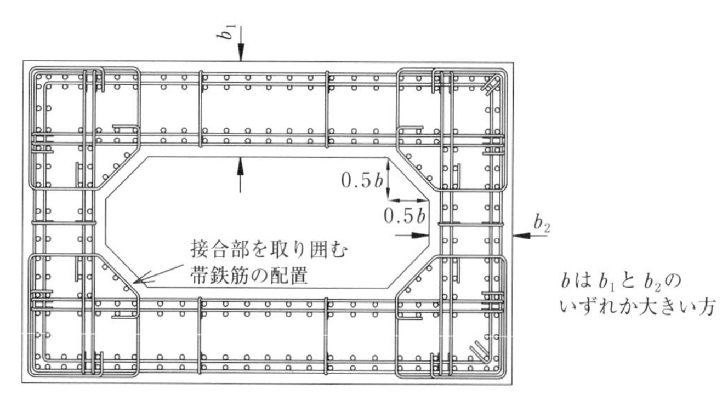

図-解 8.9.5　塑性ヒンジの影響を受けない部位における中空断面部の内部のハンチの形状と接合部の補強鉄筋の例

8.10　鉄筋コンクリート橋脚の軸方向鉄筋の段落し

(1)　軸方向鉄筋の段落しは，塑性化を考慮する領域では行ってはならない。

(2)　段落し位置を設定するにあたっては，塑性化を考慮する領域以外の領域が先行して塑性化しないようにしなければならない。

(3)　単柱式の鉄筋コンクリート橋脚の段落し位置を式（8.10.1）により設定する場合は，(2)を満足するとみなしてよい。ここで，段落し位置とは，途中定着される軸方向鉄筋の端部の位置をいう。

$$h_i = h\left(1 - \frac{M_{yi}}{2M_{yB}}\right) + D \quad \cdots\cdots (8.10.1)$$

ここに，

h_i：橋脚基部から i 番目の軸方向鉄筋の段落し位置までの高さ（mm）

h：橋脚基部から上部構造の慣性力の作用位置までの高さ（mm）

M_{yi}：橋脚基部から i 番目の段落し位置の断面の降伏曲げモーメント（N·mm）

M_{yB}：橋脚基部断面の降伏曲げモーメント（N·mm）

D：段落し位置において生じる曲げモーメントと降伏曲げモーメントとの間に所要の差を確保できるように設定された定着長（mm）で，橋脚の断面寸法（mm）とする。矩形断面の場合には短辺方向の長さ，また，円形断面の場合には直径とする。

(4)　段落し位置ごとに，軸方向鉄筋量を低減する割合は原則として1/3以下とする。ただし，橋軸方向及び橋軸直角方向に異なった高さで段落しする場合には，それぞれの面において低減をする割合を定める。

(5)　段落し位置の上下それぞれに橋脚断面の短辺の長さ又は直径の1.5倍に相当する領域では，帯鉄筋間隔を150mm以下とする。また，8.9.2(2)2)に従い帯鉄筋間隔は急変させてはならない。

(1)　塑性化を考慮する領域に段落し部を設けると，段落し部において破壊が生じる可能性がある。このため，この領域には段落し部を設けないようにすることが規定されている。一般的な曲げ破壊型の単柱式の鉄筋コンクリート橋脚では，塑性ヒンジは橋脚基部に形成されるため，この領域は橋脚基部から慣性力作用位置までの高さの0.4倍の高さに相当する領域となる。

(3) 式（8.10.1）は，単柱式の鉄筋コンクリート橋脚を対象に，軸方向鉄筋の段落し位置の簡便な算出方法を示している。これを，ラーメン橋脚の柱に適用する場合には，柱の下部に対してはこの式をそのまま適用できるが，柱の上部に対しては h_i と h は柱の上端部からの距離を用いることになる。式（8.10.1）における断面寸法 D は，段落し部に塑性化が生じないようにするために，段落しされた鉄筋に確保する定着余裕長であるが，Ⅲ編 5.2.5 に規定される定着長 l_a とは異なる点に注意する必要がある。ここで，小判型断面の場合には，式（8.10.1）における断面寸法 D には，矩形断面と同様に，短辺方向の長さを用いる。

(4) 生じる断面力の急変を避けるため，ある 1 つの段落し位置における軸方向鉄筋量の低減率が制限されている。ここで，橋軸方向及び橋軸直角方向に異なった高さで段落しする場合には，それぞれの面において低減率を定める必要がある。

(5) 施工性に対する配慮から，帯鉄筋の直径に応じて帯鉄筋間隔の上限値を設定することが 8.9.2 に規定されているが，段落し位置近傍は，帯鉄筋によって適切に拘束することがより強く求められる部位であるため，段落し位置を含む領域では帯鉄筋間隔を 150mm 以下にすることが規定されている。また，帯鉄筋間隔を急変させるとコンクリート断面が負担するせん断力が急変し，急変部を起点として斜めひび割れが進展する場合もあることから，柱部にせん断力の急変部を設けないように，帯鉄筋間隔を徐々に変化させることが規定されている。

8.11 鉄筋コンクリート橋脚と基礎の接合部の設計

鉄筋コンクリート橋脚と基礎の接合部の設計は，Ⅳ編 7.5 の規定による。

鉄筋コンクリート橋脚と基礎を連結する部位である接合部は，6.5 の規定に基づき，適切に限界状態を設定し，鉄筋コンクリート橋脚の限界状態との関係を設定しなければならない。接合部により鉄筋コンクリート橋脚と基礎が連結され，一体となって挙動するためには，接合部は鉄筋コンクリート橋脚が限界状態 3 に達したときの断面力を確実に伝達できるようにしなければならないことがⅣ編 7.5 に規定されている。これはレベル 2 地震動を考慮する設計状況でも同様である。レベル 2 地震動を考慮する設計状況においても，軸方向鉄筋からの引抜き力に対しては，接合部となるフーチング上面の水平方向鉄筋及びせん断補強鉄筋が十分に配置され，Ⅳ編 7.5 (2)に規定されるように軸方向鉄筋がフーチング等に十分伝達される長さを有しフックにより定着する場合であれば，確実に断面力を伝達することができる。

9章　鋼製橋脚

9.1　適用の範囲

> この章は，塑性化を期待する鋼製橋脚の耐震設計に適用する。

この章では，6.3に規定される塑性化を期待する鋼部材の規定に基づき，鋼製橋脚特有の事項について規定されている。実験的調査研究により明らかにされた鋼製橋脚の抵抗特性に基づき，限界状態2や限界状態3に対応する水平変位の特性値や制限値，その特性値の算出に用いる鋼材の限界ひずみ等が規定されている。なお，ラーメン橋脚のはりに塑性化を期待する場合には，別途検討が必要である。ただし，はり部材が9.4に規定される適用範囲に該当する場合は適用できる。

9.2　一　　般

> 塑性化を期待する鋼製橋脚を設計する場合は，以下の1)から3)を満足しなければならない。
>
> 1)　鋼製橋脚の限界状態2及び限界状態3は9.3及び9.4の規定による。
>
> 2)　上部構造等の死荷重による偏心モーメントが作用する場合は，その影響を適切に考慮しなければならない。
>
> 3)　基礎との接合部は9.6の規定による。

2)　上部構造等の死荷重が偏心している鋼製橋脚等では，常時偏心モーメントが作用し，さらに地震による繰返し作用とともに変形が一方向に偏る等により，死荷重が偏心していない場合に比べて応答変位が大きくなる可能性が考えられる。上部構造等の死荷重による偏心モーメントが作用する鋼製橋脚においては，曲げモーメント－曲率関係において偏心モーメントの影響を考慮するほか，限界状態と比較する応答値の算出にあたっては，必要に応じて幾何学的非線形の影響を考慮して動的解析を行う等，死荷重の偏心による影響を適切に考慮しなければならない。なお，死荷重の偏心による影響を考慮するにあたっては，8.8の規定と同様に，上部構造等の死荷重には，死荷重(D)の荷重組合せ係数及び荷重係数を乗じる。

9.3　鋼製橋脚の限界状態2及び限界状態3

(1)　塑性化を期待する鋼製橋脚が，9.5及び9.6の規定を満足したうえで，以下の1)及び2)を満足する場合には，限界状態2を超えないとみなしてよい。

1)　鋼製橋脚に生じる水平変位が，式（9.3.1）により算出する水平変位の制限値を超えない。

$$\delta_{ls2d} = \xi_1 \cdot \Phi_s \cdot \delta_{ls2} \quad \cdots\cdots (9.3.1)$$

ここに，

δ_{ls2d}：塑性化を期待する鋼製橋脚の限界状態2に対応する水平変位の制限値（mm）

δ_{ls2}：塑性化を期待する鋼製橋脚の限界状態2に相当する水平変位の特性値（mm）で，9.4(4)の規定により算出する。

ξ_1：調査・解析係数で，1.00とする。

Φ_s：抵抗係数で，0.75とする。

2)　式（9.3.2）により算出する鋼製橋脚に生じる残留変位δ_Rが残留変位の制限値を超えない。ここで，残留変位の制限値は地震後に橋に求める機能に応じて適切に設定しなければならない。個別に検討を行わない場合は，橋脚下端から上部構造の慣性力の作用位置までの高さの1/100の値とすることを原則とする。

$$\delta_R = c_R(\mu_r - 1)(1 - r)\delta_y \quad \cdots\cdots (9.3.2)$$

ここに，

c_R：残留変位補正係数で，表-9.3.1の値とする。

μ_r：鋼製橋脚の最大応答塑性率で，鋼製橋脚の最大応答変位を降伏変位δ_yで除した値とする。

r：鋼製橋脚の降伏剛性に対する降伏後の二次剛性の比で，表-9.3.1の値とする。

δ_y：鋼製橋脚の降伏変位（mm）で，9.4(6)の規定により算出する。

表-9.3.1　鋼製橋脚の残留変位の算出に用いる降伏剛性に対する降伏後の二次剛性の比 r 及び残留変位補正係数 c_R

鋼製橋脚の種別	r	c_R
コンクリートを充てんしない鋼製橋脚	0.2	0.45
コンクリートを充てんした鋼製橋脚	0.1	0.45

(2)　塑性化を期待する鋼製橋脚が，9.5及び9.6の規定を満足したうえで，(1)1)の規定を満足する場合には，限界状態3を超えないとみなしてよい。

(1)1)　9.4には，これまでの実験的研究の蓄積をもとに提案された曲げモーメント－曲率関係を用いて限界状態2に相当する水平変位の特性値の算定方法が示されており，鋼製橋脚の条件がその適用範囲に含まれていれば，9.4に示す規定に従うことによりこれらを適切に設定したと考えることができる。鋼製橋脚の限界状態2に相当する水平変位の特性値は，対象とする鋼製橋脚と同等の構造細目を有する供試体に対する繰返しの影響を考慮した載荷実験の水平力－水平変位関係から，6.3.2の規定に基づき，水平力が最大となるときの水平変位により設定されている。6.3.2の解説に示すように，水平力が最大となる付近の水平変位までであれば，局部座屈による変形が小さいため弾塑性挙動に及ぼす局部座屈の影響が小さく，載荷繰返し回数の影響をほとんど受けずに安定した非線形履歴特性が得られることが明らかにされており，鉛直耐荷力の低下の恐れがないこと，余震に対しても直ちには水平耐荷力の低下が生じないことから，地震発生後に速やかな機能の回復が可能である状態に留まると考えられるためである。また，この範囲内であれば実務設計で用いる比較的簡単なモデルであっても9.4に示すような適切な解析モデルにより弾塑性挙動を比較的精度良く表すことができることも考慮して定められている。

これまでの示方書では，鋼製橋脚の地震時の挙動を評価するために，曲げモーメント－曲率関係及び許容ひずみが規定され，上部構造慣性力作用位置での鋼製橋脚の塑性変形能を評価することが規定されていた。この示方書では，曲げモーメント－曲率関係から算出される鋼製橋脚模型の変位量と実験結果から得られる変位量とを比較し，その結果得られた評価式のばらつき等を踏まえて抵抗係数が設定されている。なお，式（9.3.1）は結果的に9.4(4)に規定する δ_a とほぼ同じ値となる。そのため，曲げモーメント－曲率関係から得られる（ϕ_a，M_a）が限界状態2に対応する制限値と考えることができる。ここで，ϕ_a，M_a は，それぞれ鋼製橋脚基部断面において，限界ひずみ ε_a に達するときの曲率，曲げモーメントである。ラーメン橋脚を構成する柱部材のいずれの断面において，応答値が曲率 ϕ_a を超えない場合であれば，ラーメン橋脚の限界状態2を超えないとみなすことができる。一方，この適用範囲に含まれない場合や新しい材料や構造等を用いる場合には，2.4.6(5)の規定に基づき，以下に示すⅰ)からⅲ)を満たすことを実験により検証する必要がある。

i）設計で対象とする限界状態までの範囲だけでなく，それを超えるような応答が生じる状態になっても直ちに落橋，倒壊等につながるような致命的な損傷が鋼製橋脚に生じるのはできる限り避ける必要がある。特に，SM570，SMA570W，SBHS400，SBHS400W，SBHS500及びSBHS500Wを用いた鋼製橋脚は，最大耐力以降の塑性履歴特性に関する情報がほとんど無いため，実験によりその特性を把握する必要がある。鋼製橋脚では，水平変位が増加すると，割れが生じたり，座屈の進展等の損傷により水平力が低下する現象が生じる。このため，こうした損傷過程に応じて適切な安全性を確保するように限界状態を定めるとともに，致命的な損傷を避けるための構造細目を設定する必要がある。

ii）鋼製橋脚模型に対する正負交番繰返し載荷実験結果によれば，コンクリートの充てんの有無に関わらず，水平力が最大となる段階までは座屈による補剛板の面外変形はほとんどみられず，水平力－水平変位関係の履歴にも載荷繰返し回数の影響はほとんど現れない。この結果，この段階までは安定した非線形履歴特性が得られる。これに対し，水平力が最大となる点を超えると，座屈による補剛板の面外変形が進展して水平力が低下するとともに，水平力－水平変位関係の履歴が載荷繰返し回数の影響を受けて安定した非線形履歴特性が得られなくなる。この特性を踏まえ，限界状態に相当する特性値の設定にあたっては，水平力が安定して保持される領域を設計で対象とする範囲として定める必要がある。

iii）鋼製橋脚の限界状態に対応する変位の制限値を適切に設定する必要がある。なお，水平力が安定して保持される範囲を超える領域は，解析精度を確保することが一般には難しいため，この領域は考慮しないのがよい。

また，鋼製橋脚とフーチングの接合部であるアンカー部は鋼製橋脚に作用する軸力，曲げモーメント及びせん断力を基礎に伝達させる重要な構造であり，橋の性能を確保するための前提となることから，アンカー部の設計について9.6によることが規定されている。

2）　制限値の設定の考え方は鉄筋コンクリート橋脚と同じである。残留変位の算出に用いる降伏剛性に対する降伏後の二次剛性の比r及び残留変位補正係数c_Rは，単柱式の鋼製橋脚に対する載荷実験結果や残留変位応答スペクトルの解析結果に基づき設定された表-9.3.1の値を用いることが規定されている。なお，水平力－水平変位関係等の弾塑性挙動が単柱式の鋼製橋脚とは異なる鋼製橋脚に対するr及びc_Rの値については，別途検討を行う必要がある。

(2)　9.4に規定されるように，限界状態2に相当する水平変位以降の挙動については，局部座屈の影響や載荷繰返し回数の影響等が十分に解明されておらず，その塑性変形能を精度よく評価することが困難である。そのため，限界状態3となる条件を式等で明確に示すことは困難であるのが実情である。これらを踏まえて，水平変位に対して限界状態

2を超えないとみなせる条件は，水平変位に対して限界状態3を超えないとみなせることができることにも配慮して規定されている。そのため，水平変位に対して限界状態2を超えないとみなせる条件を満足させることで水平変位に対する限界状態3を超えないとみなすことができるものである。

9.4　鋼製橋脚の限界状態に対応する水平耐力及び水平変位

(1)　鋼製橋脚の曲げモーメント－曲率関係は，6.3.2の規定による。

(2)　鋼材及び鋼製橋脚に充てんされるコンクリートの応力度－ひずみ曲線は，6.3.3の規定による。

(3)　図-9.4.1に示す鋼材の圧縮ひずみの限界（以下「限界ひずみ」という。）ε_aは，9.5の構造細目の規定を満足するとともに，コンクリートの充てんの有無及び断面形状に応じて次により算出する。

コンクリートを充てんしない鋼製橋脚では，矩形断面に対しては1)により，円形断面に対しては2)により，それぞれ算出する。コンクリートを充てんした鋼製橋脚では，矩形断面に対しては3)により，円形断面に対しては4)により，それぞれ算出する。ただし，1)，2)，3)及び4)による限界ひずみε_aは，I編9.1に規定する構造用鋼材のうち，SM570，SMA570W，SBHS400，SBHS400W，SBHS500及びSBHS500W以外の構造用鋼材が用いられた鋼製橋脚に適用する。また，以下の1)から4)による適用範囲と異なる場合は，2.4.6の規定に基づき，適切に設定しなければならない。

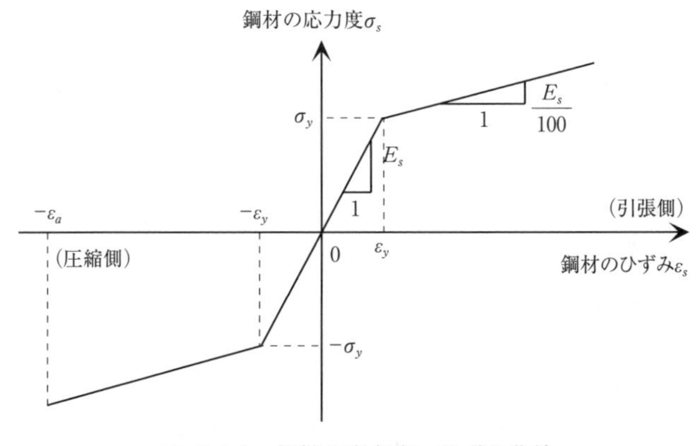

図-9.4.1　鋼材の応力度－ひずみ曲線

1)　矩形断面のコンクリートを充てんしない鋼製橋脚の限界ひずみ ε_a は，式 (9. 4. 1) により算出する。この場合，式 (9. 4. 1) が適用される対象は，縦方向補剛材及びダイアフラムを有し，フランジの R_F，R_R 及び γ_l/γ_l^* がそれぞれウェブの R_F，R_R 及び γ_l/γ_l^* とほぼ等しい矩形断面のコンクリートを充てんしない鋼製橋脚であり，その適用範囲は，$0.5 \leqq b_W/b_F \leqq 2.0$，$0.3 \leqq R_F \leqq 0.5$，$0.3 \leqq R_R \leqq 0.5$，$\gamma_l/\gamma_l^* \geqq 1.0$，$0.2 \leqq \bar{\lambda} \leqq 0.5$，$2.5 \leqq l'/b' \leqq 9.0$，$0 \leqq N/N_y \leqq 0.5$ とする。

$$\varepsilon_a = \left\{ \frac{(1.58 - N/N_y)^{3.16} \times (1.68 - R_R)^{2.48} \times (0.65 - R_F)^{0.41} \times (23.87 - l'/b')^{2.9} \times (\alpha')^{0.3}}{2500 \times (N/N_y + 1.0) \times (b_W/b_F)^{0.17}} + 0.5 \right\} \varepsilon_y \quad \cdots\cdots (9.4.1)$$

b_W：Ⅱ編 5. 4. 3 に規定する補剛板（ウェブ）の全幅 (mm)

b_F：Ⅱ編 5. 4. 3 に規定する補剛板（フランジ）の全幅 (mm)

ε_y：鋼材の降伏ひずみで，式（6. 3. 2）により算出する。

$$b' = \frac{b_W + b_F}{2} \quad \cdots\cdots (9.4.2)$$

$$l' = \frac{l}{2} \quad \cdots\cdots (9.4.3)$$

l：Ⅱ編 17. 3 に規定する有効座屈長 (mm)

N：鋼製橋脚に作用する軸力 (N)

N_y：鋼断面の全断面が降伏するときの軸力で，鋼断面の断面積に鋼材の降伏強度 σ_y を乗じて求めた値 (N)

σ_y：鋼材の降伏強度 (N/mm^2)

R_R：塑性化を期待する鋼断面の補剛板（フランジ）の幅厚比パラメータで，式（9. 4. 4）により算出する。

$$R_R = \frac{b_F}{t_F} \sqrt{\frac{\sigma_y}{E} \cdot \frac{12(1-\mu^2)}{\pi^2 k_R}} \quad \cdots\cdots (9.4.4)$$

t_F：Ⅱ編 5. 4. 3 に規定する補剛板（フランジ）の板厚 (mm)

μ：鋼材のポアソン比

k_R：座屈係数（$= 4n^2$）

E：鋼材のヤング係数（N/mm^2）で，Ⅱ編表-4. 2. 1 による。

n：Ⅱ編 5.4.3 に規定する縦方向補剛材によって区切られるパネル数

R_F：塑性化を期待する鋼断面の補剛板（フランジ）の幅厚比パラメータで，式（9.4.5）により算出する。

$$R_F=\frac{b_F}{t_F}\sqrt{\frac{\sigma_y}{E}\cdot\frac{12(1-\mu^2)}{\pi^2 k_F}} \quad \cdots\cdots (9.4.5)$$

k_F：座屈係数で，式（9.4.6）により算出する。

$$\left.\begin{aligned} k_F&=\frac{(1+\alpha^2)^2+n\gamma_l}{\alpha^2(1+n\delta_l)} \quad (\alpha\leqq\alpha_0) \\ k_F&=\frac{2(1+\sqrt{1+n\gamma_l})}{1+n\delta_l} \quad (\alpha>\alpha_0) \end{aligned}\right\} \quad \cdots\cdots (9.4.6)$$

α：Ⅱ編 5.4.3 に規定する補剛板（フランジ）の縦横寸法比

α_0：Ⅱ編 5.4.3 に規定する限界縦横寸法比

δ_l：Ⅱ編 5.4.3 に規定する縦方向補剛材 1 個の断面積比

γ_l：Ⅱ編 5.4.3 に規定する縦方向補剛材の剛比

γ_l^*：縦方向補剛材の剛比で，式（9.4.7）により算出する。

$$\left.\begin{aligned} \gamma_l^*&=4\alpha^2 n(1+n\delta_l)-\frac{(1+\alpha^2)^2}{n} \quad (\alpha\leqq\sqrt[4]{1+n\gamma_l}) \\ \gamma_l^*&=\frac{1}{n}\left[\left\{2n^2(1+n\delta_l)-1\right\}^2-1\right] \quad (\alpha>\sqrt[4]{1+n\gamma_l}) \end{aligned}\right\} \quad \cdots\cdots (9.4.7)$$

$$\alpha'=a/b' \quad \cdots\cdots (9.4.8)$$

a：Ⅱ編 5.4.3 に規定する横方向補剛材間隔（mm）

$\bar{\lambda}$：細長比パラメータで，式（9.4.9）により算出する。

$$\bar{\lambda}=\frac{1}{\pi}\sqrt{\frac{\sigma_y}{E}}\frac{l}{r} \quad \cdots\cdots (9.4.9)$$

r：フランジに平行な軸に関する鋼断面の断面二次半径（mm）

2) 円形断面のコンクリートを充てんしない鋼製橋脚の限界ひずみ ε_a は，式（9.4.10）により算出する。この場合，式（9.4.10）の適用範囲は，$0.03\leqq R_t\leqq 0.08$，$0.2\leqq\bar{\lambda}\leqq 0.4$，$0\leqq N/N_y\leqq 0.2$ とする。

$$\varepsilon_a=(20-140R_t)\varepsilon_y \quad \cdots\cdots (9.4.10)$$

ここに,

R_t：塑性化を期待する鋼断面の径厚比パラメータで，式（9.4.11）により算出する。

$$R_t=\frac{R}{t}\frac{\sigma_y}{E}\sqrt{3(1-\mu^2)} \quad \cdots\cdots (9.4.11)$$

R：板厚中心位置の半径（mm）

t：鋼管の板厚（mm）

3) 矩形断面のコンクリートを充てんした鋼製橋脚の限界ひずみ ε_a は，式（9.4.12）により算出する。この場合，式（9.4.12）が適用される対象は，縦方向補剛材及びダイアフラムを有し，フランジの R_F，R_R 及び $\gamma_l/\gamma_{l\cdot req}$ がそれぞれウェブの R_F，R_R 及び $\gamma_l/\gamma_{l\cdot req}$ とほぼ等しい矩形断面のコンクリートを充てんした鋼製橋脚であり，その適用範囲は，$0.5 \leqq b_W/b_F \leqq 2.0$，$0.3 \leqq R_F \leqq 0.5$，$0.3 \leqq R_R \leqq 0.5$，$\gamma_l/\gamma_{l\cdot req} \geqq 1.0$，$0.2 \leqq \bar{\lambda} \leqq 0.5$，$2.5 \leqq l'/b' \leqq 9.0$，$0 \leqq N/N_y \leqq 0.5$，充てんするコンクリートの設計基準強度は，24N/mm^2 以下とする。

ただし，作用する軸力が $0 \leqq N/N_y \leqq 0.2$ である矩形断面のコンクリートを充てんした鋼製橋脚における式（9.4.12）の限界ひずみ ε_a の適用範囲は，$0.5 \leqq b_W/b_F \leqq 2.0$，$0.3 \leqq R_F \leqq 0.7$，$0.3 \leqq R_R \leqq 0.7$，$\gamma_l/\gamma_{l\cdot req} \geqq 1.0$，$0.2 \leqq \bar{\lambda} \leqq 0.5$，$2.5 \leqq l'/b' \leqq 9.0$ としてもよい。

$$\varepsilon_a=7\varepsilon_y \quad \cdots\cdots (9.4.12)$$

ここに,

$\gamma_{l\cdot req}$：Ⅱ編 5.4.3 に規定する縦方向補剛材の必要剛比

4) 円形断面のコンクリートを充てんした鋼製橋脚の限界ひずみ ε_a は，式（9.4.13）により算出する。この場合，式（9.4.13）が適用される対象は，ダイアフラムを有する円形断面のコンクリートを充てんした鋼製橋脚であり，その適用範囲は，$0.03 \leqq R_t \leqq 0.12$，$0.2 \leqq \bar{\lambda} \leqq 0.4$，$0 \leqq N/N_y \leqq 0.2$，充てんするコンクリートの設計基準強度は，24N/mm^2 以下とする。

$$\varepsilon_a=5\varepsilon_y \quad \cdots\cdots (9.4.13)$$

(4) 鋼製橋脚の限界状態2に相当する水平変位の特性値 δ_{ls2} は，式（9.4.14）により算出する。

$$\delta_{ls2} = k \cdot \delta_a \quad \cdots\cdots (9.4.14)$$

ここに，

δ_{ls2}：鋼製橋脚の限界状態2に相当する水平変位の特性値（mm）

δ_a：(1)から(3)で設定した鋼製橋脚の曲げモーメント－曲率関係から，鋼製橋脚の水平力が最大となるときの水平変位（mm）

k：補正係数で，1.3とする。

(5) 基礎との接合部や橋脚基礎の設計に用いる鋼製橋脚の水平耐力 P_u は，式（9.4.15）による。この場合，上部構造等の死荷重による偏心モーメントの影響は考慮してはならない。

$$P_u = \frac{M_{a0}}{h} \quad \cdots\cdots (9.4.15)$$

ここに，

P_u：鋼製橋脚の水平耐力（N）

M_{a0}：上部構造等の死荷重による偏心モーメントの影響を考慮せずに算出した鋼製橋脚基部断面において，限界ひずみ ε_a に達するときの曲げモーメント（N・mm）

h：鋼製橋脚基部から上部構造の慣性力の作用位置までの距離（mm）

(6) 鋼製橋脚の降伏変位 δ_y は，コンクリートを充てんした鋼製橋脚及び矩形断面のコンクリートを充てんしない鋼製橋脚の場合には（ϕ_y, M_y）に達するときの水平変位として，また，円形断面のコンクリートを充てんしない鋼製橋脚の場合には（ϕ_{yt}, M_{yt}）に達するときの水平変位としてそれぞれ算出する。

この節では，単柱式の鋼製橋脚及び門型の鋼製ラーメン橋脚の柱部材の限界状態2に相当する変位の特性値を算出するにあたって用いる曲げモーメント－曲率関係の考え方や，限界状態2に相当する水平変位の特性値の算出方法等が規定されている。なお，ここに規定されている軸力や縦リブの配置等の構造細目の適用範囲と異なる場合，例えば，鋼製ラーメン橋脚のはり部材に適用する場合等は別途検討が必要である。

(3) 6.3.2の解説に示したように，モーメント－曲率関係の適用範囲として，その根拠となる実験等で用いられた供試体の構造諸元，力学パラメータ，作用軸力等に応じて，これらの限界ひずみの適用範囲が，条文に規定されている。2.4.6(5)や6.3.1(5)の規定に従い同等の構造細目を有する供試体を用いた繰返しの影響を考慮した載荷実験として土木研究所等で行われた鋼製橋脚の正負交番繰返し載荷実験の結果を使用し，その実験結果をもとに鋼部材の限界状態に応じた水平変位等の弾塑性挙動を表す諸数値を定め，それら諸数値を適切に表現できるように設定されている。なお，6.3.2に解説されるように，曲げモーメント－曲率関係を設定するにあたって考慮する軸力は，荷重組合せ係数や荷重係数を考慮した組合せ作用下での軸力とする必要があることから，軸圧縮応力度が適用範囲であることを確認する場合は，荷重組合せ係数や荷重係数を考慮した組合せ作用下での軸力を用いて算出する。

矩形断面のコンクリートを充てんした鋼部材については，作用軸力が$0 \leqq N/N_y \leqq 0.2$の場合に式（9.4.12）の限界ひずみの算出式が適用可能であることから，この適用範囲も規定されている。また，6.3.4に解説されるとおり，載荷実験により検証された範囲として充てんするコンクリートの設計基準強度についても規定されている。

SM570，SMA570W，SBHS400，SBHS400W，SBHS500又はSBHS500Wを用いた鋼製橋脚の水平耐力や塑性変形能に関する研究はいずれも少なく，特に実際の鋼製橋脚と同様の縦リブ配置等の構造諸元を有する供試体を用いた実験データは非常に少ない。そこで，SM570からなる鋼製橋脚に対して行われた数少ない実験結果と，実験結果との比較により妥当性が検証された解析手法により9.4に規定される限界ひずみを用いて塑性変形能を評価した結果を比較すると，塑性変形能を過大評価する可能性があることが指摘されている。そこで，ここに示す限界ひずみは，SM570，SMA570W，SBHS400，SBHS400W，SBHS500又はSBHS500Wを用いたいずれの鋼製橋脚にも適用できないとされている。なお，SM570，SMA570W，SBHS400，SBHS400W，SBHS500及びSBHS500Wは降伏比が高いため，それら以外のI編9.1に規定される構造用鋼材を用いた鋼製橋脚より降伏変位に達した後の耐力の増加及び変形能が小さく，最大耐力以降の耐力低下も大きくなる可能性もある。よって，鋼材の機械的性質及び塑性履歴特性の影響も十分に把握したうえで，実験等により鋼製橋脚の耐力及び変形能を適切に評価する等，これら構造用鋼材を使用した鋼製橋脚に塑性化を期待する設計を行う場合は十分に注意する必要がある。特に，SBHS500及びSBHS500WはSM570，SMA570W，SBHS400，SBHS400Wと比較しても降伏比が高いため，より一層慎重に検討をする必要がある。なお，SM570，SMA570W，SBHS400，SBHS400W，SBHS500又はSBHS500Wを用いたコンクリートを充てんしない鋼製橋脚について塑性化を期待しない場合であっても，2.7.2 2)ⅰ)の規定に従い，6.3.4に規定される局部座屈に対する応力度の特性値がその上限となる範囲で設計するのがよい。

(4) 塑性化を期待する鋼製橋脚の限界状態2に相当する変位の特性値δ_{ls2}の算出に，補正係数が乗じられているのは，規定される鋼材及びコンクリートの応力度－ひずみ曲線並びに鋼材の限界ひずみを用いて算出した変位と，鋼製橋脚模型を用いた実験結果に対して比較した結果を踏まえ，その変位の評価式としての算出結果の差を考慮したものである。

(5) 上部構造の死荷重による偏心モーメントを受ける場合にも，鉄筋コンクリート橋脚と同様，橋脚基礎には安全側の水平力を用いるという配慮から，偏心モーメントの影響を考慮しないで算出する M_{a0} を用いることが規定されている。

ここで，鋼製橋脚基部に車両の衝突時の変形防止を目的としたコンクリートを充てんする場合には，実質的に鋼製橋脚基部の水平耐力が鋼断面のみの場合と比較して大きくなるため，コンクリートを充てんした鋼製橋脚の水平耐力の算出方法を参考に，中詰めコンクリートの影響を考慮して鋼製橋脚の水平耐力 P_u を算出する必要がある。

9.5 鋼製橋脚の構造細目

9.5.1 一　　般

(1) 鋼製橋脚は，脆性的な破壊を防ぎ，塑性変形能が確実に得られる構造としなければならない。

(2) 9.5.2の規定による場合は，(1)を満足するとみなしてよい。

(3) 鋼製橋脚の水平耐力は，式（9.5.1）を満足しなければならない。

$$P_u \geqq 0.4 c_{2z} W \quad \cdots\cdots (9.5.1)$$

ここに，

P_u：鋼製橋脚の水平耐力（N）

c_{2z}：レベル2地震動の地域別補正係数で，地震動のタイプに応じて3.4に規定する $c_{\mathrm{I}z}$ 又は $c_{\mathrm{II}z}$ を用いる。

W：等価重量（N）で，式（8.4.5）により算出する。

(3) 8.9.1(4)の規定と同様の理由により本条文が規定されている。偏心モーメントの影響がある場合には，9.4(1)の規定に基づきその影響を考慮して算出した許容曲げモーメント M_a を式（9.4.15）における M_{a0} に代入して求めた水平耐力を用いる。

9.5.2 塑性変形能を確保するための構造細目

(1) コンクリートを充てんしない鋼製橋脚は，6.3.4(1)の規定による。

(2) 鋼製橋脚の内部にコンクリートを充てんする場合は，6.3.4(2)の規定による。

(1) コンクリートを充てんしない鋼製橋脚では，図-解 9.5.1 に示す状態になると，塑性変形能の乏しい脆性的な破壊に至るので，このような状態を避けることのできる構造とする必要があることが規定されている。

① 矩形断面の鋼製橋脚では，矩形断面を構成する補剛板の角溶接部が縦方向に裂け，補剛板が分離する結果，作用する軸力に対する耐荷力を失う状態

② 円形断面の鋼製橋脚では，最初に発生した一箇所の局部座屈にその後の変形が集中し，それに伴って変形が進展したり，変形の進展により円周方向に割れが生じ，作用する軸力に対する耐荷力を失う状態

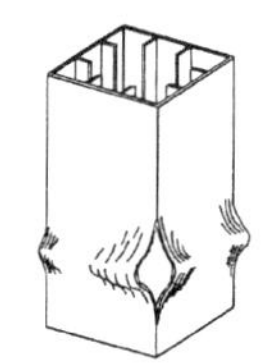

(a) 矩形断面の鋼製橋脚における角割れ

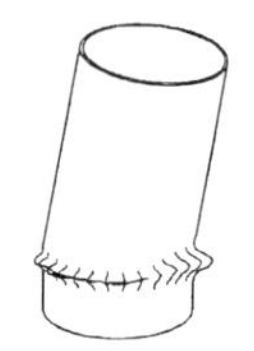

(b) 円形断面の鋼製橋脚における変形の集中，進展に伴う傾斜，割れ

図-解 9.5.1 コンクリートを充てんしない鋼製橋脚の脆性的な破壊モード

コンクリートを充てんしない鋼製橋脚については，平成 7 年（1995 年）兵庫県南部地震以降，塑性変形能を確保するための構造細目について調査研究が行われ，脆性的な破壊を防ぎ，水平耐力や塑性変形能を増加させるためには，1) 及び 2) に示す構造細目が有効であることが明らかになっている。

1) 脆性的な破壊を防ぐための構造細目

脆性的な破壊を防ぐための構造細目の例を図-解 9.5.2 に示す。

① 脆性的な破壊を防ぐためには，矩形断面橋脚の角部の溶接部からの破壊が生じにくくするとともに，角部の鋼板が板厚方向に引張力等を受けた場合に引き裂かれにくくなるようにする必要がある。そのため，設計で想定している耐荷機構をより確実なものとするためには，角部の溶接に引張力等が作用したとしても，角部の溶接継手を完全溶込み開先溶接等の十分な溶込みを確保できる溶接継手とするなど構造設計上の配慮を行う必要がある。また，板厚方向の機械的性質が保証された鋼材を使用する必要がある。なお，角部の溶接部をK形開先による部分溶込み開先溶接とする場合には，十分な溶込み（ルート面は 2mm 程度）を確保する必要がある。

② 円形断面のうち，鋼管の径厚比（板厚に対する半径の比率）を制限した構造。これは鋼管の径厚比を小さく抑えることにより，鋼管の塑性変形能を向上させ，局部変形の集中による割れを防ぐ構造である。ここで，円形断面の鋼製橋脚につ

いては，径厚比を制限した構造として9.4(3)2)に規定される径厚比パラメータR_tを有する場合には，脆性的な破壊を防ぐことができる。

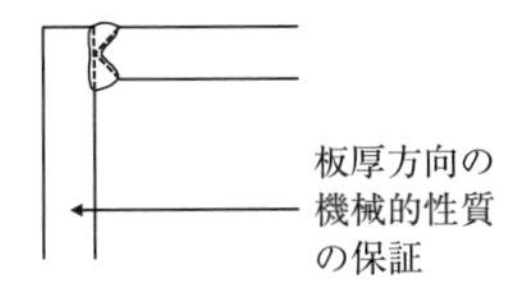

(a) 完全溶込み開先溶接

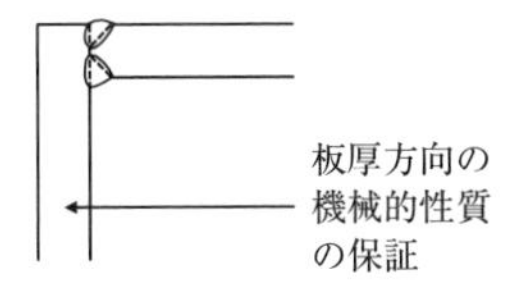

(b) K形開先による部分溶込み開先溶接（ルート面は2mm程度）

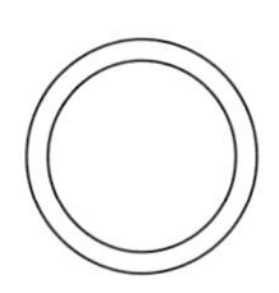

(c) 鋼管の径厚比を制限した構造

図-解 9.5.2　脆性的な破壊を防ぐための構造細目の例

2)　塑性変形能を向上させるための構造細目

図-解 9.5.2に示した構造のうち，円形断面の（b）の構造については，脆性的な破壊を回避できるとともに塑性変形能が期待できることが，土木研究所等における実験により確認されている。また，矩形断面については，補剛板の幅厚比パラメータを小さくするとともに補剛材の剛性を高めることにより，塑性変形能の向上が期待できることも確認されている。

以上の調査研究成果を踏まえ，Ⅱ編5.4.3及びⅡ編19.8では，塑性変形能の要求される部位に用いられる補剛板及び鋼管について座屈パラメータに関する規定が示されている。

なお，脆性的な破壊を回避し，塑性変形能を確保するための構造細目として，上記の構造細目以外を用いる場合は，繰返しの影響を考慮した載荷実験により脆性的な破壊を防ぎ，塑性変形能を確保できることを確認する必要がある。

(2)　土木研究所等における正負交番繰返し載荷実験等によれば，鋼製橋脚の内部に適切にコンクリートを充てんすることにより，鋼製橋脚の水平耐力及び塑性変形能等を確保することができることが明らかにされている。コンクリートの充てん範囲としては，充てんコンクリート直上における鋼断面の降伏水平耐力又は局部座屈を考慮した水平耐力が橋脚基部の水平耐力を上回るように設定する必要がある。このようにするためには，単柱式の鋼製橋脚では，一般に式（解 9.5.1）を満たすように充てん高さを設定すればよいことが確認されている。

$$h_c > (1 - M_{ys}/M_a)h \quad \cdots\cdots \quad (解 9.5.1)$$

ここに，

h_c：コンクリートの充てん高さ（mm）

h：橋脚基部から上部構造の慣性力の作用位置までの高さ（mm）

M_{ys}：充てんしたコンクリート直上の鋼断面の曲げモーメント（N·mm）で，式（解

9.5.2）により求める。

$M_{ys}=(\sigma_{sy}-\sigma_{sN})Z_g$ ………………………………………………………………（解 9.5.2）

σ_{sy}：局部座屈に対する圧縮応力度の制限値又は曲げ引張応力度の制限値（N/mm^2）

σ_{sN}：充てんしたコンクリートの直上の鋼断面の軸力による応力度（N/mm^2）

Z_g：充てんしたコンクリートの直上の鋼断面（総断面）の断面係数（mm^3）

M_a：橋脚基部の許容曲げモーメント（N·mm）で，6.3.2 4)の規定により算出する。

ここに，充てんコンクリート直上以外に板厚変化部を有する場合も，式（解 9.5.1）を準用することができる。なお，必要充てん高さが橋脚基部から横ばり付け根の下端での高さを超える場合には，横ばり付け根の高さまでコンクリートを充てんする。

9.6　鋼製橋脚と基礎の接合部の設計

(1)　鋼製橋脚と基礎を連結する場合の接合部は，鋼製橋脚及び基礎の接合部でない箇所が限界状態 3 に達したときの断面力も含めて，部材相互の断面力を確実に伝達できる構造としなければならない。

(2)　鋼製橋脚に塑性化を期待する場合の接合部は，式（9.4.15）による鋼製橋脚の水平耐力に相当する断面力を伝達できるようにしなければならない。

(3)　接合部の構造形式に応じて，接合部に生じる応力を分担する耐荷機構を適切に設定し，接合部の限界状態を適切に定めなければならない。

(1)　鋼製橋脚と基礎を連結する部位である接合部は，6.5 の規定に基づき，適切に限界状態を設定し，鋼製橋脚の限界状態との関係を設定しなければならない。なお，コンクリートと鋼材の荷重分担が明確であり，コンクリート部材及び鋼部材相互の断面力を確実に伝達できる構造とすることや，接合部における配筋及び加工形状は，設計で前提となる接合部の機能を適切に発揮することが十分に確認された条件であること等，コンクリート部材と鋼部材の連結に関する基本的な設計の考え方はⅢ編 7.3.4 に規定されており，この規定についても満足する必要がある。

(2)　接合部により鋼製橋脚と基礎が連結され，一体となって挙動するためには，接合部は鋼製橋脚が限界状態 3 に達したときの断面力を確実に伝達できるようにしなければならないため，このように規定されている。

(3)　図-解 9.6.1 は，鋼製橋脚と鉄筋コンクリート製のフーチングをアンカーフレームを用いて連結する構造の力学モデルの例を示したものである。フーチング内に定着されるアンカーフレームを含む接合部（以下，アンカー部という）の耐荷機構としては，圧縮力に対してはベースプレート下面のフーチングのコンクリートで，引張力に対してはアンカーボルト及びアンカーフレームで抵抗させる方式（鉄筋コンクリート方式）である。ここに示すモデル以外を用いる場合は，実挙動を適切に表現できるように，アンカー部に作用する力を分担する抵抗メカニズムを適切に評価し，それが実現できる構造であることが確認されていなければならない。

レベル2地震動に対するアンカー部の耐荷性能の照査を行う場合，アンカー部の限界状態1及び限界状態3に相当する水平耐力の特性値については，コンクリートの応力度－ひずみ曲線はⅢ編5.5.1(3)3）の規定，鉄筋の応力度－ひずみ曲線はⅢ編5.5.1(3)4）の規定に基づき，ベースプレート下面のフーチングのコンクリート断面に対し周囲のアンカーボルトを鉄筋に置き換えた鉄筋コンクリート断面として算出する。また，アンカーボルトについては，アンカーボルトに対する構造的な配慮等により圧縮側にも確実に抵抗する場合には複鉄筋としてモデル化することができる。

なお，鋼製橋脚に作用する力をアンカー部及び基礎フーチングに伝達させるためには，橋脚基部のベースプレート下面にコンクリートが適切に充てんされていることが重要であり，ベースプレート下面のコンクリートが適切に施工されている必要がある。また，アンカーフレーム部については，コンクリートが適切に施工されている場合，発生する応力は設計で考慮する応力と比較して一般に非常に小さいので，鋼製橋脚に生じる断面力に対する設計を行う必要はない。また，アンカー部を用いる場合の構造細目及び接合部となるフーチングのコンクリートについては照査を行う必要がある。

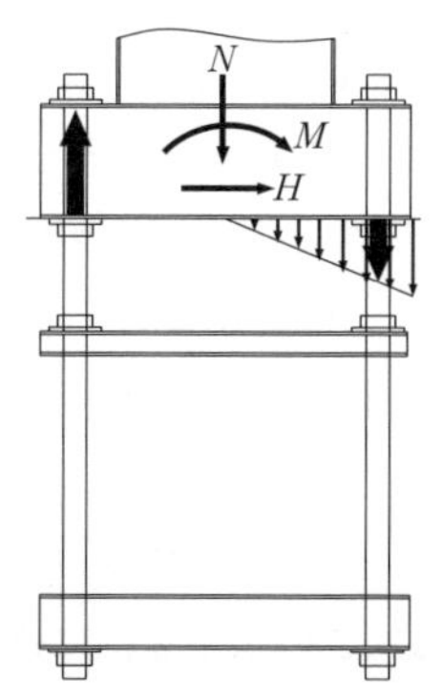

図-解 9.6.1 アンカー部の照査に用いる力学モデルの例（鉄筋コンクリート方式）

10章　橋脚基礎

10.1　適用の範囲

この章は，レベル2地震動を考慮する設計状況における橋脚基礎の耐震設計に適用する。

この章では，Ⅳ編3.4.1(3)に従い区分される橋脚基礎及び基礎形式を適用範囲としている。

10.2　一　般

橋脚基礎を設計する場合は，以下の1)から6)を満足しなければならない。

1)　橋脚基礎の応答値は，10.3に規定する橋脚基礎に作用する力を考慮して算出する。7.2の規定により橋に影響を与える液状化が生じると判定される場合は，液状化が生じる場合及び液状化が生じない場合のいずれも応答値を算出する。4.4.2の規定により橋に影響を与える流動化が生じると判定される場合は，この影響のみを考慮した応答値も算出する。

2)　10.3(1)1)及び2)を考慮する場合で，橋脚基礎の塑性化を期待する場合には，10.4の規定により橋脚基礎の応答塑性率及び応答変位を算出する。各部材に生じる断面力は，この応答塑性率及び応答変位に達するときの値とする。

3)　10.3(1)3)を考慮する場合は，橋脚基礎天端の水平変位を算出する。各部材に生じる断面力は，この水平変位に達するときの値とする。

4)　10.3(1)1)及び2)を考慮する場合，杭基礎，ケーソン基礎，鋼管矢板基礎，地中連続壁基礎及び深礎基礎の限界状態の制限値については，それぞれⅣ編10.9，11.9，12.10，13.9及び14.8の規定による。

5)　10.3(1)3)を考慮する場合，基礎の降伏に達するときの基礎天端における水平変位の2倍を超えない場合には，基礎の限界状態2を超えないとみなしてよい。このとき，限界状態に対応する抵抗の制限値の設定にあたっては，地盤の流動力を考慮する必要のある範囲内の土層の水平抵抗を考慮してはならない。

6) 2.3に規定する地盤振動変位による局所的な影響に対しては，構造条件，地盤条件等を適切に考慮して必要な配慮を行わなければならない。杭基礎等の柔な構造の場合は，地盤振動変位に対して，少なくとも，地盤振動変位の深さ方向分布が急変する土層境界付近で塑性変形能を確保すれば，必要な配慮を行ったとみなしてよい。

この章には，これまでの示方書と同様に，これまでの研究成果の蓄積によって提案された方法に基づき，橋脚基礎の応答値を算出するための方法及び基礎の限界状態を超えないとみなせる制限値等が規定されている。一方，この方法の適用範囲に含まれない基礎形式の場合や新しい構造等を用いる場合には，2.4.6(5)の規定に求められる事項を実験等により検証する必要がある。

2)4) 橋脚基礎に塑性化を期待しない場合には，10.3に規定する基礎に作用する力に対して橋脚基礎が基礎の限界状態1を超えないことを確認する。このとき橋脚基礎には橋脚の終局水平耐力と同等以上の水平耐力を保有するように設計を行う必要がある。ただし，想定外の挙動により塑性化する場合を考慮して，基礎に適切な塑性変形能を有するように構造細目等により配慮される。すなわち，図-解 10.2.1 (a) に示すように，塑性化を期待する部材として，橋脚基礎ではなく，橋脚の柱基部に曲げ損傷に伴う塑性ヒンジを形成させることとし，橋脚基礎に作用する荷重によってⅣ編10.9，11.9，12.10，13.9及び14.8に規定する基礎の降伏に達しないように設計することとなる。2.4.5(2)の解説に示したように基礎の損傷は発見が難しく，損傷が生じた場合には，その修復も大がかりなものとなり容易ではないため，基礎に塑性化を期待しないように設計することが一般的である。レベル2地震動に対して，橋脚基礎に塑性化を期待する場合であっても，2.4.5(2)の解説に示すように，橋脚基礎に生じる損傷が橋の速やかな機能回復の支障とならない程度の範囲に留まる必要がある。そのため，基礎の限界状態2に相当する変形量の制限値を超えないように設計することとなる。すなわち，図-解 10.2.1 (b) に示すように，10.4(2)に規定する橋脚基礎の照査に用いる設計水平震度に相当する水平力に対し，10.4(1)の規定により橋脚基礎の応答塑性率及び応答変位を算出し，塑性率及び変位の制限値以下であることを照査することとなる。

なお，塑性化を期待する部材として橋脚基礎を選定する場合には，塑性化が橋脚基礎にのみ生じるようにするために，図-解 10.2.1 (b) に示すように，基礎の降伏耐力が橋脚の終局水平耐力又は橋脚基部に生じる断面力を上回らないことも確認する必要がある。

3)5) 地盤の流動化に対する橋脚基礎の照査においては，基礎天端における水平変位が変位の制限値を上回らないようにする必要がある。ここで，水平変位とは，一般に，ケーソン基礎，鋼管矢板基礎及び地中連続壁基礎の場合には回転中心からの相対水平変位，また，杭基礎の場合には杭先端からの相対水平変位とし，変位の制限値はⅣ編 10.9，11.9，12.10，13.9 及び 14.8 に規定する基礎の降伏に達するときの水平変位の 2 倍とされている。この理由は次のとおりである。

基礎の変位が降伏変位の 2 倍程度を上回ると，わずかな荷重増分により変位が著しく増大することがある。一方，流動化により橋脚基礎に作用する荷重の評価についても不確かな部分がある。このような荷重の評価に伴う不確かさにより基礎に過大な変位が生じることがないように，変位の制限値が設定されている。

6) 2.5(8)に規定されるように，地盤振動変位の深さ方向分布が急変する土層境界付近でその影響を受けやすい杭基礎等の柔な構造に対しては，杭体の塑性変形能を確保する必要がある。そのため，場所打ち杭や PHC 杭を用いる杭基礎に対して帯鉄筋やスパイラル鉄筋が配置されることがⅣ編に規定されている。

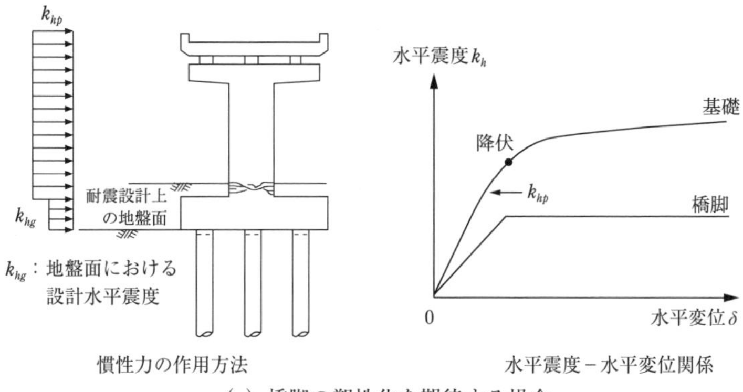

慣性力の作用方法　　水平震度－水平変位関係

(a) 橋脚の塑性化を期待する場合

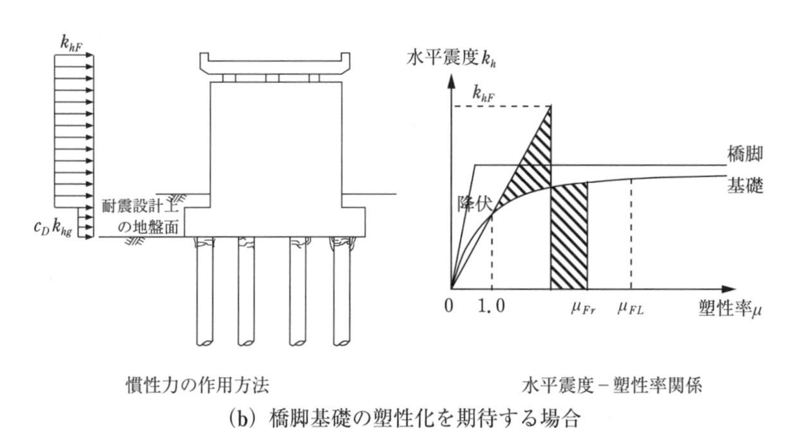

慣性力の作用方法　　水平震度－塑性率関係

(b) 橋脚基礎の塑性化を期待する場合

図-解 10.2.1　橋脚基礎の設計の概念図

10.3　橋脚基礎に作用する力

(1)　橋脚基礎に作用する力は，以下の 1)から 3)とする。

1)　4.1 に規定する構造物の慣性力

2)　3.5 に規定する耐震設計上の地盤面から地表までの構造部分に対しては，4.1.6 に規定する地盤面における設計水平震度に相当する慣性力

3)　4.4 に規定する地盤の流動力

(2)　(1)1)に規定する構造物の慣性力は，橋脚の塑性化を期待する場合には，

式（10.3.1）により算出する設計水平震度を用いて算出する。橋脚の塑性化を期待しない場合には，橋脚基部に生じる断面力を考慮する。

$$k_{hp} = c_{dF} k_{hN} \quad \cdots\cdots (10.3.1)$$

ここに，

k_{hp}：橋脚基礎の設計水平震度（四捨五入により小数点以下2桁とする）

c_{dF}：橋脚基礎の設計水平震度の算出のための補正係数で，1.10とする。

k_{hN}：地震時に橋脚基部に生じる断面力を設計水平震度に換算したもので，橋脚に塑性化を期待する場合には式（10.3.2）により算出する。

$$k_{hN} = P_u / W \quad \cdots\cdots (10.3.2)$$

P_u：橋脚基礎が支持する橋脚の水平耐力（N）で，鉄筋コンクリート橋脚の場合には8.5 5)の規定により算出する終局水平耐力，鋼製橋脚の場合には9.4(5)の規定により算出する水平耐力を用いる。

W：等価重量（N）で，式（8.4.5）により算出する。ただし，鉄筋コンクリート橋脚の破壊形態がせん断破壊型の場合には，8.4(2)3)に規定する等価重量算出係数 c_P を1.0とする。

(1) 橋脚基礎の設計において考慮すべき作用のうち，死荷重としては，当該橋脚が支持する上部構造，橋脚及びフーチングの自重を考慮する。また，フーチング上の地盤が長期的に安定している場合には，その重量も考慮する。なお，重量には死荷重（D）の荷重組合せ係数及び荷重係数を乗じる。

また，3.5に規定する耐震設計上の地盤面よりも上方にある地中の構造部分の慣性力も作用させる必要がある。地中の構造部分に作用させる設計水平震度については未解明な点が残されているが，基礎に作用する力を基礎が支持する構造に作用する慣性力の反力，耐震設計上の地盤面から地表までは地盤と一体で振動すると考えて，地盤の設計水平震度に相当する慣性力，流動化が生じる場合には，それにより作用する力の和とすることが規定されている。

橋脚基礎の設計においては，橋脚から伝達される上部構造及び橋脚の慣性力並びにフーチングの慣性力を考慮しているが，このほかにも，根入れの深い基礎に変形や損傷を生じさせる要因として，地盤振動変位の影響が考えられる。この影響については，10.2 6)に規定されるように，塑性変形能を確保することとされている。

(2) 橋脚の塑性化を期待する場合の橋脚基礎の設計においては，橋脚基礎には極力塑性化が生じないように，橋脚の終局水平耐力に相当する大きさの慣性力が作用した状態を設計で考慮すればよいこととなるが，2.5(9)の規定に従い，橋脚が限界状態1を超え，限界状態2又は限界状態3を超えない状態であるときに，基礎が限界状態1を超えないように適切な差を設けることとし，これを考慮するために補正することとされている。これまでの示方書では，橋脚は一般に算出される終局水平耐力に対して余剰耐力を有していることから，橋脚基礎に作用する力の算出においては橋脚の終局水平耐力に補正係数 c_{dF} を乗じることが規定され，補正係数 c_{dF} の値については橋脚に用いる材料の特性等による耐力のばらつき等を考慮して1.10とすることが規定されていた。今回の改定にあたっては，従来用いられていた手法によっても所要の性能が確保されるものと考え，補正係数 c_{dF} の値については1.10が踏襲されている。

10.4　橋脚基礎の塑性化を期待する場合の橋脚基礎の応答塑性率及び応答変位の算出

(1)　橋脚基礎の塑性化を期待する場合の橋脚基礎の応答塑性率及び応答変位は，(2)に規定する橋脚基礎の設計水平震度を用いて式（10.4.1）及び式（10.4.2）により算出する。

$$\left.\begin{aligned}\mu_{Fr}&=\frac{1}{r}\left\{-(1-r)+\sqrt{1-r+r(k_{hF}/k_{hyF})^2}\right\} &(r\neq 0)\\ \mu_{Fr}&=\frac{1}{2}\left\{1+(k_{hF}/k_{hyF})^2\right\} &(r=0)\end{aligned}\right\}\quad\cdots\cdots\cdots\cdots(10.4.1)$$

$$\delta_{Fr}=\mu_{Fr}\delta_{Fy}\quad\cdots\cdots\cdots\cdots(10.4.2)$$

ここに，

μ_{Fr}：橋脚基礎の応答塑性率

δ_{Fr}：橋脚基礎の変形による上部構造の慣性力の作用位置における応答変位（m）

δ_{Fy}：橋脚基礎の降伏変位（m）で，基礎形式別にⅣ編10.9，11.9，12.10及び13.9の規定による。

r：橋脚基礎の降伏剛性に対する二次剛性の比

k_{hyF}：基礎の降伏に達するときの水平震度（四捨五入により小数点以下2桁とする）

k_{hF}：橋脚基礎の塑性化を期待する場合の橋脚基礎の設計水平震度（四捨五入により小数点以下2桁とする）で，(2)による。

(2) 橋脚基礎の応答塑性率及び応答変位を算出するための設計水平震度は，式（10.4.3）により算出しなければならない。

$$k_{hF}=c_D c_{2z} k_{h0} \quad \cdots\cdots (10.4.3)$$

ここに，

c_D：減衰定数別補正係数で，側方地盤への振動エネルギーの逸散，基礎本体及び地盤抵抗の非線形性の影響を考慮して適切に設定する。ケーソン基礎，杭基礎，鋼管矢板基礎及び地中連続壁基礎の場合には2/3を用いることを標準とする。

c_{2z}：レベル2地震動の地域別補正係数で，地震動のタイプに応じて3.4に規定する $c_{\mathrm{I}z}$ 又は $c_{\mathrm{II}z}$ を用いる。

k_{h0}：レベル2地震動の設計水平震度の標準値で，地震動のタイプに応じて4.1.6に規定する $k_{\mathrm{I}h0}$ 又は $k_{\mathrm{II}h0}$ を用いる。

(1) ここでは図-解10.4.1に示すエネルギー一定則により応答塑性率及び応答変位を算出することが規定されている。なお，常に偏心荷重が作用する橋脚基礎においては，11.4の規定に準じ，その影響を考慮して応答を算出する必要がある。

図-解10.4.1の弾塑性型の水平震度－水平変位関係は，Ⅳ編10.9，11.9，12.10，13.9及び14.8の規定に基づいて算出した関係を，式（10.4.1）により μ_{Fr} を算出する際に設定された弾塑性型の骨格曲線として示したものである。ここで，剛性変化点は，基礎の降伏に達した点であり，Ⅳ編10.9，11.9，12.10，13.9及び14.8により規定される。降伏後の水平震度－水平変位関係は，基礎形式や基礎の降伏の決定要因に応じて，降伏点と二次剛性をもとに設定される。

橋脚基礎の初期剛性に対する二次剛性の比 r は，一般に基礎の降伏の決定要因ごとに設定する。基礎形式ごとの r の設定の考え方の例を以下の1)から4)に示す。

1) ケーソン基礎

ケーソン基礎の応答塑性率を算出する際には，二次剛性の影響は一般には小さいため，r を零とするのがよい。ただし，基礎の本体が降伏しない場合には基礎の水平荷重－水平変位曲線から適切に設定された二次剛性を用いて r を設定することができる。

2) 杭基礎

杭基礎の場合，杭体の塑性化により杭基礎の降伏が決まる場合には，r を零とするのがよい。これは，杭体が全て塑性化した後は，一般に基礎の耐力が大きくは増加しないことや応答塑性率の算出にあたって安全側の評価とすることを考慮したためである。また，押込み支持力により杭基礎の降伏が決まる場合にも r を零とすることで安全側の評価とすることができるが，この降伏耐力が杭体の塑性化のみを考慮する場合の基礎の降伏耐力と比較して著しく小さい場合には，r を考慮することができる。この場合の二次剛性は，基礎の水平荷重－水平変位曲線において，基礎の降伏点と塑性率の制限値に対応する点とを結ぶ剛性とする。

3)　鋼管矢板基礎

鋼管矢板基礎の場合，鋼管矢板の塑性化により基礎の降伏が決まる場合には，r を零とするのがよい。一方，基礎底面の極限支持力により基礎の降伏が決まる場合には，r を考慮することができる。この場合の二次剛性は，基礎の水平荷重－水平変位曲線において，基礎の降伏点と塑性率の制限値に対応する点を結ぶ剛性とする。

4)　地中連続壁基礎

地中連続壁基礎の場合，個々の地中連続壁基礎の水平荷重－水平変位曲線に基づいて r を設定する。

なお，耐震設計上ごく軟弱と判定される土層がある場合には，耐震設計上土質定数を零として，また，液状化が生じると判定される土層がある場合には，地震動のタイプごとに求められる設計水平震度及び当該地震動のタイプに応じた土質定数の低減係数 D_E を用いて図-解 10.4.1 の弾塑性型の水平震度－水平変位関係を求める。

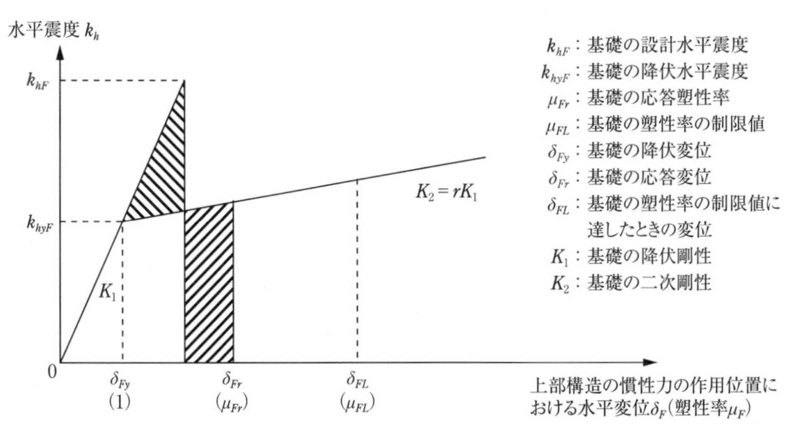

図-解 10.4.1　エネルギー一定則によるケーソン基礎，杭基礎，鋼管矢板基礎及び地中連続壁基礎の応答塑性率の算出方法

(2)　レベル 2 地震動を考慮する設計状況に対して橋脚基礎の塑性化を期待する場合には，橋脚基礎の応答が設計振動単位の応答の支配的な要素となると考えられるため，橋脚基礎の応答による減衰の効果がその他の減衰の効果よりも相対的に大きくなると考えられる。そこで，橋脚基礎の応答塑性率や応答変位を算出する場合には 4.1.6 に規定するレベル2地震動に対する設計水平震度を減衰定数別補正係数によって補正することが規定されている。減衰定数別補正係数は，地震動の特性，基礎の諸元，基礎形式，地盤条件等を考慮して適切に設定することが必要であるが，これらを考慮して設計水平震度を補正する方法は，まだ十分には解明されていない。ただし，ケーソン基礎，杭基礎，鋼管矢板基礎及び地中連続壁基礎においては，一般に根入れが深いため，側方地盤への振動エネルギーの逸散が期待できるとともに，Ⅳ編 10.9，11.9，12.10，13.9に規定する基礎の降伏に達するまでの間に生じる基礎を構成する部材の塑性化又は地盤抵抗の非線形挙動によるエネルギー吸収も期待できることを考慮し，減衰定数別補正係数 c_D は 2/3 を標準としてよいことが規定されている。なお，同様の理由により，耐震設計上の地盤面から地表までの構造部分に対して考慮する慣性力についても減衰定数別補正係数 c_D を乗じてその大きさを低減させることとなる。

また，橋に影響を与える液状化が生じると，液状化が生じない場合と比較して地盤面の水平加速度が小さくなり，その結果として，橋に作用する慣性力も小さくなることが遠心力模型実験の結果等で得られている。このような地盤の液状化に伴う地盤面の水平加速度の低減については，地盤の特性，液状化の程度，地震動の特性等に依存すると考えられるが，その影響の定量的な評価方法等，解明されていない課題もある。そのため，この示方書では，これまでの示方書の考え方を踏襲し地盤の液状化に伴う地盤面の水平加速度の低減については見込まないものとされている。

また，Ⅳ編 7.7では，直接基礎のフーチングの設計を行う際に基礎底面の地盤反力度の合力作用位置を算出する必要があり，その算出においては式（10.4.3）が必要であるが，この場合の減衰定数別補正係数は 1.0 とされている。これは，直接基礎においてレベル2地震動を考慮する設計状況における振動状態に対して見込める減衰特性は不明な点が多いためである。

11章　橋台及び橋台基礎

11.1　適用の範囲

この章は，レベル2地震動を考慮する設計状況における橋台及び橋台基礎の耐震設計に適用する。ただし，橋脚と同様の振動特性を有する橋台及びその橋台基礎の耐震設計は，8章及び10章の規定による。

この章では，Ⅳ編3.4.1(3)に従い区分される橋台，橋台基礎及び基礎形式を適用範囲としている。背面土等がない特殊な形式や橋台背面土に軽量盛土を用いた場合には，橋脚と同じような振動特性を示す場合もあるため，このような振動特性を有する場合には橋脚と同様の設計を行う必要があり，この章を適用するのではなく，8章及び10章を適用することとなる。

11.2　一　　般

橋台及び橋台基礎を設計する場合は，以下の1)から5)を満足しなければならない。

1)　橋台及び橋台基礎の応答値は，11.3に規定する橋台及び橋台基礎に作用する力を考慮して算出する。

2)　橋台基礎の塑性化を期待する場合は，11.4の規定により橋台基礎の応答塑性率を算出する。各部材に生じる断面力はこの応答塑性率に達するときの値とする。

3)　杭基礎，ケーソン基礎，鋼管矢板基礎，地中連続壁基礎及び深礎基礎の限界状態の制限値については，それぞれⅣ編10.9，11.9，12.10，13.9及び14.8の規定による。

4)　以下のⅰ)又はⅱ)に該当する場合を除き，レベル1地震動を考慮する設計状況に対して，橋台及び橋台基礎がそれぞれ限界状態1及び限界状態3を超えない場合は，レベル2地震動を考慮する設計状況に対して下部構造の限界状態2及び限界状態3を超えないとみなしてよい。

i）7.2の規定により橋に影響を与える液状化が生じると判定される土層を有する地盤上にある場合

ii）レベル2地震動に対する橋台の荷重支持条件がレベル1地震動に対する橋台の荷重支持条件と異なる場合

5）2.3に規定する地盤振動変位による局所的な影響に対しては，構造条件，地盤条件等を適切に考慮して必要な配慮を行わなければならない。杭基礎等の柔な構造の場合は，地盤振動変位に対して，少なくとも，地盤振動変位の深さ方向分布が急変する土層境界付近で塑性変形能を確保すれば，必要な配慮を行ったとみなしてよい。

これまでの示方書では，橋台及び橋台基礎に対する既往の被災事例を踏まえ，基礎に塑性化が生じた場合でも過大な残留変位が生じないようにするために，橋台基礎に所要の耐力を付与することを目的として，橋に影響を与える液状化が生じると判定される地盤にある橋台基礎では，レベル2地震動に対する照査を行うことが規定されていた。条文に規定される条件に該当する基礎以外の取扱いが明確ではなかったことから，規定が見直されたものである。ただし，常に土圧による偏荷重を受け，主として一方向へ繰返し載荷を受ける構造物の地震時の挙動の推定方法や，地震時土圧の作用メカニズム，また，地盤に液状化が生じた場合の地震動特性や橋台背面アプローチ部の沈下挙動等，未解明な点が多く残されている。この章に規定される照査方法は，現時点で得られている知見に基づき，工学的な判断を加味した1つの方法である。本規定で対象とする橋台は11.1に解説されるように，Ⅳ編7章において設計法が規定される橋台が対象である。そのため，地震時挙動がこの章に規定する照査方法において考慮する橋台の挙動に比べて大きく異なることが考えられる場合には，照査方法について別途検討する必要がある。

なお，7.2の規定により，橋台周辺地盤が橋に影響を与える液状化が生じる地盤と判定された場合であっても，例えば，両端に橋台を有する橋長25m以下の単径間の橋等，既往の被災事例及びその損傷状況を踏まえ，明らかに橋の限界状態2及び橋の限界状態3を超えないとみなすことができ，橋の機能の速やかな回復が著しく困難とはならないと判断される橋に対しては，レベル2地震動に対して計算による橋台基礎の照査を省略してもよいと考えられる。

1）一般的な橋台は，基礎周辺部分のみならず橋台背面にも土が存在する構造物であり，また，橋台はその断面寸法が大きく，剛性も大きい。したがって，橋台の地震時挙動は，橋台自体の振動よりも背面土の振動に一般に支配されると考えられる。そのため，背面土からの土圧に抗する構造物として，フーチング及び後フーチング上載土も含めて一体として扱い，橋台，フーチング，後フーチング上載土に同一の設計水平震度を用いることが11.3に規定されている。

なお，橋台基礎の設計には，地盤の流動化の影響を考慮することとはされていない。平成7年（1995年）兵庫県南部地震では，流動化により，橋台のパラペット，たて壁及び杭頭部に損傷が確認されたことが報告されている。橋台に対する流動化の影響のメカニズムには未解明な点があるものの，レベル2地震動を考慮する設計状況に対して，液状化の影響を考慮した設計がなされた橋台基礎には，一定の耐力等が付与されることとなり，液状化に伴う地盤の流動化が橋台に影響を与える場合であっても一定の抵抗力を期待できると考えられる。このため，Ⅳ編7章に規定する橋台に関しては，液状化に対する照査が行われていれば，別途計算により地盤の流動化の影響を考慮した照査を行わずとも橋の限界状態2及び橋の限界状態3を超えないとみなすことができる。そのため，橋台基礎の設計においては，地盤の流動化の影響を考慮した照査をすることが求められていない。

2)3)　2.4.5(2)(3)の解説に記載されているように，地盤に液状化が生じた場合，橋脚基礎の場合と同様，橋台でエネルギー吸収を行うように設計することは必ずしも合理的ではない。このため，橋台基礎に塑性化を期待する場合は，基礎の限界状態2及び限界状態3を超えないように設計する必要があり，応答値の算出方法及びⅣ編の規定に基づき限界状態を評価することが規定されている。

なお，橋に影響を与える液状化が生じると判定される場合には，橋台基礎に生じる変位について配慮しておく必要がある。周辺地盤に液状化が生じた場合には，偏荷重を受けている基礎周辺地盤にも大きな残留変位が生じ，結果として橋台基礎には前面方向に残留変位が生じることが考えられる。橋台基礎に大きな残留変位が生じると，斜角の小さい橋の場合には上部構造が水平面内で回転し，上部構造と橋台との間に大きな相対変位が生じる可能性がある。また，多径間連続橋の場合には，橋台の変位により上部構造が押し出され，中間橋脚に大きな変位が生じる可能性もあり，橋の耐荷性能を満足することができなくなることも考えられる。このような事象が生じないよう，橋台基礎に所要の耐力が付与されている必要があることから，橋に影響を与える液状化が生じると判定される場合には，必要な性能を有しているかどうか計算により確認する必要があることが4)に規定されている。

なお，液状化の影響を考慮する必要がある場合は，地震動のタイプごとに求められる土質定数の低減係数D_Eが異なることから，地震動のタイプごとに液状化の与える影響を考慮する必要がある。

4)　既往の被災事例を踏まえると，橋に影響を与える液状化が生じていなければ，橋台及び橋台基礎が，レベル1地震動を考慮する設計状況に対して限界状態1及び限界状態3を超えない場合は，レベル2地震動を考慮する設計状況に対して橋の機能の速やかな回復が著しく困難となるような損傷が生じにくいと考えられる。そのため，これまでの示方書を踏襲し，レベル２地震動を考慮する設計状況に対して，橋台及び橋台基礎の応答値の算出等の計算による確認を行うことなく，下部構造の限界状態２及び限界状態３を超えないとみなせる条件が規定されている。なお，橋台及び橋台基礎については，その損傷の順序をも制御して設計しているものではない。そのため，それぞれの部材がレベル１地震動に対して限界状態１及び限界状態３を超えない場合は，レベル２地震動に対していずれかの部材が塑性化したとしても，限界状態２及び限界状態３を超えておらず，下部構造全体として部材等の限界状態２及び限界状態３を超えないとみなせることが規定されている。橋に影響を与える液状化が生じている場合等，橋台基礎の限界状態２及び限界状態３を超えないことを確認する場合は，橋台については，計算による確認を行わずとも，限界状態２又は限界状態３を超えないと考えてよい。

なお，地盤改良等を行い，橋に影響を与える液状化が生じていないとみなせる場合は，レベル２地震動を考慮する設計状況に対して，計算により橋台基礎の照査を行う必要はない。しかし，橋に影響を与える液状化が生じていないとみなせるような改良範囲の設定方法等については，十分な知見が得られていない。そのため，レベル２地震動を考慮する設計状況に対して，その照査方法について個別に検討を行ったうえで，適切に橋台基礎の照査を行う必要がある。

ただし，レベル２地震動に対する橋台の荷重支持条件がレベル１地震動に対する橋台の荷重支持条件と異なり，レベル２地震動に対する橋台に及ぼす上部構造の分担重量がレベル１地震動に対する橋台に及ぼす上部構造の分担重量よりも大きくなるような支点条件の場合は，既往の被災事例を踏まえレベル２地震動を考慮する設計状況に対して，計算による照査を行わなくてもよいとした前提条件に一般に該当しないため，橋台周辺の地盤条件に関わらず，照査の必要性について検討する必要がある。

5)　10.2 6)の規定と同様に考慮するものである。

11.3 橋台及び橋台基礎に作用する力

(1) 橋台及び橋台基礎に作用する力は，以下の 1)及び 2)とする。

1) 4.2 に規定する地震時土圧

2) 4.1 に規定する構造物及びフーチング上載土の慣性力

(2) 上部構造の慣性力以外の(1)の算出に用いる設計水平震度は，4.1.6(5)に規定する地盤面の設計水平震度に基づいて式（11.3.1）により算出しなければならない。

$$k_{hA}=c_A c_{2z} k_{hg0} \quad \cdots\cdots (11.3.1)$$

ここに，

k_{hA}：橋台及び橋台基礎の設計水平震度（四捨五入により小数点以下 2 桁とする）

c_A：橋台及び橋台基礎の設計水平震度の補正係数で，1.00 を標準とする。

c_{2z}：レベル 2 地震動の地域別補正係数で，地震動のタイプに応じて 3.4 に規定する $c_{\mathrm{I}z}$ 又は $c_{\mathrm{II}z}$ を用いる。

k_{hg0}：レベル 2 地震動の地盤面における設計水平震度の標準値で，地震動のタイプに応じて 4.1.6(5)に規定する $k_{\mathrm{I}hg0}$ 又は $k_{\mathrm{II}hg0}$ を用いる。

(1) 橋台及び橋台基礎の設計において考慮する慣性力と地震時土圧は図-解 11.3.1 のようになる。橋台に作用する上部構造の慣性力は，地震の影響を考慮する設計状況において橋台が分担する水平力とし，支承部に生じる水平反力を用いる。なお，支承部に生じる水平反力としては固定支承や弾性支承の場合には，レベル 2 地震動が作用したときの支承部の水平反力を考慮し，可動支承を用いる場合は，4.1.1(5)の規定に従い，レベル 2 地震動を考慮する設計状況に対しては，支承の静摩擦力を考慮する。なお，フーチング上載土の慣性力の算出にあたっては，フーチング上載土の重量に死荷重（D）の荷重組合せ係数及び荷重係数を乗じる。

(2) 橋台は，基礎周辺部分のみならず橋台背面にも土が存在する構造物であり，また，その断面寸法が大きく，剛性も大きい。したがって，橋台の地震時挙動は，橋台自体の振動よりも背面土の振動に一般に支配されると考えられる。そのため，背面土からの土圧に抗する構造物として，フーチング及び後フーチング上載土も含めて一体として扱い，橋台，フーチング，後フーチング上載土に同一の設計水平震度を用いることとされている。また，背面土に作用する土圧を算出する設計水平震度も，橋台等に作用させる設計水平震度と同一の値とされている。

橋台基礎の設計水平震度の補正係数 c_A は，背面土内での加速度の変化に関する補正係数であり，背面土自体に大きな振動変形が生じることや，背面土と支持地盤の関係によっては背面土の応答加速度が地盤面の加速度より増幅又は低減することを考慮するための係数である。周辺地盤に液状化が生じた場合には，液状化が生じない場合と比較して地盤面の水平加速度が小さくなり，その結果として，背面土の応答加速度も低減することが考えられる。ただし，液状化が生じた場合に偏荷重を受けている基礎周辺地盤に大きな残留変位が生じ，基礎に影響を与えることも考えると過度に低減効果を見込まないように適切に補正係数を設定する必要がある。橋台基礎の応答の算出方法には未解明な点が多いものの，上述した観点を踏まえ，橋台基礎の設計水平震度の補正係数 c_A は当面1.00とすることが標準とされている。

なお，これまでの示方書では，橋に影響を与える液状化が生じると判定される土層を有する地盤にある橋台基礎に対して用いる設計水平震度として規定されていたが，橋に影響を与える液状化が生じると判定される土層を有する地盤にあるかどうかに関わらずこれを用いることができるように条文が改められている。

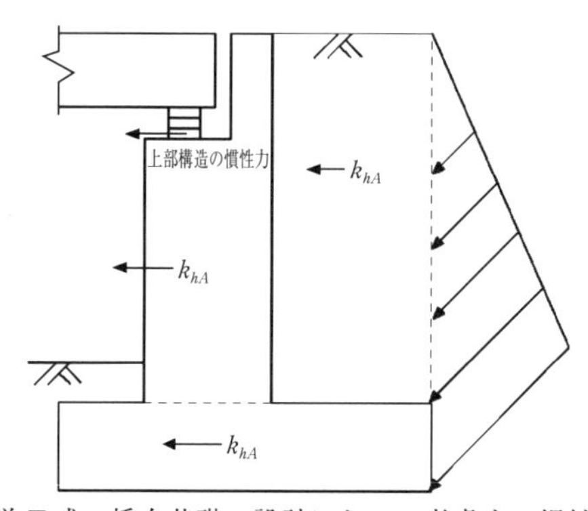

図-解 11.3.1　逆T式の橋台基礎の設計において考慮する慣性力と地震時土圧

11.4　橋台基礎の塑性化を期待する場合の橋台基礎の応答塑性率の算出

橋台基礎の塑性化を期待する場合の橋台基礎の応答塑性率は，基礎の非線形挙動，土圧の影響等を適切に考慮して，式（11.4.1）により算出しなければならない。

$$\mu_{Ar}=\delta_{Ar}/\delta_{Ay} \quad \cdots\cdots (11.4.1)$$

$$\delta_{Ar}=\mu'_{Ar}\delta'_{Ay}+\delta_0 \quad \cdots\cdots (11.4.2)$$

$$\delta_{Ay}=\delta'_{Ay}+\delta_0 \quad \cdots\cdots (11.4.3)$$

$$\left.\begin{array}{ll}\mu'_{Ar}=\dfrac{1}{r}\left\{-(1-r)+\sqrt{1-r+r(k_{hA}/k_{hyA})^2}\right\} & (r\neq 0)\\ \mu'_{Ar}=\dfrac{1}{2}\left\{1+(k_{hA}/k_{hyA})^2\right\} & (r=0)\end{array}\right\} \quad \cdots\cdots (11.4.4)$$

ここに，

μ_{Ar}：橋台基礎の応答塑性率

δ_{Ar}：橋台基礎の変形による上部構造の慣性力の作用位置における水平変位（m）

δ_{Ay}：橋台基礎の降伏変位（m）で，基礎形式別にⅣ編 10.9，11.9，12.10 及び 13.9 の規定による。

μ'_{Ar}：$k_h=0$，$\delta_A=\delta_0$ を原点とした場合の橋台基礎の応答塑性率

δ'_{Ay}：$k_h=0$，$\delta_A=\delta_0$ を原点とした場合の橋台基礎の降伏変位（m）

δ_A：上部構造の慣性力の作用位置における水平変位（m）

δ_0：$k_h=0$ として算出される地震時主働土圧による上部構造の慣性力の作用位置における水平変位（m）

r：橋台基礎の降伏剛性に対する二次剛性の比

k_{hyA}：橋台基礎が降伏に達するときの水平震度（四捨五入により小数点以下 2 桁とする）

k_{hA}：式（11.3.1）により算出する橋台及び橋台基礎の設計水平震度

橋台及び橋台基礎の地震時挙動は，橋台が比較的剛な構造体であるため，橋台自体の振動よりも橋台背面土の応答に支配されると考えられる。したがって，地震時土圧により生じる橋台基礎の応答変位は，一方向に累積していく履歴特性となることが考えられる。橋台のように背面土が存在し，地震時土圧が変動する偏荷重として作用する構造物に対する

動的非線形応答の推定方法については，未だ解明されていない点が残されているものの，地震時主働土圧に関しては，背面土に生じる加速度にほぼ比例して増加することが明らかになってきている。そこで，地震の影響を考慮する設計状況において最大加速度が生じるときに橋台基礎の応答が最大応答となると仮定し，8.8 に規定する偏心モーメントが作用する鉄筋コンクリート橋脚及び 10.4(1)に規定する橋脚基礎に対する方法に準じて，エネルギー一定則により応答塑性率及び応答変位を算出することが規定されている。ここに規定されるエネルギー一定則による橋台基礎の非線形応答の算出にあたっては，図-解 11.4.1 に示すように初期の変位及び断面力が考慮されている。

図-解 11.4.1 において（δ_0，0）の点を基点とする弾塑性型の骨格曲線による橋台基礎の水平震度－水平変位関係の設定においては，基礎の降伏は，Ⅳ編 10.9，11.9，12.10，13.9 及び 14.8 の規定に従う。また，橋台基礎の降伏剛性に対する二次剛性の比 r は，10.4 に解説される考え方と同様に設定すればよい。

なお，図-解 11.4.1 に示す水平震度－水平変位関係を算出するにあたって，液状化の影響を考慮する必要がある場合は，地震動のタイプごとに求められる土質定数の低減係数 D_E を適切に考慮する必要がある。

橋台基礎の応答塑性率の算出においては，10.4 の解説に示した理由と同様の理由により，地震動のタイプごとに設定される水平震度－水平変位関係と，同じ地震動のタイプの設計水平震度 k_{hA} を組み合わせることにより，地震動のタイプごとに橋台基礎の応答塑性率を求め，照査にはこれらのうち厳しい方の結果を用いることとなる。

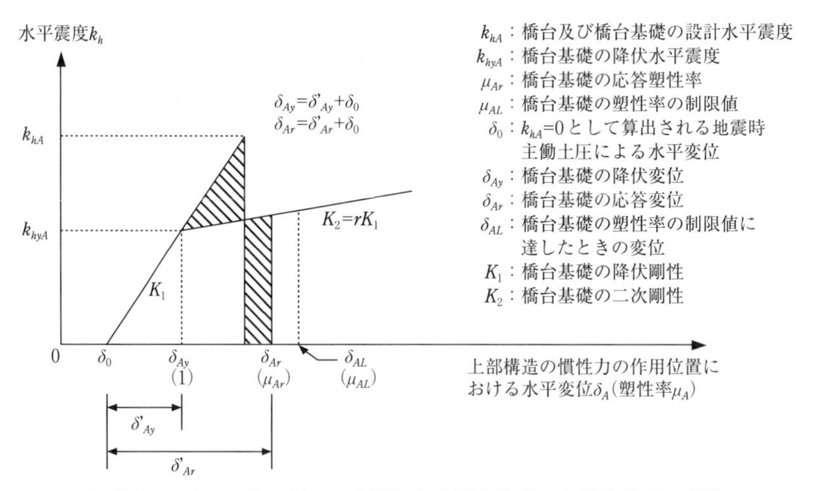

図-解 11.4.1　エネルギー一定則による橋台基礎の応答塑性率の算出

12章　上部構造

12.1　適用の範囲

この章は，レベル２地震動を考慮する設計状況における上部構造の耐震設計に適用する。

塑性化を期待する部材及びその塑性化する位置・範囲は，損傷の調査及び修復が容易にできることを考慮することが2.4.5(2)に規定されており，これを踏まえて上部構造，下部構造及び上下部接続部の限界状態の組合せを設定することとなる。このとき，上部構造は修復性や耐荷力の急激な低下の恐れなどの観点から塑性化を期待する部材として選定しないことが基本となる。そのため，12.2の規定に従い，上部構造を構成する全ての部材等が，6.1に規定する部材等の限界状態１及び部材等の限界状態３を超えないことを確認することとなる。また，6.4の規定に基づき，実験等により適切に制限値等が設定されているプレストレストコンクリート箱桁については，レベル２地震動を考慮する設計状況に対して，上部構造が可逆性を有すると考えられる限界の状態が限界状態１として規定されている。また，限界状態３として，耐荷力を失わない範囲で塑性化を期待した状態を直接的に評価してもよいことが規定されている。

なお，上部構造には，主桁のみならずアーチ橋のアーチリブや鉛直材，斜張橋の塔やケーブル等の様々な構成部材があり，それぞれ多様な構造及び断面形状が用いられているが，地震の影響を考慮する状況における耐力や塑性変形能については未解明な部分も多い。さらに，部材によって橋の機能や構造全体系の安全性に与える影響も異なる。したがってこの章では，このような部材に対する塑性域での耐力及び変形量に関する特性値や制限値は規定されていない。部材等の塑性化を期待する場合には，６章の規定に従い，部材の構造に応じて適切に特性値や制限値を設定しなければならない。上部構造を構成する部材等に塑性化を期待する場合は，2.4.6(5)に規定及び解説されている事項のほか，以下の1)から3)に留意して設定する必要がある。

1)　主桁は，活荷重が直接作用する部材であること，桁下条件等により橋脚に比べて修復が困難なこと，一般に上部構造を構成する部材断面が小さく塑性変形能を確保するために必要とされる構造細目に対応させようとすると過密な配筋となり施工性が損なわれる可能性があることを考慮し，許容できる変形量を定める必要がある。

2)　アーチ橋のアーチリブや斜張橋の塔には，死荷重により大きな圧縮力が作用していることから，一般的な鉄筋コンクリート橋脚や鋼製橋脚と異なる耐荷力特性や塑性変形能を有するものと考えられる。さらに，軸力，ねじりモーメント，二軸曲げモーメント等地震の影響を考慮する設計状況において卓越する断面力も複雑となる。したがって，部材に作用する断面力に対する耐力，塑性変形能及び最大応答に対する残留損傷等について十分に検討する必要がある。

3) 斜張橋のケーブルやニールセンローゼ橋の吊ケーブル等では，平成7年（1995年）兵庫県南部地震や1999年台湾・集集地震で，ケーブルが定着部から抜け出す等の被害が生じた事例も報告されている。地震により大きな張力変動が生じる可能性のあるケーブルの定着具や主桁・塔の定着部は，十分な耐力を確保するように設計する必要がある。なお，鋼上部構造のソケット及びケーブル定着構造は，Ⅱ編18章の規定に従う必要がある。

12.2 一　　般

(1) 12.5に規定する構造細目を満足したうえで，上部構造を構成する全ての部材等が6.1に規定する部材等の限界状態1を超えない場合には，上部構造の限界状態1を，部材等の限界状態3を超えない場合には，上部構造の限界状態3を超えないとみなしてよい。

(2) 曲げモーメント及び軸方向力を受けるプレストレストコンクリート箱桁が，12.3の規定を満足する場合には，限界状態1を超えないとみなしてよい。

(3) 曲げモーメント及び軸方向力を受けるプレストレストコンクリート箱桁の塑性化を期待する場合，12.4の規定を満足する場合には限界状態3を超えないとみなしてよい。

(1) ここに規定される上部構造を構成する全ての部材等とは，上部構造を構成する各部材だけではなく，それらから構成される耐荷機構を構成するうえで必要となる構造全体も含む。これは，上部構造を構成する部材の限界状態だけでは必ずしも上部構造の限界状態を代表できない場合があるためである。例えば，構造を構成するいずれの部材も完全には耐荷力を失っていない場合でも，変位の影響によって構造全体が不安定化し，構造としての耐荷力を喪失する可能性がある。Ⅱ編及びⅢ編に規定される各構造には，このような観点を踏まえ，構造としての限界状態が規定されている。

(2)(3) プレストレストコンクリート箱桁の上部構造を有するラーメン橋のように，上部構造を軽微な損傷は生じるものの可逆性を有するとみなせる範囲にとどめるように設計する方が，合理的と考えられる場合がある。そこで，これまでの調査研究により明らかとなっている地震による繰返し作用を受けた場合のプレストレストコンクリート箱桁の抵抗特性に基づき，レベル２地震動を考慮する設計状況においてのみ，Ⅲ編５章の規定によらず，この編の6.4の規定に基づき，12.3に限界状態１，12.4に限界状態３が規定されている。

12.3 プレストレストコンクリート箱桁の限界状態１

(1) 曲げモーメント及び軸方向力を受けるプレストレストコンクリート箱桁が，Ⅲ編5.2からⅢ編5.4の規定を満足したうえで，(2)を満足する場合には，限界状態１を超えないとみなしてよい。

(2) 部材等に損傷が生じているものの，部材等の挙動が可逆性を有する限界の状態を限界状態１として，6.4の規定に基づき，その限界の状態に対応する制限値を適切に設定したうえで，応答値がその制限値を超えない。

プレストレストコンクリート箱桁に対して，レベル２地震動を考慮する設計状況においてのみ，6.4の規定に基づき，荷重の正負交番繰返し載荷実験から得られた耐力や塑性変形能に関する研究成果等を踏まえ，限界状態１を超えないとみなせる制限値を適切に設定してもよいことが規定されている。ここで，Ⅲ編に規定される構造細目を満足することとされているのは，主桁は一般に部材断面の寸法が小さく，塑性変形能を確保するための構造細目を適用すると施工性や経済性が損なわれることがあること等に配慮したためである。なお，曲げモーメント及び軸方向力を受けるプレストレストコンクリート箱桁の限界状態１を上記のように設定する場合，せん断力やねじりモーメントに対しても同様にⅢ編の規定によらず，適切に制限値を設定すればよいこととなる。

主桁の限界状態1の曲率の制限値は表-解12.3.1に示す値を用いることができる。ここで，表-解12.3.1に示す曲率の制限値を超えない場合は，レベル２地震動を考慮する設計状況において，部材等の挙動が可逆性を有するとみなせるとともに，コンクートが全断面有効である状態と比べて耐荷力の低下がほとんどなく，所要の耐久性能を満足できる復旧も確実に行いうる状態に留まることが実験により確認されている。この状態の制限値を設定するにあたっては，上述した状態に留めるために地震後に残留するひび割れ幅が0.2 mm程度以下となる状態を目安としている。これまでの実験結果を鋼材の最大応答引張ひずみとコンクリートの残留ひび割れ幅との関係等について整理すると，コンクリートの残留ひび割れ幅は作用する圧縮応力度の大きさに応じて小さくなる傾向があり，主桁に生じる最大応答曲率をこの制限値以下となるようにすれば，地震後に主桁に生じる残留ひびわれ幅が，0.2mm 程度以下となることが明らかとなっている。

なお，表-解 12.3.1 に示される曲率の制限値の値は，鋼材に付着があり，上フランジ幅に対する外ウェブ間の幅の比率が 0.54 の場合の実験結果に基づいて設定している。したがって，鋼材に付着のない場合や張出しフランジの比率が 0.54 よりも大きい場合などは，別途十分な検討が必要である。

表-解 12.3.1 に示す制限値を超えないことを照査するにあたって，応答曲率の算出に用いるコンクリートの応力度－ひずみ曲線は，6.2.3 の規定による。ただし，横拘束鉄筋の拘束効果は考慮することができない。また，鉄筋の応力度－ひずみ曲線，PC 鋼材の応力度－ひずみ曲線には，Ⅲ編 5.8.1 の規定による。これは，実験結果との比較により制限値を設定するにあたって，応答値の算出に用いた応力度－ひずみ曲線が上記によるためである。

表-解 12.3.1　プレストレストコンクリート箱桁の限界状態 1 に相当する曲率の制限値

照査の方向	応答曲げモーメントに対する引張縁側に，緊張した PC 鋼材を配置している場合	応答曲げモーメントに対する引張縁側に，緊張した PC 鋼材を配置していない場合
橋軸方向	PC 鋼材が弾性限界に達する曲率	最外縁鉄筋が降伏点に達する曲率 ただし，永続作用支配状況での圧縮縁応力度が $2N/mm^2$ 以上の場合は，最外縁鉄筋の引張ひずみが 0.005 に達する曲率
橋軸直角方向	ウェブの最外縁鉄筋が降伏又は PC 鋼材が弾性限界に達する曲率のいずれか小さい方	

12.4　プレストレストコンクリート箱桁の限界状態 3

(1)　曲げモーメント及び軸方向力を受けるプレストレストコンクリート箱桁が，Ⅲ編 5.2 からⅢ編 5.4 の規定を満足したうえで，(2)を満足する場合には，限界状態 3 を超えないとみなしてよい。

(2)　部材等の挙動が可逆性を失うものの，耐荷力を完全には失わない限界の状態を限界状態 3 とし，6.4 の規定に基づき，その限界の状態に対応する特性値及び制限値を適切に設定したうえで，応答値がその制限値を超えない。

レベル 2 地震動を考慮する設計状況に対して，部材等の挙動が可逆性を失うものの，耐荷力を完全には失わない限界の状態として，かぶりコンクリートが大きく剥離しない限界の状態とした場合，主桁の限界状態3の曲率の制限値は，主桁に生じる最外縁のコンクリートの圧縮ひずみが0.002に達するときとすることができる。これは，これまでの実験結果によると，最外縁のコンクリートの圧縮ひずみが0.002以下となるようにすれば，かぶりコンクリートの大きな剥離が生じず，耐力の急激な低下には至らないことが明らかとなっているためである。また，最外縁のコンクリートの圧縮ひずみが0.002に達する前にPC鋼材が破断するという破壊形態は避けなければならない破壊形態である。そこで，主桁の限界状態3の曲率の制限値は，プレストレスによる初期ひずみを含めたPC鋼材の引張ひずみが，JIS G 3109及びJIS G 3536に規定するPC鋼材の伸びの最小値である0.035に達するときよりも小さくする必要がある。

コンクリート上部構造のうち，主桁断面に生じるせん断力に対する制限値は，プレストレス及び有効高の変化を考慮して算出している。しかしながら，大きな塑性変形域においては，これらの要因がせん断力に及ぼす影響について十分に解明されておらず，Ⅲ編5.8.2(3)及び(4)に規定するせん断力の算出式は，コンクリートとPC鋼材に生じるひずみが，上記の限界状態に対応する制限値を超える状態に対しては適用できない。そのため，かぶりコンクリートが大きく剥離しない限界の状態を限界状態3とされている。かぶりコンクリートが大きく剥離しない限界の状態を超える状態においては，主桁断面に生じるせん断力に対する制限値は，実験又はその妥当性が実験結果との比較により検証されている解析方法等に基づいて十分に検討して評価する必要がある。

プレストレストコンクリート箱桁のように主桁を構成する部材が，その挙動等の可逆性を失う状態を想定する場合には，一般的に部材断面の寸法が鉄筋コンクリート橋脚に比べて薄く，また，軸方向鉄筋やPC鋼材等が部材の中間位置で定着されていることを考慮して，主桁に許容する損傷程度に応じた構造細目を定める必要がある。特に，上部構造に部材断面の最小寸法に比べて太径の鉄筋を配置する場合には，付着強度が低下し，定着部及び継手部にコンクリートの割裂を生じさせる可能性が高いことに配慮する必要がある。なお，最外縁のコンクリートの圧縮ひずみが0.002以下で，PC鋼材の引張ひずみが0.035以下の場合には，重ね継手の有無や横方向鉄筋の形状及び配置が部材の耐力や塑性変形能に与える影響は無視できることが実験により確認されていることから，鉄筋の配置はⅢ編5章の形状及び鋼材の配置の規定によることができる。

12.5　構造細目

12.5.1　上部構造の構造細目

(1)　鋼上部構造の構造細目は，Ⅱ編5章及びⅡ編9章から19章の規定による。

(2)　コンクリート上部構造の構造細目は，Ⅲ編5章及び7章から16章の規定による。

(3)　上部構造を構成する部材で2.7.2 2) i)により脆性的な破壊が生じにくくなるように配慮する場合は，塑性変形能を確保できる適切な構造細目としなければならない。鉄筋コンクリート部材及び鋼部材では，少なくとも6.2.5及び6.3.4の規定を満足しなければならない。

(1)(2)　上部構造に塑性化を期待しない場合には，それぞれⅡ編，Ⅲ編の規定に従うことが標準となる。

(3)　斜張橋やアーチ橋等で，2.7.2 2) i)の解説に示されるような部材は2.7.2 2) i)の規定に従い配慮することとなる。上路式の鋼アーチ橋のアーチリブのスプリンギング部やクラウン部だけではなく，対傾構や横構なども，上部構造の慣性力を伝達する部材となり，局部座屈等の脆性的な破壊が生じる場合は，落橋等につながることから，この構造細目に従う必要がある。

上路式のアーチ橋のアーチリブのスプリンギング部及びクラウン部は，死荷重により大きな圧縮力が作用しているうえに，地震の影響により大きな軸力変動が生じる部位である。また，斜張橋の塔基部も，死荷重により大きな圧縮力が作用している部位である。このような部位には，2.7.2 2) i)の規定に従い，設計で考慮した慣性力を上回る強度の慣性力が作用しても急激に耐力が低下しないように配慮する必要がある。特にコンクリートアーチ橋では，大きな軸方向力や軸力変動に対して軸方向鉄筋のはらみ出しを抑制する効果と内部コンクリートを拘束する効果を確実に保持できることを検討したうえで横拘束鉄筋を適切に配置するのがよい。なお，上路式のコンクリートアーチ橋の鉛直材や斜張橋の塔の横ばりのように，鉄筋コンクリート橋脚や鉄筋コンクリートラーメン橋脚のはり部材と構造条件等が同様と考えられる場合には，この規定に加えて，8.9の規定に準じて構造細目を定めるのがよい。

プレストレスを導入するコンクリート構造の主桁においては，永続作用及び変動作用が支配的な状況に対して必要とされる鉄筋配置では，インフレクションポイント付近等で，レベル2地震動の影響を考慮する設計状況に対して，ひび割れモーメントよりも鉄筋の初降伏モーメントが小さい場合があるので，設計で考慮した慣性力を上回る強度の慣性力が作用しても急激に損傷が進展しないように，別途必要な軸方向鉄筋を配置する必要がある。

12.5.2　支承部と上部構造との接合部における構造細目

(1)　支承部と鋼上部構造との接合部は，支承端部の直上等の集中荷重を受け局部変形を生じる可能性のある鋼上部構造の部位において，補剛材を設けて局部変形を防ぐとともに，桁が橋軸直角方向の地震力によって面外変形を生じないように，横桁又はダイアフラム等により補強しなければならない。

(2)　支承部とコンクリート上部構造との接合部は，Ⅲ編 10.5 の規定による。

(1)　支承端部の直上等の鋼上部構造には，橋軸方向の慣性力と支承の高さに起因する偶力により，上下方向の力が生じ，フランジや腹板に局部座屈が生じることがある。これを防止するため，図-解 12.5.1 のように支承端部の直上の上部構造の腹板に垂直補剛材を設ける必要がある。

端横桁等の下側のあきが大きいと，橋軸直角方向の慣性力によって主桁に面外変形を生じることがある。また，橋軸直角方向の慣性力によって支承部周辺の横構や対傾構が座屈して変形する被害や端横桁が座屈する被害も確認されている。したがって，横桁等の下端は，図-解 12.5.2 に示すように極力下フランジに近い位置まで下げる等により，十分な強度を確保すること，支点部における横桁等に十分な剛性と強度を確保することが必要である。なお，図-解 12.5.2 の構造のほかにも，桁端部をコンクリートで巻き立てて桁端部の変形を防止する構造もある。

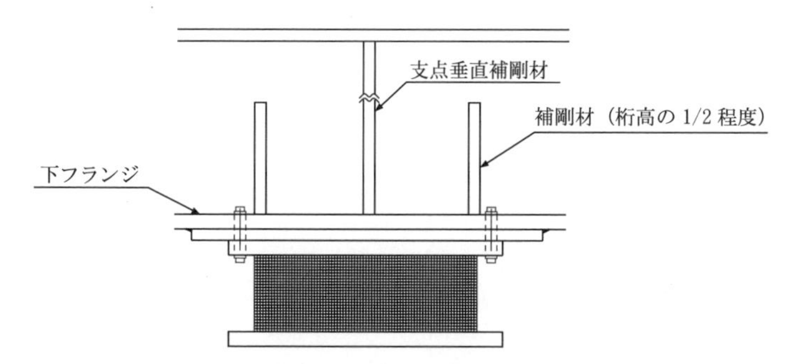

図-解 12.5.1　垂直補剛材による支承部上の鋼桁の腹板の補強の例

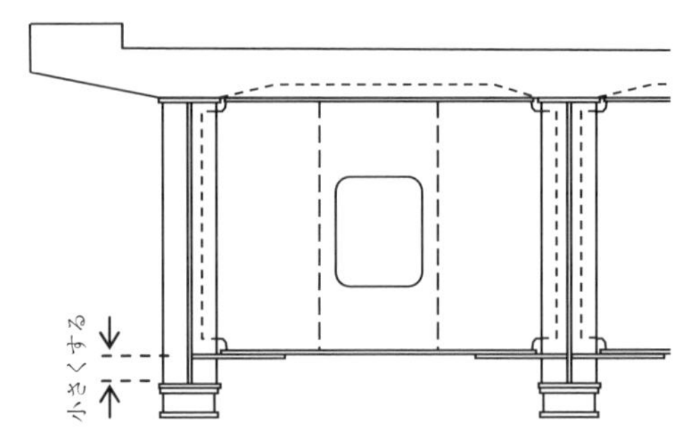

図-解 12.5.2　鋼桁における端横桁の構造の例

(2)　支承部が設けられる支点部の横桁及び隔壁は，地震の影響を考慮する状況において大きな水平力の作用を受けるため，その発生する断面力を主桁へ円滑に伝達できる構造とする必要がある。Ⅲ編 10.5 には，接合部が所要の性能を発揮するための設計の基本的な考え方が規定されている。

13章　上下部接続部

13.1　支 承 部

13.1.1　支承部に作用する力

(1)　支承部に作用する力は，橋の構造形式，支承の形式及び支承どうしの荷重分担等を考慮して設定しなければならない。

(2)　(3)及び(4)による場合には，(1)を満足するとみなしてよい。

(3)　支承部に作用する水平力のうち地震の影響による力は，4.1に規定する上部構造の慣性力とする。ただし，静的解析による場合で，鉄筋コンクリート橋脚又は基礎の塑性化を期待する場合には，塑性化を期待する橋脚又は基礎の応答変位が最大となるときの上部構造の慣性力の作用位置における水平力とする。

(4)　支承部に作用する鉛直力のうち地震の影響による力は，以下の1)及び2)による。

1)　式（13.1.1）及び式（13.1.2）により算出した値。なお，鉛直力及び反力はいずれも下向きを正とする。

$$R_{B\max}=R_D+\sqrt{R_{HEQ}{}^2+R_{VEQ}{}^2} \quad \cdots\cdots (13.1.1)$$

$$R_{B\min}=R_D-\sqrt{R_{HEQ}{}^2+R_{VEQ}{}^2} \quad \cdots\cdots (13.1.2)$$

ここに，

$R_{B\max}$：支承部に生じる鉛直力の最大値（kN）

$R_{B\min}$：支承部に生じる鉛直力の最小値（kN）

R_D：上部構造の死荷重により支承部に生じる反力（kN）

R_{HEQ}：(3)により算出する水平力が作用したときに支承部に生じる鉛直反力（kN）

R_{VEQ}：設計鉛直震度によって支承部に生じる鉛直反力（kN）で，式（13.1.3）により算出する。

$$R_{VEQ} = \pm k_V R_D \cdots\cdots(13.1.3)$$

k_V：設計鉛直震度で，4.1.6(5)に規定する地盤面における設計水平震度に，表-13.1.1に示す係数を乗じた値とする。

表-13.1.1　設計水平震度に乗じる係数

	レベル1地震動	レベル2地震動	
		タイプⅠ	タイプⅡ
係数	0.50	0.50	0.67

2)　レベル2地震動を考慮する設計状況に対しては$-0.3R_D$。ただし，$R_{B\min}$が正の場合で鉛直方向の変位を拘束しなくても地震後に支承部の機能が確保される支承部を採用する場合は除く。

上下部接続部は，ラーメン橋のように上部構造と下部構造の接続部が剛となるように直接接合されている場合と，上部構造と下部構造の間にこれらとは別な構造としての支承を介して接合される場合があるが，この条文では後者に対して，耐震設計の際に考慮する支承部に作用する力について規定されている。なお，上部構造と下部構造の接続部が剛となるように直接接合されて一体化されている場合は，6.5の規定により設計を行う。

(1)　支承部には，上部構造から伝達される荷重を確実に下部構造に伝達する機能（荷重伝達機能）及び上部構造と下部構造の相対的な変位に追随する機能（変位追随機能）を確保することが求められる。ただし，これらの機能を確保する方法は，橋の形式，支承の形式や1支承線を構成する各支承の荷重分担，当該支承部の支持条件（固定，可動等），単一構造体に全ての機能を集約するか，複数の構造体で機能を分担させるかなどにより様々である。例えば，機能分離型の支承において鉛直荷重の伝達と回転変位の追随機能を分担する構造と水平荷重の伝達機能を分担する構造に分離された支承においては，鉛直力のみ又は水平力のみしか作用しないように設計するものがある。そのため，支承部に作用する力は，構造に応じて適切に考慮する必要がある。

1支承線上の支承部全体に作用する力に基づき1支承線上の個々の支承の設計で用いる鉛直力を算出する場合には，それぞれの水平方向の剛性差の影響を適切に考慮することが基本である。ここで，個々の支承の水平力の分担率と鉛直方向の反力の分担率は一般には異なるため，水平力の算出の際には，水平方向の剛性に基づく水平力の分担率を考慮する。耐力及び剛性が著しく小さい支承が同じ機能を期待する1支承線の中に含まれるのは望ましくないため，1つの支承部に作用する力が1支承線上の支承部全体に作用する力の平均値よりも小さくなる場合には，この平均値をその支承部の設計に用いる力として考慮するのがよい。

なお，地震の影響を考慮する設計状況での橋の挙動をいたずらに複雑にしないという観点から，支承部の設計においては以下を基本とするのがよい。

① 同じ機能を期待する1支承線上の支承には，水平方向の力学的特性が同様のものを使用する。

② 1支承線上の最大鉛直反力が著しく異なる場合等に1支承線上の同機能を有する構造の種類を複数とする場合にも，2種類程度までとする。

動的解析において，1支承線上の支承を個々にモデル化する場合には，それぞれの支承部の水平方向の応答値（断面力）に相当する力を等価な外力に置き換えたものを個々の支承に作用する水平力としてよいが，上記の趣旨を踏まえ，1支承線上の個々の支承に作用する水平力が大きく異ならないように支承部の設計においては配慮するのがよい。

(3) 支承部に作用する水平力は，2.3に規定された作用の組合せを考慮して求める必要があるが，ここでは，地震の影響による力の算出方法について規定されている。この力は4.1.1により算出される上部構造の慣性力とすることが基本となる。支承部に作用する力は上部構造と下部構造の相対的な挙動により生じるが，上部構造の慣性力の影響が支配的なことを踏まえて条文のように規定されている。なお，橋全体系に対する時刻歴応答解析を行う場合は，上部構造と下部構造の相対的な挙動を直接評価できるので，この解析から得られる力を支承部に作用する力とすればよい。ただし，静的解析により鉄筋コンクリート橋脚又は基礎の塑性化を期待する設計を行う場合には，支承部に作用する水平力は，橋脚や基礎の応答変位が最大となるときの上部構造の慣性力の作用位置における水平力とする必要がある。これは，この示方書で静的解析が適用できる構造系は一次モードが卓越するとみなせる場合としていることから，塑性化を期待する部材に塑性化が生じると，支承部には塑性化した部材に生じる応答に相当する水平力以上の水平力は作用しないと考えられるためである。この考え方に基づくと，静的解析による場合は，鉄筋コンクリート橋脚に塑性化を期待する場合に支承部に作用する水平力は，終局水平耐力を等価な外力に置き換えたものとみなすことができる。

橋台に設置される支承部に生じる上部構造の慣性力を求めるためには，橋台の剛性や背面土への逸散減衰等による動的相互作用効果を適切に評価する必要があるが，このような評価ができる標準的な手法の確立には至っていないのが現状である。しかしながら，既往の地震において橋台に設置された支承部の被災が多いという事実は特段確認されていないことや，支承部における上部構造の慣性力は背面土への逸散減衰等が一定程度期待できること等を考慮すると，設計水平震度相当の慣性力よりは低減されると考えられる。そのため，これまでの示方書でも示されていた支承部に作用する水平力の大きさと同様になるように，設計水平震度の0.45倍から算出される慣性力を考慮すればよい。

上部構造の慣性力を算出する際には，4.1.2及び4.1.3の解説に示されるように死荷重や地震の影響の荷重組合せ係数及び荷重係数を考慮して求める必要がある。なお，静的解析を適用する場合で塑性化を期待する鉄筋コンクリート橋脚の場合の支承部に作用する水平力は，死荷重の荷重組合せ係数及び荷重係数を考慮した重量に相当する軸力が作用した状態で算出した終局水平耐力を等価な外力に置き換えたものとみなすことができる。なお，温度の影響やクリープ，乾燥収縮等により支承部に作用する水平力を加える際には，作用の組合せに応じた荷重組合せ係数及び荷重係数を考慮する必要がある。

(4)1)　支承部に作用する鉛直力を算出する際には，支承部に作用する水平力と鉛直方向の上部構造の慣性力が同時に作用することを考慮する必要があり，この考え方に基づき算出式が導かれている。ここで，水平力は，これに起因する鉛直方向の力が最も厳しくなる方向に作用させる必要がある。

図-解 13.1.1 は，地震の影響を考慮する設計状況において橋軸直角方向に水平力が作用する場合の例を示している。図に示すように支承線方向に水平力が作用しても鉛直反力 R_{HEQ} が生じることから，設計鉛直震度によって支承部に生じる鉛直反力 R_{VEQ} に加えて水平力に起因する鉛直方向の力の影響も考慮する必要がある。ただし，設計鉛直震度によって支承部に生じる鉛直方向の反力 R_{VEQ} と水平力によって生じる鉛直方向反力 R_{HEQ} が同時に最大値をとる確率は低いことから，これらの 2 乗和の平方根として考慮することとされている。

R_{HEQ} は，一般に式（解 13.1.1）によって算出することができる。R_{HEQ} は，1 支承線上の各支承の反力のうち絶対値として最大の値を用いる。

$$\left.\begin{aligned} H_{BTR}h_s &= \Sigma\ (R_{HEQi}x_i) \\ \Sigma R_{HEQi} &= 0 \\ R_{HEQi} &= K\ (x_i - x_0) \end{aligned}\right\} \cdots\cdots（解 13.1.1）$$

ここに，

R_{HEQi}：水平力が橋軸直角方向に作用したときに i 番目の支承に生じる鉛直反力（kN）

H_{BTR}：(3)に規定される支承部の橋軸直角方向の水平力（kN）

h_s：沓座面から上部構造の重心までの鉛直方向距離（m）。ただし，1 支承線上の沓座面に高低差がある場合は，1 支承線上の h_s のうちの最大値とする。

x_i：上部構造の重心位置から i 番目の支承までの水平方向距離（m）で，正負を考慮して設定する。

K：比例関係を表す係数で，式（解 13.1.1）を解くことによって求められる。

x_0：R_{HEQi} の釣合い位置から重心位置までの距離（m）。ただし，橋軸直角方向において左右対称の断面で重心位置がその中心にある場合は 0 となる。

なお，式（解 13.1.1）は，鉛直方向の力に対して上向きと下向きのいずれに対しても支点位置で固定され，支点部の鉛直剛性は圧縮側及び引張側で同じである場合の例である。積層ゴムの支承部のように支承本体の鉛直剛性が圧縮側と引張側で異なる場合又は機能分離型の支承部のように上向きと下向きの力に対してそれぞれ異なる位置の構造により抵抗する場合には，こうした構造条件を適切に考慮した解析により各支承のR_{HEQi}を求めることもできるものの，実際の剛性を考慮する場合よりも一般には安全側の値となるため，このような構造の場合でも式（解 13.1.1）を用いることができる。

なお，図-解 13.1.1 のように支承線を含む断面が左右対称の場合には，式（解 13.1.1）のR_{HEQi}は式（解 13.1.2）で与えられる。このうち，絶対値として最大の値をR_{HEQ}とする。

$$R_{HEQi}=\frac{H_{BTR}h_s}{\Sigma x_i^2}x_i \quad \text{（解 13.1.2）}$$

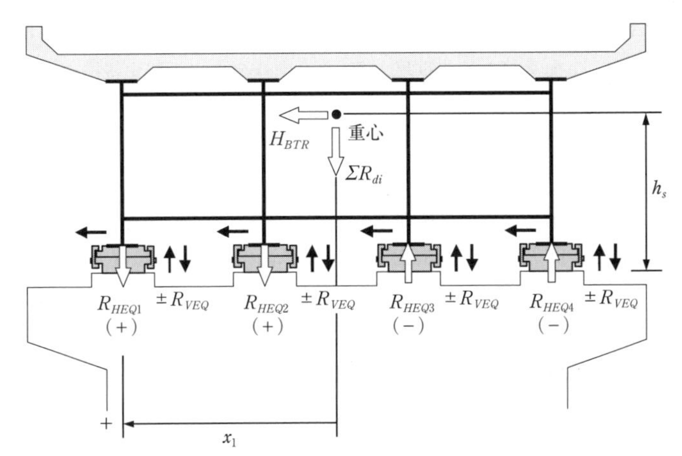

図-解 13.1.1 水平力によって支承部に生じる鉛直反力R_{HEQ}及び設計鉛直震度によって支承部に生じる鉛直反力R_{VEQ}

また，設計鉛直震度として，レベル2地震動（タイプⅡ）に対する設計水平震度の場合に係数が 0.67 とされているのは，平成7年（1995年）兵庫県南部地震の際に神戸市周辺で観測されたように，内陸直下型地震の震源域に近い地域では比較的大きな鉛直方向地震動が生じる可能性があることが考慮されているためである。

動的解析に対しては，入力地震動として鉛直方向の地震動が規定されていない。これは，動的解析における上部構造のモデル化が支承部の応答の算出精度に大きな影響を及ぼすが，現時点では十分な知見が得られていないことから，鉛直方向地震動も考慮した動的解析から直接R_{HEQ}やR_{VEQ}を求めるのではなく，支承部の橋軸直角方向の水平力H_{BTR}は動的解析により求め，これを用いて式（解 13.1.1）により求められたR_{HEQ}と式（13.1.3）によるR_{VEQ}を用いて，式（13.1.1）及び式（13.1.2）から支承部に作用する鉛直力を算出することとされているためである。

橋軸方向の振動と鉛直方向の振動が連成する橋では，橋軸方向の応答により支承部に鉛直反力が生じる場合もあるため，この影響について検討する必要がある。橋軸方向の応答の場合には，上部構造のモデル化の影響は一般には大きくないため，個々の支承をモデル化する場合には，個々の支承の応答鉛直力を鉛直反力 R_{HEQ} とすることができる。この場合にも，図-解 13.1.1 に示した例と同様に，設計鉛直震度によって支承部に生じる鉛直方向反力 R_{VEQ} と水平力によって生じる鉛直方向反力 R_{HEQ} が同時に最大値をとる確率は低いことから，これらの2乗和の平方根として考慮し，式 (13.1.1) 及び式 (13.1.2) により鉛直力を算出する。

2) 支承部は，鉛直上向きの力に対する安全性を十分に確保するために，レベル2地震動を考慮する設計状況に対して，鉛直上向きに $0.3R_D$ の鉛直力が生じた場合についても考慮することが規定されている。ここで，各支承の支承反力 R_D が直接求められない場合には，1支承線の死荷重反力 R_D を上向きの力に抵抗する構造の数で除して得られる平均値を用いる。

支承部に作用する鉛直力の最小値 $R_{B\min}$ が正の場合で，鉛直方向の変位を拘束しなくても地震後に支承部の機能が確保される支承部を採用する場合には，鉛直上向きの力の影響を受けてもその機能は確保されることから，この作用を考慮しなくてよい。

なお，式 (13.1.1) 及び式 (13.1.2) により支承部に作用する鉛直力を算出する際は，R_D を算出する際に死荷重の荷重組合せ係数及び荷重係数，また R_{VEQ} を算出する際に死荷重及び地震の影響の荷重組合せ係数及び荷重係数をそれぞれ考慮して求め，これを等価な外力に置き換えたものとする必要がある。

13.1.2 支承部の限界状態

(1) 支承部の限界状態は，Ⅰ編 10.1.4 の規定による。

(2) 支承部を構成する部材等の限界状態を設定する場合は，2.4.6 の規定に従い限界状態を超えないとみなせる制限値を適切に設定しなければならない。

(3) (1)及び(2)の設定にあたっては，以下の 1) 及び 2) の範囲を考慮して行わなければならない。

1) 以下の i) 及び ii) の力学的特性が，実験により明らかである範囲

i) 支承に求められる荷重伝達，変位追随等の機能が失われるときが明らかであり，その状態に対する安全性が確保できること。

ii) 地震による繰返し作用に対して強度の低下が生じず安定して挙動すること。

2) 支承の荷重と変位の関係，減衰特性等の力学的特性を評価する方法が明らかである範囲

(4) (3)1)にあたっては，少なくとも以下の1)及び2)の実験条件を考慮しなければならない。

1) 支承部に作用する鉛直力と水平力に応じた荷重抵抗機構

2) 温度等，支承の使用が想定される環境条件

(3)(4) ここでは地震の影響を考慮する設計状況に対する支承部の限界状態を超えないとみなせる制限値を定める際に考慮すべき事項について規定されている。

支承部には，地震の影響を考慮する設計状況での複雑な挙動下においても安定して機能を発揮できるようにする観点から，力学的メカニズムが明らかであり，かつ，確実に機能することが求められる。

支承部が水平荷重伝達機能を喪失すると，設計で考慮した以上の力を他の部材に生じさせる等の影響が生じることがあり，落橋という致命的な状態につながる可能性があること，また，免震橋に用いられる免震支承では，支承部が破壊すると設計で考慮した長周期化やエネルギー吸収が期待できなくなり上部構造の応答が増幅する可能性があることから，支承部は破壊に対して十分に安全な範囲で使用することが求められる。また，ゴム製の支承本体では，地震による繰返し作用を受けると，一般に剛性の低下が生じる。免震支承であればこれに加えてエネルギー吸収能の低下等が生じる場合がある。このため，支承部の機能が，地震による繰返し作用に対して十分に余裕がある範囲で設計することも重要であり，こうした力学的特性が実験により検証され明らかな範囲で限界状態を超えないとみなせる制限値を設定する必要がある。ここでいう実験とは，対象とする支承部の破壊までの力学的特性と地震による繰返し作用に対する力学的特性を評価するために行う水平載荷実験であり，一般には支承本体に対して行われる。なお，ゴム製の支承本体を有する支承部では，面圧，温度，載荷速度等の条件に応じてその特性が大きく変化する場合もあるため，供用している間に支承本体が影響を受ける条件を考慮した実験に基づく必要がある。

水平載荷実験には，実橋に用いられる形状寸法にできる限り近い供試体を用いるのが重要である。ここで，ゴム支承の破断や座屈については，支承本体のゴムの総厚に対する支承の短辺の比として定義される二次形状係数の影響が大きいため，支承の機能が失われる状態のひずみを考慮して定める必要がある。また，支承本体の個体差によるばらつきを考慮するためには，二次形状係数ごとに少なくとも3体以上の供試体に対する実験を行うのがよい。なお，レベル2地震動を考慮する設計状況で生じる変位に対して安定したゴム支承の水平荷重伝達機能を確保するためには，二次形状係数を小さく設定す

るのは避ける必要がある。

鉛直方向に初期軸力として引張力を受けたゴム製の支承本体が水平方向の力を受けた場合の支承の破断強度や剛性等の力学的特性について現状では十分に確認されていない。したがって，一般に，このような条件ではゴム支承は採用しないのがよいが，永続作用支配状況に対して支承本体に引張力が生じる条件においてゴム支承を採用する際には，ゴム支承が引張力を受けた状態における動的特性及び破壊特性について，個別に慎重な検証が必要である。

鋼製支承の場合には，上部構造の挙動が拘束されないような適切な遊間を確保したうえで，弾性域を設計で考慮する範囲とすれば，(3)1) i)及びii)の規定を満足すると考えることができる。

i) 支承部には，その機能が失われる状態が明らかであること，及びその状態に対する適切な安全性が確保されていることが求められている。ここで，ゴム製の支承本体の場合には，機能が失われる状態を，支承本体の破断や座屈等の損傷により鉛直方向及び水平方向の荷重伝達機能が失われる状態とし，この状態に該当する変位を二次形状係数ごとに３体以上の供試体に対する水平載荷実験結果をもとに設定するのがよい。

ii) 限界状態を超えないとみなせる制限値は，支承の特性に応じて，地震応答の継続時間中に安定して機能することが正負交番繰返し載荷実験に基づいて検証された範囲で設定する必要がある。

ゴム製の支承本体は，一般には一定振幅の載荷を繰返すことにより水平力が徐々に低下する特性を示すが，１回目の載荷における水平力－水平変位関係が２回目以降の載荷における関係とは大きく異なる特性を有する支承もある。このような支承の場合には，１回目の載荷を除いた挙動をもとに評価を行うことが必要である。

ゴム製の支承本体ではひずみが大きくなると一般に接線剛性が大きくなる，いわゆるハードニングが生じるため，ゴム支承の変位の限界状態を超えないとみなせる制限値の設定にあたっては，ハードニングの影響を含めた力学的特性のばらつきも考慮する必要がある。

地震応答の継続時間中に安定して機能するという観点では，支承本体に大きな変位が生じたとしても，これが一方向に累積することは避ける必要がある。このためには，支承の限界状態に相当する変位が生じない範囲内では常に正値の接線剛性を持つ支承を用いるのがよい。

支承部は，材質，機構等の面から長期的に安定して使用できるものであることが求められる。このため，支承部は，Ｉ編 8.10 に規定する温度変化の範囲において一次剛性，降伏耐力，二次剛性，等価剛性，エネルギー吸収能等の力学的特性に影響がないものであるとともに，クリープや乾燥収縮等により支承が初期変位を受けた状態を初期状態とした場合や，温度変化による桁の伸縮や活荷重による振動の繰返し載荷を受けた後においても，上記の力学的特性が安定したものであることが求められる。また，ゴム製の支承本体，鋼製の支承本体，鋼製の取付部材等には長期的な使用による劣化が生じる可能性があるため，支承部を適切に補修又は更新することを念頭に適切な維持管理を行うことにより，支承部が上記の力学的特性を安定して発揮できる状態を維持することが求められる。

動的解析により橋全体系の挙動を適切に評価するためには，弾性支承や免震支承の力学的特性を適切にモデル化することが，その解析精度を確保するうえで重要であるとともに限界状態を超えないとみなせる制限値を設定するうえでも重要である。このため，使用される条件を踏まえて支承部の力学的特性を適切に評価する方法，すなわち，力学的特性をモデル化する方法が明らかであることが必要である。この際，支承本体の特性により，ひずみ依存性，速度依存性，面圧依存性，温度依存性等の特性を有するものがあるため，これらの特性を踏まえて適切にモデル化できる方法が必要となる。

13.1.3 支承部の耐荷性能の照査

13.1.1 で算出した力が作用したときの支承部各部の応答が，以下の 1)から 3)を満足する場合は，支承部の限界状態を超えないことについて所要の信頼性を有するとみなしてよい。

1) 支承部の限界状態 1

13.1.2 の規定に基づき設定した支承部の限界状態 1 に対応する部材等の抵抗の制限値を超えない。

2) 支承部の限界状態 2

13.1.2 の規定に基づき設定した支承部の限界状態 2 に対応する部材等の抵抗の制限値を超えない。

3) 支承部の限界状態 3

13.1.2 の規定に基づき設定した支承部の限界状態 3 に対応する部材等の抵抗の制限値を超えない。

支承部の耐荷性能の照査においては，支承部を構成する各部材の限界状態とこれを超えないとみなせる制限値を設定し，支承部を構成する各部材の応答がこれを所要の信頼性をもって超えないことを確認する必要がある。

13.1.4　上下部構造との取付部

上部構造及び下部構造への支承取付部は，6.5の規定に従い地震の影響に伴う載荷の繰返しも考慮したうえで，作用を分担する耐荷機構を適切に設定し，それが確実に実現される構造としなければならない。

地震の影響を考慮する設計状況において橋の耐荷性能を満足するためには，上部構造と下部構造との間に設置される支承本体や水平荷重を伝達させるためのアンカーバー，ソールプレートやベースプレート，アンカーボルトやセットボルト等の支承と上下部構造を連結するための取付部材，沓座モルタル，さらに取付部材と上部構造及び下部構造との接合部を，支承に求められる機能（荷重伝達機能や変位追随機能等）が適切に発揮できるようにする必要がある。

セットボルト等の取付部材及び支承が連結される上下部構造の取付部の設計にあたっては，支承形式に応じて，上部構造からの慣性力を伝達するときに設計で想定している耐荷機構を踏まえて，適切に作用する力を考慮しなければならない。例えば，直橋の橋軸方向では，一般には，支承部に回転機構を有しており，支承部において曲げモーメントが伝達されない。ただし，桁に大きな変位が生じるような場合等で支承部の回転機構では追随できない場合には，支承部において曲げモーメントを伝達することとなる。この場合には，上部構造の慣性力によって曲げモーメントが取付部に作用するため，この影響を考慮する必要がある。このほか，弾性支承や可動支承の場合は，変位に伴う鉛直力の作用位置の偏心も考慮する必要がある。

なお，機能分離型の支承部のように，同一の構造部分に水平力と鉛直力などが同時に作用しない場合もあるため，支承形式や構造に応じて作用する力を適切に考慮して設計を行う必要がある。

また，ゴム支承の取付部材及び上下部構造との接合部の設計については，ゴム支承の中には一定振幅の繰返し載荷を受けた場合に1回目の載荷における水平力が2回目以降の載荷における水平力より大きい特性を有するものもあるため，支承の取付部及び上下部構造との接合部は1回目の載荷において生じる水平力も考慮して，適切に設計する必要がある。

13.2　遊間及び伸縮装置

13.2.1　遊　　間

(1)　隣接する上部構造どうし，上部構造と橋台又は上部構造と橋脚の段違い部は，地震の影響を考慮する設計状況において，衝突しないように必要な遊間を設けることを原則とする。

(2) 上部構造端部の遊間を，式（13.2.1）により算出する値以上とする場合には，隣接する上部構造どうし，上部構造と橋台又は上部構造と橋脚の段違い部が衝突しないように必要な遊間を設けたものとみなしてよい。

$$\left.\begin{array}{ll} S_{BR}=c_B\,u_s+L_A & \text{(橋軸方向に隣接する上部構造の間)} \\ S_{BR}=u_s+L_A & \text{(上部構造と橋台又は橋脚の段違い部の間)} \end{array}\right\}\cdots(13.2.1)$$

ここに，

S_{BR}：上部構造端部の必要遊間量（mm）

c_B：遊間量の固有周期差別補正係数で，橋軸方向に隣接する 2 連の上部構造の各上部構造を含む設計振動単位の固有周期差 ΔT に基づいて表-13.2.1 の値とする。

表-13.2.1　遊間量の固有周期差別補正係数 c_B

固有周期差比 $\Delta T/T_1$	c_B
$0 \leqq \Delta T/T_1 < 0.10$	1
$0.10 \leqq \Delta T/T_1 < 0.80$	$\sqrt{2}$
$0.80 \leqq \Delta T/T_1 \leqq 1.00$	1

注）$\Delta T= T_1 - T_2$ で，T_1，T_2 は，それぞれ，橋軸方向に隣接する 2 連の上部構造の各上部構造を含む設計振動単位の固有周期を表す。ただし，$T_1 \geqq T_2$ とする。

u_s：レベル 2 地震動を考慮する設計状況に対して，遊間量を算出する位置において生じる上部構造と下部構造との間の最大相対変位（mm）。なお，1 つの橋脚上において 2 連の上部構造を支持する場合等で固有周期差別補正係数 c_B を用いて遊間量を算出する場合は，各上部構造を含む設計振動単位の固有周期のより長い方の上下部構造間における最大相対変位とする。

L_A：遊間量の余裕量（mm）

(1) 上部構造とこれを支持する下部構造との荷重伝達や相対変位をそれぞれ独立して考慮した設計を行うためには，隣接する上部構造どうし，上部構造と橋台，又は上部構造と橋脚の段違い部が衝突しないように遊間が確保されていることが前提となる。また，13.1 の規定により設計した支承部は，衝突による荷重の伝達や変位の拘束がないことが前提とされている。近年の地震においても，上部構造と橋台パラペットの衝突又は上部構造どうしの衝突により桁端部が損傷したり，パラペットがその基部周辺で損傷したりするなどの被害を生じた事例も確認されている。

一方で，レベル2地震動を考慮する設計状況に対して衝突が生じないように大きな遊間を確保すると，伸縮装置が大がかりな構造となり著しく不経済になるとともに，維持管理，走行性，振動，騒音等が問題となるような場合も生じる。そのため，レベル2地震動を考慮する設計状況において上部構造端部が衝突することを考慮した設計を行ってはならないということではない。例えばノックオフ構造や大変位吸収システムのように，地震の影響を考慮する設計状況において実質的に遊間を確保できるような構造を必要に応じて検討することができる。ただし，レベル2地震動を考慮する設計状況に対して上部構造と橋台，上部構造と橋脚の段違い部又は隣接する上部構造どうしの間で衝突することを前提とする設計法については確立されていない。そのため，レベル2地震動を考慮する設計状況において上部構造と下部構造等が衝突することを前提とする場合には，衝突による上部構造端部の損傷や橋台又は橋脚の段違い部の損傷等によって橋の耐荷性能が確保できなくなることがないように，衝突により局所的に大きな力が生じない構造の採用や，衝突部に緩衝材を設けることにより衝突の影響を低減させる等，橋の耐荷性能が損なわれないような構造的な配慮も検討し慎重に設計する必要がある。この際，解析モデル等は，個々に適用条件が検証された範囲を考慮して設計に用いる必要がある。

なお，設計において衝突を考慮しない場合であっても，現実には設計での考慮を上回る応答により，衝突が生じることも考えられる。このため，桁高が異なる上部構造の掛け違い部では，衝突により上部構造を支持している部位に致命的な損傷が生じることのないように，図-解 13.2.1 に示すような構造的な配慮をすることについても検討を行う必要がある。

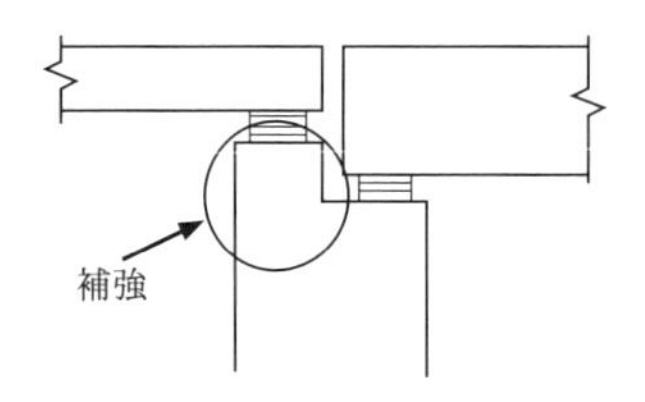

(a) 段違い部を有する橋脚の場合

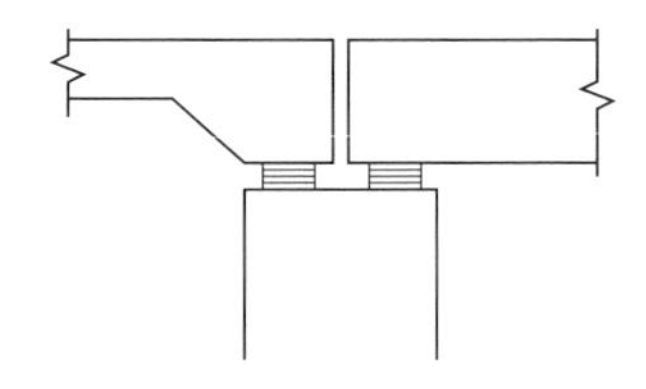

(b) 掛け違い部で桁高をそろえた場合

図-解 13.2.1　桁高が異なる上部構造の掛け違い部での構造的な配慮の例

(2)　遊間量は，図-解 13.2.2 に示すように上部構造と下部構造（橋台又は橋脚の段違い部）の遊間量又は上部構造どうしの遊間量として表されるものである。

上部構造端部に生じる相対変位 u_s は，レベル２地震動を考慮する設計状況において求められる上部構造と下部構造の最大相対変位を用いることが基本である。ここで u_s は，Ｉ編 3.3 に規定される作用の組合せ⑪の荷重組合せ係数及び荷重係数を考慮して算出したものを用いる。

u_s は一般に次の方法により算出できる。

1）当該支点が弾性支承によって支持されている場合

当該支点が，免震支承，地震時水平力分散支承等の弾性支承で支持されている場合には，当該支点を含む設計振動単位においてレベル２地震動を考慮する設計状況において当該支点に生じる上下部構造間の相対変位の最大値を u_s とする。一般には u_s は弾性支承に生じる水平変形量の最大値としてよい。

2）当該支点が可動支承によって支持されている場合

当該支点において，その上部構造を含む設計振動単位と下部構造を含む設計振動単位の両方に，レベル２地震動を考慮する設計状況において生じる最大相対変位を u_s とする。この際，設計振動単位が橋台のみの場合についても，橋台に生じる変位を適切に考慮して最大相対変位を求める必要がある。ここで，設計振動単位が橋台のみから構成される場合で，11.1 で規定される橋脚と同様の振動特性を有する橋台に該当しない場合の橋台の変位は，橋台のみの振動による変位は小さいと考えられることから一般に零としてよい。

式（13.2.1）で算出する橋脚上の２連の上部構造間の相対変位は，相対変位応答スペクトルに基づいて与えられている。橋脚上の２連の上部構造間の相対変位は，２連の上部構造の固有周期が一致していれば，同一の地震入力に関しては同位相で振動が生じ，理論上は相対変位は零となる。一方，２連の上部構造の固有周期が離れてくると，互いに異なった振動をする結果，２連の上部構造間には相対変位が生じることになる。さらに，固有周期が大きく違ってくると，固有周期が長い側の上部構造の応答変位が固有周期の短い側の上部構造の応答変位よりも卓越するようになり，固有周期の長い側の上部構造の変位に近づく。表-13.2.1 に示す遊間量の固有周期差別補正係数 c_B は，このような振動特性を考慮するとともに，マグニチュード 6.5 以上の地震において我が国の地盤上で観測された 63 成分の水平成分の強震記録に対して求めた相対変位応答スペクトル等を参考に定められている。なお，この表で規定されている固有周期の算出にあたっての荷重組合せ係数及び荷重係数の考慮方法については，4.1.5 の解説による。

上部構造と下部構造との間の最大相対変位の算出においては，地盤の流動化の影響を考慮する必要はない。これは，流動化は一般に地震中から地震後にかけて生じるが，地震動の特性を考慮すると，上部構造の応答が大きい間には流動化による地盤の変位は小さいと考えられること，また，地盤の流動化により衝突が起こる場合には，衝突速度はその影響を考慮する必要がない程度に十分遅いと考えられるためである。

なお，遊間量の余裕量は，上部構造を設置するときの施工誤差等に対処するために設ける。

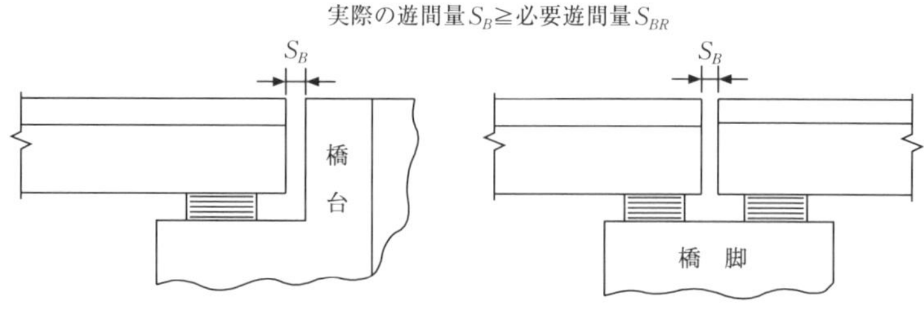

図-解 13.2.2　上部構造端部の遊間

13.2.2　伸縮装置

(1) 伸縮装置の伸縮量は，変動作用支配状況のうち地震の影響を考慮する設計状況に対して式（13.2.2）により算出する値以上を確保する。ただし，Ⅰ編 10.3.3 に規定する設計伸縮量を下回ってはならない。

$$\left.\begin{array}{ll} L_{ER}=c_B\delta_R+L_A & \text{(橋軸方向に隣接する上部構造の間)} \\ L_{ER}=\delta_R+L_A & \text{(上部構造と橋台間)} \end{array}\right\} \cdots\cdots\cdots (13.2.2)$$

ここに，

L_{ER}：地震の影響を考慮する設計状況に対する伸縮装置の設計伸縮量 (mm)

c_B：遊間量の固有周期差別補正係数で，橋軸方向に隣接する 2 連の上部構造の各上部構造を含む設計振動単位の固有周期差ΔTに基づいて表-13.2.1 の値とする。

δ_R：変動作用支配状況のうち地震の影響を考慮する設計状況に対して伸縮装置の位置において生じる上部構造と下部構造との間の最大相対変位 (mm)

L_A：伸縮量の余裕量 (mm)

(2) 伸縮装置及び伸縮装置と上下部構造との接合部は，変動作用支配状況のうち地震の影響を考慮する設計状況において作用する力を，上下部構造に確実に伝達できるようにしなければならない。

(1) この条文で規定されている変動作用支配状況のうち地震の影響を考慮する設計状況とは，変動作用が支配的な状況で地震の影響（EQ）を含む組合せ（Ｉ編 3.3 に規定する⑨及び⑩の作用の組合せ）を指している。

ここで，レベル２地震動を考慮する設計状況に対する伸縮装置の設計については規定されていない。これは，レベル２地震動を考慮する設計状況で伸縮装置が損傷しても，橋の挙動に及ぼす影響は小さく，また，緊急輸送のための交通の確保への対応については，一般に路面に鉄板を敷く等の応急復旧により橋の性能の確保は可能と考えられるためである。ただし，レベル２地震動を考慮する設計状況に対して伸縮装置が損傷した際に橋の挙動を拘束して橋の応答が変化しうる状態となることをできる限り避けるなどの構造的な配慮は必要である。

いずれにおいても，伸縮装置は復旧を容易にするために，容易に交換できるような構造とするのがよい。

変動作用支配状況のうち地震の影響を考慮する設計状況に対する伸縮装置の位置における上下部構造間の最大相対変位 δ_R は，隣接する上部構造どうしや，上部構造と橋台いずれか大きい方の変位量に対して設計することとなる。

この伸縮装置の位置における上下部構造間の最大相対変位 δ_R の算出方法の例を次に示す。

1) 当該支点が弾性支承によって支持されている場合

伸縮装置が設けられる上部構造端部の支点が弾性支承で支持されている場合，伸縮装置が設けられる上部構造端部の支点を含む設計振動単位にＩ編 3.3 に規定される作用の組合せ⑨及び⑩を考慮したときに，当該支点に生じる上下部構造間の最大相対変位を δ_R とする。一般には δ_R は弾性支承の設計水平変位としてよい。

2) 当該支点が可動支承によって支持されている場合

伸縮装置が設けられる上部構造端部の支点が可動支承で支持されている場合，上部構造を含む設計振動単位と下部構造を含む設計振動単位の両方に，Ｉ編 3.3 に規定される作用の組合せ⑨及び⑩をそれぞれ考慮したときの最大相対変位を δ_R とする。また，橋台から構成される設計振動単位の変位は，橋台の剛性に応じた変形量を考慮する。具体的には，13.2.1(2)2)の解説を参考に考慮する。

なお，上下部構造間に生じる相対変位は，様々な条件で変化することから，動的解析により耐荷性能の照査を行う場合には，その解析結果に基づいて上下部構造間の相対変位 δ_R を定める。

伸縮装置の伸縮量の余裕量は，伸縮量の算出に関する誤差と施工誤差等を考慮して設ける。

なお，地震の影響を考慮する設計状況以外の変動作用が支配的になった場合の伸縮を阻害しないようにするために，式（13.2.2）により求められる設計伸縮量がＩ編

10.3.3に従って算出する設計伸縮量よりも小さくなる場合には，I編10.3.3による設計伸縮量に基づいて伸縮装置の設計を行う必要がある。

橋軸直角方向に上下部構造間の相対変位を見込んだ設計を行う場合には，橋軸直角方向にも設計伸縮量を考慮する必要がある。このとき，橋軸方向と橋軸直角方向の設計伸縮量は合成せず，両方向それぞれに独立に検討する。なお，橋軸直角方向に伸縮装置の伸縮量を見込むことが合理的でない場合には，(2)の規定により変動作用支配状況のうち地震の影響を考慮する設計状況において橋軸直角方向の挙動に抵抗できるように伸縮装置に適切な耐力を確保する。

(2) 変動作用支配状況のうち地震の影響を考慮する設計状況に対して伸縮装置の機能を確保するためには，伸縮装置並びに上部構造及び下部構造との接合部に作用する力に対して損傷しないようにする必要があることから規定されている。ここで，変動作用支配状況のうち地震の影響を考慮する設計状況における伸縮装置本体及び取付部材に作用する力は，橋軸方向だけでなく，橋軸直角方向に対しても考慮する。

なお，伸縮装置本体及び取付部材が変動作用支配状況のうち地震の影響を考慮する設計状況に対して必要な耐力を有するようにすることが基本であるが，これによって伸縮装置本体の寸法が特に大きくなるなど合理的でない場合には，伸縮装置とは別の構造で必要な耐力の一部を負担することで伸縮装置を保護できるようにすることを検討することも考えられる。この場合には，別の構造の設置により支承部の機能を阻害しないこと及び支承部の維持管理の障害とならないことに十分留意する必要がある。また，当該構造が破損し，部材や破片等が落下することによる第三者被害が生じないような配慮が必要である。

また，橋軸直角方向に弾性支承によって支持される条件の橋において，隣接する上部構造の形式や支間長が大きく異なる等の理由により隣接する上部構造間に橋軸直角方向への大きな相対変位が生じる条件に該当する場合には，一方の上部構造に大きな応答変位が生じることにより伸縮装置が水平力を伝達することで，隣接する他方の上部構造を支持する支承部において設計で考慮する以上の変位が生じる可能性もある。このような場合には，伸縮装置によって隣接する上部構造に水平力が伝達されないような構造とするなど，伸縮装置の形式の選定に配慮する必要がある。このような条件においても橋軸直角方向に水平力が伝達される伸縮装置を用いる場合には，隣接する上部構造の応答に及ぼす影響を適切に見込み，橋の耐荷性能を満足することを個別に検討する必要がある。

13.3 落橋防止システム

13.3.1 一　　般

> (1) 落橋防止システムは，以下の1)から3)の設計で考慮する方向に対して独立して働くシステムから構成されるものとする。
>
> 1) 橋軸方向
>
> 2) 橋軸直角方向
>
> 3) 水平面内での回転方向（以下「回転方向」という。）
>
> (2) 橋軸方向に対しては13.3.2，橋軸直角方向に対しては13.3.3及び回転方向に対しては13.3.4の規定による場合には，上部構造が容易には落下しないように適切な対策を講じたとみなしてよい。
>
> (3) 13.3.9の規定による場合は，(2)によらず，上部構造が容易には落下しないように適切な対策を講じたとみなしてよい。

(1)(2) 既往の地震被害では，支承部が破壊したことで上部構造が下部構造の頂部から逸脱して落下するという甚大な被害が生じた事例がある。このようなことも踏まえて，下部構造が倒壊等の致命的な状態にならなくても，支承部の破壊によって上部構造と下部構造が構造的に分離し，これらの間に大きな相対変位が生じる場合でも上部構造が容易には落下しないよう検討しなければならないことが，2.7.1(2)2)で規定されている。このとき，支承部が破壊した後の上部構造の挙動を橋の構造条件等を踏まえて適切に想定したうえで，上部構造が容易には落下しないようにするための対策の検討を行うことが基本となる。

しかしながら，可能性のある全てのケースを考慮すること，実際の挙動を的確に予測することはいずれも困難である。このため，この示方書では，1.4の規定により津波，斜面崩壊等及び断層変位に対して，架橋位置や形式の選定において必要な対策を行うとともに，2.7.1(2)1)の規定により下部構造が不安定とならずに上部構造を支持することができる構造形式としたうえで，

① 上部構造が剛体として挙動すること

② 上部構造を支持する全ての支承部が破壊することを想定し，その後の上部構造の挙動には，支承部の強度や剛性，支点条件等の構造条件は影響しないこと

を仮定し，この条文で規定されている3方向に対して独立して働くシステムとすることで，上部構造が下部構造の頂部から容易には落下しないとみなしてよいとされている。ここで，独立とは，あるシステムの構成要素をある方向に対して設計するとき，設計する方向以外の方向の力や変位が，作用しないこと，又は同時に作用したとしても設計で

期待する機能を発揮できることを指している。

(3) 既往の被災事例等を踏まえると，実質的に上部構造が容易には落下しない条件も考えられ，この具体的な場合が13.3.9に示されている。

13.3.2 橋軸方向に対して上部構造が容易には落下しないための対策

(1) 橋軸方向に対して上部構造が容易には落下しないための対策は，(2)の桁かかり長を確保するとともに，(3)の落橋防止構造を設けることにより行う。

(2) 橋軸方向に対する桁かかり長は，以下の1)から3)を満足するように確保する。

1) 必要桁かかり長は，一連の上部構造の端支点部において確保する。ただし，図-13.3.1に示す下部構造上の支点が上部構造の橋面の水平投影面上にない場合は，当該支点部でも確保する。

2) 必要桁かかり長は，一連の上部構造端部から橋軸方向に確保する。

3) 必要桁かかり長は，13.3.5(1)の規定により算出する。

(3) 落橋防止構造は，13.3.6に規定する構造を，以下の1)から3)により設置する。

1) 落橋防止構造は，一連の上部構造を支持する支点部のうち，必要桁かかり長を確保した支点部に設置する。

2) 落橋防止構造は，上部構造がこれを支持する下部構造から橋軸方向に対する桁かかり長を超えて逸脱することのない範囲で機能するように設置する。

3) 落橋防止構造を橋軸方向に対する桁かかり長の0.75倍以下の範囲で機能するように設置する場合には，2)を満足するとみなしてよい。

(4) 橋軸方向に対して，両端が橋台に支持された一連の上部構造を有する橋で，以下の1)から3)を満足する場合には，(3)によらず，パラペットと橋台背面土が協働して落橋防止構造と同等の役割を果たすとみなしてよい。

1) Ⅳ編7.4.4に規定するパラペットを有し，かつ，橋台背面土圧に対して抵抗するように設計された橋台であること。ただし，橋脚と同様の振動特性を有する橋台は除く。

2) 上部構造が，一方の上部構造端部における橋軸方向に変位したと仮定したときに，他端部に位置する橋台パラペットで拘束される状態になること。

3)　2)の状態となるときに，上部構造端部が下部構造上に留まっていること。

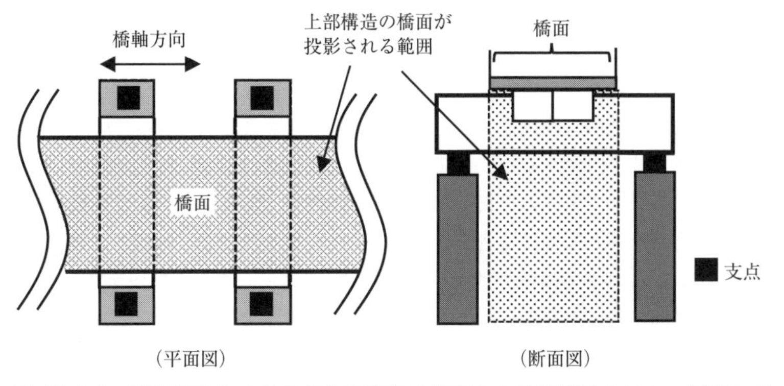

図-13.3.1　下部構造上の支点が上部構造の橋面の水平投影面上にない構造の例

(2)　橋軸方向に対して上部構造が容易には落下しないための対策の一つとしての桁かかり長の設置位置や長さ等について規定されている。橋軸方向に対しては，全ての下部構造が鉛直支持できる条件で一連の上部構造が落下する状態となるのは，一連の上部構造の端支点部が下部構造から逸脱する場合であることから，この位置で確保する桁かかり長が規定されている。ただし，図-13.3.1のように下部構造上の支点が上部構造の橋面の水平投影面上に全くない場合は，支承部の破壊後，下部構造は自立したとしても，下部構造上から上部構造が逸脱することで落下しうる状態になる。このため，このような条件となる場合は中間支点であっても端支点部と同様に必要桁かかり長を確保する。ここで，図-13.3.1は，支承部の上に箱桁及び床版と一体となった横梁がある例を示したものであり，平面図は左右方向が橋軸方向にあたるが，この図に示された構造に限定するものではなく，条文の条件に該当する場合は中間支点であっても桁かかり長を確保することが必要である。なお，条文でいう一連の上部構造を有する橋とは，単支間又は連続構造の複数支間の橋を指し，単純橋が連続する場合，又は床版のみを連結し，主桁を連結しない構造はこれには含まれない。

これまでの示方書では，斜橋のように，橋軸方向と上部構造端部の断面に対して直角の方向が一致しない場合には，これが一致する場合と比べて橋の地震応答特性がより複雑になる可能性があるため，桁かかり長は上部構造端部の断面に対して直角の方向に確保するとされていた。この示方書では，橋軸方向，橋軸直角方向及び回転方向それぞれの方向に対して独立して働くシステムが協働して落橋防止システムを構築することが求められており，斜橋のような場合であっても，橋軸方向の桁かかり長は橋軸方向に対して確保する必要があるとされている。

(3) 1) 落橋防止構造は，桁かかり長と同様に一連の上部構造の端支点部に設置することが規定されている。なお，桁かかり長については(2) 1) の規定で下部構造が上部構造の橋面の水平投影面上にない中間支点でも確保することが規定されているものの，必要桁かかり長が確保されていれば一連の上部構造を鉛直支持できなくなる状態を避けることができるため落橋防止構造は設ける必要がない。

2) 3) 落橋防止構造の設置位置の検討に際しては，下部構造上に載っている上部構造の接触面があまり小さすぎると，上部構造及び下部構造の端部に荷重が集中し局所的な損傷が生じることで鉛直力を支持できなく可能性や，ある程度の変位を橋全体系に生じさせる方が全体としての構造的な損傷は少なくなることなどの観点を考慮して設定すればよい。これまでの示方書での考え方を踏まえて，実際の桁かかり長 S_E の 0.75 倍以下の範囲で機能するような位置に設置していれば，このような観点を考慮した位置に設置されているとみなすことができることが，3)に規定されている。

(4) この規定で対象とされる構造は，これまでの示方書では，落橋防止構造の設置が省略できるとされていた橋軸方向に大きな変位が生じにくい構造特性の橋の一つとしてあげられていた構造形式である。(3) 1)の規定では，落橋防止構造は桁かかり長を確保する支点部に設置するとされているが，この規定に該当する橋は，支承部が破壊した後に上部構造の橋軸方向の応答変位が過大となった場合にも，上部構造の他端部が橋台のパラペットに衝突し，パラペットや橋台背面の地盤の抵抗により上部構造の応答が拘束されると考えられる。このように，(3)の規定にはよらず，落橋防止構造と同等の役割を果たすとみなすことができる条件が規定されている。ここで，両端が橋台の場合に限定されているのは，少なくともこの条件に該当する場合は，仮に橋に影響を与える液状化等が生じたとしても，橋台間の距離が狭まる方向に挙動し上部構造の応答が拘束されると考えられるためである。

このとき，橋台が橋脚と同様の振動特性を有する場合には，一般的な条件の橋台のように橋台背面の地盤抵抗が期待できない可能性もあると考えられることから，1)で橋台の条件について規定されている。ここで，橋脚と同様の振動特性を有する橋台とは，11.1 で解説されている橋台が該当する。

また，両端が橋台であっても，上部構造の平面形状や橋台の位置関係によっては上部構造の応答が拘束されない場合がある。例えば，図-解 13.3.1 のような橋の場合，左側の上部構造端部位置における橋軸方向に対して上部構造が変位した場合，右側の上部構造端部の位置では橋台に接触せず上部構造変位が拘束される状態とならない。このような場合は落橋防止構造と同等の役割を持つ条件が備わっているとはいえないことから，これを条件として明確にするために 2)が規定されている。なお，この判断は，橋台パラペットに接触する条件か否かにより行う。

同様の観点から，桁かかり長に比べて上部構造の他端部の遊間量が大きい場合は，上部構造はパラペットに衝突して応答が拘束されるよりも前に，下部構造頂部から逸脱する（図-解 13.3.2）。このため，他端部の遊間量に相当する水平変位が上部構造に生じても，当該支点における上部構造の落下を防ぐためには，十分な桁かかり長を確保する必要がある。そこでこのような条件について，落橋防止構造と同等の機能を有するという観点から，3)のように遊間量と必要桁かかり長を関連づけて規定されている。

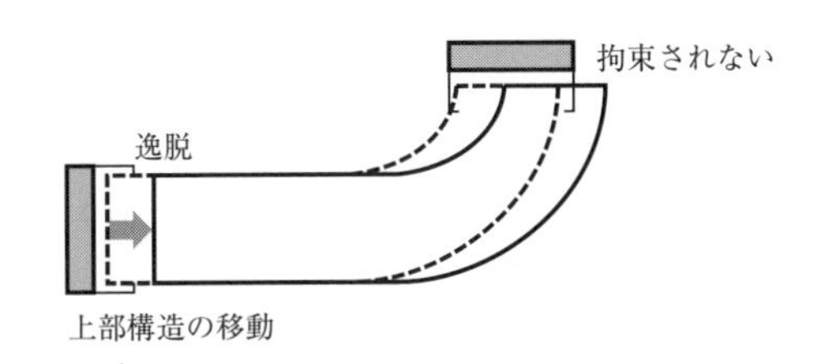

図-解 13.3.1　橋軸方向の上部構造の変位が拘束されない橋の例

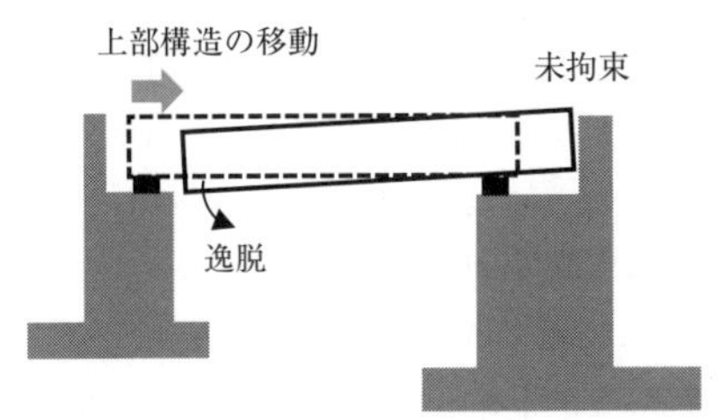

図-解 13.3.2　上部構造端部における遊間量が桁かかり長より大きい橋の例

13.3.3　橋軸直角方向に対して上部構造が容易には落下しないための対策

(1)　橋軸直角方向に対して上部構造が容易には落下しないための対策は，(2)の桁かかり長を確保することにより行う。

(2)　橋軸直角方向に対する桁かかり長は，以下の 1)から 3)を満足するように確保する。

1)　必要桁かかり長は，一連の上部構造の全ての支点部において確保する。

2)　必要桁かかり長は，橋軸直角方向に確保する。

3)　必要桁かかり長は，上部構造が下部構造に対して相対的に橋軸直角方向に 13.3.5(1)の規定により算出した長さ分だけ移動した場合に，安定して下部構造上に留まることのできる長さとする。ただし，13.3.5(1)の規定により算出した必要桁かかり長が一連の上部構造の両端部で異なる場合は，いずれか長い方を用いる。

(2) 橋軸直角方向に対しては，一般に下部構造頂部の幅が広く，支承部の破壊に伴う落橋に対する安全性が高いため，これまでの示方書では頂部幅が狭い場合に対して横変位拘束構造を設置することとされていた。今回の改定では，橋軸方向に対して桁かかり長を超えるより前に，橋軸直角方向に対する相対変位がこの桁かかり長分と同じだけ生じたときに上部構造が不安定とならないことは最低限担保することを意図して，橋軸方向に対する必要桁かかり長と同じだけの桁かかり長があるかどうかを目安とし，これを一連の上部構造を支持する下部構造位置（端支点部だけでなく中間支点部を含む）で評価することが新たに規定されている。

条文で示されている安定して下部構造上に留まることのできる長さとは，上部構造が下部構造頂部から逸脱しても,安定した状態で残存することができる長さを指している。ここで，安定した状態で残存できるとは，橋軸直角方向に対して上下部構造間の相対変位が生じた際に，上部構造が下部構造頂部より逸脱した後の状態に対して，上部構造に活荷重が作用していない状況において，上部構造に不可逆でかつ一度生じると制御できない転倒等の挙動が生じるような不安定な状態とはならず，落下も生じない状態に留まることを指している。例えば，図-解 13.3.3の（a）のような橋では，主桁の中心位置が下部構造の柱又ははり端部から逸脱すると，転倒モーメントが発生し上部構造は安定した状態で残存できないと判断できる。一方，図-解 13.3.3（b）のような橋では，最外縁にある1主桁が下部構造頂部から逸脱した段階では，残りの主桁は下部構造上に留まっており，また，上部構造が転倒する状態とはならないことから，ただちに上部構造が不安定となることはないと判断できる。斜橋や曲線橋の場合は，各下部構造位置での橋軸直角方向に対して判断する。例えば，図-解 13.3.4のような曲線橋で，最も左側の下部構造位置での橋軸直角方向に対する桁かかり長を検討するときは，図の矢印の向き（図においては左斜め上方向）に対しての移動を考えることになる。なお，この状態のときに他の下部構造上の桁かかり長の状態については考慮する必要はないが，この検討を一連の上部構造を支持する下部構造上で行い，一連の上部構造を支持する全ての下部構造上で橋軸直角方向に桁かかり長を確保する必要がある。以上のように，橋軸直角方向に対する落下に至るまでに要する変位は，橋軸方向の桁かかり長のように上部構造端部から下部構造縁端までの距離というように一義的に定めることはできないため，相対変位量と,上部構造や下部構造の構造特性の関係を考慮して個別に判断する必要がある。

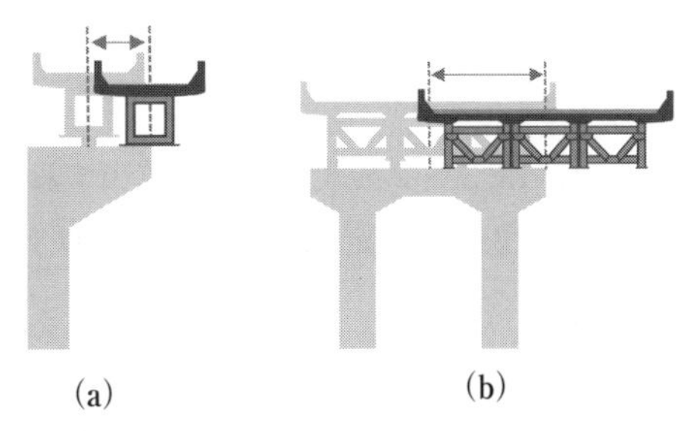

図-解 13.3.3　橋軸直角方向に上下部構造間の相対変位が生じた際に
安定した状態で残存しない場合の例

（※矢印部分の長さが橋軸方向の必要桁かかり長相当分の相対変位より小さい場合は安定した状態で残存しなくなると判断）

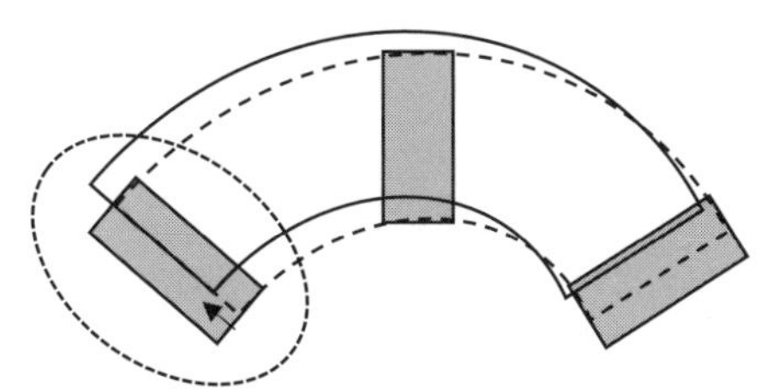

図-解 13.3.4　曲線橋の橋軸直角方向の桁かかり長の考え方
（左端の下部構造位置で検討する場合）

13.3.4　回転方向に対して上部構造が容易には落下しないための対策

(1)　回転方向に対して上部構造が容易には落下しないための対策は，一連の上部構造の水平面内での回転挙動を想定した場合に，これに隣接する上部構造，橋脚の段違い部又は橋台パラペットで挙動が拘束されないときに行う。

(2)　回転方向に対して上部構造が容易には落下しないための対策は，(3)の桁かかり長を確保するとともに，(4)の横変位拘束構造を設けることにより行う。

(3)　回転方向に対する桁かかり長は，以下の 1)から 3)を満足するように確保する。

1)　必要桁かかり長は，一連の上部構造の端支点部において確保する。

2）　必要桁かかり長は，一連の上部構造端部から当該端支点部の支承線に直角な方向に確保する。

3）　必要桁かかり長は，13.3.5(2)の規定により算出する。

(4)　横変位拘束構造は，13.3.7の規定による構造を，以下の1)及び2)により設置する。

1）　横変位拘束構造は，上部構造の回転を拘束する位置に設置する。

2）　横変位拘束構造は，上部構造がこれを支持する下部構造から回転方向に対する桁かかり長を超えて逸脱することのない範囲で機能するように設置する。

(1)　支承部の破壊後に上部構造に水平面内で回転しようとする挙動が生じたときに，隣接する上部構造や橋台パラペットに拘束されない構造条件である場合には，別途回転しようとする挙動への対策として，落橋防止システムの設置を検討する必要がある。

上部構造が隣接する上部構造や橋台等の拘束を受けずに回転できる可能性の判定は，上部構造の幾何学的条件や構造条件を考慮して行う。ここで，隣接する上部構造の応答の影響及び上部構造端部の遊間量の影響は考慮する必要はない。これは隣接する上部構造の応答や上部構造端部の遊間量を考慮することにより一般には回転しやすくなるが，一連の上部構造の長さに比べて遊間量は小さいためその影響は小さいこと，地震の際は実際には遊間量が時々刻々と変化しているがこの影響を考慮することが困難であるためである。

図-解13.3.5及び図-解13.3.6に示すように，上部構造の幾何学的条件から，上部構造が隣接桁や橋台パラペットの拘束を受けずに回転できる条件は式（解13.3.1），式（解13.3.2）により簡便に判定することもできる。

①　斜橋が回転できる条件

$$\frac{\sin 2\theta}{2} > \frac{b}{L} \quad \cdots\cdots\cdots \text{（解 13.3.1）}$$

②　曲線橋が回転できる条件

$$\cos\theta' > \frac{b}{L} \quad \cdots\cdots\cdots \text{（解 13.3.2）}$$

ここに，

L：一連の上部構造の長さ（m）

b：上部構造の全幅員（m）

θ：回転条件を評価するための角度。例えば，図-解13.3.5において，D点を中心とした回転を考慮する場合には，回転中心Dと上部構造の他端部の回転

中心側角部Aを結ぶ線（AD）と，他端部（AB）がなす角度（°）

θ'：回転条件を評価するための角度。例えば，図-解 13.3.6 において，D点を中心とした回転を考慮する場合には，回転中心Dと上部構造の他端部の回転中心側角部Aを結ぶ線（AD）と，他端部（AB）がなす角度（°）

ここで，上部構造の両端に隣接する部分が上部構造であるかパラペットであるかは，拘束の特性からみて回転の可能性の有無に与える影響は少ないとしている。図-解 13.3.7及び図-解 13.3.8は，それぞれ式（解 13.3.1）及び式（解 13.3.2）の関係を示している。

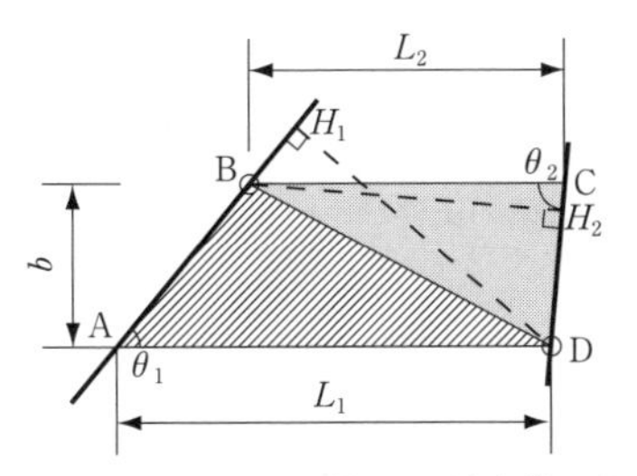

図-解 13.3.5　隣接する上部構造や橋台等の拘束を受けずに斜橋が回転できる条件

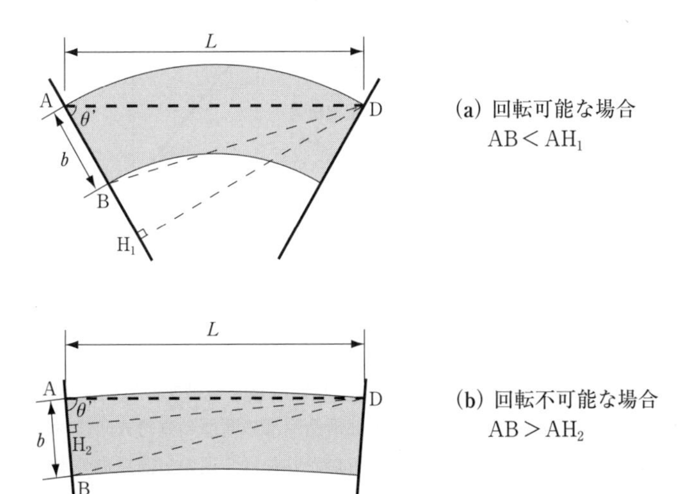

図-解 13.3.6　隣接する上部構造や橋台等の拘束を受けずに曲線橋が回転できる条件

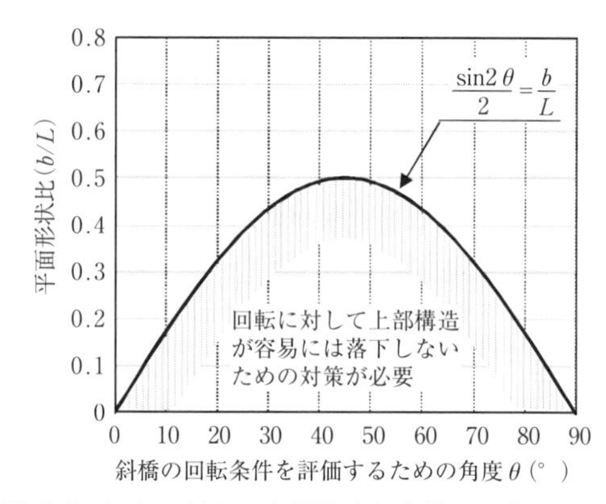

図-解 13.3.7 回転に対して上部構造が容易には落下しないための対策が必要な斜橋の条件

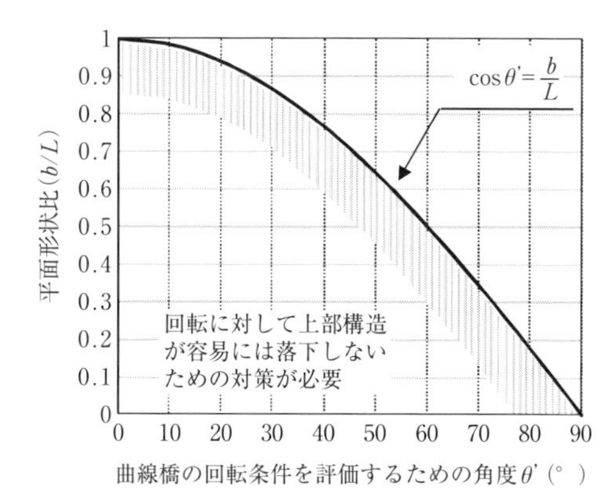

図-解 13.3.8 回転に対して上部構造が容易には落下しないための対策が必要な曲線橋の条件

(3) 13.3.5(2)に規定する必要桁かかり長は，回転により移動する方向を考慮して容易には落下しないようにするための長さを上部構造端部の断面の直角方向に対して確保するものとして求められている。なお，必要桁かかり長は一連の上部構造の端支点部において確保することとされているが，図-13.3.1のような場合で回転変位にともない中間支点で上部構造を支持できなくなる可能性がある場合には，上部構造を支持できるように中間支点であっても適切な桁かかり長を確保する必要がある。

(4) 回転に対する横変位拘束構造は，支承部が破壊した後の回転変位が大きくならないうちに機能させること等を考慮して，レベル2地震動を考慮する設計状況で生じる橋軸直角方向に対する最大応答変位を超えてほどなく機能するような位置に設置されることが一般的である。

13.3.5 必要桁かかり長

(1) 必要桁かかり長は，式（13.3.1）により算出する値とする。ただし，この値が式（13.3.2）により算出する値を下回る場合には，式（13.3.2）により算出する値とする。

$$S_{ER}=u_R+u_G \quad \cdots\cdots (13.3.1)$$

$$S_{EM}=0.7+0.005l \quad \cdots\cdots (13.3.2)$$

$$u_G=\varepsilon_G L \quad \cdots\cdots (13.3.3)$$

ここに，

S_{ER}：必要桁かかり長 (m)

u_R：レベル2地震動を考慮する設計状況において生じる支承部の最大応答変形量（m）で，地盤の流動化を考慮する場合には流動化した際の最大応答変形量を含む。ただし，4.4に規定する地盤の流動力を考慮する場合で，流動力を作用させたときに生じる基礎天端における水平変位が基礎の降伏に達するときの水平変位を上回る場合には，さらに0.5mを加える。

u_G：地震時の地盤ひずみによって生じる地盤の相対変位 (m)

S_{EM}：必要桁かかり長の最小値 (m)

ε_G：地震時地盤ひずみで，地盤種別がⅠ種，Ⅱ種，Ⅲ種に対して，それぞれ，0.00250，0.00375，0.00500とする。ここで，一連の上部構造が異なる地盤種別上に設置された下部構造により支持されている場合は，そのうち最も地震時地盤ひずみが大きい地盤種別の値を用いる。

L：必要桁かかり長の算定に用いる下部構造間の距離 (m)

l：支間長（m）で，1橋脚上に2つの上部構造の端部が支持され両側の支間長が異なる場合には，いずれか大きい方の支間長を用いる。

(2) 回転方向に対する必要桁かかり長は，式（13.3.4）により算出する値とする。ただし，一連の上部構造の両端部でそれぞれ算出する値が異なる場合には，いずれか長い方とする。

$$S_{E\theta R}=2L_{\theta}\sin(\alpha_E/2)\cos(\alpha_E/2-\theta) \cdots\cdots (13.3.4)$$

ここに，

$S_{E\theta R}$：13.3.4(1)の条件に該当する橋の必要桁かかり長（m）

L_{θ}：上部構造の一連の長さ（m）

θ：回転条件を評価するための角度（°）

α_E：限界脱落回転角（°）で，一般に2.5°としてよい。

(1) 桁かかり長は，一般には図-解 13.3.9 に示すように上部構造端部から下部構造の頂部の縁端までの上部構造の長さを指すものであるが，この条文で規定されている必要桁かかり長とは，上部構造が容易には落下しないための対策として，上部構造がこれを支持する下部構造上又は隣接する別の上部構造上に安定して留まるために確保する必要がある長さのことをいう。なお，下部構造頂部では，支承縁端距離や，支承部の点検や支承交換のための空間確保などの条件を全て満たす必要があるため，実際に確保される桁かかり長が，この規定による必要桁かかり長より長くなることもある。

式（13.3.1）及び式（13.3.2）でレベル2地震動を考慮する設計状況において支承部に生じる最大応答変位 u_R を算出する際は，I 編 3.3 に規定される作用の組合せ⑪の荷重組合せ係数及び荷重係数を考慮して算出したものを用いる。

橋が地震動による作用を受けた場合には，支承部，橋脚，基礎等橋全体系としての変形により上部構造端部に上下部構造間の相対変位が生じる。上下部構造間の相対変位は，桁かかり長を求めようとする支点の支承部の最大応答変形量に相当するため，これを支承条件に応じて算出する。また，当該支点が弾性支持や可動支持されている場合には，その支点条件を踏まえ，かつ，隣接橋の影響や橋に影響を与える地盤の液状化及び流動化の影響を考慮して必要桁かかり長を算出する必要がある。ここで，可動支点を支持する橋台自体の応答変位は零としてよい。これは，上部構造が下部構造から逸脱することを防止するために確保する桁かかり長は，上下部構造間が離れる方向に生じる相対変位に対して確保する必要があるが，上下部構造間が離れる方向には橋台の背面土があるためである。なお，ここで規定される必要桁かかり長は，落橋防止システムの一つとして確保するものであり，レベル2地震動を考慮する設計状況に対して確保するものではないが，u_R の算定に際しては，支承部の設計などのために別途算出しているレベル2地震動を考慮する設計状況に対する応答値を用いてよい。

橋に影響を与える地盤の流動化が生じると判定される場合には，4.4 の規定に従って流動力を作用させた場合に橋脚基礎の変形により上部構造の慣性力の作用位置に生じる水平変位を算出する。この場合には，①流動化が生じると考えたケース，②液状化だけが生じると考えたケース，③液状化も流動化も生じないと考えたケースの3ケースについて桁かかり長を算出し，いずれか最も大きな値を設計に用いる必要がある。このうち，①において基礎天端における水平変位が基礎の降伏に達するときの水平変位を上回る場合には，桁かかり長にさらに0.5mを加えることが規定されている。これは，基礎が降伏に達すると，一般に，荷重がわずかに変動しても変位が大きく変動することや流動力の算出式の精度を考慮した配慮がなされているためである。なお，流動化が生じると考えた場合の桁かかり長の算出では，地震動の作用による支承部，橋脚，基礎の変形を同時に考慮する必要はない。

この示方書では，レベル2地震動を考慮する設計状況に対しては，支承としての機能を確保できるように設計することを求めている。そのため，当該支点が固定支持されている場合の最大応答変形量u_Rは零として桁かかり長を算出することになる。

地震時の地盤ひずみによって生じる相対変位は，地震時地盤ひずみをⅠ種，Ⅱ種，Ⅲ種の地盤種別に応じて，それぞれ0.250%，0.375%，0.500%として式（13.3.3）により算出する。一般に，水平方向における2点間の地表面上の地震時地盤ひずみはこれよりも小さいが，過去の規模の大きい地震では地表面に亀裂等の大きな変形が生じたこともあること等から，余裕をみてこのように与えられている。

必要桁かかり長の算定に用いる下部構造間の距離Lは，一般的な桁橋では当該支点の次の固定支承又は弾性支承による支点までの距離とすればよい。また，連続橋で一方の端支点のみが固定支承又は弾性支承で，その他の支点が可動支承の場合は，一連の上部構造の端部にある下部構造間の距離とすればよい。なお，端支点以外には支承部を有しないラーメン橋やアーチ橋などの構造の場合は，当該支点に隣接する固定点までの距離とする。図-解13.3.10はこのような考え方の例を示している。

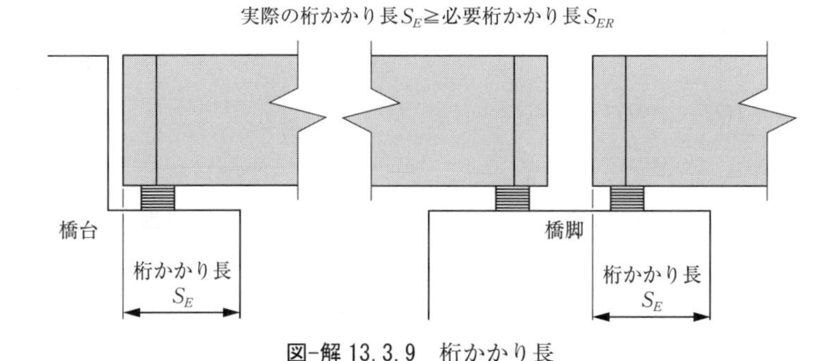

図-解13.3.9　桁かかり長

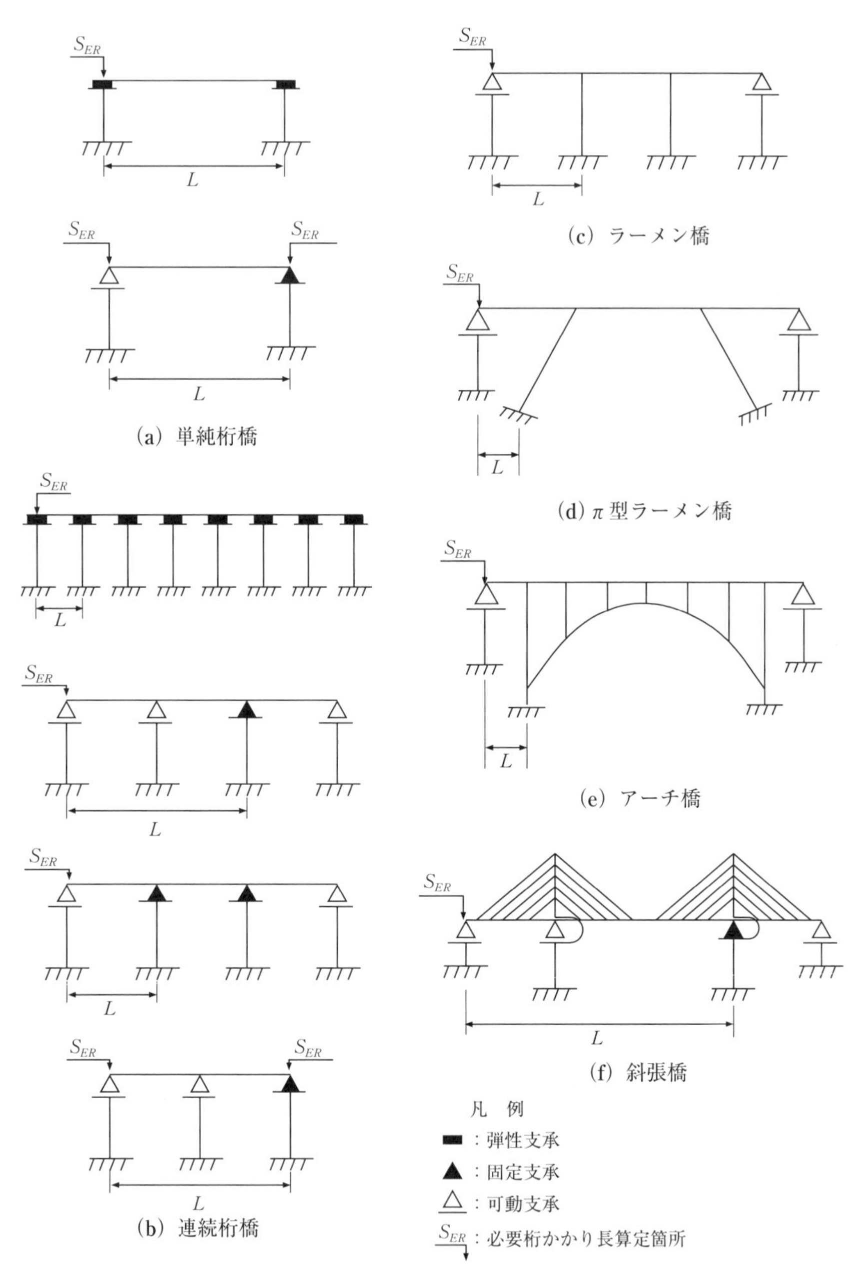

図-解 13.3.10　必要桁かかり長の算定のための下部構造間の距離 L の取り方

(2)　13.3.4(1)の条件に該当する橋は，図-解 13.3.11 に示すように構造的な特性により生じる上部構造の回転の影響を考慮して必要桁かかり長を設定する。この場合は，限界脱落回転角 α_E をもとにして回転に対する必要桁かかり長 $S_{E\theta R}$ を求める。なお，これまでの示方書では，この値と(1)で求められた桁かかり長のうちいずれか大きい方の値を必要桁かかり長とすることとされていたが，今回の改定では回転方向に確保する桁かかり長とその他の方向に確保する桁かかり長はそれぞれ異なる方向に対して確保するとされたことから，この比較を行う必要はない。

式（13.3.4）は，13.3.4(1)の条件に該当する橋が，上部構造端部を回転中心として限界脱落回転角だけ回転する場合に，上部構造端部の脱落する側の端部が桁かかり長から逸脱する状況を考慮して求めている。ここで，曲線橋の場合には，式（13.3.4）における角度には図-解 13.3.6 に示す曲線橋の回転条件を評価するための角度 θ' を用いる。必要桁かかり長はこうした橋が地震によりどの程度回転するかを踏まえて設定する必要があるが，平成 7 年（1995 年）兵庫県南部地震の被災事例や種々の橋梁形式に対して動的解析を行った結果等を踏まえて，式（13.3.4）における限界脱落回転角 α_E は一般に 2.5° としてよいとされている。

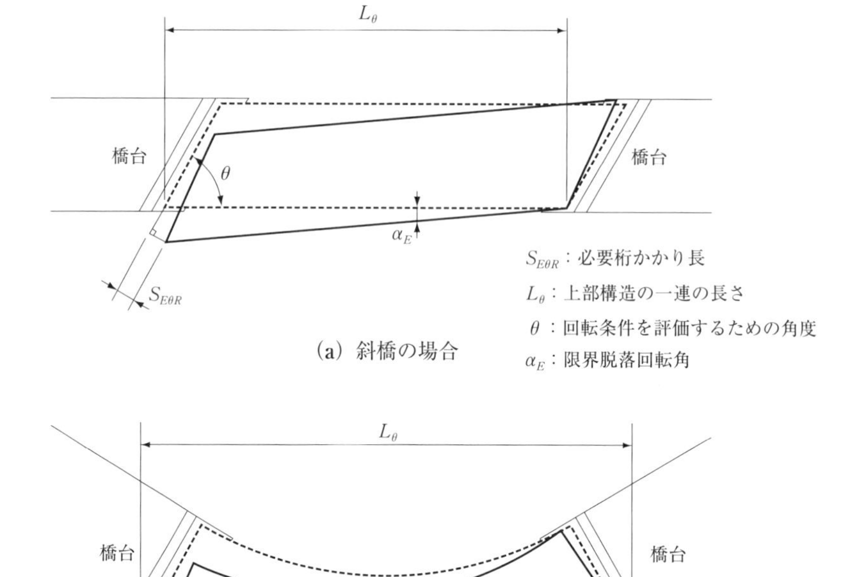

(a) 斜橋の場合

(b) 曲線橋の場合

図-解 13.3.11　13.3.4(1)の条件に該当する橋の必要桁かかり長

13.3.6　落橋防止構造

(1)　落橋防止構造に作用する水平力は，式（13.3.5）により算出する。

1)　上下部構造間で拘束する形式の落橋防止構造の場合

$H_F = P_{LG}$

ただし，$H_F \leqq 1.5R_d$

2)　2連の上部構造を相互に連結する形式の落橋防止構造の場合

$H_F = 1.5R_d$

（13.3.5）

ここに，

H_F：落橋防止構造に作用する水平力（kN）

P_{LG}：当該支点を支持する下部構造が橋軸方向に発揮できる最大の水平耐力（kN）

R_d：上部構造の死荷重により必要桁かかり長を確保する下部構造の支点部に生じる鉛直反力（kN）。ただし，2連の上部構造を相互に連結する形式の落橋防止構造を用いる場合には，いずれか大きい方の鉛直反力の値を用いる。

(2) 落橋防止構造の設計は，桁かかり長を超えない範囲で必要な強度を発揮し，かつ，(1)の水平力に対して弾性域に留まるようにする。

(1) 落橋防止構造に作用する水平力は，当該支点を支持する下部構造が橋軸方向に発揮できる最大の耐力に相当する力とされている。これは，落橋防止構造が機能するためには，落橋防止構造本体だけでなく，この取付部材やこれが取り付けられる下部構造が下部構造の耐荷力が保持できる範囲で上部構造の応答を拘束する際に生じる力に抵抗するようにする必要があるためである。なお，取付部材とは鋼製のブラケット，取付用鋼板，取付ボルト，アンカーボルト等のことである。

この条文の照査法は，Ⅰ編7章に規定される橋の使用目的との適合性を満足させるために，Ⅰ編3章で規定される設計で考慮する設計状況によらず(2)の規定と合わせて，落橋防止構造の保有する耐荷力がこれまでの示方書による場合と同程度となるように定めたものであることから，式（13.3.5）の P_{LG} や R_d には，荷重組合せ係数及び荷重係数を考慮する必要はない。

下部構造の橋軸方向の水平耐力は，単柱式又は一層式ラーメンの鉄筋コンクリート橋脚の場合には，式（8.3.3）により算出される地震時保有水平耐力と考えることができる。また，鋼製橋脚の場合には，式（9.4.15）により算出される水平耐力と考えることができる。橋台の場合には，Ⅳ編の規定に基づいて橋台たて壁の基部に対して求められる降伏曲げモーメントを橋台たて壁の基部から上部構造の慣性力作用位置までの距離で除して算出される水平耐力と，Ⅳ編5.2.7の規定に基づいて算出されるせん断耐力のいずれか小さい方とする。

2連の上部構造を相互に連結する形式の落橋防止構造は，それぞれの上部構造の振動特性が類似している場合において，これを連結することであたかも一連の上部構造と同様な挙動とすることができると考えられる場合に有効である。このときに考慮する落橋防止構造に作用する水平力は，落橋防止構造と下部構造の水平耐力とは直接的な関係がないため，これまでの示方書で規定されていたものと同じ大きさとされている。一方で，この形式の落橋防止構造は，隣接する上部構造の形式や規模が著しく異なる橋など，それぞれの上部構造の振動特性が明らかに異なる場合は，一方の上部構造が他方の上部構造を引っ張ることで変位の増大を助長したり，隣接する上部構造が衝突してさらに大きな変位が生じるときにこれを下部構造上に留めることができる機構がないことなどにより，上部構造の落下の可能性を高めることが考えられることから適用しないのがよい。このような懸念があるのは，隣接する上部構造の重量比が2倍以上，又は2つの設計振動単位の固有周期の比が1.5倍以上の橋であることがこの判断の目安となる。ここでの固有周期は支承が破壊されていない状態で算出されるものを指している。

落橋防止構造と上下部構造との接合部は，落橋防止構造に作用する力を落橋防止構造が連結される部材に確実に伝達できる構造とする必要がある。

例えば，落橋防止構造の取付ボルトやアンカーボルトについては，Ⅱ編9.8.2及びⅡ編9.11.2の引張接合用高力ボルトの規定等に準じて引張力とせん断力に対して安全となるように設計する必要がある。ここで，落橋防止構造の取付部分のフランジ相当部分が剛とみなせる短締め形式のときは引張力によりてこ反力が生じないが，フランジ相当部分が剛とみなせない短締め形式のときは，フランジ相当部分の曲げによりてこ反力が生じ，ボルト軸力が増大するのでこれを考慮する必要がある。したがって，フランジ相当部分で確保する剛性に応じて，てこ反力を考慮する必要がある。

落橋防止構造と下部構造との接合部について，鉄筋コンクリート製の橋座部に取り付けられる場合にはⅣ編7.6の規定に準じて橋座部の耐力の照査を行うが，落橋防止構造が作用する状況では，あくまで支承部が破壊したという稀な状況に対して上部構造が容易には落下しないことが求められており，そのためには接合部は破壊しないことが求められるものの，橋座部にひび割れが生じることを防ぐことまでは求められていない。また，パラペットを貫通させて取り付ける落橋防止構造の場合は，パラペットの破壊が上部構造の落下につながる可能性があるため，パラペットと橋台たて壁の接合部の照査を行うことに加えて，パラペットの押抜きせん断の照査も行う必要がある。橋座部やパラペットに落橋防止構造を取り付ける際は，支承部を設置する場合の橋座部の設計などを参考に，局所的な集中荷重が作用する部分を必要に応じて補強する。なお，斜橋の場合は，落橋防止構造の設計で考慮する力が作用する方向と，橋台たて壁やパラペットの弱軸方向が異なる。この場合は，橋台部材にねじれ等が生じる影響を考慮して設計する必要があるが，簡便に橋台部材の弱軸方向に落橋防止構造の設計で考慮する力（橋台たて壁の弱軸方向の水平耐力で$1.5R_d$を上限とする）を考慮して橋台の諸元を決定することで一般に安全側の設計と考えることができる。

(2) 落橋防止構造本体や接合部には，設計で考慮する水平力に抵抗するための耐荷力を有することだけでなく，耐荷力を発揮するときの落橋防止構造の変形が大きくならない範囲に留めることも求められているため，条文のように規定されている。ここで，弾性域に留まるとは，鋼部材及びコンクリート部材の場合ともに，発生曲げモーメントが降伏曲げモーメントを超えないこと（曲げ破壊が先行する場合）と考えてよい。

13.3.7　横変位拘束構造

(1)　横変位拘束構造に作用する水平力は，式（13.3.6）により算出する。

$$\left.\begin{array}{l} H_s = P_{TR} \\ \text{ただし，} H_s \leqq 3k_h R_d \end{array}\right\} \cdots\cdots (13.3.6)$$

ここに，

H_s：横変位拘束構造に作用する水平力（kN）

P_{TR}：当該支点を支持する下部構造が橋軸直角方向に発揮できる最大の水平耐力（kN）

k_h：レベル1地震動に相当する設計水平震度で，4.1.6の規定による。

R_d：上部構造の死荷重により必要桁かかり長を確保する下部構造の支点部に生じる鉛直反力（kN）

(2)　横変位拘束構造の設計は，桁かかり長を超えない範囲で必要な強度を発揮し，かつ，(1)の水平力に対して弾性域に留まるようにする。

(1)　落橋防止構造と同様に，横変位拘束構造が機能するためには，横変位拘束構造を構成する部材（本体構造及び上下部構造への取付部材も含む）や連結される下部構造が，一連の上部構造の応答を拘束する際に生じる力に下部構造の耐荷力が保持できる範囲で抵抗できるようにする必要がある。このため，横変位拘束構造に作用する力は当該支点を支持する下部構造が橋軸直角方向に発揮できる最大の水平耐力に相当する力としている。ここで，下部構造の耐力の算出方法は，13.3.6(1)の解説と同様に考えることができる。横変位拘束構造及び上下部構造との接合部に対する考え方も，落橋防止構造に対するそれと同じである。また，落橋防止構造の場合と同様の理由により，式（13.3.6）の算出にあたっては，P_{TR}，k_h，R_d には，荷重組合せ係数及び荷重係数を考慮する必要はない。

(2)　横変位拘束構造は，上部構造の変位の拘束を目的としていることから，これらの構造に要求される耐力が発揮されるまでに大きな変形を要するものは避ける必要がある。

なお，弾性域に留まるとは，鋼部材及びコンクリート部材の場合ともに，発生曲げモーメントが降伏曲げモーメントを超えないこと（曲げ破壊が先行する場合）と考えてよい。

13.3.8　落橋防止構造及び横変位拘束構造の構造設計上の配慮

落橋防止構造及び横変位拘束構造の構造及び配置は，以下の 1)から 4)に配慮しなければならない。

1)　落橋防止構造及び横変位拘束構造は，これらに作用する衝撃的な力をできるだけ緩和できる構造とする。

2)　設計で考慮する方向以外に上下部構造間の相対変位が生じた場合でも，橋軸方向，橋軸直角方向及び回転方向のシステムがそれぞれ働き，協働して上部構造が容易には落下しないようにそれぞれの方向のシステムの設計を行う。

3)　落橋防止構造及び横変位拘束構造並びにこれらの周辺にある構造の経年の劣化の影響に対して，点検及び修繕が困難となる箇所ができるだけ少ない構造及び配置とする。

4)　塵埃，滞水等による上下部接続部及び上下部構造の腐食等を生じさせにくい構造及び配置とする。

1)2)　平成 7 年（1995 年）兵庫県南部地震や平成 28 年（2016 年）熊本地震の被災事例では，落橋防止構造において橋軸直角方向の変位を伴う破損や衝撃的な力の作用が原因と推測される破損が多くみられた。落橋防止構造及び横変位拘束構造が，脆性的に破壊し，機能を喪失することを防止するために，落橋防止構造及び横変位拘束構造は，設計で考慮する方向に直交する方向（鉛直方向を含む）への移動にそれぞれ追随できる構造とするとともに，衝撃的な力をできるだけ緩和するため緩衝材を用いて耐衝撃性を高めた構造とする必要がある。ここで，設計で考慮する方向以外への移動により脆性的に破壊しない構造であれば，設計で考慮する方向以外への移動に追随できると考えてよい。

また，下部構造又は上部構造と横変位拘束構造との衝突により，下部構造又は上部構造が損傷し，鉛直荷重の支持や，桁かかり長部分の損傷等により落橋防止システムとしての機能を喪失することがないように設計する必要がある。

3)4)　落橋防止構造及び横変位拘束構造は支承部付近に設けられることが多いため，落橋防止構造や横変位拘束構造そのものはもとより，支承部や上下部構造，伸縮装置の点検や修繕の障害とならない構造とすることが望ましい。特に上部構造又は下部構造に突起を設ける構造や，上部構造と下部構造を連結する構造を採用する場合には，支承部や伸縮装置の点検等の維持管理に支障とならないように設置する必要がある。また，塵埃や滞水等により落橋防止構造や横変位拘束構造，さらにこれらが取り付けられている上下部構造に腐食等が生じると，それぞれの構造に求められる機能が適切に発揮されないおそれもあるので，このようなことが生じにくくするような細部構造や配置にも配慮が必要である。

13.3.9　落橋防止構造及び横変位拘束構造の設置の例外

(1)　一連の上部構造を有する3径間以上の橋で，全ての下部構造上の支点が上部構造の橋面の水平投影面上にあり，以下の1)又は2)に該当する場合は，13.3.2から13.3.4の規定のうち必要桁かかり長のみを確保する。ただし，回転方向に対する必要桁かかり長は，13.3.5(1)の規定により算出する。

1)　上下部接続部が2基以上の下部構造で剛結の場合

2)　1支承線上の支承数が1つである下部構造を除いた4基以上の下部構造において，橋軸方向に対して剛結，弾性支持若しくは固定支持又はこれらの併用からなる場合。ただし，橋軸方向に対してレベル2地震動を考慮する設計状況において生じる一連の上部構造の重量による慣性力のうち，その半分以上の慣性力を1支承線で分担していない場合に限る。

(2)　(1)の条件に該当しないラーメン橋又は一連の上部構造が1支承線上の支承数が1つである下部構造を除いた4基以上の下部構造で支持されている3径間以上の橋の場合で，13.3.4(1)の規定に該当するときは，以下の1)から3)による。

1)　橋軸方向に対しては，13.3.2の規定による。

2)　橋軸直角方向に対しては，13.3.3の規定による。

3)　回転方向に対しては，13.3.4(3)1)及び2)並びに13.3.5(1)に規定する必要桁かかり長を確保する。

この示方書では，落橋防止システムは，2.7.1(2)1)の規定に基づき下部構造が自立することを前提として，

①　上部構造が剛体として挙動すること

②　上部構造を支持する全ての支承部が破壊することを想定し，その後の上部構造の挙動には，支承部の強度や剛性，支点条件等の構造条件は影響しないこと

を仮定したうえで，設計で考慮する3つの方向に対して独立したシステムとして機能する

ように設計するものとされている。一方で，既往の地震での落橋事例等を踏まえると，上部構造が容易には落下しないと考えられる構造条件があり，ここでは落橋防止構造や横変位拘束構造の設置の例外として規定されている。これまでの示方書で，橋の構造的特徴から，橋軸方向に大きな変位が生じにくい構造特性を有する橋や，端支点部での鉛直支持が失われても上部構造が落下しない橋，多点支持された支承部の破壊に対する補完性又は代替性が高いと考えられる橋として示されていたものを基本として規定されている。ただし，多点支持された支承部のうち1支承線上の支承数が少ない支点は，支承部の破壊に対する補完性，代替性が低いと考えられるため，これまでの考え方を踏襲し，1支承線上の支承数が1つである支点を除くことが規定されている。

14章　免 震 橋

14.1　適用の範囲

この章は，免震橋の耐震設計に適用する。

橋を構成する個々の部材の設計だけではなく，免震橋に固有な設計及び配慮事項があるため，この章にこれらが規定されている。

なお，制震装置などを用いて地震の影響の低減を期待する構造に対しては，基本的な設計の考え方や設計の前提となる装置の条件等についてはこの章の規定を参考にすることができる。また，このような装置については，2.4.6の規定に従い適切に限界状態を設定したうえで，力学的特性のモデル化の考え方は5.2(2)の規定を，取付部及び取り付けられる上下部構造の部位の設計については13章の規定を参考にすることができる。

14.2　一　　般

(1)　免震橋における橋の限界状態2を上部構造，下部構造及び免震支承の限界状態で代表させる場合には，2.4.3の規定によらず，以下の1)から3)による。

1)　上部構造

Ⅱ編3.4.2又はⅢ編3.4.2に規定する上部構造の限界状態1

2)　下部構造

以下のⅰ)又はⅱ)による。

ⅰ) Ⅳ編3.4.2に規定する下部構造の限界状態1

ⅱ) 下部構造の限界状態1を超えるものの，限界状態2を超えない範囲で，下部構造の塑性化が免震支承によるエネルギー吸収の確実性に影響を及ぼさない限界の状態

3)　免震支承

Ⅰ編10.1.4に規定する支承部の限界状態2

(2) 以下の 1)から 5)のいずれかの条件に該当する場合は，原則として免震橋を採用しない。

1) 基礎周辺の地盤が，3.5 3)に規定する耐震設計上の土質定数を零にする土層を有する地盤の場合

2) 下部構造のたわみ性が大きいこと等により，もともと固有周期の長い橋等で，橋の固有周期の長周期化の効果又はエネルギー吸収の確実性が期待できない可能性がある場合

3) 基礎周辺の地盤が軟らかく，橋を長周期化することにより，地盤と橋の共振を引き起こす可能性がある場合

4) 永続作用支配状況において，ゴム製の支承本体に引張力が生じる場合

5) 基礎の塑性化を期待する設計を行う場合

(3) 免震橋では，上部構造の端部に設計上の変位を確保できる遊間を設けなければならない。また，橋軸方向に免震支承によるエネルギー吸収を期待し，橋軸直角方向の支承条件を固定支承とする場合には，橋軸直角方向の変形を拘束する部材が，免震支承の橋軸方向の変形を拘束しないように配慮しなければならない。

(4) 免震支承をエネルギー吸収による慣性力の低減を期待しない地震時水平力分散構造に用いる場合には，免震支承のエネルギー吸収による効果を考慮してはならない。

(1) 免震橋は，免震支承による長周期化とエネルギー吸収による減衰性の向上によって上部構造の慣性力の低減を図る構造である。一般に，上部構造の慣性力を複数の下部構造に分散させる地震時水平力分散構造に適用される。なお，免震支承は，レベル 2 地震動に対しても損傷を伴わずにエネルギー吸収をする部材であることから，これを用いる免震橋は地震後の早期機能回復が強く求められる橋等に適する構造形式である。

免震橋は，免震支承のエネルギー吸収能に大きく依存するため，免震支承の機能が失われると橋の耐荷性能を満足することができなくなる。このため，免震支承の機能が失われる状態にならないようにするための配慮が必要である。少数の下部構造に慣性力が集中する場合には，支承部が破壊する可能性が相対的に高くなるため，免震橋では少数の下部構造に慣性力が偏らないような配慮をするのがよい。

橋の固有周期の長周期化にあたっては，その固有周期が 3 章に規定される地震動の特性値である標準加速度応答スペクトルの低下領域になるように設定することで，より高い免震効果が得られる。ただし，橋の固有周期を長周期化すると，上部構造の慣性力は低

減されるものの，応答変位は増大する。そのため，相対的に応答変位が大きくなるⅢ種地盤等に適用する場合には，過度に長周期化を図るのではなく，減衰性の向上により上部構造の地震時の応答変位が設計上許容される範囲内に留まるように十分配慮するのがよい。

主として免震支承においてエネルギーが吸収されているかどうかについては，動的解析の結果で，免震支承に変形が集中し，エネルギー吸収が行われているかどうかで確認することができる。

(2) 橋の構造条件，基礎周辺の地盤条件等によって，免震橋が適している場合とそうでない場合がある。ここでは，原則として免震橋を採用してはならない場合について規定されている。

1) 免震橋は，上部構造と下部構造の間を免震支承により柔らかく結合し，上下部構造間に生じる相対変位により免震支承がエネルギー吸収能を発揮し，橋に作用する慣性力の低減を図るものである。このため，基礎周辺地盤が地震時に地盤反力が期待できない土層がある場合には，支承部に変形が生じにくくなり設計において考慮した免震効果が得られない場合も考えられることから，このような条件では免震橋を採用するのは適切ではない。したがって，3.5 3)に規定する耐震設計上土質定数を零とする土層がある場合には原則として免震橋を採用してはならない。

2) 高橋脚や特殊な形式で下部構造のたわみ性が大きく，固有周期の長い橋では，もともと下部構造の地震時の応答変位が大きくなりやすく，長周期化による慣性力の低減効果も小さいため原則として免震橋を採用してはならない。ここで，固有周期の長い橋とは，橋の規模にもよるが，支承条件を全て固定と仮定した場合の固有周期が1.0秒程度以上の橋を目安とすることができる。このため，これより長い固有周期を有する橋を免震橋として設計する場合には，下部構造の地震時変位や長周期化と高減衰化による慣性力の低減効果を十分検討する必要がある。なお，鋼製橋脚が支持する橋は一般には固有周期が長いため，鋼製橋脚が支持する橋に免震設計を適用する場合にも，免震支承においてエネルギー吸収が確実に行えること，長周期化により慣性力を低減できること，地震時の応答変位が過度に大きくならないこと等について十分な検討が必要である。

3) 免震橋では，橋の初期の固有周期が地震動の卓越周期に近似していたとしても，免震支承に生じる変形が大きくなるとその水平方向の剛性が変化して共振しなくなるため，特定の周期に対して応答が卓越する可能性が相対的に低いという特性を有する。また，減衰性が相対的に高い振動系となることから，一般には地震動との共振は生じにくい構造ということができる。しかし，基礎周辺の地盤が軟らかい場合には，地震動の長周期成分が卓越するとともに，地盤の固有周期も時々刻々と変化するため免震橋の周期と近くなることも考えられ，また，長周期の成分は一般には減衰しにくい特性があるため，免震橋を採用することにより，地盤と橋の共振を引き起こすことのないように十分注意する必要がある。地盤と橋の共振の可能性については，地震の影響を考慮する設計状況における地盤の固有周期と橋の固有周期が近いかどうかを検討することにより評価できる。なお，地盤の固有周期としては，地震の影響を考慮する設計状況において地盤に生じるひずみに相当する地盤の剛性を考慮したうえで式(3.6.1)により算出される地盤の基本固有周期を目安にすることができる。必要に応じて表層地盤の固有振動特性の変化を検討するのがよい。

4) 免震支承が負反力を受けた状態，すなわちゴム製の支承本体が常に引張力を受けた状態で水平力を受けた場合の支承の破断強度やエネルギー吸収能等の力学的特性については十分に検証がなされていない。そのため，2.4.6の規定を踏まえ，永続作用支配状況においてゴム製の支承本体に引張力が生じる場合には原則として免震橋を採用してはならない。

5) 2.4.3の解説に記載するように，免震支承に確実にエネルギー吸収が行われるようにするための基礎に許容できる塑性化の程度については，液状化の影響により地盤の水平反力が十分に期待できない場合も含めて，まだ十分な知見がない。

条文では免震橋を原則として採用してはならない場合が規定されている。これを踏まえて，免震橋が適している橋の条件は，一般に次のとおりである。

① 地盤が堅固で，基礎周辺地盤が地震時に安定している場合

② 下部構造の剛性が高く，橋の固有周期が短い場合

③ 多径間連続橋

①と②は，いずれも橋を長周期化することにより橋に作用する慣性力の低減を期待しやすい条件である。多径間連続橋が免震橋に適しているのは，多径間連続化を図ることにより温度変化等による桁の変位が大きくなるが，こうした桁の変位を免震支承により吸収すると同時に，桁に生じる地震時の応答変位を一般の弾性支承を用いる場合よりも低減させることができるためである。反対に，単純桁橋では，免震設計の効果は一般に小さい。

(3) 長周期化すると上部構造の地震時の応答変位が増大するため，それに応じて橋台と上部構造との間，隣接する上部構造間等，主要構造物間に適切な遊間量を確保することが必要となる。免震橋では，免震支承の設計変位に相当する変位が支承に生じることを前提としており，橋台と上部構造間の衝突等によって支承に設計で考慮している変位が生じないことがないようにする必要がある。このため，上部構造端部には，原則として13.2.1に規定する遊間を設ける必要がある。

なお，遊間量を大きくすると，伸縮装置が大がかりな構造となることから，維持管理や走行性，振動，騒音等が問題となる場合がある。したがって，免震橋の採用にあたっては，次のような事項を検討する必要がある。

① 多径間連続化を図り，橋が一体として振動する構造系にする。

② 上部構造端部や橋台には，大きな応答変位が生じた場合にも，伸縮装置が応答変位を拘束しないように配慮するなど，地震の影響を考慮する設計状況において実質的な遊間を確保できるような工夫を加える。

なお，1つの橋脚上に2つの上部構造の端部を設ける場合には，上部構造間の衝突により相互に悪影響を及ぼさないようにするために，2つの設計振動単位の固有周期差を大きくしない等の配慮が必要である。

平成23年（2011年）東北地方太平洋沖地震では，橋軸方向に免震支承によるエネルギー吸収能を期待し，橋軸直角方向には免震支承を固定条件とした構造の免震橋において，免震支承と橋軸直角方向への変形に対する固定装置が接触することにより，橋軸方向の免震支承の変形を拘束し，免震支承に損傷が生じた事例もみられた。免震橋では，免震支承の設計変位に相当する変位が支承に生じてエネルギー吸収することを前提としているため，このような支持条件の免震橋においては，仮に接触しても橋軸方向の支承の変形が拘束されないようにし，また，支承本体に損傷が生じることがないようにするなど，固定装置の構造等に配慮した設計を行う必要がある。

(4) 免震支承をエネルギー吸収による慣性力の低減を期待しない地震時水平力分散支承として使用する場合には，地震の影響を考慮する設計状況において橋脚だけでなく免震支承もエネルギー吸収をすると考えられるが，橋脚と免震支承という種類の異なる複数の部材に同時にエネルギー吸収を考慮する構造系では，地震時の挙動が複雑になる可能性もあり，このような構造系の地震応答特性についてはまだ十分に解明されていない。このため，免震支承を慣性力の低減を期待しない地震時水平力分散支承として用いた橋においては，免震支承のエネルギー吸収による効果を考慮してはならないことが規定されている。このような橋に対して動的解析により照査を行う場合には，支承部は線形ばねとしてモデル化し，その減衰定数としてはエネルギー吸収を期待しないゴム支承の減衰定数を用いる必要がある。

14.3 免震橋における下部構造の限界状態

以下の1)及び2)を満足する場合は，14.2(1)2) ii)に規定する下部構造の限界の状態を超えないとみなしてよい。

1) 鉄筋コンクリート橋脚の場合は，鉄筋コンクリート橋脚に生じる水平変位が，式（14.3.1）により算出する水平変位の制限値を超えない。

$$\delta_{ls2di} = \delta_{ls2d} / \alpha_m \quad \cdots\cdots (14.3.1)$$

ただし，δ_{ls2d} / α_m が δ_{yEd} 以下となる場合は，$\delta_{ls2di} = \delta_{yEd}$ とする。

ここに，

δ_{ls2di}：免震支承によるエネルギー吸収が可能な鉄筋コンクリート橋脚の限界の状態に対応する水平変位の制限値（mm）

δ_{ls2d}：塑性化を期待する鉄筋コンクリート橋脚の限界状態2に対応する水平変位の制限値（mm）で，式（8.4.2）により算出する。

α_m：免震支承によるエネルギー吸収が可能な鉄筋コンクリート橋脚の限界の状態に対応する水平変位の制限値を算出するための係数で，2.0とする。

δ_{yEd}：鉄筋コンクリート橋脚の限界状態1に対応する水平変位の制限値（mm）で，式（8.4.1）により算出する。

2）Ⅳ編9章から14章に規定する基礎の限界状態1を超えない。

ここでは，鉄筋コンクリート橋脚を用いた場合を対象としており，鋼製橋脚を用いた場合に対する塑性化を期待した場合の変位の制限値は規定されていない。これは，鋼製橋脚を有する橋では，一般に固有周期が長くなり，免震設計の採用が合理的でない場合が多いためである。鋼製橋脚を用いた橋に免震設計を採用する場合には，免震支承においてエネルギー吸収が確実に行えることに留意したうえで，変位の制限値を個別に設定する必要がある。

なお，免震支承を地震時水平力分散支承として使用する場合の橋脚の限界状態の変位の制限値は，鉄筋コンクリート橋脚は8.4，また，鋼製橋脚は9.3の規定によりそれぞれ算出する。

1）免震橋に固有な事項として，主として免震支承で変形するとともに，エネルギーを吸収するためには，下部構造の塑性化の程度を制限しなければならない。

そのため，免震橋における鉄筋コンクリート橋脚の変位の制限値は8.4(2)1)に規定される鉄筋コンクリート橋脚の限界状態2に対応する変位の制限値の0.5倍とすることが規定されている。これは，鉄筋コンクリート橋脚に生じる応答を限定的な塑性変形に抑え，損傷を小さくすると同時に，長周期化やエネルギー吸収が橋脚ではなく免震支承において確実に行われるようにするためである。免震支承によるエネルギー吸収を行うための塑性化の程度については，構造条件等に応じて異なることが考えられるが，十分な知見がないため，ここでは一律に変位の制限値の0.5倍とすることが規定されている。なお，式（14.3.1）に基づけば制限値が，8.4(1)1)に規定される鉄筋コンクリート橋脚の限界状態1に対応する変位の制限値以下となる場合もある。この場合には鉄筋コンクリート橋脚の限界状態1に対応する変位の制限値とすればよい。これは，主として免震支承で変形するとともに，エネルギー吸収するという観点では，橋脚の応答が弾性域に留まっていればよいためである。

執筆者名簿（50音順）

秋山 充良　阿南 修司
今井 隆　運上 茂樹
大住 道生　岡田 太賀雄
緒方 辰男　小野 潔
小山田 桂夫　片岡 俊一
片岡 正次郎　片岡 浩史
金治 英貞　河藤 千尋
蔵治 賢太郎　幸左 賢二
齋藤 清志　佐々木 哲也
佐藤 孝司　篠原 聖二
白戸 真大　白鳥 明
高田 佳彦　高橋 章浩
高橋 宏和　高橋 良和
高原 良太　田崎 賢治
谷本 俊輔　玉越 隆史
田村 敬一　角本 周
中尾 吉宏　中谷 昌一
七澤 利明　西田 秀明
西谷 雅弘　枦木 正喜
姫野 岳彦　広瀬 剛
星隈 順一　掘井 滋則
松﨑 裕　松村 政秀
間渕 利明　右高 裕二
宮武 裕昭　森 敦
安里 俊則　八ツ元 仁
矢部 正明　和田 新

道路橋示方書（V耐震設計編）・同解説

平成29年11月22日　改訂版第1刷発行
令和 5 年 4 月24日　　　　第6刷発行

編　集
発行所　公益社団法人　日本道路協会
東京都千代田区霞が関3－3－1

印刷所　有限会社　セキグチ

発売所　丸善出版株式会社
東京都千代田区神田神保町2－17

ISBN978-4-88950-283-1 C2051

Memo

Memo

日本道路協会出版図書案内

図書名	ページ	定価(円)	発行年
交通工学			
クロソイドポケットブック（改訂版）	369	3,300	S49. 8
自転車道等の設計基準解説	73	1,320	S49.10
立体横断施設技術基準・同解説	98	2,090	S54. 1
道路照明施設設置基準・同解説（改訂版）	240	5,500	H19.10
附属物（標識・照明）点検必携 ～標識・照明施設の点検に関する参考資料～	212	2,200	H29. 7
視線誘導標設置基準・同解説	74	2,310	S59.10
道路緑化技術基準・同解説	82	6,600	H28. 3
道路の交通容量	169	2,970	S59. 9
道路反射鏡設置指針	74	1,650	S55.12
視覚障害者誘導用ブロック設置指針・同解説	48	1,100	S60. 9
駐車場設計・施工指針同解説	289	8,470	H 4.11
道路構造令の解説と運用（改訂版）	742	9,350	R 3. 3
防護柵の設置基準・同解説（改訂版） ボラードの設置便覧	246	3,850	R 3. 3
車両用防護柵標準仕様・同解説（改訂版）	164	2,200	H16. 3
路上自転車・自動二輪車等駐車場設置指針 同解説	74	1,320	H19. 1
自転車利用環境整備のためのキーポイント	140	3,080	H25. 6
道路政策の変遷	668	2,200	H30. 3
地域ニーズに応じた道路構造基準等の取組事例集（増補改訂版）	214	3,300	H29. 3
道路標識設置基準・同解説（令和2年6月版）	413	7,150	R 2. 6
道路標識構造便覧（令和2年6月版）	389	7,150	R 2. 6
橋　梁			
道路橋示方書・同解説（Ⅰ共通編）（平成29年版）	196	2,200	H29.11
〃（Ⅱ鋼橋・鋼部材編）（平成29年版）	700	6,600	H29.11
〃（Ⅲコンクリート橋・コンクリート部材編）（平成29年版）	404	4,400	H29.11
〃（Ⅳ下部構造編）（平成29年版）	572	5,500	H29.11
〃（Ⅴ耐震設計編）（平成29年版）	302	3,300	H29.11
平成29年道路橋示方書に基づく道路橋の設計計算例	564	2,200	H30. 6
道路橋支承便覧（平成30年版）	592	9,350	H31. 2
プレキャストブロック工法によるプレストレスト コンクリートTげた道路橋設計施工指針	81	2,090	H 4.10
小規模吊橋指針・同解説	161	4,620	S59. 4
道路橋耐風設計便覧（平成19年改訂版）	300	7,700	H20. 1

日本道路協会出版図書案内

図書名	ページ	定価(円)	発行年
鋼道路橋設計便覧	652	7,700	R 2.10
鋼道路橋疲労設計便覧	330	3,850	R 2. 9
鋼道路橋施工便覧	694	8,250	R 2. 9
コンクリート道路橋設計便覧	496	8,800	R 2. 9
コンクリート道路橋施工便覧	522	8,800	R 2. 9
杭基礎設計便覧（令和2年度改訂版）	489	7,700	R 2. 9
杭基礎施工便覧（令和2年度改訂版）	348	6,600	R 2. 9
道路橋の耐震設計に関する資料	472	2,200	H 9. 3
既設道路橋の耐震補強に関する参考資料	199	2,200	H 9. 9
鋼管矢板基礎設計施工便覧（令和4年度改訂版）	407	8,580	R 5. 2
道路橋の耐震設計に関する資料 （PCラーメン橋・RCアーチ橋・PC斜張橋等の耐震設計計算例）	440	3,300	H10. 1
既設道路橋基礎の補強に関する参考資料	248	3,300	H12. 2
鋼道路橋塗装・防食便覧資料集	132	3,080	H22. 9
道路橋床版防水便覧	240	5,500	H19. 3
道路橋補修・補強事例集（2012年版）	296	5,500	H24. 3
斜面上の深礎基礎設計施工便覧	336	6,050	R 3.10
鋼道路橋防食便覧	592	8,250	H26. 3
道路橋点検必携～橋梁点検に関する参考資料～	480	2,750	H27. 4
道路橋示方書・同解説Ⅴ耐震設計編に関する参考資料	305	4,950	H27. 4
道路橋ケーブル構造便覧	462	7,700	R 3.11
道路橋示方書講習会資料集	404	8,140	R 5. 3
舗装			
アスファルト舗装工事共通仕様書解説（改訂版）	216	4,180	H 4.12
アスファルト混合所便覧（平成8年版）	162	2,860	H 8.10
舗装の構造に関する技術基準・同解説	104	3,300	H13. 9
舗装再生便覧（平成22年版）	290	5,500	H22.11
舗装性能評価法（平成25年版）―必須および主要な性能指標編―	130	3,080	H25. 4
舗装性能評価法別冊 ―必要に応じ定める性能指標の評価法編―	188	3,850	H20. 3
舗装設計施工指針（平成18年版）	345	5,500	H18. 2
舗装施工便覧（平成18年版）	374	5,500	H18. 2
舗装設計便覧	316	5,500	H18. 2
透水性舗装ガイドブック2007	76	1,650	H19. 3
コンクリート舗装に関する技術資料	70	1,650	H21. 8

日本道路協会出版図書案内

図書名	ページ	定価(円)	発行年
コンクリート舗装ガイドブック2016	348	6,600	H28. 3
舗装の維持修繕ガイドブック2013	250	5,500	H25.11
舗装の環境負荷低減に関する算定ガイドブック	150	3,300	H26. 1
舗装点検必携	228	2,750	H29. 4
舗装点検要領に基づく舗装マネジメント指針	166	4,400	H30. 9
舗装調査・試験法便覧（全4分冊）(平成31年版)	1,929	27,500	H31. 3
舗装の長期保証制度に関するガイドブック	100	3,300	R 3. 3
アスファルト舗装の詳細調査・修繕設計便覧	250	6,490	R 5. 3
道路土工			
道路土工構造物技術基準・同解説	100	4,400	H29. 3
道路土工構造物点検必携（令和2年版）	378	3,300	R 2.12
道路土工要綱（平成21年度版）	450	7,700	H21. 6
道路土工－切土工・斜面安定工指針（平成21年度版）	570	8,250	H21. 6
道路土工－カルバート工指針（平成21年度版）	350	6,050	H22. 3
道路土工－盛土工指針（平成22年度版）	328	5,500	H22. 4
道路土工－擁壁工指針（平成24年度版）	350	5,500	H24. 7
道路土工－軟弱地盤対策工指針（平成24年度版）	400	7,150	H24. 8
道路土工－仮設構造物工指針	378	6,380	H11. 3
落石対策便覧	414	6,600	H29.12
共同溝設計指針	196	3,520	S61. 3
道路防雪便覧	383	10,670	H 2. 5
落石対策便覧に関する参考資料 —落石シミュレーション手法の調査研究資料—	448	6,380	H14. 4
トンネル			
道路トンネル観察・計測指針（平成21年改訂版）	290	6,600	H21. 2
道路トンネル維持管理便覧【本体工編】（令和2年版）	520	7,700	R 2. 8
道路トンネル維持管理便覧【付属施設編】	338	7,700	H28.11
道路トンネル安全施工技術指針	457	7,260	H 8.10
道路トンネル技術基準（換気編）・同解説（平成20年改訂版）	280	6,600	H20.10
道路トンネル技術基準（構造編）・同解説	322	6,270	H15.11
シールドトンネル設計・施工指針	426	7,700	H21. 2
道路トンネル非常用施設設置基準・同解説	140	5,500	R 1. 9
道路震災対策			
道路震災対策便覧（震前対策編）平成18年度版	388	6,380	H18. 9

日本道路協会出版図書案内

図　書　名	ページ	定価(円)	発行年
道路震災対策便覧（震災復旧編）(令和4年度改定版)	412	9,570	R 5. 3
道路震災対策便覧（震災危機管理編）(令和元年7月版)	326	5,500	R 1. 8
道路維持修繕			
道路の維持管理	104	2,750	H30. 3
英語版			
道路橋示方書（I 共通編)〔2012年版〕(英語版)	160	3,300	H27. 1
道路橋示方書（II 鋼橋編)〔2012年版〕(英語版)	436	7,700	H29. 1
道路橋示方書（IIIコンクリート橋編)〔2012年版〕(英語版)	340	6,600	H26.12
道路橋示方書（IV 下部構造編)〔2012年版〕(英語版)	586	8,800	H29. 7
道路橋示方書（V 耐震設計編)〔2012年版〕(英語版)	378	7,700	H28.11
舗装の維持修繕ガイドブック2013（英語版）	306	7,150	H29. 4
アスファルト舗装要綱（英語版）	232	7,150	H31. 3

※消費税10%を含みます。

発行所 (公社)日本道路協会　☎(03)3581-2211

発売所 丸善出版株式会社　☎(03)3512-3256

丸善雄松堂株式会社　学術情報ソリューション事業部

法人営業統括部　カスタマーグループ

TEL：03-6367-6094　FAX：03-6367-6192　Email：6gtokyo@maruzen.co.jp